有機工業化学

有機資源と有機工業製品を結ぶ有機化学

川瀬 毅 著

三共出版

はじめに

　本書は，一通り有機化学の講義を履修した化学系の学部や高等専門学校の学生を対象に，さまざまな有機資源（石油・石炭などの化石資源やバイオマスなど）が，広く使われている有機工業製品（有機材料や機能性物質）にどのように変換され，用いられているか解説する。これまでにも，有機資源と有機工業製品とをつなぐ「有機工業化学」の教科書や参考書は多数出版されてきた。しかし，有機材料化学の発展やそれを取り巻く社会環境の変化は速く，新しい技術やそれを活かした製品に置き換わっている事例も多く，新たな教科書を提供する必要があると思われる。

　著者はこれまで理学部と工学部の学生に「有機化学」の教科書を用いて講義を行ってきたが，それらの教科書では，有機化合物の性質や反応が有機工業製品を通じて実生活にどのように反映し応用されているか，あまり記述されていない。これは高校の化学の教科書が化合物と工業製品との関連をかなり意識して記述しているのと対称的である。それは有機化学の教科書が純粋な学問としての有機化学を修得させるために編纂されてきたためと思われる。本書では，有機資源が有機工業製品に変換される過程がどのような有機化合物の性質や反応を応用しているか，わかりやすく解説し，有機化学の知識と有機工業製品を結び付けることをテーマの1つとする。なお，有機高分子材料については，誌面の都合から，重要な例を除いて，代表的なモノマーの供給方法にとどめる。

　もう1つのテーマとして，有機工業製品の歴史（開発の経過やその開発企業，さらに製品の移り変わりなど）を取り上げる。有機化学という学問には正解があるが，製品としての有機材料や製造過程に正解はなく，経済的利点のみならず，環境に対する配慮・それに伴う法律，そして国策なども含む時代の制約に適合するように，つねに移り変わってきた。経済性・安全性に優れたフロンガスが，成層圏のオゾン層を破壊するとして使用禁止されるに至ったことは象徴的である。

　また，1つの発見が産業構造を変えてしまうことも往々にして起きる。20世紀まで有機工業製品として大きな位置を占めていた写真フィルムが，デジタ

ルカメラの普及によって一気に衰退してしまったことは記憶に新しい。一方で，テレビの世界では，ブラウン管が液晶ディスプレーに置き換わった。また新たに有機ELディスプレーも登場している。液晶ディスプレーや有機ELディスプレーは有機材料の塊のような製品である。9章から11章にかけて，これまで「有機工業化学」のテキストではあまり取り上げられていなかった，液晶や有機半導体について紹介した。

現在，有機工業製品を主に供給しているのは北米，欧州，そして東アジアの工業地域であるが，従来のナフサの熱分解により生成されてきたエチレンなど有機工業製品の原料であるオレフィン類の供給体制が大きく変化しつつある。

アメリカでは安価に供給され始めたシェールガスをもとに大規模なエチレン製造プラントが計画され，中東諸国も天然ガスからの大規模なエチレンプラントを立ち上げている。そのため，中東から輸入するナフサを原料とする日本産のエチレンは採算性を保てないことが予想されている。一方，中国では自国で供給される石炭資源を用いたアセチレン・C1化学をもとに有機工業製品の供給を図ろうとしている。有機工業製品へプロセスは原料の供給方法によって大きく異なり，20世紀半ばに石炭化学から石油化学へ移り変わったように，近い将来に，石油化学から天然ガス化学へと移り変わるかもしれず，化学メーカーはその対応を進めている現状である。

本書では，「時代の制約」による有機工業化学の変遷を適宜含めて述べ，有機化学の知識・技術を修得し社会に出てゆく化学系の学生に対して，将来の有機工業化学を，それを通して現代社会の将来を考える手がかりを提供したいと考えている。

2015年　春

川瀬　毅

目　次

1 有機資源とエネルギー
1.1　有機資源と有機材料 ………………………………………………………… 1
1.2　エネルギー資源の変遷 ……………………………………………………… 3
1.3　有機資源とエネルギーの現在と将来像 …………………………………… 13

2 石油資源とその精製
2.1　石油の形成 …………………………………………………………………… 20
2.2　石油の埋蔵量と分布 ………………………………………………………… 22
2.3　原油の成分と分類 …………………………………………………………… 24
2.4　石油精製 ……………………………………………………………………… 26
2.5　石油製品 ……………………………………………………………………… 43

3 石油化学
3.1　日本の石油化学工業の現状と課題 ………………………………………… 46
3.2　エチレンから製造される石油化学工業製品 ……………………………… 47
3.3　プロピレンから製造される石油化学工業製品 …………………………… 59
3.4　C4オレフィンからの誘導体の合成 ………………………………………… 67
3.5　芳香族からの誘導体の合成 ………………………………………………… 70

4 石炭化学
4.1　石炭の形成 …………………………………………………………………… 75
4.2　石炭の種類 …………………………………………………………………… 76
4.3　石炭の埋蔵量と分布 ………………………………………………………… 77
4.4　石炭の利用 …………………………………………………………………… 79
4.5　石炭のガス化 ………………………………………………………………… 84
4.6　石炭の液化 …………………………………………………………………… 85

5 天然ガス・合成ガス

- 5.1 資源としての天然ガスとその分類 87
- 5.2 天然ガスの燃料としての利用 88
- 5.3 天然ガスの化学製品原料としての利用 89
- 5.4 天然ガスの利用の将来 99

6 高分子材料

- 6.1 はじめに 100
- 6.2 高分子の合成 101
- 6.3 繊　維 103
- 6.4 プラスチック（樹脂） 114
- 6.5 ゴ　ム 120
- 6.6 そ の 他 127

7 油脂・界面活性剤

- 7.1 はじめに 128
- 7.2 油　脂 128
- 7.3 塗　料 135
- 7.4 ろう（ワックス） 138
- 7.5 界面活性剤 139

8 染料・色素

- 8.1 はじめに 148
- 8.2 色素の構造的特徴 150
- 8.3 天然染料 153
- 8.4 合成色素 156
- 8.5 蛍光増白染料 166
- 8.6 着色色素 167

9 機能性色素

- 9.1 色と光の三原色 168
- 9.2 写　真 170
- 9.3 プリンター用色素 174

10 有機半導体とその応用

- 10.1 有機分子の導電性 ... 180
- 10.2 導電性高分子 ... 183
- 10.3 有機電界効果トランジスター（有機FET） ... 185
- 10.4 有機太陽電池 ... 187
- 10.5 有機ELディスプレー ... 190
- 10.6 炭素材料 ... 193

11 液晶・液晶ディスプレー材料

- 11.1 液晶 ... 197
- 11.2 液晶の発見 ... 197
- 11.3 液晶の種類と構造 ... 198
- 11.4 液晶ディスプレー ... 203
- 11.5 反射型液晶ディスプレー ... 211

12 香料・化粧品・香辛料・甘味料

- 12.1 嗅覚 ... 214
- 12.2 香料の種類 ... 214
- 12.3 テルペノイドの合成 ... 219
- 12.4 テルペノイド以外の天然香料の構造と合成 ... 222
- 12.5 化粧品 ... 227
- 12.6 香辛料と甘味料 ... 229

13 医薬品・農薬（殺虫剤・除草剤）

- 13.1 化学製品としての特徴 ... 231
- 13.2 医薬品と医薬産業の成立 ... 232
- 13.3 新薬開発 ... 242
- 13.4 農薬と殺虫剤 ... 249
- 13.5 除草剤 ... 254

14 有機化学工業と環境

14.1 公害とその防止のための立法措置 256
14.2 地球規模の環境問題 261
14.3 予防原則とリスク管理 269
14.4 さいごに 270

参考資料 273
事項索引 277
人名索引 282
社名索引 283

1 有機資源とエネルギー

1.1 有機資源と有機材料

　現在の世界人口は60億を超えた。200年前まで10億程度だった人口が急激に増加したのは，産業革命以降のことである。人口増加の理由として，医療技術の向上・衛生環境の改善・食料供給の安定などが挙げられるが，それらを促し，支えてきたのは科学技術の発展である。産業革命は石炭を燃焼させることで得た熱エネルギーで蒸気機関を動かし，それまで動力として使っていた人や家畜はもちろん，風車や水車でも得られなかった大きな動力を得たことから始まった。図1.1にあるように，産業革命以降，1人あたりのエネルギー消費量が非常に大きくなったことがわかる。

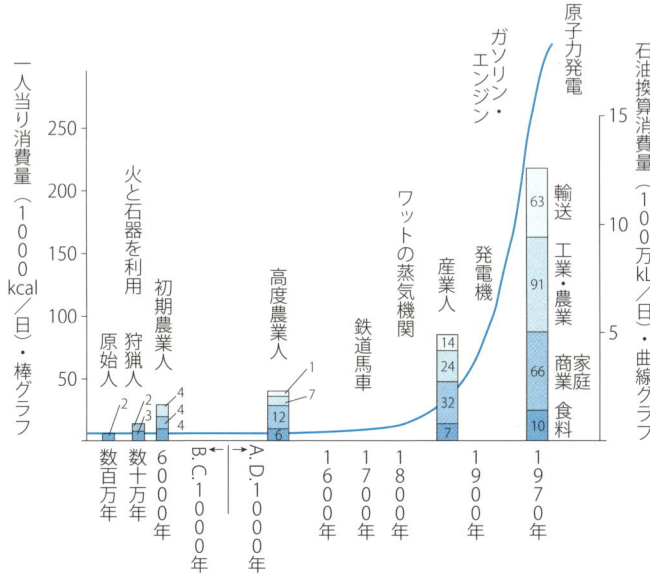

図1.1　世界のエネルギー消費量の推移
（電力中央研究所HPより）

20世紀になって，蒸気機関は液体燃料を用いる内輪機関にかわり，エネルギー資源の一番手は石油になった。さらに電気エネルギーが広く使われるようになった。電力は，当初こそ，水力発電が主力であったが，次第に，石油や石炭・天然ガスなどの化石燃料を用いた火力発電に変わった。生き物や風車や水車のエネルギーは元をただせば太陽エネルギーであり，**再生可能エネルギー**である。一方，石炭や石油，原子力に用いる放射性元素も使えば消費される，**枯渇性エネルギー**である。人間は枯渇性エネルギーに手を出すことで，現在の生活水準を得たと考えられる。

表 1.1 動力のエネルギー源の変化

	動　力	エネルギーの分類
産業革命以前	人，家畜，水車，風車	再生可能エネルギー
現　在	蒸気機関，内輪機関，モーター	枯渇性エネルギー

動力機関（蒸気機関・内輪機関），電気・通信などの物理を基本とした技術の華々しい成果に目を奪われがちであるが，現代社会を支える素材として有機材料の占める位置は大きい。繊維・染料・建材などに用いられていた有機材料も，19世紀までは，すべて天然由来のものであったが，現在では，プラスチックや合成ゴム・合成繊維などの有機材料が有機工業的手法により石炭や石油を素材に安価に大量に供給されるようになった。また，従来の天然材料も，農業器具の機械化，肥料の改良，農薬の普及，輸送手段の発展など，多くのエネルギーをかけることで収穫量が大幅に増大するようになった。また，有機化学の発展によって，それまで貴重できわめて高価であった天然由来の染料や医薬品が合成化学的手段で安価に生産されるようになり，昔から見れば，王侯貴族のような生活を一般の人間までが享受できるようになった。人口の爆発的増加は，有機材料の発展に依るものも大きい。

表 1.2 有機材料による天然素材の置き換え

材料名	天然素材	合成品
繊　維	絹，木綿，羊毛，麻など	ナイロン，レーヨンなど
染　料	藍，茜，コチニールなど	インジゴ，アリザリンなど
建　材	木材	プラスチック
洗　剤	セッケン	中性洗剤
燃　料	炭，木炭，薪，ロウ，精油など	ガソリン，灯油など
医　療	薬草など	医薬品・農薬
皮　革	皮，毛皮	ゴム，合成皮革

合成有機材料は，初めコールタール，ついでナフサを主な原材料として作られてきた。コールタールは製鉄に用いるコークスを作るための副産物であり，当初は厄介な廃棄物であった。ナフサの熱分解によってつくられるオレフィン類も，当初はガソリン製造の際に生成する副産物であった。現在でも，コールタールとナフサの生産は，コークスと石油燃料の副次的なものであることは変わらず，石炭から石油に主なエネルギー資源が変わった際には，それまで体系としてあった石炭化学から，石油化学への転換が引き起こされた。もし，将来，主要なエネルギー資源が石油から新たな資源（現在，天然ガスが候補である）に変わったときは，同様のパラダイムシフトが起こることが予想されるのである。過去，技術革新によって，長年続いていた産業が消滅することも，たびたび起こっている。

以下，簡単にエネルギー資源の変遷をたどる。

1.2 エネルギー資源の変遷
1.2.1 産業革命以前のエネルギー資源

生物学的なサルとヒトとの分岐点は，二足歩行の開始とされている。二足歩行できるようになったヒトは，自由になった手を用いて道具を使い始め，それが脳の進化を促したとされる。ヒトは道具を使い始めてすぐに，火*も使い始めている。ヒト以外の生物が火を使うことはなく，ヒトをヒトたらしめる大きな特徴である。

火というエネルギーを用いることで，人間はそのままでは食べることのできなかった穀物などを食べることができるようになり，人口も棲息領域も大きく広げることができた。さらに火を使うことによって，まず土器が作成され，レンガへ，そしてさらに高温が得られるようになるにつれてガラス・陶磁器などのセラミック材料へと発展し，金属材料も，銅→青銅→鉄へと進化した。古代ローマ帝国時代にはセメントを用いた巨大な建物が建設されている。燃える石としての石炭や燃える水としての石油も知られてはいたが，広く使われることはなく，人間は身のまわりにある生物資源（薪・炭・精油・蝋）を燃料として用いてきた。また，木材は材料として人間の生活全般に用いられてきた。

これらの有機資源は，すべて太陽エネルギーが変換されたものと考えることができ，すべて再生可能エネルギーであった。しかし，動物も植物も採りすぎれば再生できず，人口を含めた人間の活動は，それらの再生能力を超えることはできなかった。古代文明において，レンガや金属材料を作るために森林資源が多量に消費されたと考えられ，その枯渇が

---

* 人間のみが火を使う動物であることは古代人にも意識されていたようで，神話の世界では火の知識を人間に与える神が現れるが，必ずしも，その行為は祝福されていない。ギリシャ神話では，ゼウスの反対を押し切り，天界の火を盗んで人類に与えたとしてプロメテウスは地獄で永遠に苦しんでいるとされ，日本の神話でも女神イザナミは火の神を生むことで死に，黄泉の国に行ったとされている。

古代文明を滅ぼす要因となったとも言われている。

1.2.2　産業革命前後のエネルギー消費の変化

産業革命によって蒸気機関が発明され，人間の使える動力に大きな変化が生じた。しかし，エネルギー消費の面から観ると，コークスを使った製鉄の始まりが，大きなターニングポイントであった。製鉄は，炭素を燃やして得られた熱エネルギーをもとに，一酸化炭素を用いて酸化鉄（Fe_2O_3）を鉄へと還元する化学変化である。高炉の中に鉄鉱石と木炭やコークスを入れ加熱すると，木炭やコークスの炭素が，鉄鉱石の酸化鉄から酸素をうばい，鉄を与える。

$$C（コークス）+ O_2 \longrightarrow 2CO$$
$$Fe_2O_3 + 3CO \longrightarrow 2Fe + 3CO_2$$

鉄は地表に比較的多量に存在し，固く強いため，武器の材料として優れており，これを持つことは民族・国家の隆盛につながった。鉄の精錬には高温（1100〜1200℃）が必要なため，木材を蒸し焼きにした木炭と専用の炉が必要であり，1トンの鉄を得るためには，2トンの木炭を消費すると云われるほど，大量の木材を必要とした。そのため，日本のように高温多湿で樹木の再生が早い地域を例外にして，乾燥地帯や清涼な気候を持つ地域では，鉄の生産は地域の生態系を深刻に破壊することとなった。中世から近世にかけて戦乱の続いたヨーロッパでは鉄の需要が高まったが，森林資源の再生を上回る速度で需要が伸びたため，森林の消失が大きな問題となった。

＊　A. Darby

18世紀初めイギリスのダービー卿＊によって，石炭を乾留（蒸し焼き）にしたコークスを使った製鉄法が見出され，ダービー一族による検討の結果，18世紀末には十分採算の取れる方法に改良された。コークスを使った製鉄法そのものは，宋時代の中国で既に行われていたが，ダービー卿によるコークス製鉄は独立に見出されたものであり，技術が伝播したとは考えられていない。コークスを使った製鉄の成功はイギリスでの森林破壊をストップさせることとなった。しかし，石炭の採掘が進むと，炭坑はしだいに深化し，坑内の出水によって採掘が困難になる炭鉱が増えていった。その水のくみ上げのために石炭をエネルギー源とした蒸気機関が開発され，それが産業用機械に応用されることで，産業革命がスタートすることとなる（表1.3）。

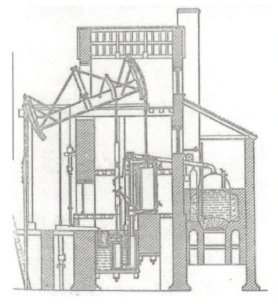

図 1.2　ワットの分離復水機

表 1.3　蒸気機関の発展

年	機関の種類	熱効率（%）
1750	ニューコメン 揚水器	0.5
1767	スミートンによる改良機関	0.8
1774	スミートンによる再改良機関	1.4
1775	ワット 揚水機関（大気圧）	2.7
1792	ワット 回転機関（正圧利用）	4.5
1816	ウルフ 二段膨張機関	7.5
1834	トレビシック コルニッシュ機関	17.0

　19世紀から20世紀初頭において大きな動力は石炭を燃料とした蒸気機関によって供給された。蒸気機関によって機関車・船舶が動かされ，輸送手段は格段に大型化・高速化された。

1.2.3　産業革命前後の照明事情

　電気の普及以前，人間はろうそくやオイルを照明に用いていた。オイルとしては，魚や獣の脂，樹脂から得られる精油（テレピン油），植物油，アルコールなどが用いられ，特にクジラからとれる鯨油[*1]はろうそくの原料としても重要であった。

　パリの街灯はルイ14世によって設置された。初めろうそくを用いていたが，1763年にオイルランプ（レヴェルベール灯）に変わった。1792年にイギリスのマードック[*2]は，メタンや水素を主成分とするコークス炉ガスを用いるガス灯を実用化した。この実験の成功によって照明用のガス利用が発展し，19世紀半ばまでに，欧米の主な都市ではガス灯が設置された。石炭から得られる油分（ケロシン）を用いたオイルランプも商品化されたが，ススが多くにおいもきつかった。19世紀中ごろ，石油の分留により灯油，潤滑油，パラフィンなどを精製する方法が見い出され，オイルランプ用の良質なオイル（灯油）が得られるようになった（第2章参照）。

照明の流れ

薪，蝋，精油　⟹　灯油，コークス炉ガス　⟹　電灯

1.2.4　有機化学と有機工業化学の発展

　有機物は無機物と比べて分析方法が難しく，初歩的な段階にとどまっていたが，19世紀に入り，ヴェーラー[*3]，リービッヒ[*4]などのドイツ

[*1]　16世紀から鯨油を目的とした捕鯨が北大西洋，北極海で盛んになり，オランダとイギリスが競い合って乱獲を繰り返したため，20世紀初めには大西洋ではほとんどクジラは姿を消した。18～19世紀にはアメリカが中心となって，北太平洋に捕鯨船団が送り出された。江戸時代の日本に開国を迫るためペリー艦隊を送り込んだアメリカの目的は，捕鯨船団の補給基地を西太平洋に得るためであった。捕鯨の目的は食料供給ではないため，肉は捨てられていたといわれる。

[*2]　W. Murdoch

[*3]　F. Wöhler

[*4]　J. F. von Liebig

の学者によって分析手法が確立されることで，大きく発展した。ヴェーラーは，シアン酸アンモニウムから尿素が得られることを見出し，それまで信じられていた有機物は無機物から作ることはできないという「生気論」を覆す結果を示し，有機材料を人間の手によって作り出せるという概念を与えた。

石炭の乾留により，コークスのほかに副産物として，コールタールとコークス炉ガスが生成する。ガスは街灯に使われたが，コールタールは不要物として破棄されていた。ルンゲ[*1]は環境を汚染し問題となっていたコールタールの成分分析を行い，フェノール（石炭酸）を初めとした多様な有機化合物を含むことを報告した（1834年）。この研究はドイツのホフマン[*2]に引き継がれ，コールタール中にベンゼンが豊富に含まれることを見い出だすとともに，1854年にはアニリンの構造を確定し，その製法を確立した。1856年，ホフマンの指導により，アニリンからマラリヤの特効薬であったキニーネの合成を試みたイギリスのパーキン[*3]少年が初めての合成染料モーブを合成した。パーキンは染料会社を設立するにいたる。ケクレ[*4]によるベンゼンの構造研究は，染料研究を大きく発展させ，バイヤー[*5]によるインジゴ染料の構造の解明につながった。

[*1] F. F. Runge
[*2] A. W. von Hofmann
[*3] W. H. Perkin
[*4] A. Kekulé
[*5] A. von Baeyer

表 1.4　19 世紀の有機化学の発展

年	人物	業績
1825	ファラデー	ベンゼンの発見
1828	ヴェーラー	尿素の合成
1831	リービッヒ	燃焼分析法の改良
1834	ルンゲ	フェノール（石炭酸）の発見
1839	グッドイヤー	加硫によるゴムの弾性改良
1847	パスツール	光学異性体の発見
1854	ホフマン	アニリンの製法の確立
1856	パーキン	合成染料モーブの合成
1858	ケクレ，クーパー	炭素の4原子価説
1860	コルベ	サリチル酸の合成
1862	ヴェーラー	カルシウムカーバイドの発見
1865	ケクレ	ベンゼンの構造式
1867	リスター	フェノール（石炭酸）の消毒作用を示す
1874	ファント・ホッフ	不斉炭素原子説
1880	バイヤー	インジゴの合成
1884	フィッシャー	糖類の合成

19世紀後半，ドイツを中心にコールタールを有機材料の供給源に用いた染料工業が発展し，BASF，バイエル，ヘキスト，ロシュ，チバ，

ガイギー*1 など，現在にもつながる化学メーカーが生まれた。ヴェーラーによって，安価にカルシウムカーバイドが得られるようになり，アセチレンガスが燃料として供給されるようになるとともに，アセチレンを原料とした有機工業がスタートした。リスター*2 により，フェノール（石炭酸）の消毒作用が明らかとなり，アセチルサリチル酸（アスピリン）の合成により，有機合成化学の製薬への応用が始まった。染料と細菌学の結びつきは抗菌性物質の発見へとつながり，化学メーカーの多くが製薬メーカーへと育ってゆくことになる。

*1 Bayer, Hoechst, Roche, Ciba, Geigy

*2 J. Lister

表1.5 企業による主な製品・技術開発

年	会社	業績
1867	ニトロ・ノーベル	ダイナマイト
1869	BASF	アリザリン染料
1891	BASF	トリニトロトルエン
1896	ヘキスト	解熱鎮痛剤アンチピリン
1897	BASF	インジゴ
1899	バイエル	アスピリン
1909	ヘキスト	サルバルサン
1913	BASF	アンモニア合成
1922	BASF	分散染料

1.2.5 石炭から石油へ

19世紀中ごろから，より効率の高い液体燃料を用いた内燃機関の開発が進んだ。蒸気機関は，機関内部にある気体（水蒸気）を機関外部の熱源で加熱・冷却により膨張・収縮させることにより，熱エネルギーを運動エネルギーに変換する外燃機関であり，内燃機関（いわゆるエンジン）は，燃料をシリンダー内で爆発燃焼させ，その熱エネルギーによって仕事をするものである。エンジンの方が小型化しやすく，車の動力機関として優れていた。また，レールを引かなければならない鉄道と比べて自動車は小回りの利く輸送手段として優れており，ゴムの発明によるタイヤの進歩にも助けられて急激に発展した。

表1.6 内輪機関の発展

年	機関の種類
1823	石炭ガスを用いた最初の内輪機関の発明（サミュエルブラウン）
1860	複動2ストロークのガス機関・プラグの発明（ジョセフ・ルノワール）
1876	オットーサイクル（4ストロークエンジン）開発（ニコラス・オットー）
1886	ベンツ三輪，ダイムラー四輪自動車の開発
1892	ディーゼルエンジンの開発（ドルフ・ディーゼル）
1908	T型フォード発売
1947	ミラー・サイクル開発 （アトキンソン・サイクル機能）（ラルフ・H・ミラー）

*1　Ford

*2　W. Burton

*3　戦争が機械化されて行くにつれエネルギー資源は戦争遂行に決定的な役割を果たすようになる。日露戦争当時，軍艦は石炭による蒸気機関で動いていたため，良質な無煙炭を手に入れることが重要だった。日本はイギリスと同盟を結んでいたため（日英同盟），無煙炭が手に入ったが，ロシアはカロリーの低い石炭を使わざるをえず，戦闘で不利になったといわれる。一方，第二次世界大戦において，日本は逆に産油地を押えていたイギリス・アメリカなどと戦った。勝てる見込みが薄いにもかかわらず日本が対米戦争に踏み切った直接の要因は，アメリカによる禁油措置の発令であった。当時，日本の石油備蓄は2年ほどしかなく，禁油措置が長期化すれば，戦わずして全面撤退せざるをえなくなることに日本軍の首脳たちが耐えられなかったためである。

*4　1970年代まで，世界の石油生産は，セブンシスターズと呼ばれる大手石油会社（アメリカ系エクソン，モービル，ソーカル，テキサコ，ガルフとイギリス・オランダ系のロイヤル・ダッチ・シェル，イギリス系BP）によってほぼ独占されていた。70年代以降，産油国（OPEC）の経営参加・国有化が進み，サウジアラビア，マレーシア，ロシアなどの主な国営企業7社の原油生産シェアが合わせて30％，保有する油田の埋蔵量でも30％と存在感を増す状況になっている。現在，石油業界は再編が進みエクソンモービル・ロイヤルダッチシェル・トルタ・シェブロン・コノコフィリップス・ＢＰの大手6社がスーパーメジャーと呼ばれているが，原油生産シェアは10％程度にすぎない。

アメリカのフォード社*1によって開発されたT型フォードは1914年からベルトコンベアーによる大量生産方式を取入れることで安価になり，1927年までに全世界で1,500万台製造された。それにともない，ガソリンの需要が急増した。しかし，原油にはガソリンは20％程度しか含まれておらず，残りは灯油や軽油・重油等であったことから，より多くのガソリンを得るため，灯油や軽油に熱を加えて分解しガソリンを作り出す熱分解装置がバートン*2によって作成された（1913）。次いで触媒を用いて，高品質で収率の高いガソリンを製造する接触分解法が1930年に工業化され，ガソリンエンジンの発達に対応した。このような熱分解処理によって，ガソリン留分だけでなくオレフィンを含む石油排ガスや芳香族化合物が大量に発生し，これらを用いて石油化学製品が生み出されてゆくことになった。石油化学が広がった1950年代以降は，石油排ガスだけではオレフィンの供給量が不足したため，オクタン価の低いナフサの熱分解（クラッキング）によりオレフィン類を供給するようになった。

石油化学製品製造の流れ

ナフサ　─クラッキング→　各種オレフィン　─重合・反応→　有機材料

石炭と比べて，石油は産油地が偏っているが（表1.7），アメリカには大きな油田があり，初期の供給が保たれるとともに，油田開発のための技術が蓄積されることとなった。第一次世界大戦後は，船舶も戦車も航空機も石油燃料なしでは動かすことができず，軍事物資*3として最も重要な物資となった。

第二次世界大戦後，中東で豊富な石油資源が開発された。1970年代まで大手石油企業*4のカルテルによって安価で安定した価格が維持されることで，石油化学工業を含む石油産業が発展した。石炭化学を中心にスタートした化学工業も，石炭が固体で輸送や加工に多くの費用がかかったのに対し，液体で無機質の少ない石油が優位にたった。その特長として，

① 流動性があり，大量・連続輸送が可能である。
② 化学的変換が容易であり，より高品位な製品を製造しやすい。
③ 同一重量で比較すれば発熱量が高い。（原油　10,800 kcal/kg　原

料炭　7,500 kcal/kg）

などが挙げられる。

　1973年のオイルショック以降，原油価格の決定権は産油国側にうつり，市場取引により原油価格は大きく変動するようになった。2000年以降は1ガロン100ドル前後の非常に高い価格で推移している[*1]。石油資源の枯渇も危惧されるようになり，石油に代わるエネルギー資源・有機資源の探索が必要とされるようになってきた。

表1.7　有機資源の地域別可採埋蔵量の地域別割合（％）

地　域	石　油	天然ガス	石　炭
中東地域	60.2	40.8	0.1
北アメリカ	5.1	5.2	28.5
南アメリカ	10.3	3.7	1.5
ヨーロッパ	7.7	27.0	30.8
アフリカ	10.9	8.0	3.7
アジア	5.8	14.7	26.5
オセアニア	0.2	0.7	9.9

出典：WEC "Survey of Energy Resources 2010" より

[*1] アメリカでのシェールオイルの増産にもかかわらず，サウジアラビアは石油の減産を行わなかったため，2015年に原油価格は1バレル当たり50ドルを切る価格に暴落した。その後，産油国は減産を開始したものの，原油価格は50～60ドルで推移している。この価格はアメリカでのシェールオイルやベネズエラなどの重質油の生産コストに近く，アメリカで多くのシェールオイルの生産会社を倒産に追い込み，ベネズエラを経済破綻に追いやった。

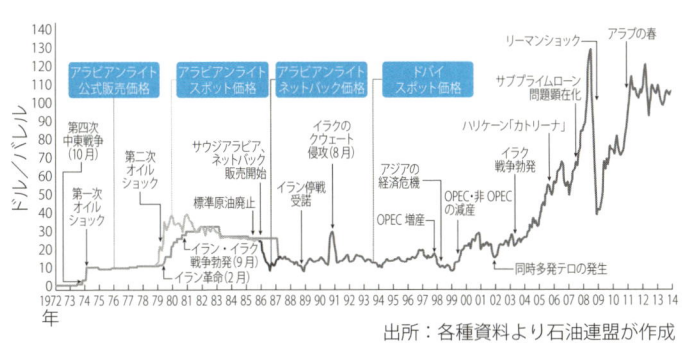

図1.3　原油価格の推移（単位ドル／バレル）
（「今日の石油産業 2014」石油連盟）

1.2.6　電力エネルギーの供給

（1）電力エネルギーの歴史

　ボルタ[*2]によって電池が発明され，万有引力とは異なる新たな物理力として注目された。1815年にイギリスのデービィ[*3]は，ボルタ電池2000個を接続してアーク放電させることで，照明としてのアーク灯を作成した。しかし電池が電源であったことや，電極として十分な純度と硬度をもつ炭素が得にくいため，ガス灯やオイルランプと比べて汎用性は低いものだった。

[*2] A. Volta

[*3] H. Davy

*1　M. Faraday

*2　T. A. Edison

*3　J. W. Swan

　1831 年ファラデー[*1]によって電磁誘導が発見され，化学反応を用いた電池による発電から，発電機のタービンを回すという運動エネルギーを発電に用いることができることが明らかにされた。電磁気学の発展はモーターや電球の発明へと繋がっていった。エジソン[*2]は 1881 年にパリで催された万国電気博覧会で，炭化された竹をフィラメントに使った白熱電球を発表した。白熱電球のアイデア自体は，イギリスのスワン[*3]によってすでに示されていたが，エジソンは，白熱電球を普及させるため，発電所から家庭や工場にまで送電・配電し，電灯を利用することのできる電力事業を提案し，実際に稼働させた。エジソンの電力事業自体は彼が直流電源にこだわったため，最終的には成功しなかったが，電気エネルギーの普及・発展に対する彼の貢献は大きい。

表 1.8　電気の歴史

年	人　名	事　象
1791	ガルヴァーニ	カエルの足から電池の原理を発見
1800	ボルタ	ボルタの電池を発明
1815	デビィー	アーク灯を発明
1820	アンペール	電気力学の理論化
1831	ファラディー	電磁誘導の発見
1836	ダウェンポート	直流モーターの開発
1864	マックスウェル	電磁場理論（マックスウェル方程式）
1876	ベル	電話の発明
1878	スワン，エジソン	炭素フィラメント電灯を発明
1882	エジソン	最初の発電所をつくる

(2) 水力から火力へ

　初期の発電は水力発電が主流（水主火従）であったが，火力発電は需要に合わせて発電量を管理できる利点があり，昼と夜で電力使用量が大きく変わる産業用には火力発電が適当であったため，次第に（火主水従）に変わった。日本でも石油の値段が安かった 1960 年代の高度成長期に大型の火力発電所が建設され，オイルショック前の 1973 年初めの段階で，発電量全体に占める石油の割合は 4 分の 3 を超えた。しかし，同年に起きた第一次オイルショックにより，石油に頼ることの危険性が明らかとなり，燃料資源の多角化が図られた。燃料を含めた一次エネルギーにおける石油の割合は，1973 年に 77.4 % であり，2005 年でも約半分（48.9 %）を石油が担っているが，発電量全体に占める石油の割合は，2006 年で 7.8 % に過ぎず，その分を，天然ガス（25.9 %），石炭（24.5 %）が担った。

(3) 天然ガスの利用

　従来型天然ガスはメタンを主成分とする室温でガスになる炭化水素成分の総称である。石油や石炭と同じように生物遺骸が地層に埋没して，地熱の作用により石油・石炭となる際に生じたガス成分でと考えられている。そのため，石油や石炭の層に随伴して産出することが多い。天然ガスは化石燃料のなかでは，同じ発熱量に対する二酸化炭素の排出量が少ないため（石炭100：石油80：天然ガス57），二酸化炭素の排出量軽減の観点からも注目されており，原子力発電による電力供給が困難になった2011年以降，電力の40％以上が天然ガスにより，供給されている。

(4) 原子力発電の利用

　1950年代には原子力発電の商業利用が始まり，1956年イギリスのコールダホール原子力発電所が操業をスタートさせている。日本でも，1955年に原子力基本法を成立させて，原子力の発電への応用を検討し，1966年に日本原子力発電株式会社の東海発電所が運転を開始した。その後，2009年までに53基の原子力発電所が稼働し，全電力の30％を担うまでになっていた。

　原子力エネルギー利用の利点は，

1. 少量の核燃料により大きなエネルギーを取り出すことができる。
　　ウラン235，1gから得られるエネルギーは石炭3tに相当
2. 火力発電に比べて熱効率は劣るものの（33〜34％），出力密度が大きい。
　　重油ボイラー　0.5〜1.0 MW/m³ に対して軽水炉　50〜100 MW/m³

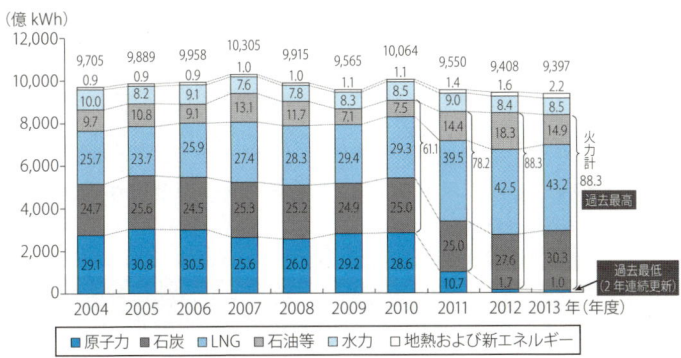

図1.4　電源別発電電力量構成比
（出典：電気事業連合会HPより）

3. 運転コストが安く，ベース負担に適する。
4. CO_2 の排出量がほとんどない。

   1 kW/h あたりの二酸化炭素排出量：21.6〜24.7 g に対して石炭火力　975.2 g，石炭火力　742.1 g，天然ガス 742.1 g

などが挙げられる。しかし，問題点として，

1. 放射線に対する安全対策が不可欠であり，放射性廃棄物の最終処理法が決まっていない。
2. ウランも枯渇性燃料である。（可採年数 93 年）

などが挙げられる。

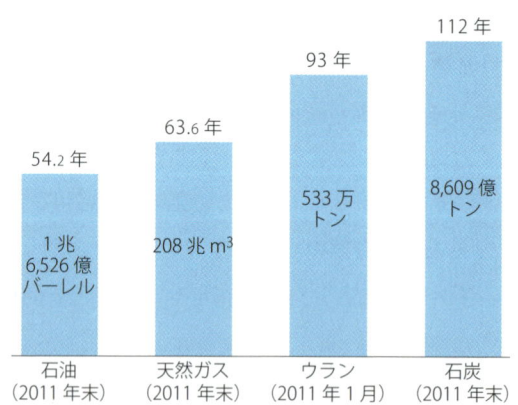

図 1.5　エネルギー資源の確認埋蔵量（可採年数）

2011 年の東日本大震災において福島第一原子力発電所で，メルトダウン事故が発生した。水蒸気爆発によって，放射性物質が放散され，甚大な被害がもたらされた。問題点として 1 の脅威が現実になったものと考えられる。そのため，全国の原子力発電所の安全基準の再検討が図られ，地元の反対などもあって，通常の点検作業による運転停止から再稼働することができず，原子力発電所が稼動していない状態が続いている（2014 年現在）*。二酸化炭素を排出しない発電方法として，再生可能エネルギーによって置き換わるまでの"つなぎ"として原子力エネルギーには大きな期待がもたれていたが，今後事故前の様な大きな割合を回復することは，困難と予想される。

＊　2021 年でも原子力発電所 33 か所のうち稼働しているのは 4 か所にとどまる。

1.3 有機資源とエネルギーの現在と将来像

1.3.1 一次エネルギー消費量

自然から直接採取されるエネルギー源を一次エネルギー，これに対して電気や都市ガスなど一次エネルギー源を加工・変換して作ったものを二次エネルギーと呼ぶ。過去20年，日本の一次エネルギー消費量はほとんど変わっていない（図1.6）。これは，日本の成長の鈍化や産業の海外移転などの負の要因ばかりではなく，省エネ技術の発展も大きい。次いで図1.7に世界のエネルギー消費量の推移（エネルギー源別，一次エネルギー）を示す。過去20年で，ほぼ1.5倍にエネルギー消費が増えていることがわかる。増加分は，日本を除くアジア（特に中国）やアフリカ諸国での伸びが大きい。

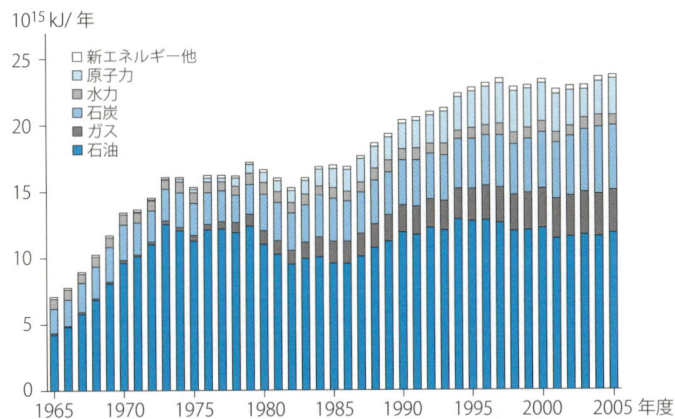

図1.6 日本のエネルギー消費量の推移（エネルギー源別，一次エネルギー）*
総務省統計局の「日本の統計」から取得した「総合エネルギー需給バランス」
[出典]（財）日本エネルギー経済研究所計量分析部（編）：EDMC／エネルギー・経済統計要覧（2007年版），（財）省エネルギーセンター（2007年2月15日），p.36-37

＊ 「新エネルギー他」には太陽熱，ごみ発電，地熱，その他（黒液，廃材，薪など）が含まれる。下記の出典をもとに作成した。

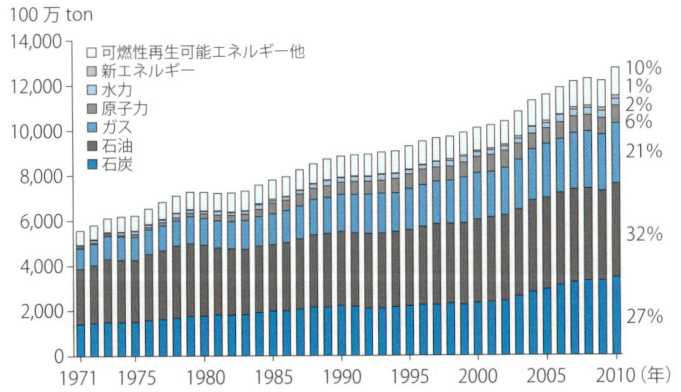

図1.7 世界のエネルギー消費量の推移（エネルギー源別，一次エネルギー）
（資源エネルギー庁HPより）

石油・石炭や天然ガスなどの既存（放射性元素を含む）の枯渇性エネルギー資源に限界がみられることから，現在，さまざまな有機資源の開発が取り組まれている。石油・石炭ほど安価ではないものの，有機資源として有望とされ，その利用方法が検討されているものとして

① 非在来型天然ガス（タイトガス，シェールガス，コールベッドメタン）
② オイルシェル
③ オイルサンド
④ メタンハイドレート
⑤ バイオマス

などがある。①～③については，すでに分離方法が確立され，現在，非在来型石油として，石油の埋蔵量の中に組み込まれている。

1.3.2 非在来型天然ガスとシェールガス革命

油田に伴う在来型ガス田からの天然ガスの他に，非在来型の天然ガス（タイトガス，シェールガス，コールベッドメタン，メタンハイドレート）があり，前者3つは主にアメリカを中心に開発され，現在，アメリカの天然ガス需要の40％以上を占めている。

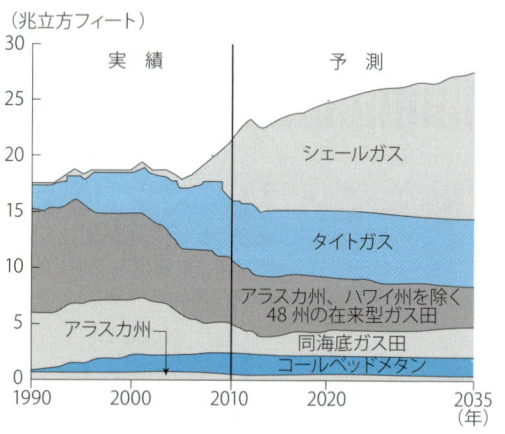

図1.8　米国天然ガス生産量推移予測
出典：米国EIA（市川元樹：シェールガス革命）

タイトガスは在来型ガスが貯留している地層よりも稠密な砂岩層にたまった天然ガスである。現在のアメリカの天然ガスシェアーの30％近くを占めており，すでに在来型の天然ガスと位置づけられている。また，シェールガスは，頁岩（シェール）層に封じ込まれているガスで，従来，その生産はコスト的に見合わないものとされてきたが，近年の水平掘削技術を活用し，頁岩層に水圧でヒビを入れて，ガスを回収する開発技術

の発達・普及とガス価格の上昇によって,実用化された(図 1.9,図 1.10)。

コールベッドメタンは,石炭が生成される過程で発生して,そのまま石炭層に滞留した天然ガスである。豊富な石炭層を陸上に有するオーストラリア,インド,インドネシアを中心に開発が進んでいる。

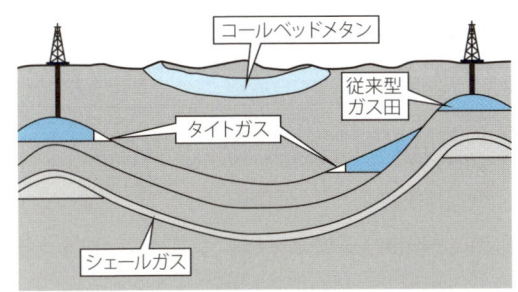

図 1.9 非在来型天然ガス資源の賦存環境
出典:米国 EIA(JOGMEC 伊原賢 2011/8/11 より)

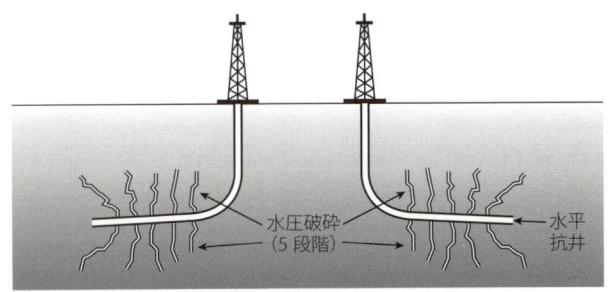

図 1.10 水平坑井と多段階の水圧破砕のイメージ
(JOGMEC 伊原賢 2011/8/11 より)

シェールガスと同じ技術を利用して頁岩(シェール)層に封じ込まれている軽質油「シェールオイル(タイトオイル)」の生産が急速に増加している。この天然ガス由来のエタンの価格は安く,それを原料にしたエチレンの生産プラント由来のエチレン価格は,ナフサのクラッキングによって得られるエチレンの価格と比べて,大幅に安値になると予想されている(2011 年では 7 分の 1 程度)。近い将来,アメリカの低価格のエチレンから合成されたエチレン誘導体が日本に輸出されると,国内生産のエチレン誘導体は競争力を失うものと考えられ,そのような予想の下,すでに,エチレンセンターの統合や縮小が既に始まっている(三菱化学,旭化成ほか)。

```
従来の石油化学製品製造の流れ
          クラッキング              重合・反応
ナフサ ──────→ 各種オレフィン ──────→ 有機材料
```

```
シェールガス革命による石油化学製品製造の流れ
            脱水素                 重合・反応
シェールガス ──────→ エチレン ──────→ 有機材料
```

　一方，中国では，安価な石炭を原料にして，カーバイド法を用いたポリ塩化ビニルの生産を拡大するとともに，合成ガス，メタノールを経てオレフィンを作る新しいプロセス（MTO[*1]とMTP[*2]プロセス）を大規模に工業化するなど，国策的に石炭化学を推進している。

*1　MTO（methanol to olefin）

*2　MTP（methanol to propylene）

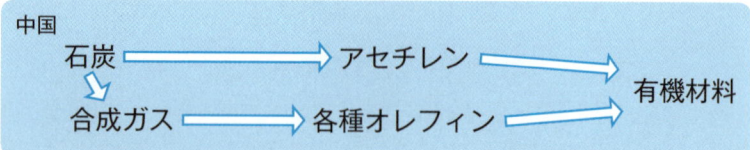

1.3.3　オイルサンド・オイルシェル

　オイルサンドは，石油を含んだ油層が地殻変動で地表近くに移動し，地下水との接触や生化学反応によって揮発成分が失われたことによりできた有機資源である。露天掘りの状態で砂ごと採掘し熱処理したり，高温の水蒸気等で砂と分離して原油を回収する。カナダとベネゼーラの埋蔵量が多い。また，オイルシェルは石油重質高粘度成分「ケロジェン」を大量に含む堆積岩の総称であり，カナダ，アメリカ，ブラジルなどに多く埋蔵されている。オリノコタール（ウルトラヘビーオイル）や，カナダのオイルサンドとともに，有機資源としての埋蔵量はサウジアラビアの石油に匹敵するものと推定されている。いずれも，分離方法は確立されており，現在ではすでに，非在来型石油として，石油の埋蔵量の中に組み込まれている。コストが通常の原油と比べて高く（1バレル100ドル程度），重油成分のみであることが難点となっている。

1.3.4 メタンハイドレート[*1]

複数の水分子のネットワーク中に小さい分子が取り込まれてかご状構造を作る。そのような化合物を包接化合物（クラスレート[*2]）と呼ぶ。かご構造の中には硫化水素，二酸化炭素などがゲスト分子として入り込まれることが知られているが，メタン分子を取り込んだものがメタンハイドレートである（図1.11）。1 m^3 のメタンハイドレートを分解させると，約 160〜170 m^3 のメタンガスを得ることができる。

メタンハイドレートが存在するには，0 ℃で26気圧，10 ℃で76気圧以上の圧力が必要である。このため，その存在はシベリアの永久凍土地帯や大陸近くの大水深海域に限られると考えられてきたが，近年になって大陸棚海底下の地層に多量に存在していることが判明した。日本の経済水域内にも，日本の年間天然ガス消費量の100倍以上に相当する量が存在しているとされる（図1.11）。現在，海底地層下でのメタンハイドレートの分解によるメタンガスの回収技術の開発が進められている。

[*1] methane hydrate

[*2] clathrate

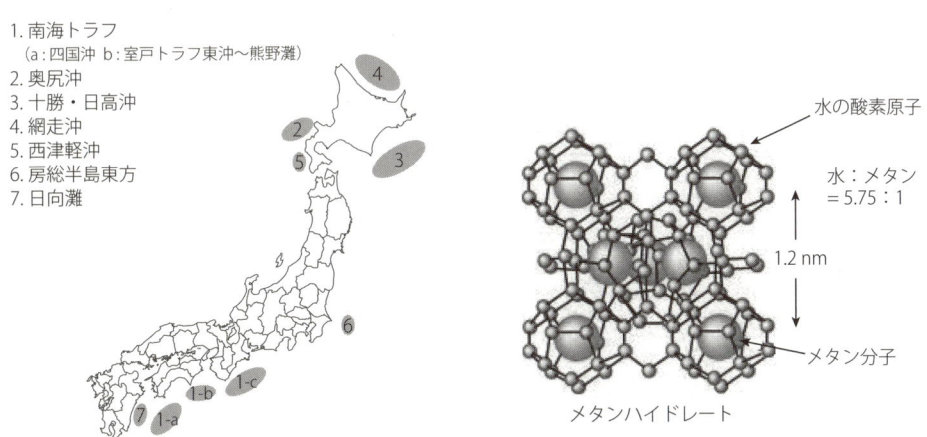

図1.11　メタンハイドレートの日本近海の分布と包接構造（BP統計，2010）

メタンハイドレートの生成には，地下における大量のメタンの存在が必要である。このような地下での大量メタン発生のメカニズムは，海底下の微生物発酵で発生するメタンを起源とする微生物起源と，生物遺骸が埋没し地温・圧力の増加により続成作用を受けて発生するメタンを起源とする熱分解起源がある。

1.3.5 バイオマス

バイオマス[*1]とは，自然界の光合成依存物質循環系（植物→微生物→有機および無機物→植物）に含まれるすべての生物有機体を指し，すでに食料，木材燃料などとして利用しているものも含まれる。地球上で毎年で再生されるバイオマスの量は，石油換算で約1,250億トンに達し，世界の総エネルギー消費の10倍に達する。植物は太陽エネルギーを用いて，水と二酸化炭素から有機物を合成しており，これを燃やして得たエネルギーは炭素バランスを崩さないと考えられ（カーボンニュートラル[*2]），太陽エネルギーの間接的な利用法として注目されている。バイオマスの主なエネルギー利用をまとめると，図1.12のようになる。

*1 biomass

*2 carbon neutral

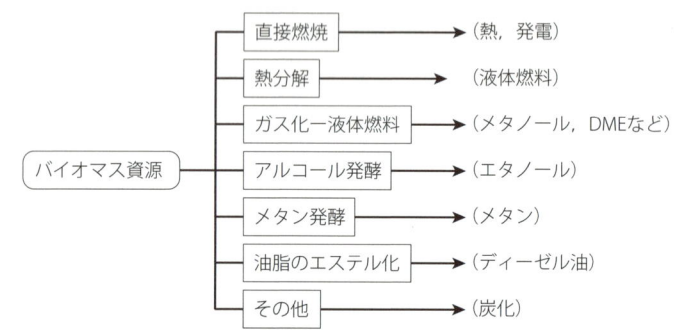

図1.12 バイオマスのエネルギー利用技術
(湯川英明，『バイオマス』，化学工業日報社 (2001))

1.3.6 有機資源の枯渇に備えて

現代の化石燃料を消費して成長する経済モデルは，いつまで続けることができるのだろうか。産業革命以降の人類の産業活動によって，地下に埋まっていた有機資源が掘り起こされ，燃やされ，大量の二酸化炭素が放出されてきた（図1.13）。その二酸化炭素が自然の回収量を上回り，地球温暖化をもたらしているとの指摘がある。たとえ二酸化炭素の増加による温暖化を疑うとしても，資源に限りがある以上，経済成長モデルはいつか破綻することになる。将来，人類はこれまで消費してきた化石燃料の枯渇という重大な事態を迎える。現在においては，いかに化石燃料の消費を抑え，有機資源を有効に使うことができるか考える必要があり，破綻が来る前に，太陽光を用いた再生可能なエネルギーサイクルを開発することが必要である。現代社会を支える有機材料の大きな体系をいかに支え，発展させてゆくかという問いに答えることが，有機化学を研究する者に与えられた使命と考えられる。

1 有機資源とエネルギー

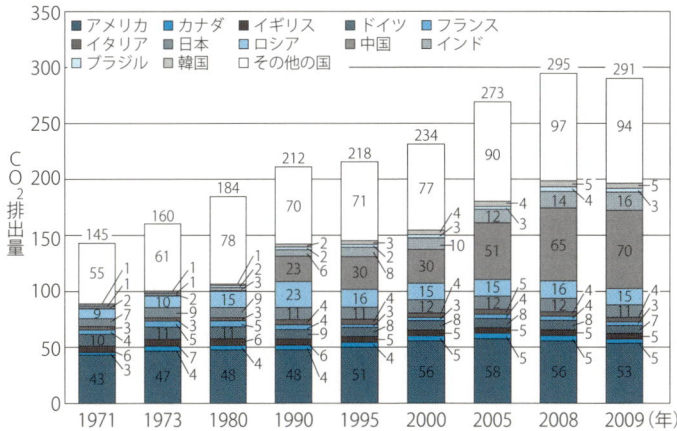

(注) 四捨五入の関係で合計値が合わない場合がある。
ロシアについては1990年以降の排出量を記載。1990年以前については，その他の国として集計

出典：(一財) 日本エネルギー経済研究所「エネルギー・経済統計要覧2012」

図1.13 二酸化炭素排出量の年次変化

2 石油資源とその精製

2.1 石油の形成

石油の起源には，海底に沈殿した生物の死骸に由来するとする『生物起源説』と，地球の内部に求める『無機起源説』がある。現在，石油中に含まれるバイオマーカー* の存在によって，生物起源説が有力である。しかし，近年，地球以外の天体にメタンを主とした炭化水素が多量に存在することが明らかとなり，無機起源説も無視できなくなっている。

2.1.1 生物起源説

生物起源説によれば，石油は，生物死骸が腐敗せずに海底に堆積して層をなし，さらに地下深部の高い圧力と適度な熱によって長時間（1千万年以上）熟成されることで生成する。石油が生成する場所は有機物質が泥状に堆積した堆積岩（泥岩）中で，根源岩と呼ばれる。現在産出する石油は中生代起源のものが多いが，この時代の海は海洋上層と下層の間で循環がなく，海底は沈んだ生物死骸が腐敗しにくい無酸素状態にあったものと推定されている。現在（第四紀）の海洋は，海洋上層と下層の間で大きな循環があり，深海まで酸素に富んだ状況にあるため，石油を作る条件には欠けている（黒海のような閉ざされた海域では，無酸素状態が見られる）。

* 葉緑素に由来するポルフィリンや，酵素の関与しない化学反応では生成が困難な光学活性をもつ有機化合物などが石油に含まれるバイオマーカーとして知られている。また，石油中に含まれる炭化水素の炭素同位体比を調べると，炭素数が少ないほど，^{12}C を含む割合が多くなる。これは熱分解による炭化水素の生成の傾向と同じであり，高分子量のケロジェンが生成した後，熱分解によって石油が熟成されるとする生物起源説に合うが，低炭素数の炭化水素の重合によって石油が生成したとする無機成因説とは矛盾する。

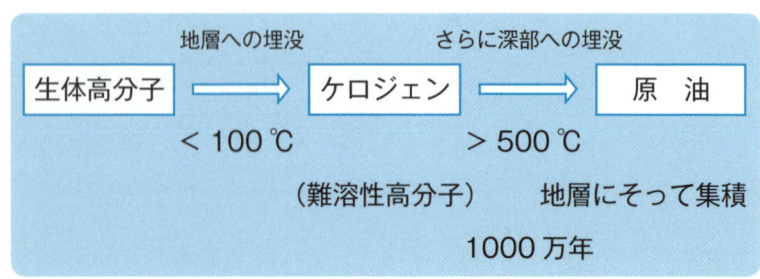

生成した石油やガス成分が，地表に逃げないように，根源岩は浸透性のない緻密な岩石の層（泥岩や頁岩）で覆われる必要がある。石油への熟成期間中に，高熱にさらされると分解してガス化し，地殻変動によって地表に露出すると，揮発成分が飛んでしまい，石油にならない（オイルシェル・オイルサンド（第1章参照））。さらに，採掘されるためには，堆積層が圧力によって褶曲し，背斜型構造をとることで，集積される必要がある。このような条件に恵まれた地質環境においてのみ石油は形成される（石油システム）ため，石炭と比べて産油地は非常に遍在している。特に世界人口の約半分を占める南アジア・東アジア地域には，石油はほとんど産出しない。

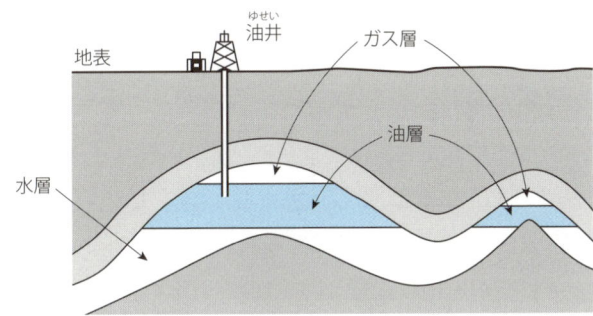

図2.1　背斜構造と石油の存在

2.1.2　無機起源説

無機起源説によれば，石油や天然ガスは地球の内部の二酸化炭素や水素をもとに形成される。上部マントル及び地殻深部において発生した水素（蛇紋岩化反応）が熱水流体中の二酸化炭素と接触し，フィッシャー・トロプシュ[*1]反応（5.3.3）により炭化水素（油・ガス）を生成する。生成した炭化水素は，基盤岩の隙間に沿って移動し，基盤岩中で割れ目が集中する部分に集積して「基盤岩油・ガス田」を形成する（図2.2）。最近，ベトナムやイエメンなどで，基盤岩の内部で商業生産が可能な規模の油田が発見されている。有機起源説では根源岩で生成した石油が移動した特殊なケースと説明される。一方，無機起源説では，基盤岩中の断裂を経由して炭化水素が堆積盆地内に集積し，油・ガス田を形成したとされる。最近，宇宙探査[*2]により，炭化水素，特にメタンが宇宙には豊富にあるとことが明らかにされており，メタンの生成を有機成因論のみで説明することは困難と考えられる。

*1　Fischer–Tropsch process

*2　土星探査機カッシーニによって，土星の月「タイタン」に，大量の液体炭化水素（主としてメタンとエタン）が存在することが発見された。液体炭化水素が河川となって地表を侵食し，水系を形成している様子や，炭化水素が火山として地表に噴出している姿などが捉えられた。また，地上からの望遠鏡観察（高分散型赤外分光計）によって火星表面でもメタンの噴出が見られることが明らかにされている。

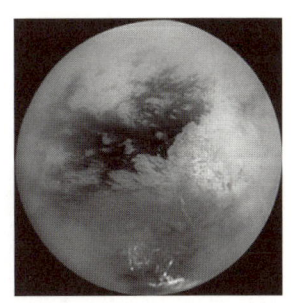

NASA
"Cassini Mission to Saturn"

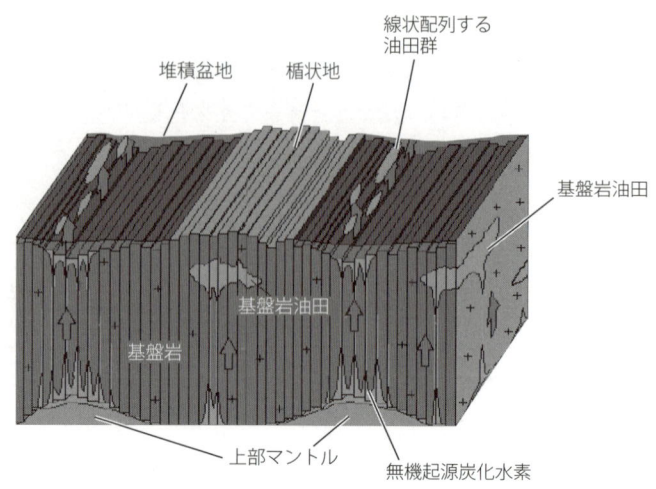

図 2.2　無機起源説の模式図
（出典：中島敬史：IEEJ 2005 年 7 月より）

2.2　石油の埋蔵量と分布

　地下に存在するすべての石油の量「資源量」のうち，経済的・技術的に採取可能な量を「埋蔵量（reserves）」という。また，「可採年数（R/P）」は現在の技術と価格の下で採掘可能であると考えられる石油埋蔵量（R）をその年の石油生産量（P）で割ったものである。新たな油田の発見や採掘方法の発展などにより，石油の埋蔵量は伸びているが，世界経済成長による石油生産量の増加分とほぼ相殺され，過去 30 年間 40 ～ 45 年で推移していた（図 2.3）。第 1 章で述べたように，近年はオイルサンド・タイトオイル・シェールガスやなどの非在来型石油も「経済的・技術的に採取可能」な有機資源として換算されるようになり，可採年数が大幅に伸びている。最近の確認埋蔵量の統計では，ベネズエラがサウジアラビアを超えて 1 位であり，カナダが 3 位である。シェールガスの埋蔵量が確認されると，可採年数が 200 年に達するとの見方もある（図 2.4）。しかし，それら非在来型石油の生産コストは，従来の石油のコスト（1 バレルあたり 10 ～ 70 ドル）に比べて高く，重質油アスファルトで 1 バレルあたり 50 ～ 90 ドル，オイルシェル，シェールガスで 1 バレルあたり 60 ～ 100 ドルである。ベネズエラに大量に存在する重質油アスファルトは，現在のところ，重油としてのみ採算性があり，現在の原油と同じ有機資源と考えることは危険である。

2 石油資源とその精製

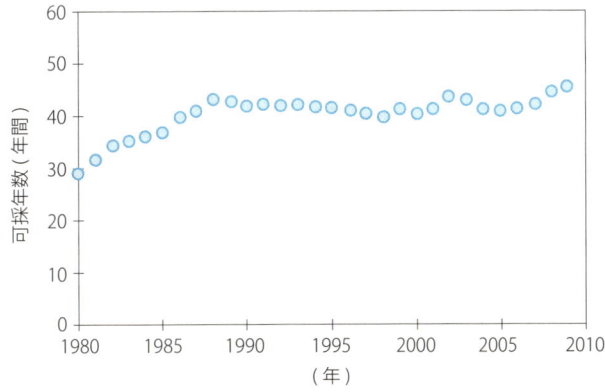

図2.3 原油の可採年数（BP統計，2010）

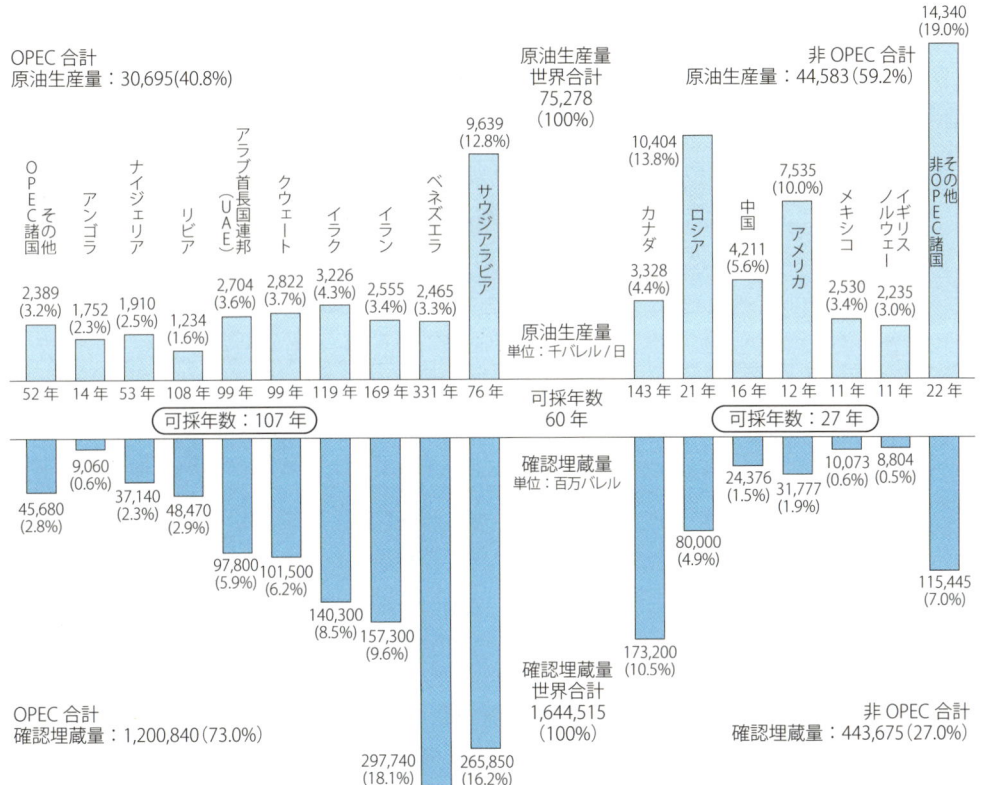

図2.4 世界の原油生産量・確認埋蔵量・可採年数
（石油産業2014より）

2.3 原油の成分と分類

地下から採取された原油は，一般に黒褐色または黒緑色の粘り気のある油状物質で，炭素原子数5～40程度の複雑な各種炭化水素の混合物のほか，泥水や塩分，さらにガス状炭化水素も溶け込んでいる。

原油に含まれる元素は，産地によらず比較的一定である。

炭素　83～87 %　　酸素　＜0.5 %

水素　11～14 %　　窒素　＜0.4 %

硫黄　＜5.0 %　　　金属　＜0.5 %

原油の炭化水素を分子構造のタイプによって大別すると，パラフィン系，ナフテン系，芳香族系，アセチレン系，オレフィン系の5種類に分類される。このうち原油の炭化水素として多いのはパラフィン系とナフテン系で，まれに芳香族系炭化水素を多く含む原油も見られる。パラフィン基原油はアルカン，一般式 $C_nH_{2(n+1)}$（パラフィン）を主成分とする原油であり，ナフテン基原油とは脂環式化合物であるシクロアルカン，一般式 C_nH_{2n}（ナフテン）を主成分とする原油をいう。二重結合を含むオレフィン系炭化水素は原油中にはほとんど含まれていない。

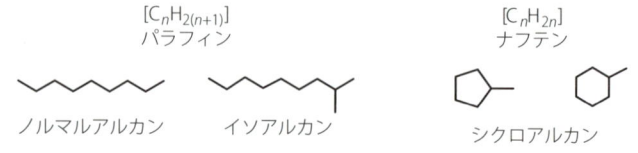

図2.5　石油に含まれる炭化水素の分類

一般に，パラフィン基原油は地質年代が古く，油井が深い。アルカンを主成分（60～75 %）とし，軽質ナフサ自体の含有率は高いものの枝分かれが少ないためオクタン価が低く，あまり良質なガソリンはできない。一方，枝分かれが少ないため良質の潤滑油の原料となり，灯油・軽油・重油も燃えやすい。また沸点の高いものは結晶してパラフィン（石ロウ）をつくる。潤滑油留分から析出するパラフィンワックスはノルマルアルカンであり，マイクロワックスは分岐枝をもつイソアルカンが主成分である。

ナフテン基原油は地質年代が新しく，油井が浅いものが多い。シクロアルカンを多く含む（30～50 %），ガソリンの含有率は低い。一方，

高温になると触媒の働きで芳香族系炭化水素に変わりやすい性質があるため，改質して高オクタン価ガソリンの製造や石油化学製品の原料となる芳香族系炭化水素をつくることに適する。粘度が低いので潤滑油原料にはむかないが，アスファルト分を多く含んでいるためアスファルト基原油ともいわれ，残油はアスファルトの原料となる。

表2.1　炭化水素タイプによる原油分類

原油タイプ	代表的な油田名	適した製品・特性の例
パラフィン基原油	ミナス，大慶	潤滑油，パラフィンワックス
ナフテン基原油	ベネズエラ	高オクタン価ガソリン，アスファルト
混合基原油*	アラビア，カフジ	良質灯油，潤滑油，重油
特殊原油**	台湾，ボルネオ	高オクタン価ガソリン，溶剤

＊混合基原油：パラフィン基原油とナフテン基原油の中間の原油をいう
＊＊特殊原油：一般に芳香族炭化水素を多量に含む原油をいい，種類が少ないので特殊原油と呼ばれている

(JX日鉱日石エネルギーHPより)

原油の分類として，一般に米国石油協会（API）の定めた比重表示法（API度）が使われている。比重との関係式は以下の関係で表される。

$$API度 = (141.5 / 華氏60度の比重^*) - 131.5$$

水と同じ比重を10度とし，数値が高いほうを軽質と定めている。原油の場合，39度以上を「超軽質」，34〜38を「軽質」，29〜33を「中質」，26〜28を「重質」，26以下を「超重質」といい，一般に軽質原油のほうがガソリン成分を多く含み高額で取引される。このAPI度により原油の蒸留曲線が決まり，沸点が350℃以上の残油量とAPI度との関係を示すと，26°で53%，30°→48%，34°→43%，39°→35%である。

それ以外に，

比重15/4℃：15℃の試料の質量と，同体積の4℃の水の質量との比
比重60/60°F：60°Fの試料の質量と，同体積の60°Fの水の質量との比も使われる。

また，60/60°F比重と平均沸点，または，API度と動粘度から計算されるUOP特性係数は原油基を分類するために用いられる数値である。この値が12〜12.5をパラフィン基油，11.5〜12.0を中間基油，11.0〜11.5をナフテン基油と呼んでいる。

炭素と水素以外の元素の存在は，石油製品の品質に大きな影響を及ぼす。API度により原油の硫黄分（wt%）は，$K \times (45 - API度)$として表示でき，Kの値によって，世界の原油は3種類に分類される（表2.2）。硫黄分の多い原油をサワー原油，硫黄分の少ない原油をスイート原油ともいう。日本の主要な輸入原油のうち，中東系原油は一般にパラフィン

＊　アメリカでは現在でも華氏（°F），フィート（ft），ポンド（lb）などの単位が日常生活で使われている。

基でサワー原油が多く，インドネシア系原油は中間基でスイート原油が多い。硫黄分は，燃焼によって亜硫酸ガスとなって大気環境を悪化させ，また，石油製品の劣化，装置の腐食，触媒被毒などを起こす原因になることがあるため，脱硫のためのプロセスが稼働している。

表2.2　硫黄分による分類

硫黄分の寡多	多 ⇔ 中 ⇔ 少		
地域（原油名）	中東，エジプト，カスピ海沿岸など	ベネズエラ，リビア	アメリカ，アフリカ，ヨーロッパなど
K	0.16	0.08	0.01

公益法人 石油学会 HP「石油豆知識［原油］」より

また，重金属類（多い方からバナジウム，ニッケル，鉄）も，プラントの触媒毒になるため，石油精製過程で除かれる。

2.4　石油精製
2.4.1　石油精製の歴史

*1　J. Young

*2　E. Drake

*3　J. D. Rockefeller
*4　Standard Oil

1847年，イギリスのヤング[*1]は，炭坑の中でしみだしている油や，天然アスファルトに含まれる油を蒸留することで，灯油，潤滑油，パラフィンなどを得る製法の特許を取得した。当時は，一つの蒸留容器（釜）を用い，沸点を確認しつつ留出油を分離する方法であり，熱効率も精留度（分離度）も悪いものであった。1859年，ドレーク[*2]によってアメリカ・ペンシルベニアで初の油井の機械堀が行なわれ，地下21mから日産30バレルの出油に成功した。1870年にロックフェラー[*3]によってスタンダード・オイル[*4]社が設立され石油産業が成立したが，そのころ供給していたのは主に灯油であり，揮発性が高く爆発性があったガソリン成分は，厄介者として捨てられていた。ヤングによって開発された石油精製技術はアメリカに渡り，1877年には，釜を連続的に並べて蒸留する方法が発明され，精留度は大幅に改善された。

1879年のエジソンによる電灯の発明によって石油ランプ用の灯油需要は減少したものの，内燃機関の燃料として灯油や重油の需要は増加していった（第1章　表1.6）。1908年に，フォードによって低価格の乗用車（T型フォード）が発表され，爆発的に売れたことで，ガソリンの需要が急増し，もっとも重要な石油製品となった。

1910年にパイプスチル式の連続蒸留装置が米国カリフォルニア州のベロン製油所に建設され，近代的連続蒸留法への道が開かれた。この方法は，加熱炉で加熱した原油を精留塔へ送り込み，油蒸気が精留塔内を

上昇する間に精留され，塔頂，側線，塔底から製品が同時に連続的に抜き出される画期的なものであった。現在でも基本的にこの方法が用いられている。

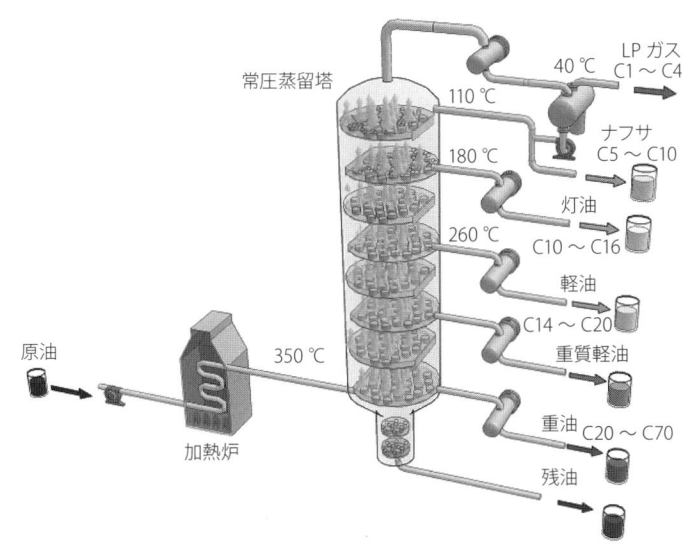

図2.6 連続蒸留装置の概念図

原料原油を加熱炉で350℃以上に加熱して，蒸気 − 液混合で蒸留塔に挿入する。蒸留塔は多段の塔であり，段上の液と段下からの蒸気が沸騰点で混合する。塔内部の操作圧力は約1.5気圧である。蒸留塔の上部を40℃，底部を300℃に保つと，この間の温度に応じて，その沸点の成分が各段に分配される。

(石油学会編，『石油精製プロセス』，講談社 (1998))

天然の石油にはガソリンは約20％しか含まれず，残りは灯油や軽油・重油等である。1913年バートンは，自動車用としてより多くのガソリンを得るため，灯油や軽油に熱を加えて分解しガソリンをつくりだす熱分解装置を作った。これによって，石油からとれるガソリンの量は2倍になった。車だけでなく航空機のエンジンの発達に対応し，1930年には，触媒を用いて高品質で収率の高いガソリンを製造するための接触重合法，アルキル化法，接触分解法（固定床式・流動床式）が相次いで工業化された（表2.3）。これらの方法はガソリンの品質向上に役立つだけでなく，多量の水素を発生するため，水素を利用した水素化精製法の発達を促進した。1950年代後半に米国で開発された触媒を用いた水素化分解法は，水素を供給しながら重質油の接触分解を行うことでガソリンの増産に寄与した。この方法は，反応条件により灯油，軽油を生産することができる融通性に富んだプロセスである。さらに水素化分解法は，重油の水素化脱硫法にも応用された。潤滑油製造では，1930年代に溶剤精製法，溶剤脱蝋法，溶剤脱瀝法が発達し，1950年代からは水素化

精製法も導入された。さらに，1937年にイギリスでエチレンの高圧重合法によって，はじめてポリエチレンが工業的に合成されたことで，石油化学工業が大きく発展した。有機材料化学に欠かせない，芳香族化合物もガソリン製造過程で生成し，抽出分離されることで供給されるようになった。

表2.3 石油精製技術の進歩と社会的要因の年表

年代	事象
1847	ヤング 炭坑の油を蒸留することで，灯油，潤滑油などの製法を発明
1859	ドレーク 米国ペンシルベニアで油井の機械掘りに成功
1870	ロックフェラーによるスタンダードオイル社設立
1877	連続釜による石油精製法
1878	スワン，エジソン 炭素フィラメント電灯を発明 → 灯油の需要を下げる
1886	ベンツ三輪，ダイムラー四輪自動車の開発 → ガソリンの需要を高める
1892	ディーゼルエンジンの開発 → 軽油の需要を高める
1908	T-型フォード発売
1910	パイプスチル式の連続蒸留装置
1913	バートンによる熱分解装置の発明
1921	四エチル鉛がノッキングを防ぐことを発見 → 1970年添加を禁止
1923	接触分解法の原理(ウドリー) → 30年代に実用化
1934	接触重合法(硫酸法) → 1935 リン酸法
1937	固定床式接触分解法の開発
1937	高圧法によるポリエチレンの製造
1938	アルキレーション装置の商業化(硫酸法)
1941	異性化法(UOP法)
1942	流動床式接触分解法の開発
1950年代	接触水素化法

2.4.2 石油精製の工程
(1) 常圧蒸留

　石油精製の工程は，原油の銘柄や目的の石油製品によって異なるものの基本的には分留と熱分解である。原油の常圧蒸留操作をトッピング，常圧蒸留装置をトッパーとよぶ。常圧蒸留によって各留分を連続的に分留できるようにした連続蒸留装置(図2.6)が使われている。これによって蒸留ガス，ナフサ（軽質，重質），灯油，軽油，残油（重油や潤滑油，アスファルトなどの原料油）などの各留分が大別される。各留分の沸点は，蒸留ガス（LPガス）は$-42 \sim -1$ ℃，ナフサは$30 \sim 200$ ℃，灯油は$160 \sim 270$ ℃，軽油は$200 \sim 350$ ℃，常圧残油は350 ℃以上である（図2.8)。沸点の幅に重なりがあるのは，需要によって供給量を調整するた

めである。常圧蒸留の後，不純物の硫黄，窒素などを除去する化学洗浄や水素化精製，ガソリンのオクタン価を向上させるため炭化水素の分子構造を化学的に変化させる改質，需要の多い石油製品（主にガソリン）を増産するためのクラッキング（熱分解）などの工程をへて，石油製品を生産する。原油の性質と燃料油の需要は一致しない（表2.4および図2.9）。そのため，得られる石油炭化水素を転化して，需要に合ったものを生産する技術が発達した。

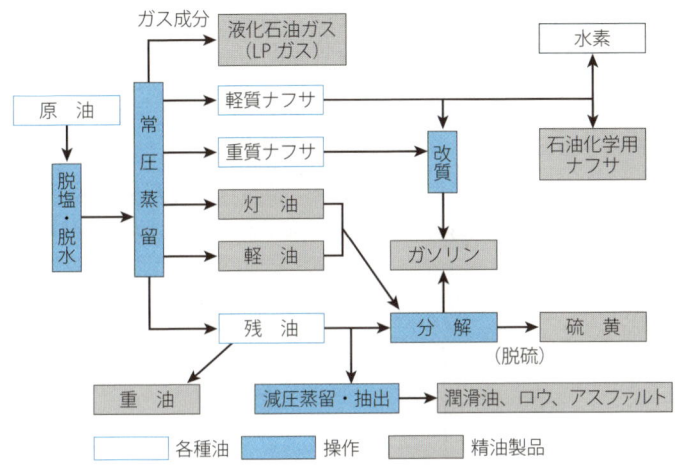

図2.7 石油精製の流れ

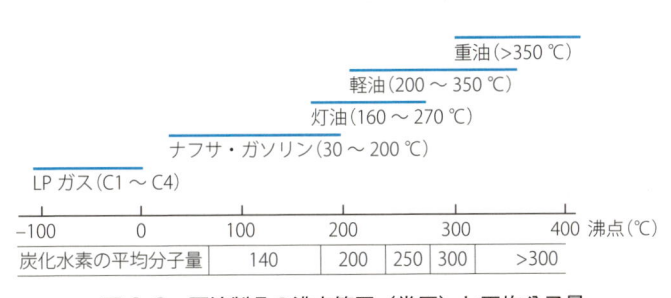

図2.8 石油製品の沸点範囲（常圧）と平均分子量

表2.4 主な輸入原油からの製品の収率

原油名	クウェート	イラニアンライト	アラビアンライト	アラビアンメディアム	ザクム	スマトラライト
ガソリン	19.5	20.2	35.0	18.3	23.5	15.0
灯油	11.6	12.5	13.5	13.0	16.6	10.5
軽油	12.8	13.8	13.5	14.5	16.7	9.0
残油	53.2	53.5	48.0	52.9	38.8	62.0

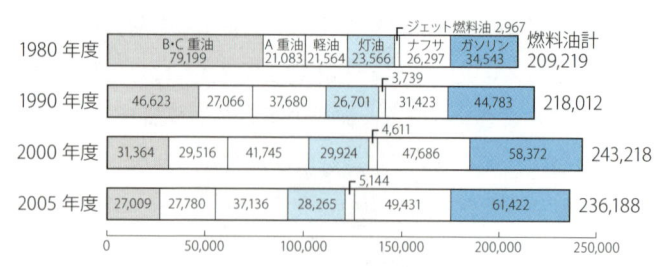

図2.9 石油製品別（燃料油）需要の推移（単位：千kL）
（経済産業省「エネルギー生産・需給統計年報」）

年度	B・C重油	A重油	軽油	灯油	ナフサ	ジェット燃料油	ガソリン	燃料油計
1980年度	79,199	21,083	21,564	23,566	26,297	2,967	34,543	209,219
1990年度	46,623	27,066	37,680	26,701	31,423	3,739	44,783	218,012
2000年度	31,364	29,516	41,745	29,924	47,686	4,611	58,372	243,218
2005年度	27,009	27,780	37,136	28,265	49,431	5,144	61,422	236,188

（2）減圧蒸留

常圧残油には，なお軽油として使える留分が5〜30％含まれているが，常圧残油をそのまま350℃以上に加熱すると分解してしまう。このため，残油を0.1気圧以下400℃前後に加熱し，さらに高温水蒸気を吹込み不溶2液相の共沸による沸点降下を援用して（水蒸気蒸留），重油や潤滑油などの原料を得る。

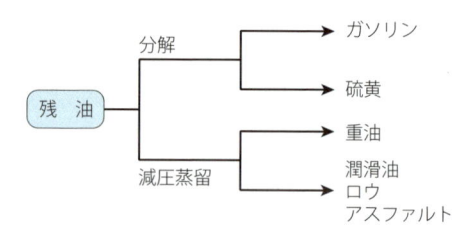

残油 → 分解 → ガソリン，硫黄
残油 → 減圧蒸留 → 重油，潤滑油，ロウ，アスファルト

図2.10 残油から得られる石油製品

* 硫黄，窒素，酸素などのヘテロ原子を含む化合物

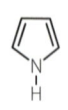

含窒素化合物
ピリジン　ピロール

含硫黄化合物
R–SH　R–S–R
メルカプタン　スルフィド

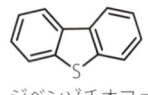

ジベンゾチオフェン

含酸素化合物
フェノール　クレゾール
R–COOH
カルボン酸

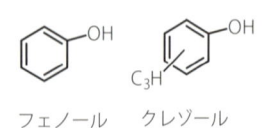

（3）水素化精製

常圧蒸留などによって得られる各石油留分や残油などには硫黄，窒素，酸素，金属などを含む化合物*が含まれ，装置や触媒の劣化を招く原因や，燃焼による酸化によって大気汚染のもととなる物質になる。水素化精製法はこれらの不純物を除く方法であり，水素加圧下，触媒を用いて石油製品を処理することで，オクタン価の高い炭化水素が得られるとともに，ヘテロ原子がH_2S，NH_3，H_2Oとして除かれる。接触改質法によって水素ガスが豊富に供給されるようになったことから，普及するようになった。

条件：$Co/Mo/Al_2O_3$（コモ錯体），$Ni/Mo/Al_2O_3$（ニモ錯体），
　　　水素圧50〜200気圧，温度300〜400℃

（4）硫黄の回収

脱硫反応によって生じた硫化水素は，エタノールアミンやジイソプロピルアミン水溶液で吸収させ分離する。硫黄[*1]回収装置でクラウス法によって単体硫黄に転換される。

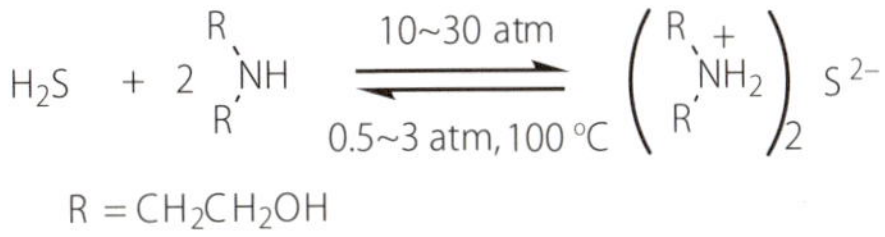

$$H_2S + 2\ \underset{R'}{\overset{R}{>}}NH \underset{0.5 \sim 3\ atm, 100\ ℃}{\overset{10 \sim 30\ atm}{\rightleftarrows}} \left(\underset{R'}{\overset{R}{>}}NH_2^+\right)_2 S^{2-}$$

$$R = CH_2CH_2OH$$

図2.11 硫化水素のアミン類との反応による吸収と分離

硫化水素からの単体硫黄の回収（クラウス法）

第1段はバーナーによる燃焼反応（1000～1400℃）で，主に以下の2つの反応で原料中の1/3のH_2SがSO_2になる。

$$H_2S + (3/2)\ O_2 \longrightarrow SO_2 + H_2O \tag{1}$$

$$2H_2S + SO_2 \longrightarrow (3/2)\ S_2 + 2H_2O \tag{2}$$

第2段は触媒反応（Claus反応）で，残り2/3のH_2SをSO_2と反応させ（200～260℃），反応ガスを約180℃に冷却することで硫黄単体を得る。

$$2H_2S + SO_2 \longrightarrow (3/8)\ S_8 + 2H_2O \tag{3}$$

触媒は活性アルミナ担持触媒や酸化チタン担持触媒などを使う。触媒反応を2，3段繰り返すことで，硫黄回収率は95～97％になる。

（5）高オクタン価ガソリンの製造

2.4.1で述べたように，ガソリンの需要に対して，石油から採れるガソリン成分は少なく，他の石油成分を触媒を用いて高品質（高オクタン価[*2]）で収率の高いガソリンを製造する接触改質法，接触重合法，アルキル化法，接触分解法（固定床式・流動床式）が発展した。それらの方法について説明する。

表2.5 主な高オクタン価ガソリンの製造法

原料	製造法		触媒
重質ナフサ	接触改質法[†]	ハイドロホーミング法	$MoO_3\text{-}Al_2O_3\text{-}SiO_2$
		プラットホーミング法	$Pt\text{-}Cl\text{-}Al_2O_3\text{-}SiO_2$
		レニホーミング法	$Pt\text{-}Re\text{-}Al_2O_3\text{-}SiO_2$
重質油	接触分解法	流動床法，固定床法	ゼオライト（$Al_2O_3\text{-}SiO_2$）
軽質ナフサ	異性化法		$Pt\text{-}Al_2O_3\text{-}SiO_2$
副生ガス	重合法		固体リン酸触媒
	アルキル化法		フッ化水素酸または硫酸

[†] 温度470～540℃，圧力5～15 atm，水素・炭化水素比（モル比）3～10で行われる。

[*1] 硫黄は硫酸やさまざまな化合物の原料であり重要な元素である。火山性ガスから硫黄が生じるため，火山の多い日本では硫黄鉱山が稼働していた。しかし，この石油精製の脱硫による副産物として大量の硫黄が供給されるようになり，硫黄の価格が下落したため，1960年代までに全て閉山に追い込まれた。現在，国内に流通している硫黄は，全量が脱硫装置起源のものである。

[*2] オクタン価とは，火花着火式エンジン用燃料のアンチノック性を表す尺度であり，オクタン価が高いほど，自動車のエンジン内においてノッキング（エンジンの燃焼室内で発生する異常燃焼）が起きにくく，より効率的な燃焼を実現することができる。アンチノック性のよいイソオクタンを100，アンチノック性の悪いn-ヘプタンを0として，これらを種々の割合で混合したものと，試料ガソリンを用い，一定規格の試験でノッキングの程度を比較して示される。なお，高オクタンガソリンは，日本工業規格（JIS）でオクタン価が96以上のガソリンという規格が定められている。実際に市販されているハイオクガソリンの多くは98～100のものとなっている。

$$CH_3\text{-}CH_2\text{-}CH_2\text{-}CH_2\text{-}CH_2\text{-}CH_2\text{-}CH_3$$

n-ヘプタン（オクタン価0）

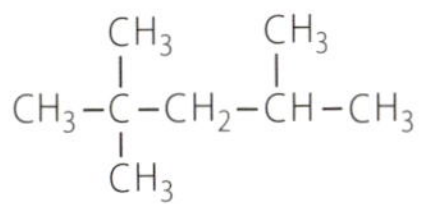

$$CH_3\text{-}\underset{\underset{CH_3}{|}}{\overset{\overset{CH_3}{|}}{C}}\text{-}CH_2\text{-}\underset{}{\overset{\overset{CH_3}{|}}{CH}}\text{-}CH_3$$

イソオクタン（オクタン価100）

また，トラックやバスなどの大型自動車や船舶にはディーゼルエンジンが用いられ，その燃料は軽油や重油である。ディーゼルエンジンでは，n-アルカンは燃焼が早いためノックが起こりにくく，逆に枝分かれの多いアルカンや芳香族成分は燃焼が遅いためノックが起こりやすい。これは，ガソリンエンジンとは正反対である。標準燃料として着火しやすいn-セタンのセタン価を100，着火しにくいヘプタメチルノナンを15として，それぞれを混合して標準燃料とした。以前はa-methylnaphthalene を0とした数値を用いていた。

$$CH_3\text{-}(CH_2)_{14}\text{-}CH_3 \quad n\text{-セタン}(n\text{-}C_{16}H_{34})$$

セタン価100

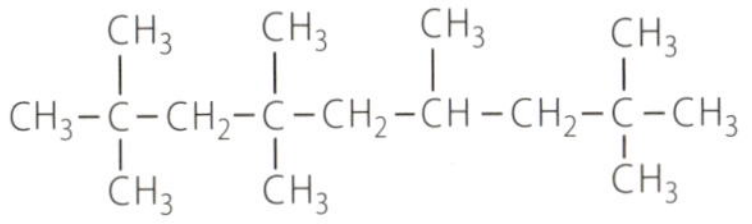

$$CH_3\text{-}\underset{\underset{CH_3}{|}}{\overset{\overset{CH_3}{|}}{C}}\text{-}CH_2\text{-}\underset{\underset{CH_3}{|}}{\overset{\overset{CH_3}{|}}{C}}\text{-}CH_2\text{-}\overset{\overset{CH_3}{|}}{CH}\text{-}CH_2\text{-}\underset{\underset{CH_3}{|}}{\overset{\overset{CH_3}{|}}{C}}\text{-}CH_3$$

イソセタン（2,2,4,4,6,8,8-ヘプタメチルノナン）
セタン価15

1）接触改質法

重質ナフサ（直留ガソリン）を水素気流中で高温，高圧において，触媒により転化させる操作を改質または，リフォーミング[*1]と呼ぶ。また，これによって得られたガソリンを改質ガソリンと呼ぶ。基礎化学原料となるベンゼン，トルエン，キシレンなどの芳香族製造装置としても有用である。触媒を保護する目的で水素化精製を行い，硫黄分や金属分などの触媒毒となる不純物をあらかじめ取り除いて行う。固体酸によるカルボカチオンの生成と水素化や脱水素芳香化を触媒する金属の効果が同時に現われる（表2.5）。

改質触媒は白金，パラジウム等の金属をシリカ－アルミナに担持した触媒が用いられていたが，現在では白金のほかに第二の金属（レニウム，イリジウム，ゲルマニウム，スズなど）を併用したバイメタル触媒が主に使用されている（レニフォーミング法）[*2]。白金は水素化－脱水素化の機能を持つ。担体はブレンステッド酸に由来する異性化－分解機能を持つ。第二の金属は，白金粒子の凝集を防止し，触媒の高い活性を長期間にわたり維持する目的で加えられている。

*1 reforming

*2 rheniforming

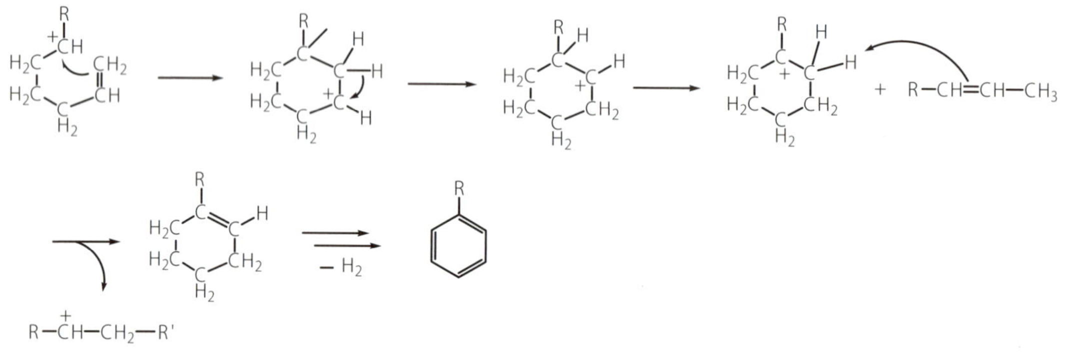

図2.12 接触改質法条件での芳香族化合物の生成機構

反応温度を上昇させると，環化脱水素反応および水素化分解反応が促進され，芳香族分が増加し，オクタン価は高くなるが，ガソリンの収率は低下し，分解ガス生成量が増加する。また，触媒表面にコーク[*3]の析出する量が増加して，触媒寿命が短くなる。反応圧力を下げると，脱水素および環化脱水素反応は促進され，水素化分解反応は抑制されるため，ガソリンの収率は高くなり，オクタン価も向上する。一方，触媒表面への水素の供給が減少するため，コークが付着しやすくなり，触媒寿命が短くなる。

*3 コークとコークスは同様の炭質固体をさすが，機器や触媒に付着した炭素についてコークスとよばずコークと呼んでいる。有用な目的物の場合をコークス，不要な老廃物の場合コークと呼んでいるように思える。

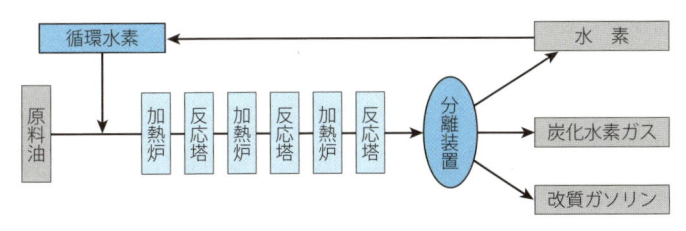

図2.13 レニフォーミング法の工程図

2) 接触分解法

天然のシリカ・アルミナである活性白土（ゼオライト）を触媒として重質油を分解して，高オクタン価ガソリンを高収率で生成する方法であり，接触改質法とともに，ガソリン製造法として主流となっている。触媒の再生方法と使用する触媒の流動状態により固定床式，移動床式，流動床式に分類されるが，最近では，主に流動床式が用いられている。

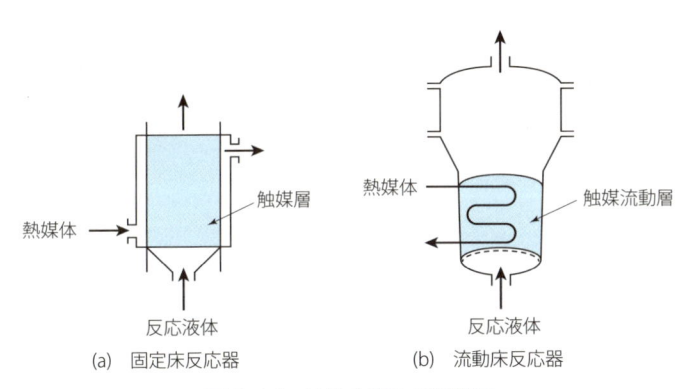

(a) 固定床反応器　　(b) 流動床反応器

図2.14 接触分解法の装置図

流動床とは，微粒子である触媒層の下部からガスを吹き込むことで，触媒層が液体と同じような挙動を示す状態をいう（図2.14）。このような状態にある触媒を，反応塔と再生塔の間で循環させ，接触分解を行う方式が流動床式であり，連続運転が可能なこと，反応塔（470〜570℃）・再生塔（620〜760℃）の温度分布が均一なこと，さらには触媒の移送動力が少ないことから，現在最も広く使用されている。収率は原料油に対して大体ガソリン30〜60 vol%，C4留分5〜10 vol%，C_3以下のガス5〜10 wt%，分解軽油20〜50 vol%，コークス5〜10 wt%程度とされる。

ゼオライトの基本構造単位はケイ素とアルミニウム原子を中心に四面体の頂点に酸素原子が結合した三次元構造である。ゼオライトはこのSi-O-Al-O-Si構造が三次元的に組合わさることによって形成され，三

次元的な組合せによってさまざまな形態の骨格が可能であり，数百種類のゼオライトの仲間が世の中には存在する。骨格中には分子レベルの空孔（0.1〜1.0 nm）をもち，水や有機分子などいろいろな分子を骨格中に吸着することがでる。一般式，$Na_m(AlO_2)_m(SiO_2)_n \cdot xH_2O$（$n>m$）で表される。このナトリウムイオンをプロトンで交換し，加熱することで固体酸とする。炭化水素の熱反応によって生成したオレフィン類がブレンステッド酸の作用によってカルボカチオンを生成する。

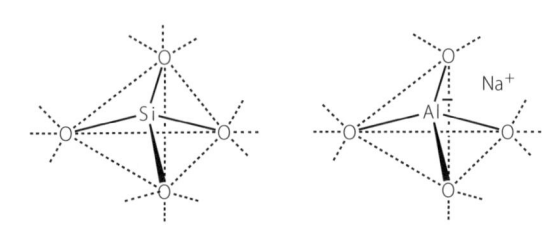

図2.15　ゼオライトの基本構造

図2.16　ゼオライトによるカルボカチオンの生成機構

カルボカチオンは（図2.12）で示した閉環，脱水素による芳香化反応や，異性化反応，β-脱離などを起こす。カルボカチオンは第1級＜第2級＜第3級の順に安定であり，より安定なカルボカチオンが生成するようにプロトンやアルキル基が容易に転位し，枝分かれの多いオクタン価の高い炭化水素を生成する。

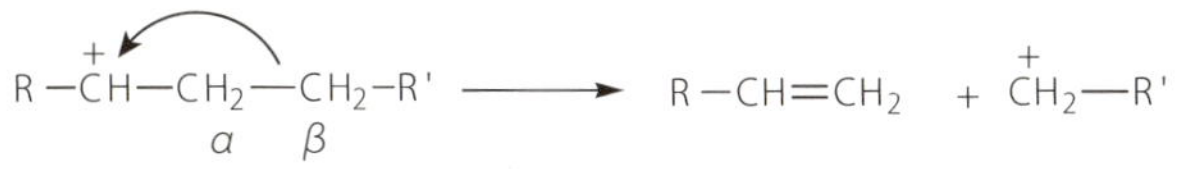

図 2.17 カルボカチオンからのβ-脱離によるオレフィンの生成

3) 重合法，アルキル化法および異性化法

重合法，アルキル化法および異性化法は，第二次世界大戦前あるいは戦争中に米国で航空機用ガソリンの製造のために実用化された。1970年代のガソリン中の有機鉛による大気汚染問題，また1990年代以降の自動車排出ガス規制の強化により，高オクタン価でクリーンなガソリン基材を製造する方法として重要性が増している。

重合法は，イソブテンの重合により高オクタン価ガソリンを製造する反応をいう。反応は固体リン酸触媒（ピロリン酸を珪藻土に担体させたもの）を用いる。アルキル化法に比べて品質などが劣るため，ガソリン製造には使われなくなってきている。

> 高オクタン価ガソリン生成反応で重要なカルボカチオンの存在を，最終的に確認したのが G. オラー* である。彼は不安定で短寿命なため，生成が予想されていながら確認されていなかったカルボカチオンを特殊なスーパーアシッド（超強酸）を用いて安定に生成させ，その存在を確認した。

* G. D. Olah（1994年ノーベル化学賞受賞）

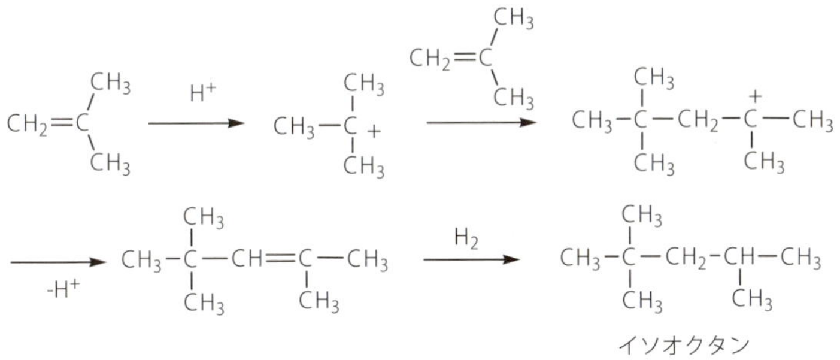

図 2.18 重合法によるイソオクタンの合成

アルキル化法とは，ブテン，プロピレン留分の軽質オレフィンとイソブタンを触媒存在下で反応させて，イソオクタンを主体とする高オクタン価ガソリンを製造する方法である。フッ化水素酸または硫酸を用いる。

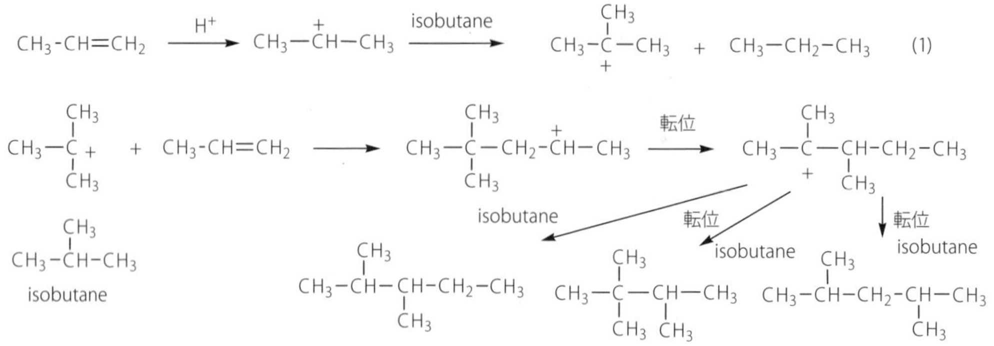

$$CH_3-CH=CH_2 \xrightarrow{H^+} CH_3-\overset{+}{C}H-CH_3 \xrightarrow{\text{isobutane}} CH_3-\underset{|}{\overset{CH_3}{\underset{|}{C}}}-CH_3 + CH_3-CH_2-CH_3 \quad (1)$$

$$CH_3-\underset{CH_3}{\overset{CH_3}{\underset{|}{C}}}{\overset{|}{+}} + CH_3-CH=CH_2 \longrightarrow CH_3-\underset{CH_3}{\overset{CH_3}{\underset{|}{C}}}-CH_2-\overset{+}{C}H-CH_3 \xrightarrow{\text{転位}} CH_3-\underset{CH_3}{\overset{CH_3}{\underset{|}{C}}}-\underset{+}{CH}-CH_2-CH_3$$

CH₃-CH-CH₃ (isobutane)

枝分かれ生成物（isobutane, 転位経路による）:
CH₃-CH-CH-CH₂-CH₃ (CH₃側鎖), CH₃-C(CH₃)₂-CH-CH₃, CH₃-CH-CH₂-CH-CH₃

図2.19　アルキル化法による枝分かれアルカンの合成

異性化法

　直鎖のパラフィン系炭化水素を，側鎖のある異性体に転化する方法を異性化法と呼ぶ。ゼオライトを担体とした白金 ($Pt-Al_2O_3-SiO_2$) によって触媒される。軽質ナフサ中の n- ヘキサンなどからオクタン価の高いイソパラフィンへ異性化や，n- ブタンのアルキル化法の原料であるイソブタンへの異性化に用いる。反応は，金属による脱水素，固体酸によるカルボカチオン化，転位，水素化と進む（図2.12）。

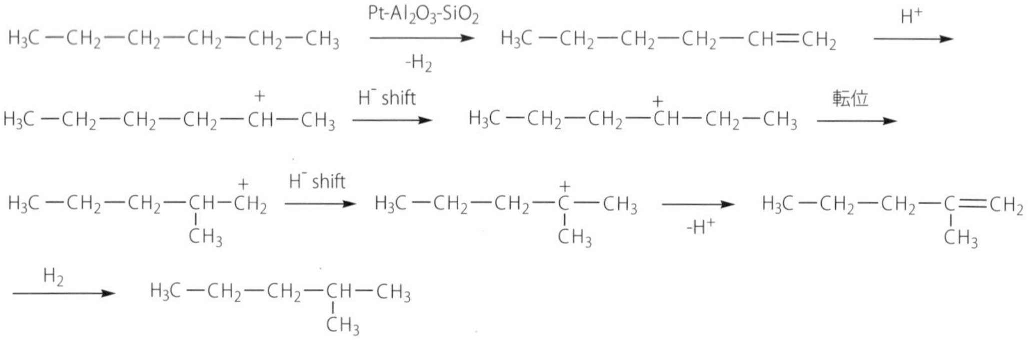

$$H_3C-CH_2-CH_2-CH_2-CH_2-CH_3 \xrightarrow[-H_2]{Pt-Al_2O_3-SiO_2} H_3C-CH_2-CH_2-CH_2-CH=CH_2 \xrightarrow{H^+}$$

$$H_3C-CH_2-CH_2-CH_2-\overset{+}{C}H-CH_3 \xrightarrow{H^- \text{ shift}} H_3C-CH_2-CH_2-\overset{+}{C}H-CH_2-CH_3 \xrightarrow{\text{転位}}$$

$$H_3C-CH_2-CH_2-\underset{CH_3}{\overset{+}{C}H}-CH_2 \xrightarrow{H^- \text{ shift}} H_3C-CH_2-CH_2-\underset{CH_3}{\overset{+}{C}}-CH_3 \xrightarrow{-H^+} H_3C-CH_2-CH_2-\underset{CH_3}{\overset{|}{C}}=CH_2$$

$$\xrightarrow{H_2} H_3C-CH_2-CH_2-\underset{CH_3}{\overset{|}{C}H}-CH_3$$

図2.20　異性化法による n- ヘキサンのイソヘキサンへの変換

（6）石油の熱分解

　バートンの熱分解装置によって，石油から得られるガソリンの量は2倍になった。しかし，ラジカル反応によって説明される熱分解（クラッキング）法は，高オクタン価ガソリンの製造には適していなかったため，現在は，ビスブレーキング法[*1]やコーキング法[*2]によって，分子量の大きな炭化水素から軽質油を作る方法や，ナフサからオレフィン類の合成に用いられている。それらの方法の機構や特徴を示す。

＊1　viscosity breaking の略称
＊2　caulking

1）熱分解法

現在では，原油中に含まれる重質留分を，より低沸点の軽質留分に転化するプロセスを分解法と呼び，このうち，熱分解法は，触媒を用いることなく，高温下で炭化水素分子を分解する方法である。反応機構がラジカルであるため，骨格転位や環化芳香化が起こらず，ガソリン生成には向かない。ナフサの分解に使われるクラッキング法[*1]，残油の粘度を下げるビスブレーキング法，残油を軽質油とコークスに分解するコーキング法がある。そのほか，軽質油と粘結剤（ピッチ）に変換するユリカ法[*2]なども実用化された。

*1　cracking

*2　EUREKA process

表2.6　各種アルカンの結合解離エネルギー（$\Delta H°$: A:B → A· + B·）

化合物	kJ/mol	化合物	kJ/mol
CH_3-H	439.3	CH_3-CH_3	378
CH_3CH_2-H	423.0	$CH_3CH_2-CH_3$	371
$CH_3CH_2CH_2-H$	423.0	$CH_3CH_2CH_2-CH_3$	374
$(CH_3)_2CHCH_2-H$	423.0	$CH_3CH_2-CH_2CH_3$	343
$(CH_3)_2CH-H$	412.5	$(CH_3)_2CH-CH_3$	371
$(CH_3)_3C-H$	403.8	$(CH_3)_3C-CH_3$	363

$$R\cdot + R^1-CH_2-CH_2-CH_2-CH_2-R^2 \longrightarrow R^1-CH_2-\overset{\cdot}{C}H-CH_2-CH_2-R^2 + R-H$$
$$\longrightarrow CH_2=CH-CH_2-CH_2-R^2 + R^1\cdot \longrightarrow$$

図2.21　炭化水素のラジカル反応による結合の切断と生成

炭化水素の熱分解反応はラジカル連鎖反応により進行する。結合の強さは，C-C結合で第4級＜第3級＜第2級＜第1級，C-H結合で第3級＜第2級＜第1級の順であり，結合の弱いところから切断される（表2.6）。生成したアルキルラジカルは，別の炭化水素から水素を引き抜いて短い炭化水素となり，ラジカルとなった炭化水素は，β位で切れてオレフィンとアルキルラジカルを与える。この反応はラジカル同士が再結合するまで続く。転位反応が起きないため，枝分かれは生成しない。

2）ビスブレーキング法

ビスブレーキング法は，減圧残油などの高粘度・高流動点の重質油を，コークを生成しない程度の比較的ゆるやかな条件下（10～20 kg/cm^2，450～500℃）で液相熱分解する。工程としては分解炉と蒸留塔からなるコイル型と，その間にソーカー槽を挿入したソーカー型がある。コイル型では分解炉内で高温・短時間に熱分解を終結させるため，製品の混合安定性の劣化を抑えやすい一方，炉管に生成したコークの付着が避け

られない。ソーカー型ではコーク生成を抑えるべく比較的低温とするが，ソーカー槽で反応に時間を掛けるため，副反応により製品安定性の劣化がより大きくなる。

3) コーキング法

　減圧蒸留での残油を 480 〜 500 ℃で熱分解することで軽質分（ガス・ガソリン・軽油）を得ながら，石油コークスを得るプロセスである。残油を加熱炉内で短時間分解温度にさらし，加熱管内でほとんど反応が行われないようにしてコークスドラムに送入し，ここで分解を起こさせてコークス化する。コークスドラム内に生成したコークスを，交互にドラムを切り替えて取り出す半連続式のプロセスである。

4) ナフサのクラッキング

　石油化学の原料となるオレフィン類は，ガソリンの改質過程で生じたものを用いていたが，石油化学の発展により不足したため，現在では，炭素数が 6 〜 8 の低質ナフサの熱分解により合成している。

　ナフサの熱分解は，管状の反応炉の中に原料炭化水素と水蒸気（原料に対して 0.5 〜 0.9 の割合）を送り，800 〜 900 ℃で 0.2 〜 1.2 秒加熱して反応させたのち急冷し，生成物を分離する。反応管は直径 5 cm，長さ 20 m 程度で触媒は使用しない。この高温管内を通過する 0.3-0.6 秒間に分解反応がおこる。図 2.12 で示したラジカル機構に従って分子鎖が切られ，低分子の炭化水素が生成する。このとき，最も需要の多いエチレンが得られるように設定されることが普通である（表 2.7）。C4 のオレフィン類やかなりの量のベンゼンなど芳香族化合物も得られ，分離されて石油化学の原料として用いられる。

　シェールガスなどの天然ガスを基にしたエチレン製造では，かなり高純度なエタンを原料に用いるためエチレンのみが得られる。このため，プロピレンや C4 オレフィン，芳香族化合物などの供給が不足することが予想されている。

表 2.7　ナフサ分解生成物の組成例

分解生成物	組　成（重量%）
水素，メタン，エタン，プロパン	19.3
エチレン	31.3
アセチレン	1.7
プロピレン	13.2
C4 炭化水素（ブタジエン以外）	4.7
ブタジエン	4.0
C5 〜 bp 200 ℃以下	19.8
重　質　油	6.0

2.4.3 オレフィン・芳香族成分の分離
(1) 低分子量成分の分離

ナフサの分解で生成した各種オレフィンや芳香族化合物は、石油化学原料として使われる。そのため、それぞれの成分の分離手法が開発された。ナフサ分解ガスは冷却され、ガソリン精留塔で重質成分を分離し、次のクエンチタワーで塔の上部から水を噴霧して水分とガソリン成分（C5～C9）を凝縮分離する。次にソーダ洗浄塔で酸性ガス（硫黄分、炭酸ガス等）を除去する。水素とメタンは途中の深冷分離器（-160℃, 37気圧）で分離される。エチレン、エタン、プロピレン、プロパンは各々蒸留塔を通過することで順次純成分に分離される。蒸留は、20気圧程度で各々30-100段の高い蒸留塔が必要である。エタンやプロパンなどの飽和炭化水素は、再び分解炉に送られ、Cu-Cr触媒で脱水素され、エチレン、プロピレンとされる。

プロピレンはアルミナを担体とする WO_3, MoO_3, または Re_2O_7 触媒により不均化（オレフィンメタセシス[*1]）を起こし、エチレン、プロピレン、2-ブテンの混合物を与える。この反応は、オレフィン間の需要と供給のバランスを取る目的で使われる。

[*1] olefin metathesis

$$CH_3\text{-}CH=CH_2 \rightleftharpoons[\text{触媒}] CH_2=CH_2 + CH_3\text{-}CH=CH\text{-}CH_3$$

図 2.22 プロピレンとエチレン、2-ブテンの平衡

オレフィンメタセシス

プロピレンの不均化反応はオレフィンメタセシスと呼ばれ、カルベン錯体を中間体として進行する。有効な触媒（Grubbs 触媒など）が開発され、広く有機合成に使われたことから、発展に寄与したショーヴァン[*2]、シュロック[*3]、グラブス[*4]らにノーベル化学賞が送られた（2005年）。

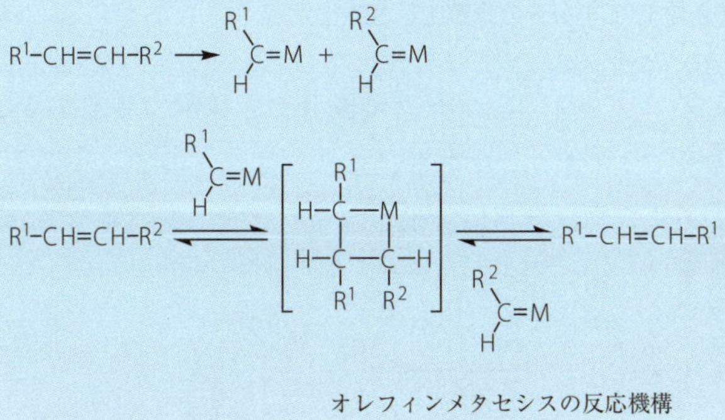

[*2] Y. Chauvin
[*3] R. R. Schrock
[*4] R. H. Grubbs

オレフィンメタセシスの反応機構

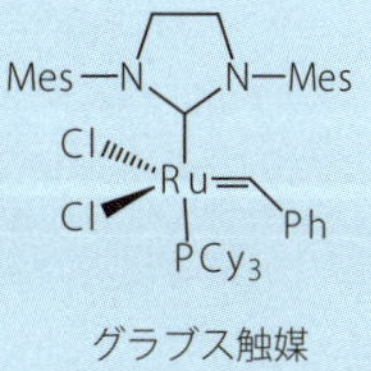

グラブス触媒

(2) C4 留分の分離

分解ガスに含まれる C4 留分は，B-B 留分と呼ばれ，多くの混合物からなり，沸点も近いため（表2.8），単純な蒸留では分離できない。そのため工程（図2.23）に示すように，まずブタジエンに対して親和性のある N-メチルピリドン（NMP）やジメチルホルムアミド（DMF）を加え，揮発性を下げて他の化合物から分離する（抽出蒸留）。そののち，蒸留によって沸点の近いイソブタン，イソブテン，1-ブテンとブタンと 2-ブテン類に分ける。

表 2.8　ナフサ分解物の C4 留分の組成

化合物	沸点 (℃)	組　成 (wt%)
1,3-ブタジエン	-4.5	39.08
イソブテン	-6.9	27.70
1-ブテン	-6.3	17.23
trans-2-ブテン	0.9	6.04
cis-2-ブテン	3.7	4.48
ブタン	-0.5	～2
イソブタン	-11.7	～2
その他		<1

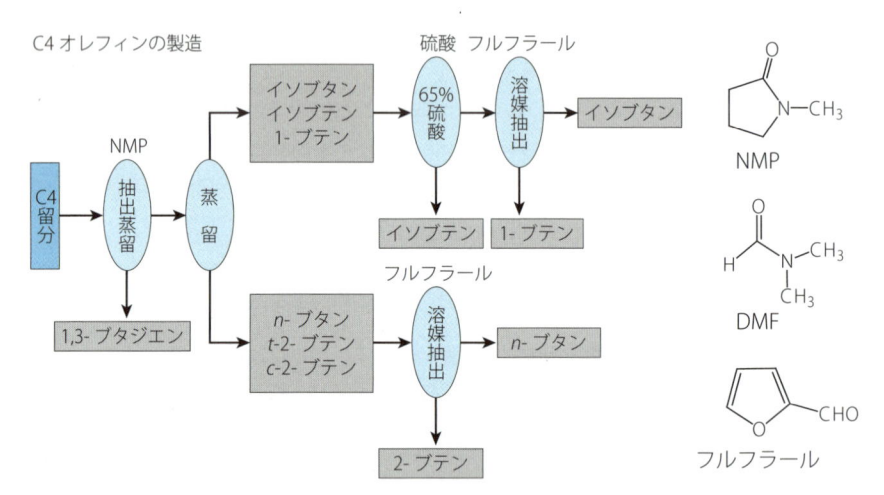

図 2.23　C4 留分の分離工程と抽出溶媒

イソブタン，イソブテン，1-ブテンの混合物を硫酸で処理すると，イソブテンのみが，カルボカチオンを経て水和され t-ブタノールとして分離する。この化合物は容易に脱水してイソブテンを再生する（図2.24）。

図 2.24　イソブテンの硫酸中での反応

イソブタンと1-ブテン，ブタンと2-ブテン類の混合物はそれぞれフルフラール[*1]による溶媒抽出で分離される。溶剤抽出法とは，物質を溶剤を用いて選択的に抽出する方法である。抽出溶剤は，抽出すべき成分を効率よく抽出する（選択性がよい）こと，抽出すべき成分が溶けやすいこと，抽出すべき成分と溶剤の分離が容易なこと，毒性，腐食性が少ないことが望まれる。フルフラールは，これ以外にも潤滑油の分離，芳香族成分の分離などにも用いられる。

[*1] 構造は複雑に見えるが容易に合成できる。トウモロコシやサトウキビの搾りかすを希硫酸と共に加熱すると，加水分解されキシロースなどの五炭糖類に変わる。同じ条件下でさらに脱水が進みフルフラールとなる。
$C_5H_{10}O_5 \longrightarrow C_5H_4O_2 + 3H_2O$

(3) C5留分の分離

C5留分はさらに異性体の数が多く，分離が困難であるため，工業的に価値のあるイソプレン（C5留分中の10〜15 wt%）とシクロペンタジエン（C5留分中の約20 wt%）のみ分離が行なわれている。イソプレンは，ブタジエンと同様にNMPやDMFによって抽出蒸留で分離される。シクロペンタジエンは，加熱によって容易にディールス・アルダー[*2]反応して二量体ジシクロペンタジエンとなるため，他のC5成分から分離することができる。イソプレンは合成ゴムの原料として，シクロペンタジエンはフェロセン[*3]や塩素化して農薬の原料などに使われる。

[*2] Diels-Alder

[*3] ferrocene（p.61参照）

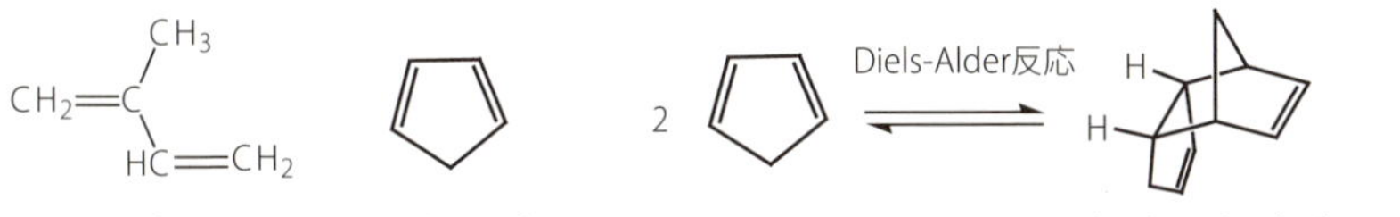

図2.25 C5留分イソプレンとシクロペンタジエン

1,3-ブタジエンやイソプレンは合成ゴムの原料として重要なことから，Al_2O_3-Cr_2O_3やFe_2O_3を触媒にC4，C5留分の飽和炭化水素からも脱水素反応によって合成される。

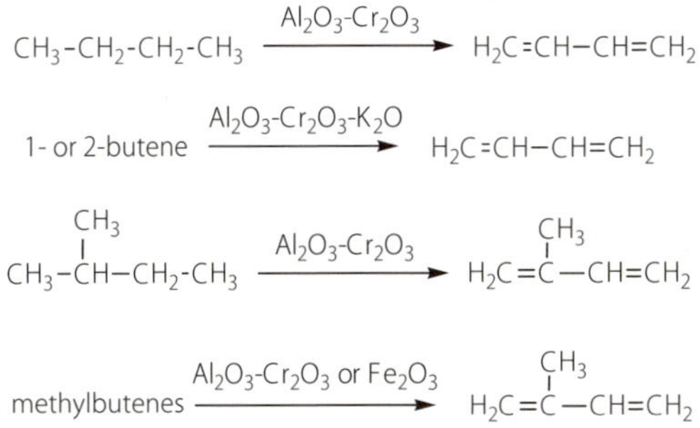

図2.26 C4，C5留分からの1,3-ブタジエンやイソプレンの合成

* B = Benzene, T = Toluene, X = Xylene

（4）芳香族成分（BTX）*の分離

接触改質で生成する改質ガソリン中には50％を超える芳香族成分が含まれており，石油化学の原料として，抽出法によって分離されている。ジエチレングリコールやトリエチレングリコールを用いるUdex法，テトラメチレンスルホンを用いるスルホランプロセスなどが用いられている。

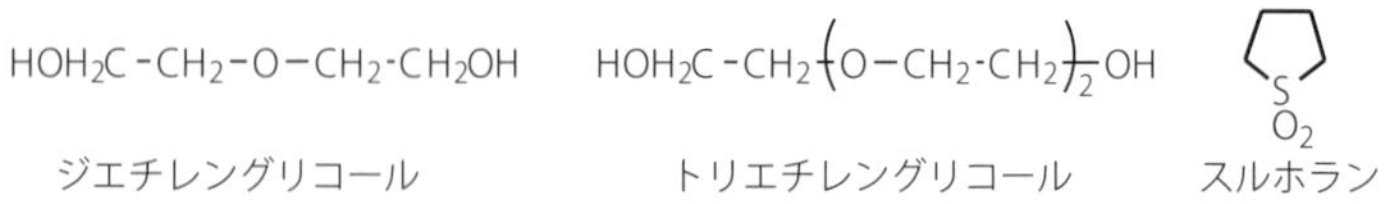

HOH$_2$C-CH$_2$-O-CH$_2$-CH$_2$OH　　　HOH$_2$C-CH$_2$(O-CH$_2$-CH$_2$)$_2$OH

ジエチレングリコール　　　　　トリエチレングリコール　　　スルホラン

図2.27　改質ガソリンから芳香族成分を抽出する際に用いられる溶媒

水素気流下，MgO-Al$_2$O$_3$やCr$_2$O$_3$-Al$_2$O$_3$を触媒に550〜600℃に加熱するとアルキルベンゼンの水素化脱アルキル化によりベンゼンが生成する。また，ゼオライトを用い，450〜550℃に加熱するとアルキル基の不均化やトランスアルキル化が起きる。この反応は，工業的にあまり使われないトルエンをキシレンに変化する目的で用いられる。

キシレンには，$o-$，$m-$，$p-$の3つの異性体が存在し，それぞれ分離方法が開発されている。このうち，需要の多いのはテレフタル酸の原料となる$p-$体であり，上記のトランスアルキル化と組み合わせて使われる。

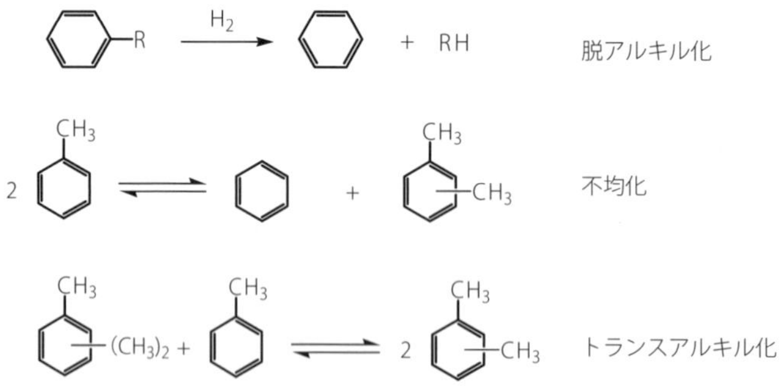

図2.28　アルキルベンゼンの脱アルキル化，トルエンからの不均化，トルエンとキシレンのトランスアルキル化

表 2.9 キシレンの分離法

分離法	方法
結晶化法	−70 ℃ で p-キシレンのみを結晶化
吸着分離法	ゼオライト系吸着剤で p-キシレンのみを分離
錯化法	HF・BF_3 と m-キシレンを錯化

2.5 石油製品

原則として原油を分留して得られる製品を石油製品と呼び,石油化学工業で製造される石油化学製品とは区別される。石油製品には,LP ガス・燃料油・石油化学用ナフサ・潤滑油・アスファルト・石油コークスなどがある。石油製品と石油化学製品を比べると,売上額では石油製品がかなり多く,その中でも燃料油が圧倒的に多い。石油生産から石油化学工業までを手掛けている大手石油企業(エクソン・モービルやロイヤル・ダッチ・シェル[*] など)において,化学工業部門の売り上げは 10 % 程度である。

[*] Exxon Mobil, Royal Dutch Shell

(1) 液化石油ガス(LPG) 成分:プロパン,プロピレン,ブタン,ブテンなど

一般にプロパンガスと呼ばれる。石油精製工程や分解処理天然ガスの湿性ガスから(天然ガスの主成分は乾性ガスのメタン)得られる。簡単な圧縮装置や冷却容器で液化するため,運搬が容易であり,家庭用燃料,自動車用燃料,石油化学原料(ナフサ),エアロゾルなどに用いられる。20 ℃での圧縮圧力はブタン 0.21 MPa(約 2.1 気圧),プロパン 0.86 MPa(約 8.5 気圧)で容易に液化でき,体積は気化ガス時の 250 分の 1 になる。エアロゾルとしては,現在ブタンガスが主に使われている。使用において健康上,防災上の注意が必要である(3.2.5 (2) 参照)。また,空気より重いため(都市ガスはメタンが主で軽い),たまりやすいことからメルカプタンなどを着臭剤として加え,危険を知らせるようにしている。

(2) ガソリン・ナフサ(沸点:30〜200 ℃)

常圧蒸留装置等からのナフサは,水素化精製装置で硫黄分を除去した後,軽質ナフサと重質ナフサに分けられる。軽質ナフサは,ガソリンの基材あるいは石油化学用原料として使用される。

1) ガソリン

原油を直接蒸留したものではなく,2.4.2 (5) に示した方法で高オクタン価に改質した基材を調合し,製品ガソリン(オクタン価の違いによ

りレギュラーとプレミアムがある）を製造する。その性能や安定性などを上げるため，表2.10に示すさまざまな添加物が加えられている。

表2.10　ガソリンへの添加物

種類	添加目的	有効成分
酸化防止剤	オレフィンが酸化されポリマーを生成するのを防ぐ	アルキルフェノール，芳香族アミン
金属不活性剤	精製過程で微量の混入する金属を駆除する。金属は触媒として働き，ポリマーを生成する	N,N-サリチリデンプロパンジアミン* など
清浄剤	カーボン質の堆積物（スス）の抑制	ポリオレフィンアミン
腐食防止剤	ガソリン中の水分による腐食防止	界面活性剤
着色剤	オレンジ系統に色を付ける（法律）	アゾ系色素

* N,N-サリチリデンプロパンジアミン

2）ナフサ（石油化学工業の原料）

熱分解してエチレン，プロピレンなどのオレフィンとした後各種石油化学製品に誘導される。

3）工業用ガソリン

工業用溶剤（高度に精製されたもの）

石油エーテル（K8593）　bp 30 ～ 60 ℃

石油ベンジン（K8594）　bp 50 ～ 80 ℃

リグロイン　　　（K8937）　bp 80 ～ 110 ℃

(3) ジェット燃料　（沸点：50 ～ 300 ℃）

発熱量が高く，燃焼性が良いことが求められ，パラフィン系炭化水素が適している。1万メートル以上の上空を飛行するため，低温で結晶化析出しないことが，求められる。灯油留分のみのものと，ナフサと灯油留分を調合して製造するものとがある。

(4) 灯油（沸点：160 ～ 270 ℃）

比重 0.78 ～ 0.83 程度，無色または淡黄色，透明の石油臭を持った石油製品である。おもに暖房や給湯など家庭用燃料として利用されるほか，業務用，工業用，農水産用などの燃料としても使用される。

(5) 軽油（沸点：200 ～ 350 ℃）

無色ないし蛍光色を帯びた茶褐色の油で，比重が 0.805 ～ 0.850 の石油製品である。ガソリンにくらべて製造が簡単であり，そのほとんどがディーゼルエンジン用燃料として利用され，バス，トラック，建設用重機，小型船舶，鉄道ディーゼルカーなどに使われる。

(6) 重油（沸点：>300 ℃）

褐色または黒褐色の重質油で，比重は 0.82 ～ 0.95 程度，発熱量は 10,000 ～ 11,000 kcal/kg 程度である。重油の成分は炭化水素が主で，若干（0.1 ～ 4 % 程度）の硫黄分および微量の無機化合物が含まれている。常圧蒸留装置の常圧残油，減圧残油，脱硫残油や接触分解装置の軽油留分等を調合して製造される。日本ではこの混合の配合によって A 重油，B 重油，C 重油と分類するが，この順に軽質留分の配合量が少なくなり，しだいに粘度が高く硫化物も多くなる。A 重油はおもに小型ディーゼルエンジンや小型バーナー用燃料として，B 重油は一般ディーゼルエンジンやボイラー用燃料として，C 重油は大型ボイラーや大型低速ディーゼルエンジン用燃料として使われる。

(7) 潤滑油

各種機械やエンジンなどの摩擦抵抗を軽減するために用いられる。

常圧蒸留残液を減圧蒸留により，低・中・高 3 種類の潤滑油留分に分離する。減圧蒸留の残油には，高粘度の潤滑油に適した重質留分とアスファルト分が混ざっており，溶剤脱瀝装置（プロパン脱瀝法）で分離される。原料油とプロパンの間に比重差があるため，軽いプロパンは潤滑油に適した留分を吸収しながら塔内を上昇し，プロパンに吸収されないアスファルト分は下降する。プロパンに吸収された脱瀝油（高粘度の潤滑油に適する）は上部から，下部からはアスファルトが抜き出される。

潤滑油留分は溶剤抽出装置により粘度指数が向上され，水素化仕上げ装置で色相改善，硫黄分が除去され，さらに脱蝋装置で流動点が改善される。このように精製された基油を調合し，添加剤を加えて製品とする。

(8) その他

パラフィンろう（ワックス）：パラフィン蝋は，潤滑油製造工程で溶剤脱蝋装置により分離された粗蝋から油分を完全に除去し，精製して製品とする。

グリース：グリースは潤滑基油に増稠剤や，必要に応じて添加剤を加えて，製品とする。

アスファルト：減圧フラッシング装置・減圧蒸留装置の残油や溶剤脱瀝装置の残油を直接調合して，ストレートアスファルトを製造する。また減圧残油を加熱，空気を吹き込んで酸化，脱水素，縮重合等により性質を変化させたブローンアスファルトを製造する。

3 石油化学

3.1 日本の石油化学工業の現状と課題

　石油や天然ガスを出発原料として合成樹脂，合成繊維原料，合成ゴムなど多種多様な化学製品を製造する工業を石油化学工業と呼ぶ。日本では，ナフサの分解によって工業原料であるエチレン，プロピレンなどのオレフィン類を生成する（2.4.2(6)，図3.1）。そのため，原料の流れに沿って石油精製工場，ナフサ分解工場を中心に，いろいろな石油化学誘導品工場が1つの場所に集まって効率的に分担する石油コンビナートが作られた。日本には9の地域（大分，周南，岩国・大竹，水島，大阪，四日市，川崎，千葉（市原・千葉・姉崎・袖ヶ浦），鹿島）に15の石油化学コンビナートが設置されている。2012年の日本の主な石油化学製品の生産量を表3.1に示す。

ナフサ —熱分解・精製→ エチレン → プロピレン → C4留分 → C5留分 → BTX —反応→ 石油化学製品

図3.1　石油化学工業の主な流れ

表3.1　日本の主な石油化学製品生産（2012年：千トン）

品目	数量	品目	数量	品目	数量
エチレン	6145	エチレンオキシド	846	低密度ポリエチレン	1477
プロピレン	5239	エチレングリコール	639	高密度ポリエチレン	928
ベンゼン(B)	4215	アクリロニトリル	554	ポリプロピレン	2390
トルエン(T)	1391	テレフタル酸	715	ポリスチレン	1168
キシレン(X)	5975	カプロラクタム	376	塩化ビニル樹脂	1331
パラキシレン(X)	3597	塩化ビニルモノマー	1879	合成ゴム(合計)	1625
アセトアルデヒド	133	スチレンモノマー	2392	フェノール	787
酢酸	416	MMAモノマー*	400	ビスフェノールA	456

＊ MMA=メタクリル酸メチル

経済産業省調査による

近年,北米,中東産油国では天然ガスや原油採取時の随伴ガスに含まれているエタンを主原料として使用するプロセスへの転換が進んでおり(シェールガス革命:第1章参照),次々と大きなエチレンプラントが設計されている(表3.2)。このエタンの脱水素によるプロセスは非常に安価にエチレンを与える(ナフサのクラッキングの7分の1程度)。このため,ナフサクラッキングによるエチレン製造プロセスは海外での競争力を失いつつあり,日本でもナフサのクラッキングプロセスの整理統合が進められている。石炭から石油へ有機材料の原料が転換したように,石油から天然ガスへの転換が現在進行しつつあるのかもしれない。

表3.2 新設予定の主なエチレンプラント(千トン)

国 名	中 国	シンガポール	サウジアラビア	アメリカ	日本(生産量)
規 模	1000	1000	1200〜1300	1500	530

経済産業省調査による

一方で,シェールガス革命による新たな課題も発生している。ナフサから生産されていたプロピレンやブタジエン,芳香族化合物(BTX)などは,エタンから直接生産できず,これらの原料の供給力低下が懸念される。なお,プロピレンからは汎用プラスチックであるポリプロピレンなど,ブタジエンからは自動車タイヤなどに利用されるスチレンブタジエンゴムなど,ベンゼンからはプラスチックの原料であるスチレンなどが生成される。原料の転換による,新たな化学プロセスが要求されるとともに新たなビジネスチャンスもそこに生じているものと考えられ,各化学メーカーは,合成ガスやエチレン,アセチレンを原料とした新たな化学原料の合成プロセスの開発研究を進めている。

3.2 エチレンから製造される石油化学工業製品
3.2.1 エチレン

エチレンはsp^2混成をもつ炭素同士が結合した化合物であり,σ結合とπ結合よりなる二重結合をもつ。π結合のエネルギーが高く,二重結合の結合エネルギー(146 kcal/mol)はσ結合からなる通常のC-C結合(83 kcal/mol)の二倍より小さい。そのため,大気下常温では安定な化合物であるが,多量化や酸化,求電子的な付加反応が進行しやすい。

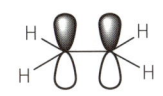

結合エネルギー
C—C 83 kcal/mol
C=C 146 kcal/mol

また，金属とπ電子を供与した錯体を形成することで電子不足気味になり，求核剤の攻撃を受けやすくなる。エチレンより誘導される中間化合物と化学工業製品の生産系統図を示す（図3.2）。以下，反応の種類ごとに示す。

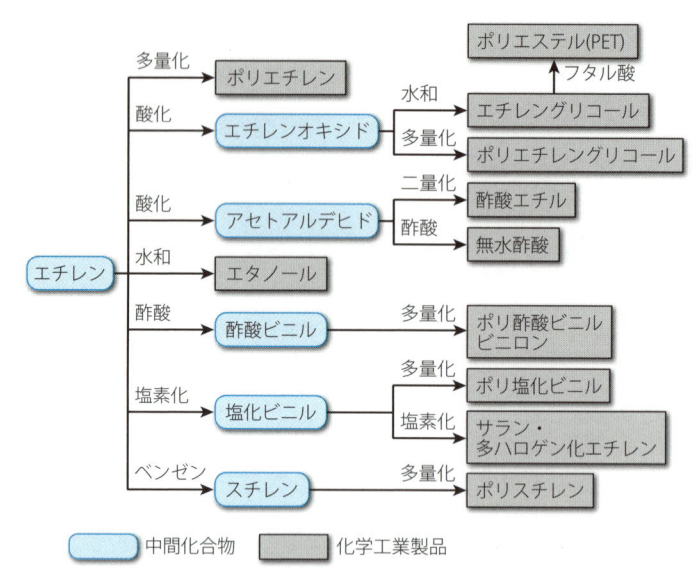

図3.2　エチレンを原料とした主な石油化学工業製品の生産系統

3.2.2　多量化反応（polymerization）
（1）ポリエチレン（PE）[-(CH$_2$-CH$_2$)$_n$-]

ポリエチレンは原料値段が安く，成形しやすく多用途に向き，比重の違った製品が自由に作り出せるなどの利点があり，最も多く利用されているプラスチックである。製法によって低密度ポリエチレン（LDPE），高密度ポリエチレン（HDPE），直鎖低密度ポリエチレン（LLDPE），超高分子量ポリエチレン（UHMWPE）などが作られ，それぞれの性質によって用途も異なっている（表3.3）。

1）高圧法低密度ポリエチレン

ポリエチレン自体はすでに知られていたが，ICI社＊が高温高圧下で生成することを再発見し，1939年に工業化された。重合はラジカル連鎖反応で進行する（図3.3）。反応中間体が活性なラジカルのため，主鎖の水素を引き抜く（back biting）などにより枝分かれができやすい。長さの異なる枝分かれをもつため，結晶化が阻害され，低密度で曲げ弾性率の低い，柔軟性のあるポリエチレンとなる。レーダー用の高周波信

＊ ICI（インペリアル・ケミカル・インダストリーズ）社は，1926年ドイツのイーゲー・ファルベン（IG）社の設立に対抗して，イギリスの四大化学工業会社ブリティッシュ染料，ブランナー・モンド社（アンモニア，ソーダ），ノーベル・インダストリーズ社（火薬），ユナイテッド・アルカリ社（肥料，ソーダ）が合併して誕生した。その後，イギリス連邦全体の総合化学会社として発展し，低密度ポリエチレン，ポリエステル繊維〈テリレン〉（日本での商標テトロン）などの画期的新製品を開発した。2008年にオランダの化学メーカー，アクゾ・ノーベルの傘下へ入った。

表3.3　各種ポリエチレンの製法と特徴

品　名	生成条件	密度	性　質
低密度ポリエチレン (LDPE)	高温高圧下(190℃程度, 100～400 MPa) ラジカル開始剤(BPO や AIBN*)を用いる	～0.92	分岐が多く結晶化度が低いため軟らかく透明性が高い
高密度ポリエチレン (HDPE)	重合触媒(Ziegler-Natta 触媒や Phillips 触媒)を温和な条件(60～90℃, 1～3 MPa)	0.94～0.965	結晶性が高い熱可塑性樹脂に属する合成樹脂
直鎖低密度ポリエチレン (LLDPE)	重合触媒を用いて上記の条件で，エチレンに 1-ブテンや 1-ヘキセンなどを共重合させる	0.910～0.925	LDPE と HDPE の中間の性質
超高密度ポリエチレン (UHMWPE)	均一系メタロセン重合触媒(カミンスキー触媒)を用いる。重量平均分子量が約 100 万以上	0.94	高い耐衝撃性，耐磨耗性，耐薬品性，自己潤滑性に優れる

*BPO（benzoyl peroxide），AIBN（2,2'-Azodiisobutyronitrile）加熱状態で分解しラジカルを生成する試薬。

号ケーブルの絶縁などに使用された。この高圧によるラジカル重合法は，様々な共重合（エチレン・酢酸ビニルなど）にも用いられている。

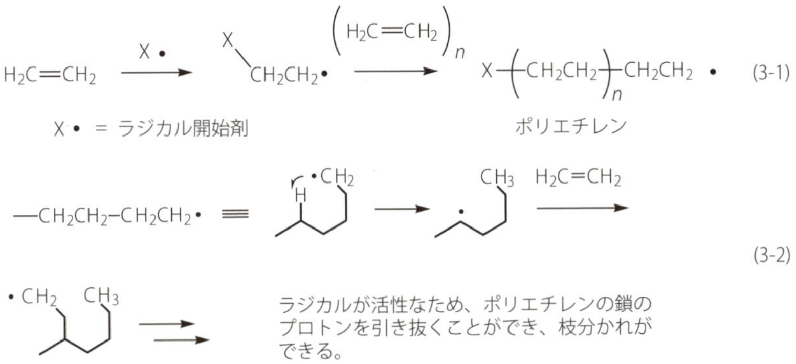

図3.3　エチレンのラジカル重合の反応機構（3-1）と枝分かれを生じる機構の1つ "back biting"（3-2）

2）チーグラー・ナッタ触媒[*1]によるエチレンの重合とその発展

1953年，チーグラー[*2]（独）らのグループは，より穏和な条件でのポリエチレンの合成を目的に様々な金属塩とトリエチルアルミニウムを混合する重合実験を検討した。その結果，チタンやジルコニウムの塩化物を用いたとき，常温常圧という極めて穏やかな条件下で効率よくポリエチレンができることを見出した。生成したポリエチレンは枝分かれのない高密度ポリエチレン（HDPE）であった（図3.4）。

チーグラーの触媒は，四塩化チタン（$TiCl_4$）とトリエチルアルミニウム（$Al(C_2H_5)_3$）を混合することで調製する。ナッタ[*3]（伊）はチー

[*1] Ziegler-Natta

[*2] K. Ziegler

[*3] G. Natta

グラー触媒を検討する中で，四塩化チタンのかわりに三塩化チタン（$TiCl_3$）を用いて調製した触媒の活性が非常に高く，プロピレン（$H_2C=CHCH_3$）も重合させる能力があることを見出し，広く使わるようになった。

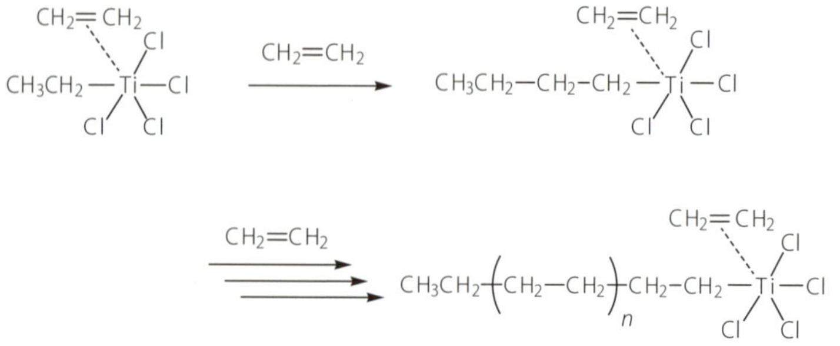

図3.4　ポリエチレン製造触媒の構造と重合機構

1960年代まで使われていたチーグラー・ナッタ触媒は活性が低く，ポリマー中に多量の触媒が残り，触媒を除去するために大掛かりな設備が必要とされた。その後，$MgCl_2$を担体に用いる方法がみいだされ（三井石油化学（現 三井化学）・モンテカチーニ社[*1]），触媒除去工程の省略されたプロセスとなった。触媒開発の作業仮説としては，「触媒活性をもつTiイオンが固体表面上にのみ存在する触媒を作る」であった。$TiCl_3$とよく似た固体構造をもつ$MgCl_2$を用い，$MgCl_2$をブタノールと反応させ，そののちに$TiCl_4$を加えることで調整した触媒が非常に高い活性を示した。

さらに，1980年カミンスキー[*2]は，均一系メタロセン重合触媒（カミンスキー触媒）を開発した。これはシングルサイト重合触媒と呼ばれ，マルチサイト触媒に比べて活性点構造が均一であるという特徴を有する。このため，高分子量かつ均一度（タクティシティ）の高い構造のポリマーが合成された（メタロセン触媒については，プロピレンの重合を参照）。

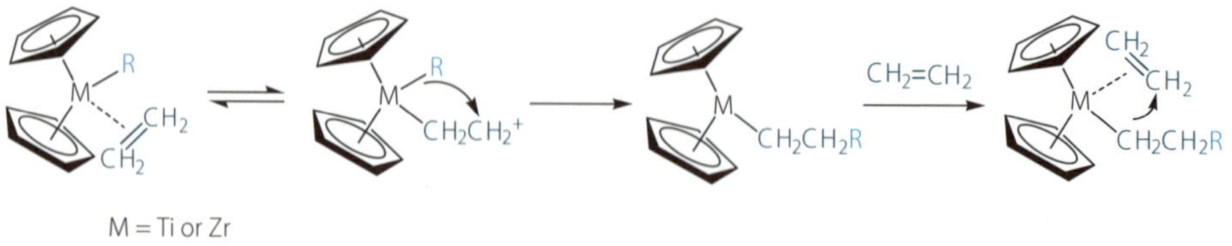

[*1]　Montecatini 社
世界で最初にポリプロピレンを商業化したイタリアの会社（後にハイモント社→モンテル社→ライオンデルバセル（Lyondell Basell）社）。モンテカチーニ社は1888年操業開始，元々は鉱山開発の企業であったが，硫酸，肥料生産を皮切りに化学工業を展開し，1950年頃には合成染料，医薬品，プラスチックなどを生産する総合化学企業となった。ナッタが技術顧問を務めており，チーグラーを改良することで，プロピレンの重合を可能にした。

[*2]　W. Kaminsky

図3.5　カミンスキー触媒とポリエチレンの重合機構

チーグラー・ナッタ触媒

チーグラーの研究室では，トリエチルアルミニウムとエチレンを反応させ，ポリエチレンを作る実験を行っていた。ある時ポリエチレンが全くできず，エチレンの二量化により1-ブテンが得られた時があった。チーグラーはその原因を徹底して探させ，彼らが使った反応容器に前の実験で使ったニッケル塩が残っていたことを見出だした。この事実から金属塩がエチレンの重合に大きな影響を与える可能性に気づき，実験を進めた。チーグラー・ナッタ触媒の開発を契機に有機金属触媒の利用が大きく進むことになり，チーグラーとナッタは1963年にノーベル賞を受賞している。

3) フィリップス触媒[*1]

フィリップス法では，微粉末のシリカ-アルミナに六価クロムを1〜3重量％付着させたものを触媒に，シクロヘキサンなどを溶剤とし，エチレンを30〜40気圧・100〜175℃の環境下で重合させる。生成したポリエチレンは枝分かれのない高密度ポリエチレン（HDPE）である。エチレン重合において，末端オレフィン（α-オレフィン）を混合することで，短長の分岐構造を有するポリエチレン（LLDPE）を生成する。

[*1] 1951年アメリカ・フィリップス石油のバンクスとハーガンによって開発された触媒。フィリップス（Philips）社は，2001年石油大手コノコ（Conoco）社と対等合併しコノコフィリップスとなった。石油会社のスーパーメジャー6社の1つである。

3.2.3 オリゴマー化（oligomerization）

α-オレフィン（C4〜C20），$H_2C=CH-R$（$R = C_2 \sim C_{18}$）

α-オレフィンとは末端に二重結合をもつオレフィンの総称であり，エチレンのオリゴマー化[*2]によって生じる。炭素数に応じて合成洗剤，界面活性剤等に使用される。また，可塑剤や洗剤に使用される高級アルコールの原料となる。トリアルキルアルミニウムにエチレンを挿入させる方法（シェブロン法）[*3]，メタロセン触媒（ジルコニウムを用いた出光法）などが用いられる。

[*2] オリゴマー：比較的少数のモノマーが結合した重合体のこと

[*3] Chevron

3.2.4 酸化反応（oxidation）

エチレンの酸化によって，エチレンオキシド，アセトアルデヒド，酢酸ビニルなどが合成される（図3.6）。エチレンの直接酸化やアセトア

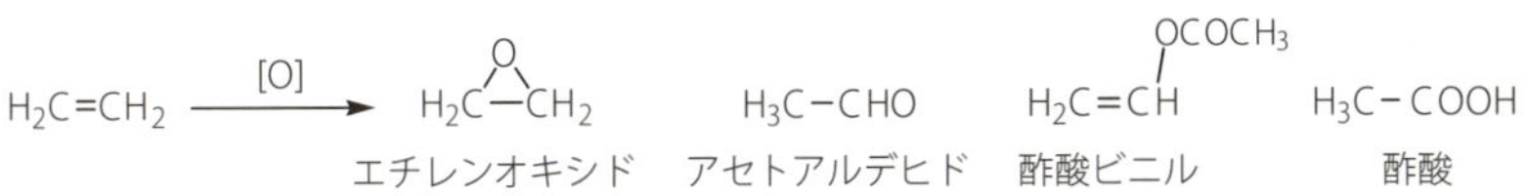

$$H_2C=CH_2 \xrightarrow{[O]} H_2C-CH_2(O) \quad H_3C-CHO \quad H_2C=CH(OCOCH_3) \quad H_3C-COOH$$

エチレンオキシド　アセトアルデヒド　酢酸ビニル　酢酸

図3.6　エチレンの酸化によって合成される化合物

ルデヒドの酸化によって酢酸も製造されているが,酢酸の主な供給ルートではない(p.96 カティバ法参照)。それぞれの化合物から誘導される化学工業製品も示す。

(1) エチレンオキシド (EO)

EOは,α-アルミナに銀微粒子(アルカリ金属やアルカリ土類金属を修飾剤として添加すると効率が上がる)を分散させた触媒(銀含量～15％)で,エチレンを酸素で酸化することで得られる。EOは引火点が-20℃と低く,また歪みのかかった三員環構造をもつエーテル(エポキシド)であるため反応性が高く,保存には注意を要する。また,その高い反応性のため,合成中間体として有用である。その大部分がポリエステル(PET)の原料となるエチレングリコール(EG)に誘導されている。

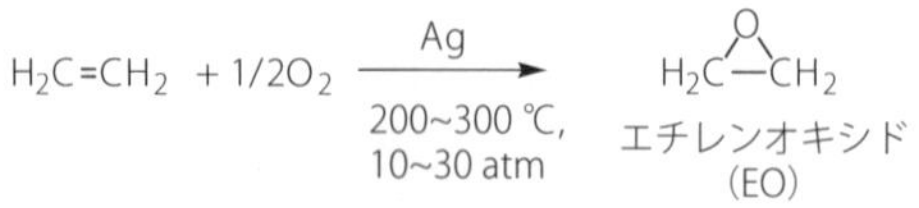

$$H_2C=CH_2 + 1/2 O_2 \xrightarrow[\substack{200\sim300℃ \\ 10\sim30\ atm}]{Ag} \underset{\substack{\text{エチレンオキシド}\\(EO)}}{H_2C\overset{O}{-}CH_2}$$

図3.7 エチレンの酸化によるエチレンオキシドの合成

○ EOから誘導される化合物

(i) エチレングリコール (EG),ポリエチレングリコール (PEG)

工業的には,EOを無触媒条件下($180\sim200$℃,$20\sim24$ atm)で水和反応によりEGを合成している。ジエチレングリコール(DEG: $n=1$)やトリエチレングリコール(TEG: $n=2$)が副成するが,20倍以上の大過剰の水を用いることで選択率を最大89％まで高めている。三菱化学(株)では,EOを二酸化炭素と反応させ,エチレンカーボネート(EC)に転化した後(触媒としてKBrやKIなどが用いられる),これを加水分解してEGを得る方法を開発している。EOをアルカリ条件下で,積極的に重合させることでポリエチレングリコール(PEG)が得られる。水溶性ポリマーで,潤滑油,接着剤,溶剤(水性ペイント・印刷インク),乳液など広く用いられる。

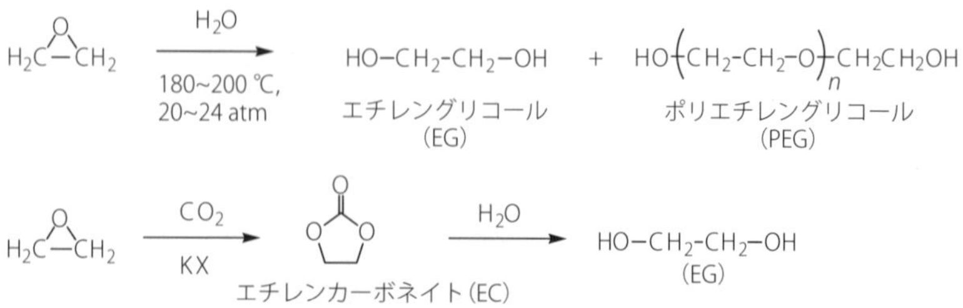

図3.8 EOからEG,ECとPEGの合成

(ii) エチレンカーボネート（EC）

ECは，高極性溶媒であり，電解質を大量に溶解できることから，リチウムイオン二次電池向け電解液の溶媒用途に主に使用されているほか，高分子に対する溶解性が高いことから，剥離剤，洗浄剤としても使用されている。

(iii) エタノールアミン

EOとアンモニアとの反応で，エタノールアミン類が得られる。硫化水素や二酸化炭素などを吸収するため，溶剤として用いられている（p.31 脱硫参照）。

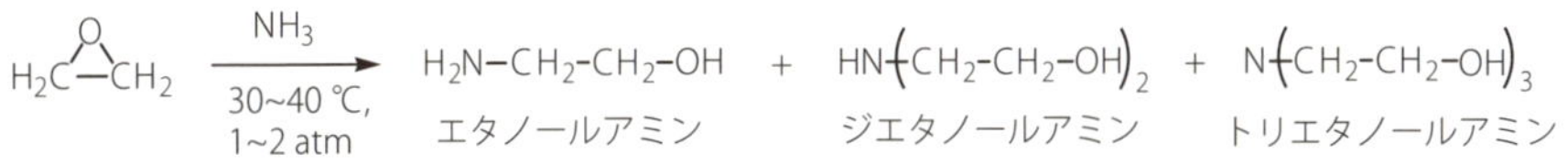

$$\underset{\text{H}_2\text{C}-\text{CH}_2}{\overset{\text{O}}{\triangle}} \xrightarrow[\text{1～2 atm}]{\text{NH}_3, \ 30\sim40\ ℃,} \text{H}_2\text{N}-\text{CH}_2-\text{CH}_2-\text{OH} \ + \ \text{HN}(\text{CH}_2-\text{CH}_2-\text{OH})_2 \ + \ \text{N}(\text{CH}_2-\text{CH}_2-\text{OH})_3$$

エタノールアミン　　　　ジエタノールアミン　　　　トリエタノールアミン

図3.9　エチレンオキシドからエタノールアミン類の合成

(2) アセトアルデヒド

石油化学の発展以前はアセチレンの方が安価であり，アセチレンの水銀塩を用いた水和により合成されていた。その製造工程で使われた触媒の水銀がメチル水銀となり，廃液とともに排出されたことで，水俣病が引き起こされた。現在ではエチレンが安価であり，アセトアルデヒドはエチレンを用いたヘキスト・ワッカー*法により製造されている。

* Hoechst-Wacker

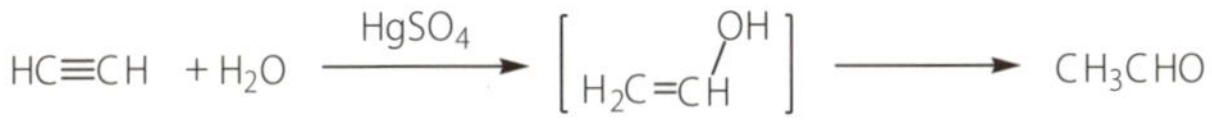

$$\text{HC}≡\text{CH} + \text{H}_2\text{O} \xrightarrow{\text{HgSO}_4} \left[\underset{\text{H}_2\text{C}=\text{CH}}{\overset{\text{OH}}{|}} \right] \longrightarrow \text{CH}_3\text{CHO}$$

図3.10　アセチレンからアセトアルデヒドの合成

ヘキスト・ワッカー法によるアセトアルデヒドの製造には，酸素を用いる一段階法と空気酸化による二段階法がある。いずれも塩化パラジウム（$PdCl_2$）と塩化銅（$CuCl_2$）を用いた液相反応である。酸化は $PdCl_2$ によって行われ（式3-3），還元された Pd は塩化銅(II)で $PdCl_2$ に戻され，生成した塩化銅(I)が酸素で再生される（式3-4）。パラジウム

水銀に関する水俣条約

チッソ水俣工場では，アセトアルデヒドを得る製造工程で使われた触媒の水銀がメチル水銀となり，廃液とともに排出された。排出された有機水銀は食物連鎖に伴って生物に蓄積し，人や野生生物，特に発達途上（胎児，新生児，小児）の神経系に有害な影響を及ぼした。その後の排出規制と，生産技術の進展により，日本では水銀の排出量は低い水準に抑えられている。

そのように，現在，先進国では水銀の使用量が減っているものの，途上国では依然利用されており，水銀

汚染は世界的な取り組みによる排出削減が必要な問題となっている。そのため，2001年に国連環境計画（UNEP）が地球規模の水銀汚染についての活動を開始し，2009年には，国際的な水銀規制に関する条約制定のため，政府間交渉委員会（INC）の設置が合意された。2013年1月にジュネーブで開催された政府間交渉委員会第5回会合（INC5）において，条約条文案が合意された。INC議長より条約の名称を「水銀に関する水俣条約」（Minamata Convention on Mercury）とすることが提案され，全会一致で決定された。（第14章参照）

錯体を用いた有機合成反応は現在幅広い展開を見せ，有機合成の大きな一分野となっている。

$$C_2H_4 + PdCl_2 + H_2O \longrightarrow CH_3CHO + Pd + 2HCl \quad (1)$$

$$Pd + 2CuCl_2 \longrightarrow PdCl_2 + 2CuCl, \; 2CuCl + 1/2O_2 + 2HCl \longrightarrow 2CuCl_2 + H_2O \quad (2)$$

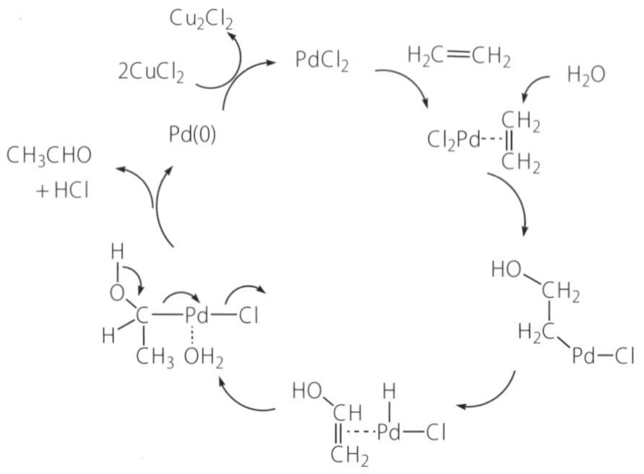

図3.11　ワッカー法の反応機構

パラジウム触媒を用いた炭素−炭素結合生成反応（クロスカップリング）

炭素−炭素結合形成に良く使われるグリニャール試薬や有機リチウム試薬はハロベンゼンと反応させても金属交換反応が優先するなど，炭素−炭素結合形成には使えない。ここにニッケル錯体を触媒として存在させることで，炭素−炭素結合形成が効率的に進む。この玉尾反応が最初のクロスカップリングの例とされている。その後，有機ケイ素，スズ，ホウ素，亜鉛などの有機金属試薬がクロスカップリングの基質として用いられることが見出され，有機合成を大きく発展させた。2010年，その開発への貢献から鈴木章，根岸英一，ヘック[*]氏にノーベル賞が授与された。

[*] R. F. Heck

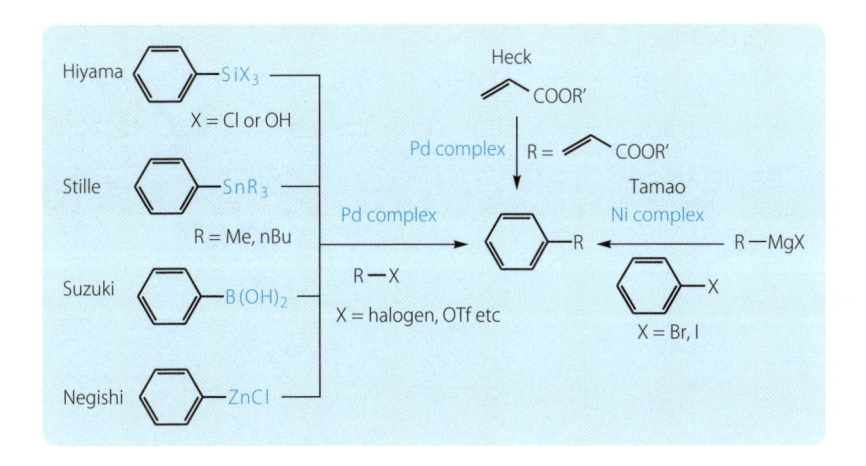

○アセトアルデヒドから誘導される化学材料

(i) 酢酸エチル[*]：溶剤として用いられる酢酸エチルは，アセトアルデヒドのアルミニウムアルコキシドを触媒とする酸化的二量化によって製造される。

[*] 昭和電工では，エチレンに酢酸を付加させる方法で酢酸エチルを製造するプラントを立ち上げている（2014/8）。

図 3.12　アセトアルデヒドから酢酸エチルの製造

(ii) 無水酢酸・酢酸：酢酸と無水酢酸の製造は基本的に同じであり，触媒と反応条件によって作り分ける。無水酢酸は，有機合成や酢酸セルロースの原料に用いられる（p.108）。

図 3.13　アセトアルデヒドから無水酢酸や酢酸の製造

(iii) ペンタエリトリトール：過剰のホルムアルデヒドを塩基性条件で縮合させることで得られる。樹脂，可塑剤（p.74），火薬の原料（p.66）などとして用いられる。また，エステルとして潤滑油として用いる。

図 3.14　アセトアルデヒドからペンタエリトリトールの製造
最後の段階は，ホルムアルデヒドによるカニッツァーロ反応（Cannizzaro Reaction）である。

(3) 酢酸ビニル

酢酸ビニルは，ポリマー原料（ポリ酢酸ビニル・ポリビニルアルコール）として重要である（p.112）。石油化学が発展する以前は，12族元素（Hg, Zn, Cd）などを触媒にアセチレンへの酢酸の付加によって合成された。現在では，エチレンが入手容易なため，エチレンを用いたワッカー法によって製造されている。

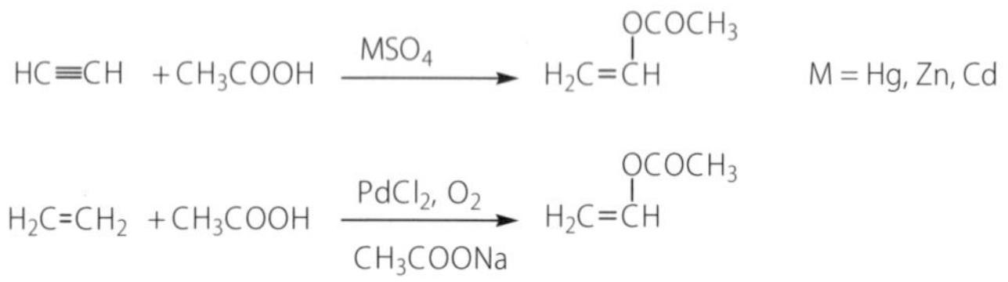

$$HC\equiv CH + CH_3COOH \xrightarrow{MSO_4} H_2C=CH(OCOCH_3) \quad M = Hg, Zn, Cd$$

$$H_2C=CH_2 + CH_3COOH \xrightarrow[CH_3COONa]{PdCl_2, O_2} H_2C=CH(OCOCH_3)$$

図3.15 アセチレンとエチレンを原料にした酢酸ビニルの合成

3.2.5 付加反応 (addition reactions)
(1) 水和によるエタノールの製造

エチレンと水蒸気の混合ガスを，リン酸触媒存在下（300℃, 70 atm）で反応させることでエタノールを得る。合成アルコールは食品衛生法により，食品添加物として使用できないため，メタノールを加えて販売されている。飲料用には，糖蜜などを原料にして，アルコール発酵させることで，エタノールを製造している。

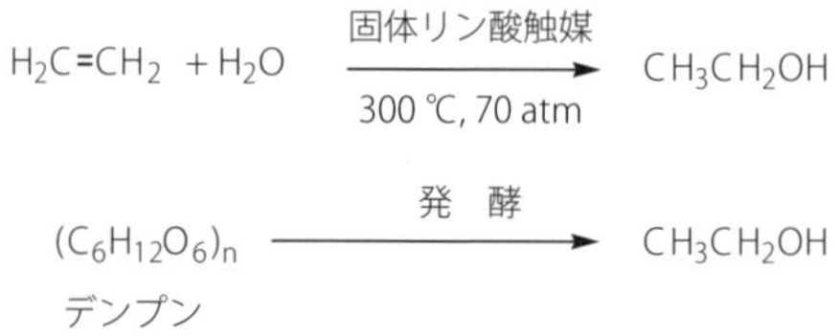

$$H_2C=CH_2 + H_2O \xrightarrow[300℃, 70\ atm]{\text{固体リン酸触媒}} CH_3CH_2OH$$

$$\underset{\text{デンプン}}{(C_6H_{12}O_6)_n} \xrightarrow{\text{発酵}} CH_3CH_2OH$$

図3.16 エチレンの水和とデンプンの発酵によるエタノールの合成

(2) 塩化ビニル (VC) の製造

汎用樹脂として広く用いられている塩化ビニル樹脂（PVC）の原料，VCは分子量が62.5, 沸点がマイナス13.9℃のガスである。エチレンからVCを生産するには，EDC法とオキシ塩素化法の2つの方法を組み合わせて用いる。

EDC法は，塩素を塩化鉄（$FeCl_3$）を触媒にエチレンに付加させて，1,2-ジクロロエチレン（EDC）とし，EDCを500℃で熱分解させることでVCと塩化水素を得る。このとき副生する塩化水素を用いて，オキシ塩素化法により触媒（塩化銅（II））と空気（または酸素）の存在下でエ

チレンと反応させると再び EDC が得られる（図 3.17）。オキシ塩素化で得られた EDC からも，VC が得られる。

EDC法　　$H_2C=CH_2 + Cl_2 \xrightarrow[80℃]{FeCl_3} ClCH_2CH_2Cl \xrightarrow[-HCl]{500℃} H_2C=CHCl$
　　　　　　　　　　　　　　　　　　　　　　EDC　　　　　　　　　　VC

オキシ塩化法　$H_2C=CH_2 + 2HCl + 1/2 O_2 \xrightarrow[cat. CuCl_2]{250℃, 10\ atm} ClCH_2CH_2Cl$
　　　　　　　　　　　　　　　　　　　　　　　　　　　　　　　　　EDC

図 3.17　「EDC 法」と「オキシ塩素化法」による塩化ビニルの合成

アセチレンからも水銀触媒存在下，塩化水素の付加により VC が合成される（カーバイド法*）。アセチレンとエチレンの混合ガスにこの方法を行ってアセチレンを VC とし，残ったエチレンに上記の方法を組み合わせる呉羽法も開発されている。

カーバイド法　$HC≡CH + HCl \xrightarrow[180\ ^oC]{HgCl_2} H_2C=CHCl$
　　　　　　　　　　　　　　　　　　　　　　　　VC

図 3.18　カーバイド法による塩化ビニルの合成

* カーバイド法では，塩化水銀（$HgCl_2$）触媒が PVC トン当たり 1.2 kg 使用される。2009 年のカーバイド法生産量は 580 万トンのため，触媒は 7000 トン使用されたと換算される。現在，塩化水銀の回収率は 75 % で，水銀を含む塩酸等は 20 % 程度しか回収されていない。中国では最近，水銀や重金属の汚染事故が多発しており，2009 年 11 月には関係省庁が共同で重金属汚染防止の通達を出している。

中国では，カーバイド法による VC の生産量は 580 万トンに達し，生産量合計の 63.4 % を占めている。中国でカーバイド法が用いられるのは，石油を原料とするエチレン法ではなく，中国に大量にある石灰石と石炭（コークス）を原料としたいためである（p.16）。

○**塩化ビニルから誘導される化学材料**

(i) 塩化ビニリデン：VC を塩素化し，脱塩化水素させることで，塩化ビニリデン（1,1-ジクロロエチレン）が得られる。塩化ビニリデンは，ガス遮断性の高いラップフィルム（サラン樹脂）や難燃性繊維の原料となる。

$H_2C=CHCl + Cl_2 \xrightarrow{-HCl} H_2C=CCl_2$
VC

図 3.19　塩化ビニリデンの合成

(ii) 塩素系溶剤（トリクロロエチレン：$ClHC=CCl_2$, テトラクロロエチレン：$Cl_2C=CCl_2$）：EDC の塩素化・熱分解と「オキシ塩素化法」を組み合わせることで，塩素系溶剤（トリクロロエチレン，テトラクロロエチレン）が合成される。ドライクリーニング用の溶剤，金属および半導体材料の洗剤に用いられているが，オゾン層の破壊が疑われており，現在使用中止に向けて努力されている（p.262）。

(iii) クロロフルオロカーボン（CFC）：クロロフルオロカーボン（フロンガス）は，家庭用冷蔵庫の冷媒としてアンモニアの代替品として開発された。化学的性質が安定で毒性が低いため，冷媒，溶剤，発泡剤，エアロゾル噴霧剤などとして使用されていた。非常に安定な物質であるため，ほとんど分解されないまま成層圏に達し，太陽からの紫外線によって分解される。そのとき，オゾンを分解する働きを持つ塩素ラジカルを生じ，成層圏オゾン層を破壊すると考えられたため，モントリオール議定書によって，その製造が禁止された。代表的な，クロロフルオロカーボンとして，CFC-12（CF_2Cl_2）やCFC-113があり，CFC-113はテトラクロロエチレンへのフッ素の酸化的付加で合成される。

$$Cl_2C=CCl_2 + Cl_2 + 3HF \xrightarrow{SbCl_5} FCl_2C\text{-}CClF_2$$
$$\text{フロン-113}$$

図3.20　フロンCFC-113の合成

フロンガスによるオゾン層の破壊

塩素ラジカルとオゾンとの反応には典型的なラジカル連鎖反応が想定されている。

連鎖開始段階
$$CF_2Cl_2 \xrightarrow{\text{紫外線} \; h\nu} \cdot CF_2Cl + \cdot Cl \quad (3\text{-}5)$$
クロロフルオロカーボン

連鎖成長段階
$$\cdot Cl + O_3 \longrightarrow ClO\cdot + O_2$$
$$ClO\cdot + O \longrightarrow O_2 + \cdot Cl$$

クロロフルオロカーボンが成層圏に達すると，強い紫外線によって分解し塩素ラジカルを生じる（式3-5）。塩素ラジカルは，オゾンと反応して，一酸化塩素ラジカルを生じ，それが酸素ラジカルと反応してまた，塩素ラジカルを再生する。これが繰り替えされるため，1つの塩素ラジカルによって数万個のオゾンが破壊される。

炭素上に水素が存在すると化合物が不安定になり，成層圏まで達する間に分解するとの考えから，分子内に水素をもつ代替えフロン（HFC）も開発されたが，これも先進国では2020年までに廃止することが決まっている。

成層圏に達したフロンガスが，紫外線によって分解し塩素ラジカルを生じること，生じた塩素ラジカルがオゾンを破壊することを指摘したモリナ[1]とローランド[2]，飛行機の排気ガスがオゾン層を壊す可能性を研究したクルッツェン[3]に1995年ノーベル賞が与えられた。

[1]　M. J. Molina
[2]　F. S. Rowland
[3]　P. Crutzen

注意）フッ素樹脂の原料となるテトラフルオロエチレン（$F_2C=CF_2$）は，エチレンからは製造されないため，5章（天然ガス・合成ガス）で取り上げる。

3.2.6 求電子置換反応 (electrophilic substitution)

芳香族化合物の求電子置換フリーデル・クラフツ[*1]反応は芳香族化合物のアルキル化，官能化に用いられる有効な方法である。工業的にも多く使われているが，ここではエチレンとベンゼンとの反応でエチルベンゼンを製造する例のみを示し，他はベンゼンの反応で示す（p.70）。エチルベンゼンはスチレンへ誘導される。

[*1] Friedel-Crafts

(1) エチルベンゼン

固体リン酸，塩化アルミニウム，ゼオライト，フッ化ホウ素などを触媒にベンゼンとエチレンのフリーデル・クラフツ反応[*2]によって製造される。

[*2] アルキル基はFriedel-Craft反応に対する電子活性基であるため，実験室レベルでは多置換体が生成するため用いられない。工業的にもベンゼンや他置換体との分留を行っている。多エチレン体のトランスアルキル化によるエチルベンゼンの合成も検討されている。

$$C_6H_6 + H_2C=CH_2 \xrightarrow{\text{Friedel-Crafts 触媒}} C_6H_5CH_2CH_3 + C_6H_{6-n}(CH_2CH_3)_n$$

図 3.21　ベンゼンとエチレンとの反応によるエチルベンゼンの合成

スチレンは，ポリスチレンや合成ゴムの原料として重要である。工業的にはエチルベンゼンの脱水素によって合成される。

$$C_6H_5CH_2CH_3 \xrightarrow[550\sim600\,°C]{Fe_2O_3\text{-}Cr_2O_3} C_6H_5CH=CH_2 \text{ スチレン}$$

図 3.22　エチルベンゼンの脱水素によるスチレンの合成

ハルコン[*3]法によるスチレンの合成も知られているが，プロピレンを使う方法であるため，次節で述べる（p.63）。

[*3] Halcon

3.3　プロピレンから製造される石油化学工業製品

3.3.1　プロピレン（$H_2C=CH\text{-}CH_3$）

プロピレンはエチレンの1つの水素がメチル基に置き換わった化合物であり，二重結合によりエチレンと類似の反応性を示すとともに，二重結合との共役により安定化されたアリルラジカルやアリルカチオンが生成するため（図3.23），メチル基の水素が通常のsp^3炭素の水素より活性であり，独特の反応性を示す。たとえば，プロピレンの空気酸化はオレフィン部ではなくメチル基上に起きる。

現在の石油化学の体系ではプロピレンを原料に，ポリプロピレン，ア

アリルラジカル・カチオン

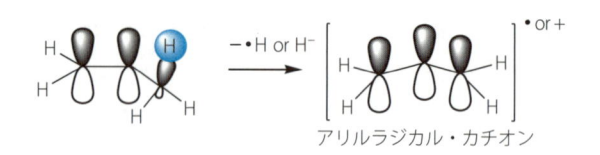

図3.23 プロピレンの脱水素または脱プロトン化によるアリルラジカル・カチオンの生成

クリロニトリル，プロピレンオキサイド，アセトン，イソプロパノール，オクタノール，フェノールなどのさまざまな化学工業製品が製造されている（図3.24）。ここでは，プロピレンを原料とした主な石油化学工業製品の生産プロセスを示す。

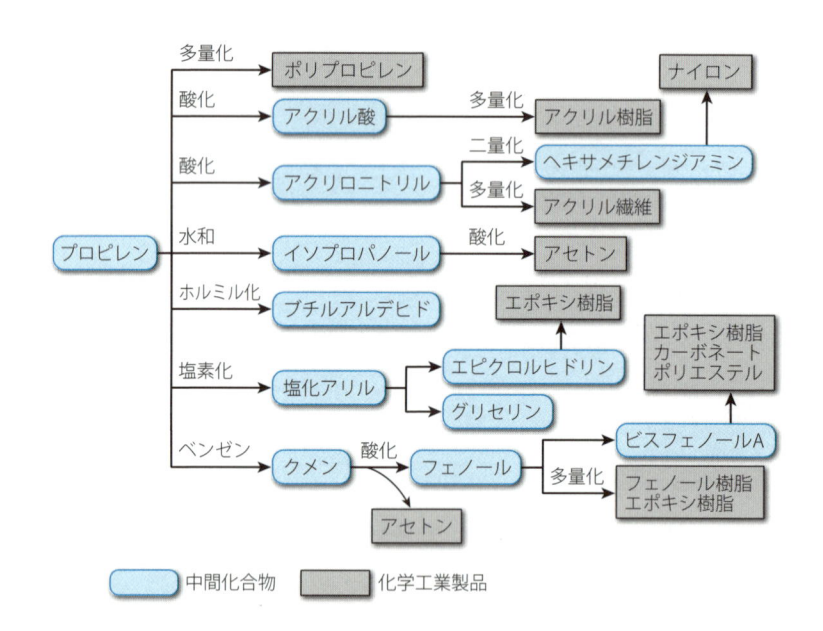

図3.24 プロピレンを原料とした主な石油化学工業製品の生産系統

3.3.2 多量化（polymerization）

(i) ポリプロピレン $-[CH_2-CH(CH_3)]_n-$

ポリエチレン（PE）とポリプロピレン（PP）の構造的な違いは，主鎖に置換したメチル基の存在である（図3.25）。メチル基に立体的な規則性がない（アタクチックPP）と固体にならず，プラスチックとして製品にならない。ラジカル重合で得られるPPはアタクチック[*1]PPであった。PEの項で述べたように，結晶性三塩化チタン（TiCl$_3$）と塩化ジエチルアルミニウムを用いたチーグラー・ナッタ触媒では，PPのイソ含有率（炭化水素不溶部分アイソタクチック[*2]PPの重量含有率：Isotactic Index I.I. と呼ばれる）が90%まで向上し，工業生産が可能に

[*1] atactic

[*2] isotactic

なった。MgCl$_2$担体チーグラー・ナッタ触媒では，I.I.は99％に達した。さらに，触媒の改良が進みメタロセン触媒を用いることでシンジオタクチック*1 PPの合成も可能になった。シンジオタクチックPPはアイソタクチックPPより融点が高く，耐熱性・結晶性に優れている。優れた新触媒が次々と開発されており，新たなヘミイソタクチック*2 PPも合成されている。

*1 syndiotactic

*2 hemiisotactic

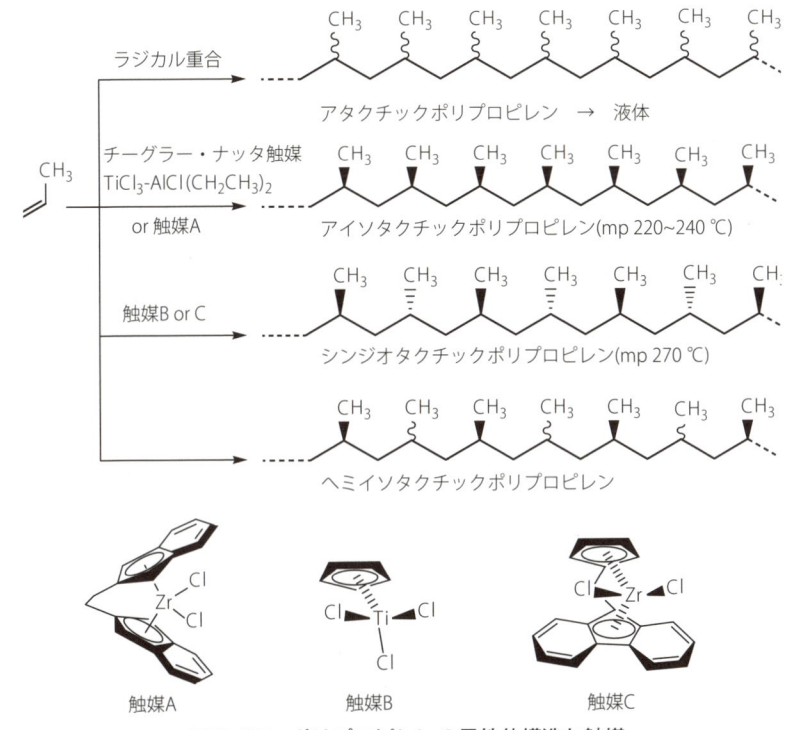

図3.25 ポリプロピレンの異性体構造と触媒

フェロセンの発見

メタロセンの初めての合成例は，塩化鉄とシクロペンタジエニルアニオンの反応によって得られるフェロセンである。1954年にX線構造解析によってサンドイッチ型分子であることが証明された。炭素と金属が結合した分子は"有機金属化合物"と呼ばれ，フェロセンはその代表例である。フェロセンの発見は有機金属化学の爆発的発展のきっかけになった。その構造解明に重要な役割を果たした，ウィルキンソン*3とフィッシャー*4にノーベル化学賞（1973年）が授けられた。

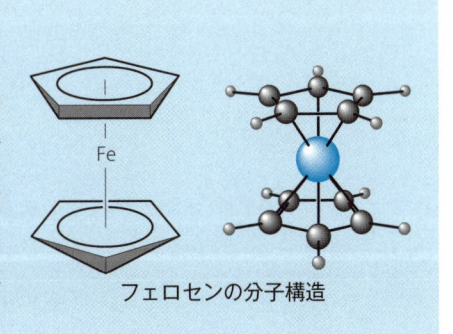

フェロセンの分子構造

*3 G. Willkinson

*4 E. O. Fischer

3.3.3 酸化反応
(1) アクリル酸

触媒（MoO_3-Bi_2O_3，CuO-SeO_2 または MoO_3-Te）存在下でのプロピレンの空気酸化によってアクロレインとし，さらに MoO_3-V_2O_5 を触媒に酸化することで，アクリル酸が得られる（図 3.26）。主にエステルとして重合させ，塗料，接着剤，樹脂（アクリル樹脂）などの原料となる。また，アクリル酸を部分中和させ，架橋性モノマーと共重合させることで架橋したポリアクリル酸ナトリウムは高い吸水性を持つゲルとなり，高吸収性ポリマーとして紙おむつなどに応用されている。

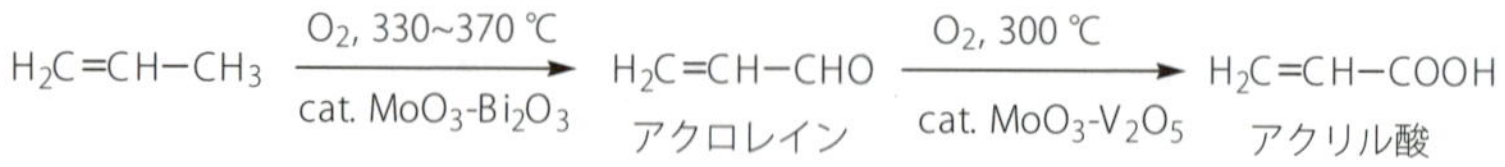

$$H_2C=CH-CH_3 \xrightarrow[\text{cat. } MoO_3\text{-}Bi_2O_3]{O_2,\ 330\sim370\ ℃} H_2C=CH-CHO \xrightarrow[\text{cat. } MoO_3\text{-}V_2O_5]{O_2,\ 300\ ℃} H_2C=CH-COOH$$
アクロレイン　　　アクリル酸

図 3.26 プロピレンの空気酸化によるアクリル酸の合成

*1 Reppe

アクリル酸はアセチレンからは，改良レッペ[*1]法で合成され，プロピレンからの合成法が開発されるまではこの方法が用いられていた。

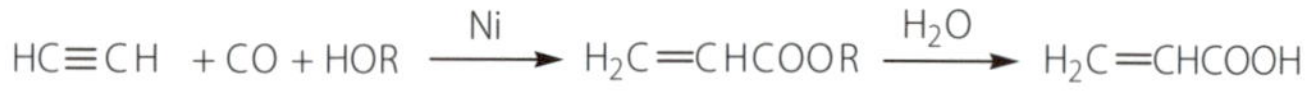

$$HC\equiv CH + CO + HOR \xrightarrow{Ni} H_2C=CHCOOR \xrightarrow{H_2O} H_2C=CHCOOH$$

図 3.27 アセチレンから改良レッペ法によるアクリル酸の合成

(2) プロピレンオキシド（PO）

プロピレンの空気酸化はメチル基の酸化を引き起こすため，POの合成には向かない。このため，クロロヒドリン法や過酸化物による間接酸化（ハルコン法）が用いられている。

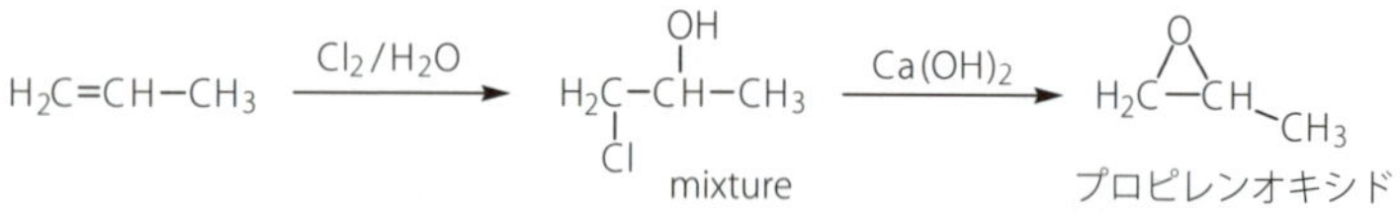

$$H_2C=CH-CH_3 \xrightarrow{Cl_2/H_2O} \underset{\text{mixture}}{H_2C\underset{Cl}{-}CH(OH)-CH_3} \xrightarrow{Ca(OH)_2} \underset{\text{プロピレンオキシド}}{H_2C\overset{O}{-}CH-CH_3}$$

図 3.28 プロピレンのクロロヒドリン法による PO の合成

*2 クメンヒドロパルオキシドを用いた PO の合成も検討されている。この場合，生成したアルコールは還元によりクメンに戻される。

エチルベンゼンを空気酸化し，得られた過酸化物[*2]でプロピレンを酸化して PO とするとともにフェニルエチルアルコールを与える。フェニルエチルアルコールは酸化チタン触媒を使って脱水し，スチレンへ導く。スチレンの合成法（ハルコン法）として知られている。

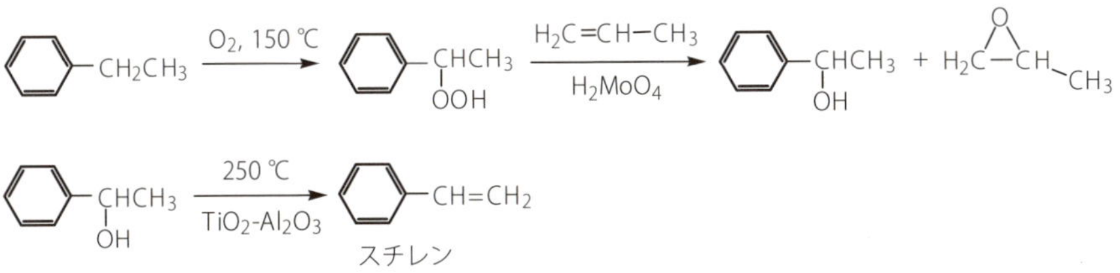

図 3.29 ハルコン法による PO とスチレンの合成

(3) アクリロニトリル ($H_2C=CH-CN$)

アクリロニトリルはアクリル繊維や合成ゴムなどの原料として重要である。アセチレンにシアン化水素を付加させることで合成されていたが，プロピレンをアンモニア存在下空気酸化するアンモ酸化法（ソハイオ法）が開発され安価に供給されるようになった。ソハイオ社* のビスマス系（MoO_3-Bi_2O_3-Fe_2O_3）を用いるのが主流であるが，日本で鉄-アンチモン系触媒（Sb_2O_3-Fe_2O_3-TeO_2）も開発されている。有機溶剤や有機合成原料としても有用なアセトニトリルやメタクリル酸合成に用いられるシアン化水素が複製する。

* ソハイオ（Sohio）社は，ロックフェラーによって設立されたスタンダールオイルオブオハイオの略称。現在（1987年以降）は，ブリテッシュ・ペトロリウム（ＢＰ）社の傘下にある（1.2.5）。

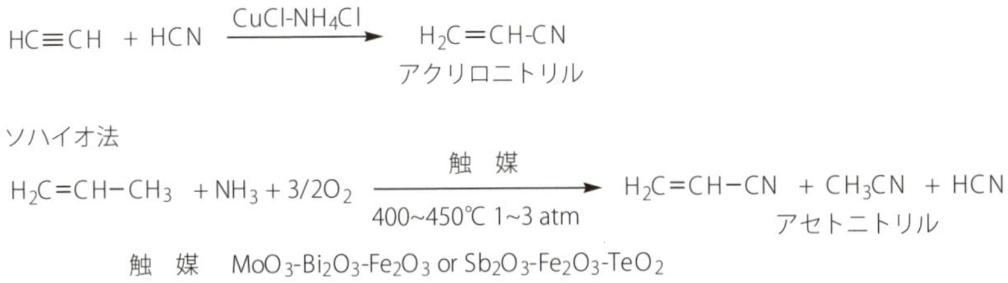

図 3.30 アクリロニトリルの製法

アクリロニトリルからの加水分解によりアクリルアミドやアクリル酸が誘導されている。また，アクリロニトリルの電解還元的二量化によりアジポニトリルに導かれ，加水分解によってナイロン-6,6 の原料であるヘキサメチレンジアミンが合成される。モンサント社（p.255）によって開発され，日本で工業化された。

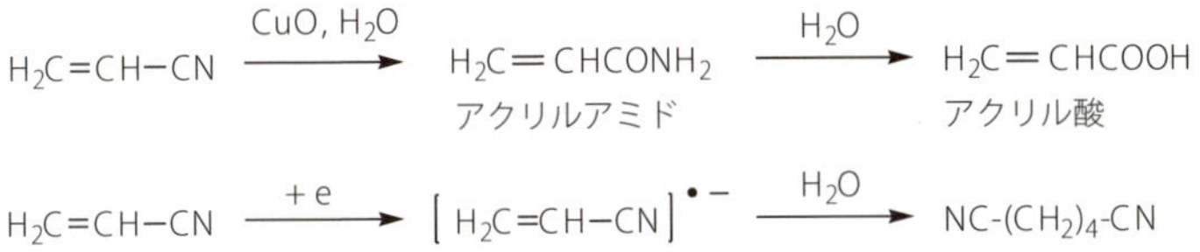

図 3.31 アクリロニトリルから，アクリルアミド，アクリル酸，アジポニトリルの合成

(4) アセトン

ワッカー法によってプロピレンからアセトンを得ることができる。

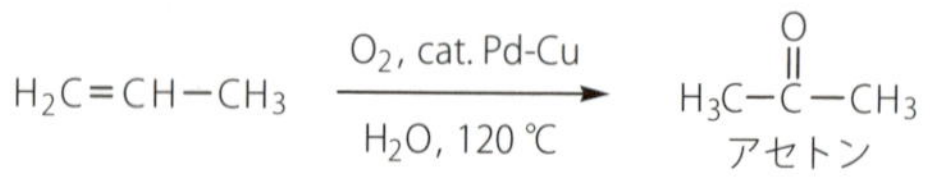

$$H_2C=CH-CH_3 \xrightarrow[H_2O,\ 120\ ℃]{O_2,\ cat.\ Pd-Cu} H_3C-\underset{O}{\overset{\|}{C}}-CH_3\ \text{アセトン}$$

図 3.32 アセトンの合成

アセトンは，アンモ酸化法（ソハイオ法）で生成するシアン化水素と反応させてシアノヒドリンとし，加水分解，脱水させメタクリル酸に誘導することができる。メタクリル酸エステルはアクリル樹脂の原料となる。

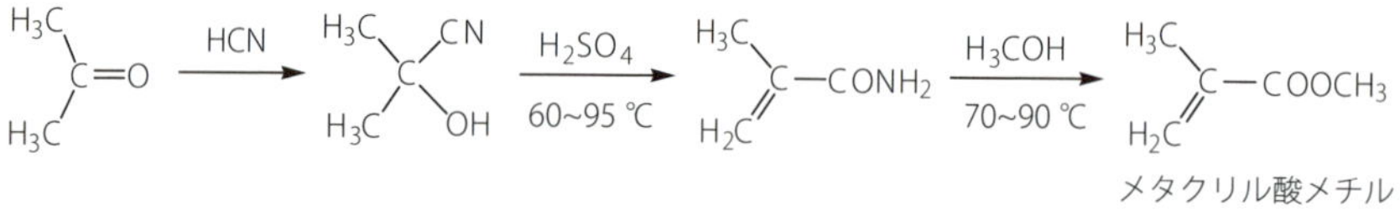

$$\underset{H_3C}{\overset{H_3C}{>}}C=O \xrightarrow{HCN} \underset{H_3C}{\overset{H_3C}{>}}\underset{OH}{\overset{CN}{C}} \xrightarrow[60~95\ ℃]{H_2SO_4} \underset{H_2C}{\overset{H_3C}{>}}C-CONH_2 \xrightarrow[70~90\ ℃]{H_3COH} \underset{H_2C}{\overset{H_3C}{>}}C-COOCH_3\ \text{メタクリル酸メチル}$$

図 3.33 アセトンからメタクリル酸メチル（MMA）の合成

3.3.4 付加反応
(1) イソプロパノール（IPA）

プロピレンを硫酸と反応させることで IPA が合成される。反応は生成するカルボカチオンの安定性に従う（マルコフニコフ則[*]）ため，2 位のアルコールのみが生成する。硫酸による腐食を避けるため，タングステン酸触媒（H_2WO_4）を用いる方法が実用化されている。

[*] Markovnikov's Rule

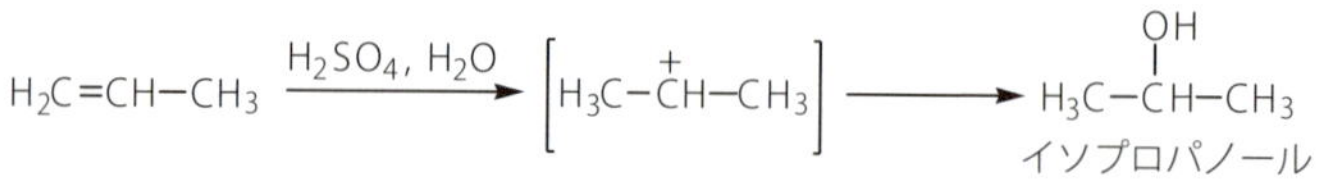

$$H_2C=CH-CH_3 \xrightarrow{H_2SO_4,\ H_2O} [H_3C-\overset{+}{C}H-CH_3] \longrightarrow H_3C-\underset{OH}{\overset{}{C}H}-CH_3\ \text{イソプロパノール}$$

図 3.34 イソプロパノールの合成

IPA の酸化（脱水素）によって，溶剤として重要なアセトンが製造されるが，最近は，プロピレンの供給が問題視されるため，逆にフェノール合成のためのクメン法で得られるアセトンを還元して IPA を製造する方法が検討されている。

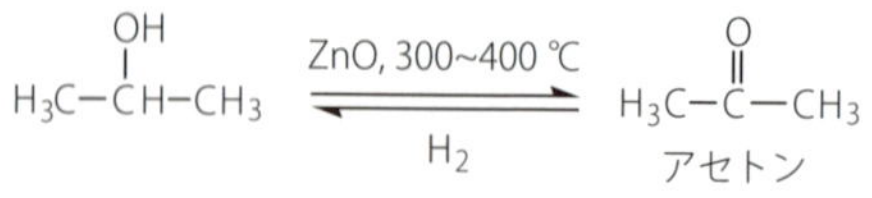

$$H_3C-\underset{OH}{\overset{}{C}H}-CH_3 \underset{H_2}{\overset{ZnO,\ 300~400\ ℃}{\rightleftarrows}} H_3C-\underset{O}{\overset{\|}{C}}-CH_3\ \text{アセトン}$$

図 3.35 イソプロパノールとアセトンの相互変換

(2) ブタノール，オクタノールの製造（オキソ反応）

オキソ反応は，オレフィン，一酸化炭素，水素からオレフィンより炭素数の一つ多いアルデヒドを生成する方法（ヒドロホルミル化*）である。プロピレンは，オキソ法によってブチルアルデヒドへ変換され，ブタノール，イソブチルアルコール，オクタノールなどに誘導される。以前は，コバルト触媒が用いられていたが，より活性の高いロジウム触媒（HRh(CO)(PPh$_3$)$_3$）が開発されている。

＊ hydroformylation

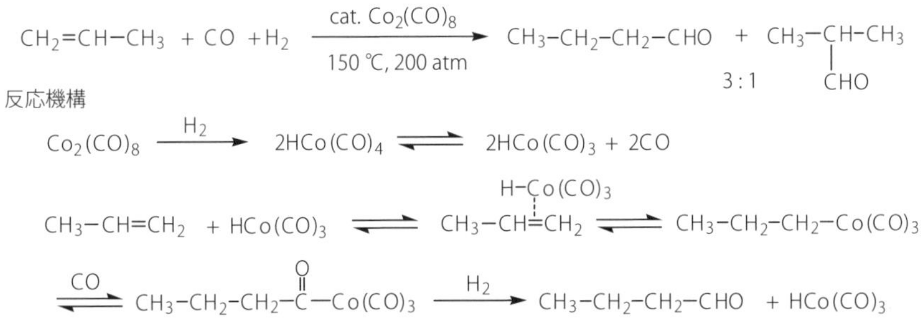

$$CH_2=CH-CH_3 + CO + H_2 \xrightarrow[150\,℃,\,200\,atm]{cat.\ Co_2(CO)_8} CH_3-CH_2-CH_2-CHO + CH_3-CH(CHO)-CH_3$$
$$3:1$$

反応機構

$$Co_2(CO)_8 \xrightarrow{H_2} 2HCo(CO)_4 \rightleftharpoons 2HCo(CO)_3 + 2CO$$

$$CH_3-CH=CH_2 + HCo(CO)_3 \rightleftharpoons [CH_3-CH=CH_2 \cdots H-Co(CO)_3] \rightleftharpoons CH_3-CH_2-CH_2-Co(CO)_3$$

$$\xrightarrow{CO} CH_3-CH_2-CH_2-C(=O)-Co(CO)_3 \xrightarrow{H_2} CH_3-CH_2-CH_2-CHO + HCo(CO)_3$$

図3.36 プロピレンからオキソ法によるブチルアルデヒドの合成と反応機構

プロピレンの水和で合成できない1-プロパノールや高級アルコールなどは，エチレンや相当するα-オレフィンのヒドロホルミル化・水素添加により製造される（Alfol法）。合成洗剤や，可塑剤，潤滑油などに用いられる。

可塑剤などに用いられる2-エチルヘキシルアルコール（オクタノール）は，ブチルアルデヒドのアルドール縮合によって製造される。

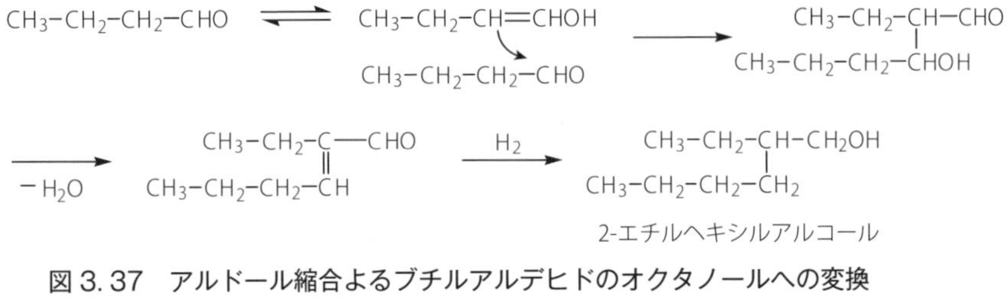

$$CH_3-CH_2-CH_2-CHO \rightleftharpoons CH_3-CH_2-CH=CHOH \xrightarrow{CH_3-CH_2-CH_2-CHO} CH_3-CH_2-CH(CHO)-CH(OH)-CH_2-CH_2-CH_3$$

$$\xrightarrow{-H_2O} CH_3-CH_2-CH_2-CH=C(CH_2-CH_2-CH_3)-CHO \xrightarrow{H_2} CH_3-CH_2-CH_2-CH_2-CH(CH_2-CH_3)-CH_2OH$$

2-エチルヘキシルアルコール

図3.37 アルドール縮合によるブチルアルデヒドのオクタノールへの変換

(3) 塩素化反応

(i) 塩化アリル：プロピレンを高温，気相で塩素化することで塩化アリルが得られる。中間体に安定なアリルラジカルが生成している。

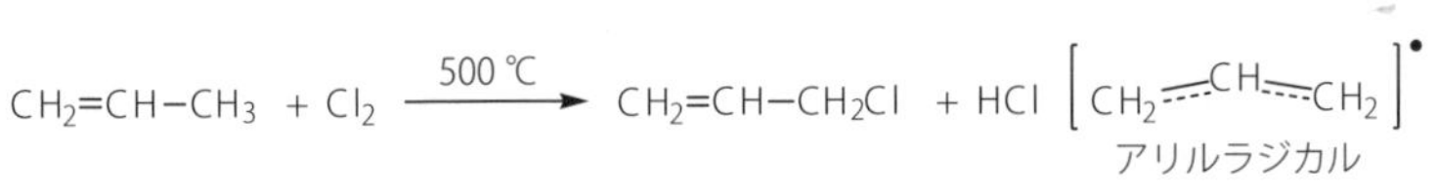

$$CH_2=CH-CH_3 + Cl_2 \xrightarrow{500\,℃} CH_2=CH-CH_2Cl + HCl \quad [CH_2\cdots CH\cdots CH_2]^\bullet$$

アリルラジカル

図3.38 プロピレンの塩素化による塩化アリルの合成

（ii）グリセリン：塩化アリルからエポキシ化によってエピクロルヒドリンが，アルカリ処理によってアリルアルコールが合成され，それぞれ加水分解，酸化によってグリセリンとなる。グリセリンは，不凍液，化粧品，アルキド樹脂，ニトログリセリンの原料などに用いられる。また，中間体であるエピクロルヒドリンは，反応性の高いエポキシ構造をもち，エポキシ樹脂やポリカーボネートの原料となる。

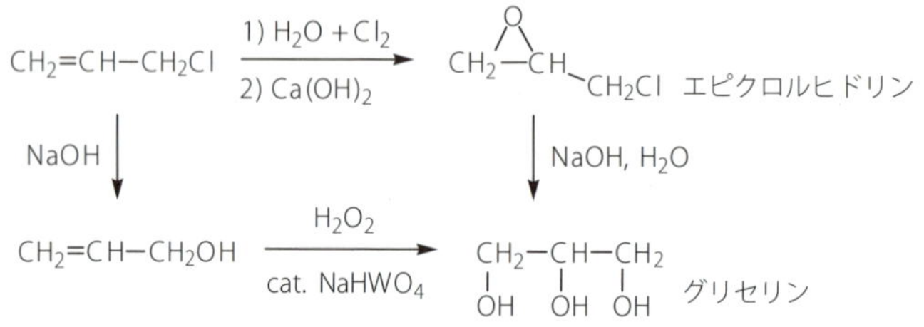

$$CH_2=CH-CH_2Cl \xrightarrow[2) Ca(OH)_2]{1) H_2O + Cl_2} \underset{}{CH_2-CH}-CH_2Cl \quad エピクロルヒドリン$$

NaOH↓ ↓NaOH, H₂O

$$CH_2=CH-CH_2OH \xrightarrow[cat. NaHWO_4]{H_2O_2} \underset{OH \; OH \; OH}{CH_2-CH-CH_2} \quad グリセリン$$

図3.39 塩化アリルからグリセリンの2系統の合成

ダイナマイトとノーベル

　ニトログリセリンはグリセリンを硝酸と硫酸の混酸で硝酸エステル化することで得られる。衝撃感度が高く小さな衝撃でも爆発しやすい化合物である。火薬の燃焼が通常の燃焼と異なる点は空気中の酸素を必要としないことにある。ノーベル[*]はニトログリセリンを珪藻土にしみ込ませることで，破壊力を減ずることなく安全に取り扱えることを見出し，ダイナマイトとして製品化した。その後，低硝化綿薬（弱綿薬）を混合してゲル状とすることで安定化したブラスチングゼラチンを発明した。彼はニトロノーベル社を設立し，大きな成功を収めた。現在もアクゾノーベル社としてその名が残されている（彼の一族は，すでに経営には関わっていない）。彼の遺産と遺言を基にノーベル賞が設立された。ニトログリセリンには血管拡張作用があり，医薬品としても用いられる。

$$\begin{array}{c} CH_2-OH \\ CH-OH \\ CH_2-OH \end{array} \xrightarrow{HNO_3-H_2SO_4} \begin{array}{c} CH_2-ONO_2 \\ CH-ONO_2 \\ CH_2-ONO_2 \end{array} \xrightarrow{衝撃} 6N_2 + 12CO_2 + 10H_2O + O_2$$

ニトログリセリン　　　（ニトログリセリン4モルに対して）

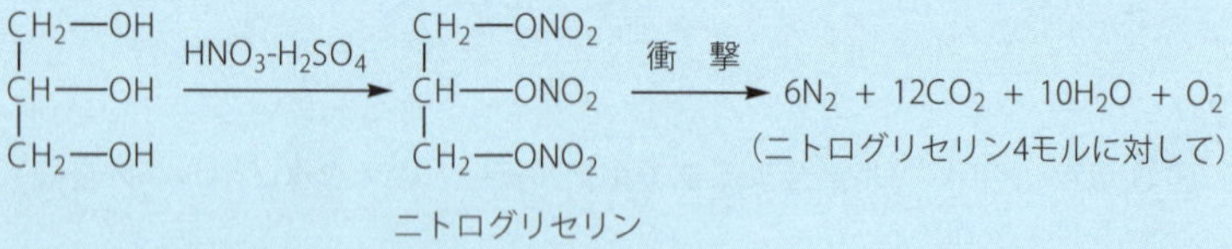

ニトログリセリンの合成とその分解

　ペンタトリオール（3.2.2(2)）の硝酸エステルも爆薬として用いられる。プラスチックに混ざりやすく，衝撃で爆発するためプラスチック爆弾の原料として用いられる。

$$C(CH_2OH)_4 \xrightarrow{HNO_3-H_2SO_4} C(CH_2ONO_2)_4$$

[*] A. Novel

3.3.5 置換反応（クメン法）

プロピレンをフリーデル・クラフツ反応条件でベンゼンと反応させることで，クメン（イソプロピルベンゼン）が得られる。これを空気酸化してヒドロペルオキシドとし，酸性条件で処理することでフェノールとアセトンが得られる。クメン法*として知られるこの方法で90％以上のフェノールが合成されている。フェノールは，染料，医薬品，樹脂（フェノール樹脂・エポキシ樹脂）などの原料として用いられている。

* クメン法は3段階の多段階反応であり，1サイクルでのフェノール収率は5％に過ぎない。ベンゼンを直接酸化させてフェノールを合成することができれば，低コストで環境にやさしいプロセスとなる。しかし，酸化反応は化合物のHOMO（最高被占有軌道）に働きかける反応であり，生成物であるフェノールの方が出発物質であるベンゼンよりHOMOが高く，反応性が高いため，この反応を選択的に進ませることは難しい。多くの化学者の挑戦にもかかわらず，過去30年間，転化率（ベンゼンがフェノールに転化した割合）5％，選択性（生成物中のフェノールの割合）50％の壁を越えていない。最近，ゼオライトに担持されたレニウム触媒やパラジウム膜を用いたフェノールの直接酸化法が検討されている。

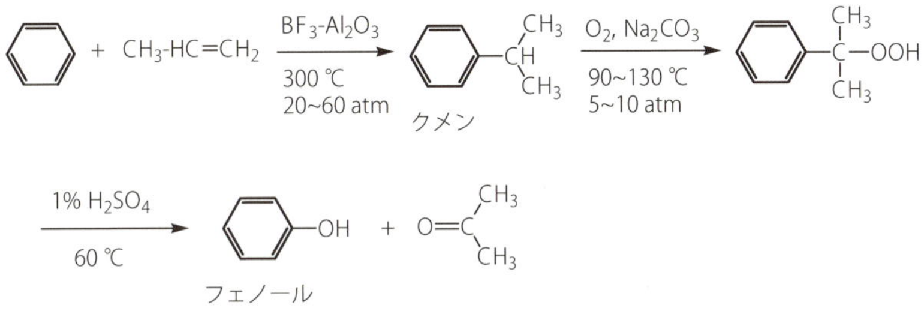

図3.40 クメン法によるフェノールとアセトンの合成

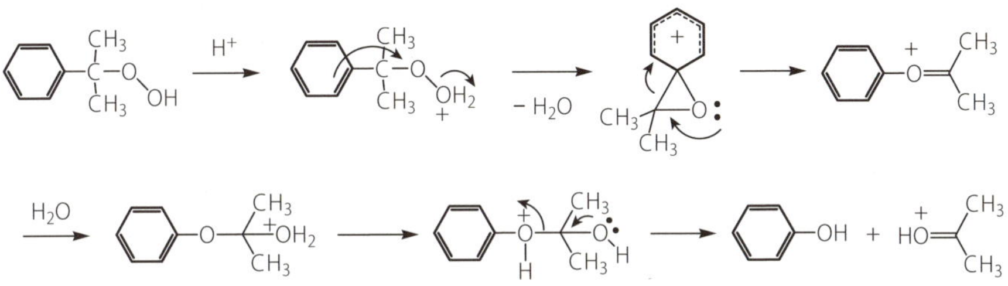

図3.41 ヒドロペルオキシドからフェノールへの転位機構

3.4　C４オレフィンからの誘導体の合成

3.4.1 ブタジエン（$CH_2=CH-CH=CH_2$）

ブタジエンはC4留分で最も多く，合成ゴムの原料として需要が多い。ブタンや1-，2-ブテンからの脱水素でも得られる。合成ゴムの種類，特徴，用途などは第6章にまとめる。

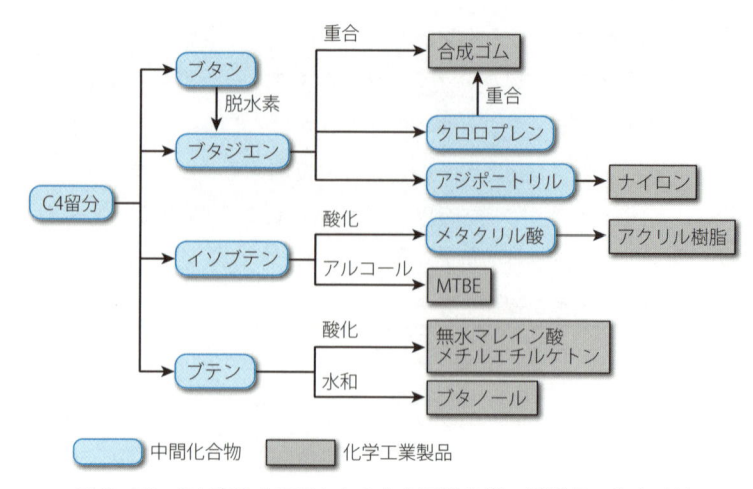

図 3.42 C4 留分を原料とした主な石油化学工業製品の生産系統

$$\text{ブタン,1-,2-ブテン} \xrightarrow[\text{Al}_2\text{O}_3\text{-Cr}_2\text{O}_3]{650\,°C} \text{CH}_2=\text{CH}-\text{CH}=\text{CH}_2$$
ブタジエン

図 3.43 ブタジエンの合成

3.4.2 ブタジエンから誘導される化合物

(1) クロロプレン (CR)

ブタジエンの気相での塩素化, 脱塩化水素化によって合成ゴムの原料である CR が得られる。ブタジエンは共役ジエンであるため, 塩素化では, 1,2-ジクロロ体と 1,4-ジクロロ体の混合物が得られる。中間体に, 安定なアリルカチオンの生成が推定される。

図 3.44 ブタジエンからクロロプレンの合成

クロロプレンゴムは, CR の重合によって得られる合成ゴムであり, 1930 年, アメリカ・デュポン[*1]社のウォーレス・カロザース[*2]が開発した。ほとんどのゴムがシス型が主たる構造であるのに対し, クロロプレンゴムはトランス型である。耐候性, 耐熱性, 耐油性, 耐薬品性は天然ゴムよりすぐれ, 加工も容易である (p.124)。

ナフサのスチームクラッキングが縮小されるとブタジエンの供給難が予想される。また, 中国ではアセチレンからの合成が望まれている。そのため, アセチレンの二量化によって得られるビニルアセチレン[*3]への

---

*1 Du Pont
*2 W. H. Carothers

*3 ビニルアセチレンは極めて爆発性が強いことが知られている。

塩化水素の付加（電気化学工業）による CR の合成方法が開発されている。アセチレンを塩化第一銅と塩化アンモニウム錯塩水溶液に通じて二量化し，塩化第一銅存在下で塩化水素を付加させて CR とする。ビニルアセチレンは部分水素添加によってブタジエンにも誘導される（三井化学）。また，アセトアルデヒドとエタノールからブタジエンを合成するプロセスも開発されている（昭和電工）。

図 3.45 ビニルアセチレンからブタジエンとクロロプレンの合成

（2）無水マレイン酸

無水マレイン酸は，スチレンなどのモノマーとラジカル重合により容易に共重合を行う。フマル酸，リンゴ酸の合成原料としてのほか，合成樹脂，塗料，インキ，紙サイズ剤*，塩ビ安定剤などに用いられる。ブタジエンやブテンの酸化反応によって合成される。ベンゼンの酸化によっても合成されるが，ブテン類の酸化による方法が主流である。

* インクのにじみを抑えるための薬品

図 3.46 ブタジエン，ブテン類，ベンゼンからの無水マレイン酸の合成

（3）ヘキサメチレンジアミン，ブタンジオール

1960 年代にデュポン社により，ニッケル触媒を利用した 1,3-ブタジエンのヒドロシアノ化によるナイロン 6,6 の原料となるヘキサメチレンジアミンの合成法が開発された。また，1,4-ブタンジオールもパラジウム触媒を用いた酢酸の付加，水素添加，加水分解により合成されている。アセチレンからは，レッペ法で合成される。

図 3.47 ブタジエンからのヘキサメチレンジアミン，ブタンジオールの合成，レッペ法によるブタンジオールの合成

3.4.3 イソブテンより導かれる化合物

（1）メタクリル酸

p.64に，アセトンとシアン化水素との反応でメタクリル酸を合成する方法を示したが，イソブテンの酸化による方法も開発されている。この方法の利点は，加水分解に用いる硫酸の処理が不要な点である。アンモ酸化法を応用したシアノ基の導入，加水分解によるメタクリル酸の合成も行われている。

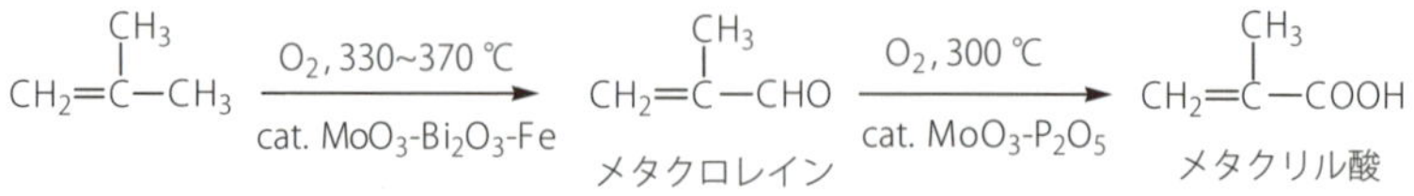

$$CH_2=C(CH_3)-CH_3 \xrightarrow[\text{cat. MoO}_3\text{-Bi}_2\text{O}_3\text{-Fe}]{O_2, 330\sim370\text{ ℃}} CH_2=C(CH_3)-CHO \xrightarrow[\text{cat. MoO}_3\text{-P}_2\text{O}_5]{O_2, 300\text{ ℃}} CH_2=C(CH_3)-COOH$$
メタクロレイン　　　　　　　メタクリル酸

図 3.48　イソブテンの酸化によるメタクリル酸の合成

（2）メチル-ターシャリーブチルエーテル（MTBE），エチル-ターシャリーブチルエーテル（ETBE）

酸存在下，イソブテンとメタノールやエタノールとの反応でMTBE，ETBEが合成される。MTBE は高オクタン価燃料（115）であり無鉛化ガソリンに用いられている。また，二酸化炭素軽減を目的に，発酵によって生産されたエタノール（バイオエタノール）を用いる ETBE は，バイオガソリン* として注目されている。

* バイオガソリン ETBE は，アメリカのトウモロコシやサトウキビの余剰生産物を利用することを目的に考案された。ところが，この技術が広報されたことで，投機筋の思惑によって世界の穀物市場価格が値上がりし，発展途上国に食物不足の危機を与えた。

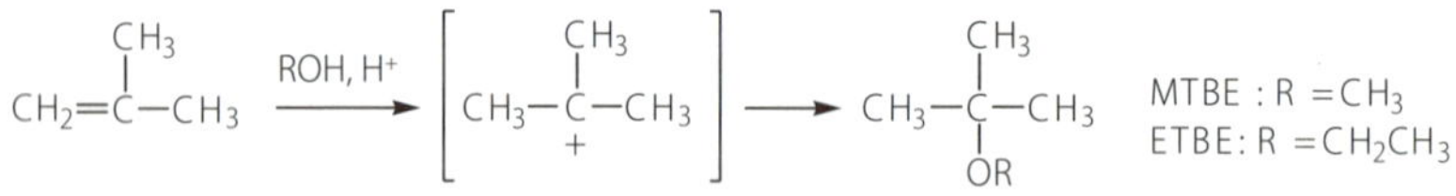

$$CH_2=C(CH_3)-CH_3 \xrightarrow{ROH, H^+} [CH_3-\overset{+}{C}(CH_3)-CH_3] \longrightarrow CH_3-C(CH_3)(OR)-CH_3$$
MTBE : R = CH₃
ETBE : R = CH₂CH₃

図 3.49　イソブテンとアルコールの反応による MTBE と ETBE の合成。
安定な t-ブチルカチオン中間体の生成が考えられる。

3.5　芳香族（BTX）からの誘導体の合成

芳香族化合物のうちベンゼン，トルエン，キシレンはBTXと呼ばれ石油化学原料として広く用いられている。第2章で述べたように，主に重質ナフサの接触改質プロセスで生産されている。それだけでも不足するため，軽質ナフサから白金・ガリウム・亜鉛担体ゼオライト触媒などを用いたプロセスなどでも製造され，分離精製され利用されている（2.4.3(2)）。

3.5.1　ベンゼンから誘導される化学物質

ベンゼンは，環状 6π 電子系をもつ芳香族化合物である。水素添加によってシクロヘキサンを与えるほか，求電子置換反応によってアルキル

基やニトロ基などを導入できる。ベンゼンを原料とした主な石油化学工業製品の生産系統を図 3.50 に示したが，その中で，クメン法によるフェノールの合成（p.67），エチル化-脱水素法によるスチレンの合成（p.59），無水マレイン酸の合成（p.69）は既に述べている。

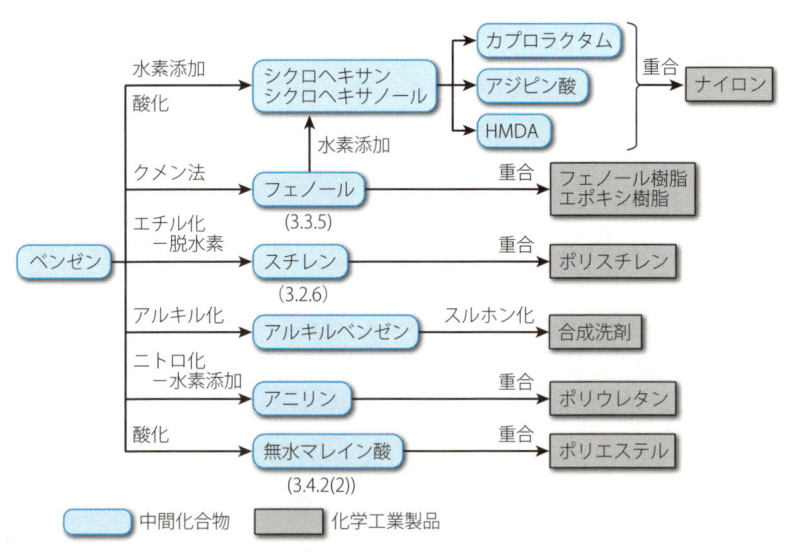

図 3.50 ベンゼンを原料とした主な石油化学工業製品の生産系統

3.5.2 水素添加（hydrogenation）
(1) シクロヘキサノンオキシム

ベンゼンを水素添加することでシクロヘキサンが得られる。シクロヘキサンをコバルト触媒存在下で酸素酸化することでシクロヘキサノンおよびシクロヘキサノールが合成される。また，フェノールの水素添加によってもシクロヘキサノンとシクロヘキサノールが得られる。フェノールの水素添加は，主に担持パラジウム触媒を用い，反応温度 130 〜 180 ℃，反応圧力 0.1 〜 0.2 MPa の条件でフェノール転化率はほぼ 100 %，シクロヘキサノン選択率 97 %，シクロヘキサノール 3 % である。シクロヘキサノールは脱水素によりシクロヘキサノンに誘導され，ヒドロキシルアミンとの反応で，オキシムへと導かれる。

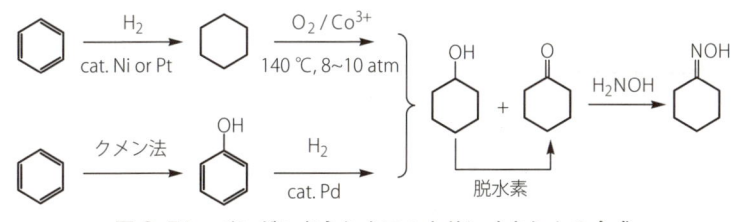

図 3.51 ベンゼンからシクロヘキサンオキシムの合成

シクロヘキサンからシクロヘキサンオキシムとする別の方法として，塩化ニトロシル（NOCl）を用いる光ニトロシル化が知られている。

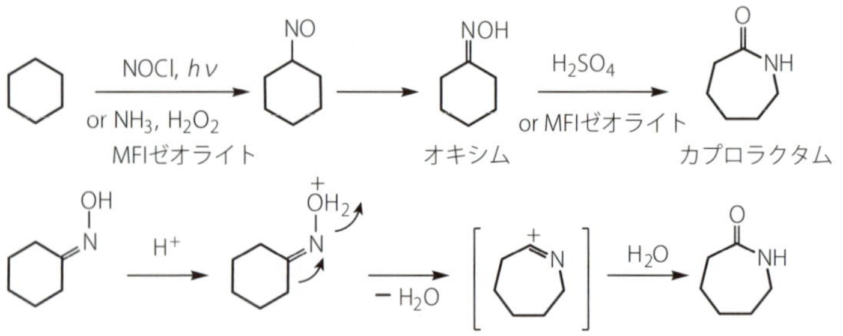

図 3.52 シクロヘキサンからシクロヘキサノンオキシムを経てカプロラクタムの合成とベックマン転位の機構

* Beckmann rearrangement

シクロヘキサノンオキシムのベックマン転位* でナイロン 6 の原料である ε-カプロラクタムが合成される。また，シクロヘキサノンに TS-1（MFI 型チタノケイ酸ゼオライト）触媒下アンモニアと過酸化水素を作用させることによりシクロヘキサンオキシムとし，さらに MFI ゼオライトを作用させることでベックマン転位を進行させる方法が住友化学によって開発された。この方法では，硫酸を用いないため硫安が生成しないプロセスとなっている。

また，シクロヘキサノール，シクロヘキサノンは硝酸酸化によって，ナイロンの原料であるアジピン酸へと誘導される。アジピン酸は，アジポニトリルを経て，ヘキサメチレンジアミンにも誘導される。

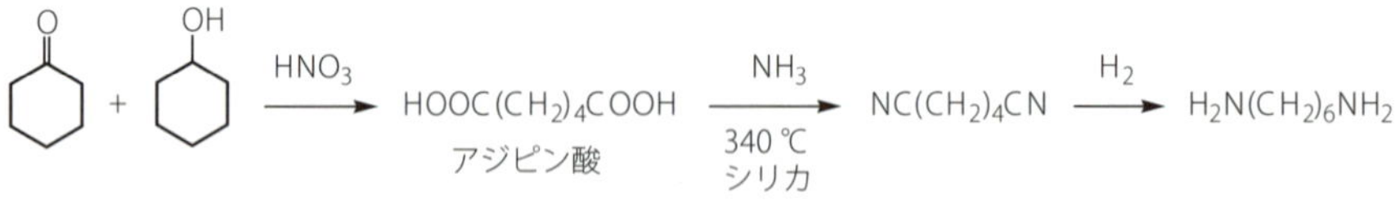

図 3.53 シクロヘキサノール，シクロヘキサノンからのアジピン酸，ヘキサメチレンジアミンの合成

3.5.3 フリーデル・クラフツ反応

ベンゼンの塩素化，スルホン化生成物からアルカリ融解によるフェノールの合成も行われているが，一般的ではない。それ以外にも，アルキル化（エチル化，プロピル化は p.59 と p.67 参照），ニトロ化などの反応が用いられている。

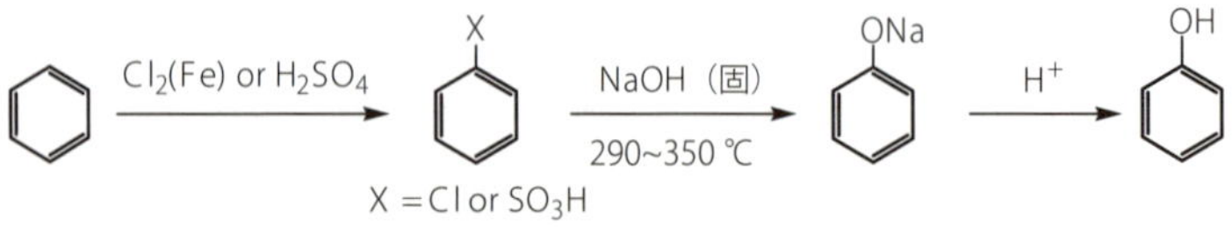

図 3.54 ハロゲン化，スルホン化からフェノールの合成

(1) アルキルベンゼン

直鎖状のオレフィン（α-オレフィン）とベンゼンとのフリーデル・クラフツ反応によって合成される。固体酸や塩化アルミニウムが用いられる。スルホン化によって，ソフト型合成洗剤が得られる（p.146）。

図3.55　ベンゼンから直鎖アルキルベンゼン，ソフト型合成洗剤の合成

(2) ニトロ化からアニリンの合成

アニリンは，染料・農薬などの合成に使われる基礎化学薬品であり，一段階で合成する良い方法はなく，ニトロ化・還元の二段階で作られている。最も大きな需要は，ウレタンの原材料であるMDI（4,4′-ジフェニルメタンジイソシアナート）の原料である（p.103）。

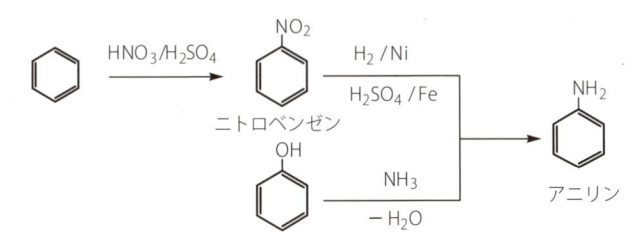

図3.56　ベンゼンとフェノールからアニリンの合成

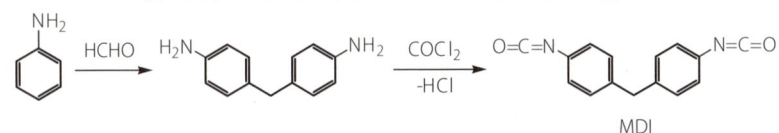

図3.57　アニリンからMDIの合成

最初のステップは，ホルムアルデヒドとの縮合反応であり，フェノール樹脂の合成でも同じ反応が用いられている。

3.5.4　トルエン・キシレンから誘導される化学物質

トルエンの主な用途は溶剤であり，それ以外にはウレタンの原材料であるトリレンジイソシアナート（TDI）に変換される。フリーデル・クラフツニトロ化反応が用いられている。メチル基が電子供与性基であるため，ニトロ基はメチル基のオルソ，およびパラ位に導入される。

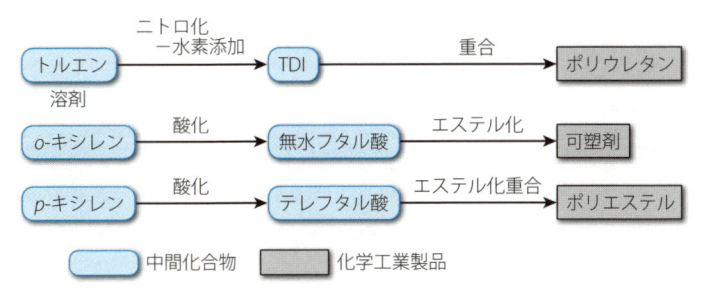

図3.58　トルエンとキシレンを原料とした主な石油化学工業製品の生産系統

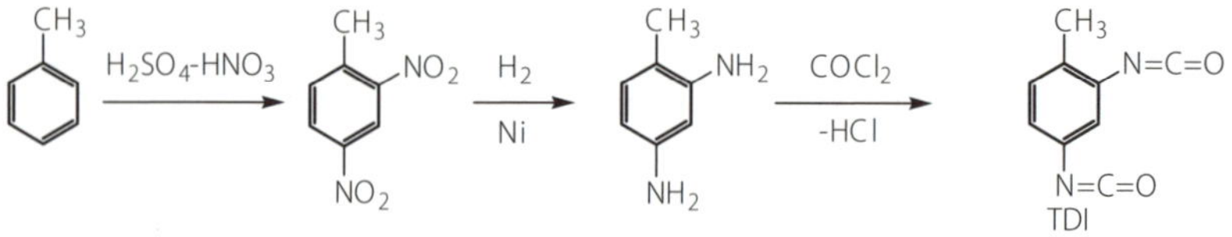

図 3.59 トルエンから TDI の合成

＊ 可塑剤とは，プラスチックに柔軟性を与え，加工をしやすくするために添加する物質のこと。
　19 世紀の中ごろ，樟脳（第 12 章）をニトロセルロース（第 6 章）の可塑剤に使用したのに端を発する。昭和 30 年代，塩ビ工業の発展に伴って飛躍的な生産量の増大を果たした。現在は，フタル酸ジ-2-エチルヘキシル（DOP）の使用量が多い。

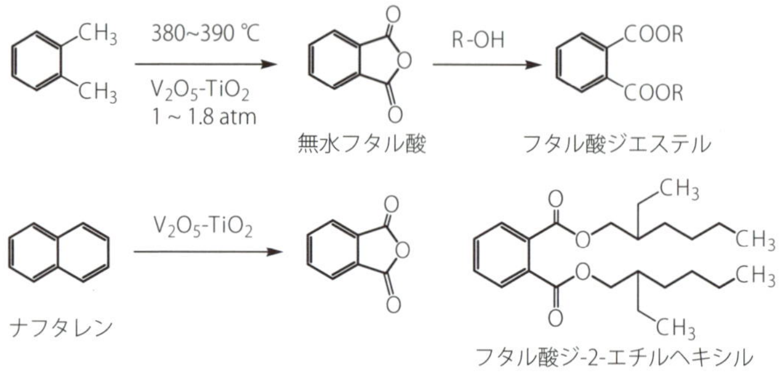

　また，キシレンは酸化されて，無水フタル酸とテレフタル酸に変換される。それぞれ，可塑剤＊とポリエステルに対する需要が大きい。無水フタル酸は，ナフタレンの酸化でも合成される（p.82）。

図 3.60　o-キシレンとナフタレンからの無水フタル酸の合成とジエステルへの誘導

水素貯蔵システムへの応用

　水素は，無尽蔵に存在する水や多様な一次エネルギー源から様々な方法で製造することができるエネルギー源で，様々な形態で貯蔵・輸送が可能であり，利用方法次第では高いエネルギー効率，低い環境負荷，非常時対応などの効果を持つことから，将来の二次エネルギーの中心的役割を担うことが期待されている。

　芳香族化合物，特にトルエンの水素添加によるメチルシクロヘキサンへの変換は，触媒を用いることで可逆的なプロセスになりうることから，水素の貯蔵・輸送技術の 1 つとして，注目されている（有機ハイドライド法）。

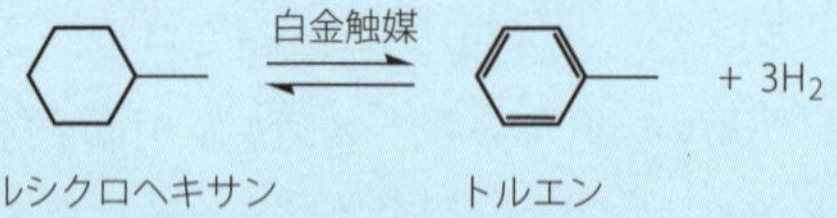

　利点として，1）重量，体積あたりの水素貯蔵密度が高い，2）常温常圧で液体で存在するため，取り扱いが安全・簡便，3）性状がガソリンや灯油と類似しており，石油タンク，ローリーなどの既存インフラが利用できる，4）災害時には，ディーゼル機関やその他の機器の燃料として利用することもできる，ことがあげられる。一方，問題点として，1）脱水素反応が吸熱反応であるため，水素供給サイトで熱が必要（～200℃），2）水素添加反応，脱水素反応には Pt，Ni などの貴金属触媒が必要な点である。

4 石炭化学

4.1 石炭の形成

　石炭は，太古の植物体がなんらかの原因により堆積後地中に埋没し，種々の分解作用や地熱・圧力などによる変質作用を受けて生成した，一種の可燃性岩石である。石炭には，水分，有機質，および鉱物質（石英，粘土鉱など）が含まれる。

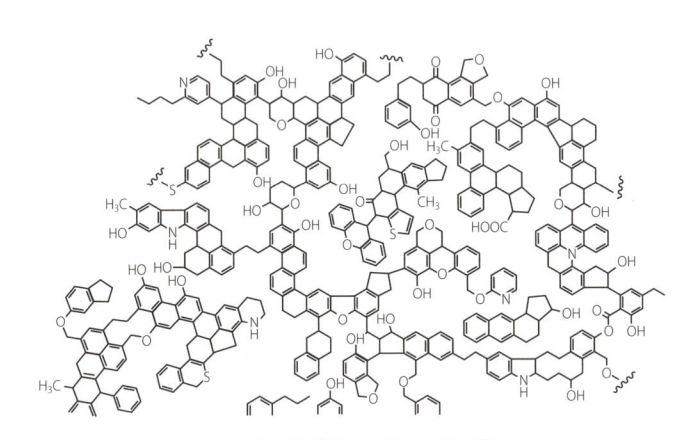

図 4.1　瀝青炭の Shinn モデル

　最初に上陸した植物はシダ類とされているが，4億年前には地上に大森林を形成した。湿地や浅海で倒れて積み重なった木材は，微生物等によって腐敗分解を受けた後に堆積し，圧力と地熱によって熟成されることで，石炭へと変化したと考えられる（図 4.2）。3億7千万年前のデボン紀から石炭層の形成が見られ，3億4500年前の石炭紀には，文字通り，地球上の各地で大量の石炭層が形成された。そのため，石炭の産出地は世界に広がっている。新しいものでは，新生代（6500万年以降）のものもあり，地質形成年代の若い日本の石炭はこの年代に形成された（図 4.3）。変動の乏しい大陸地域では新生代の石炭は熟成が進んでいな

いが，地下で高温にさらされたためか，日本の石炭は，瀝青炭まで炭化が進んでいるものが見られる。

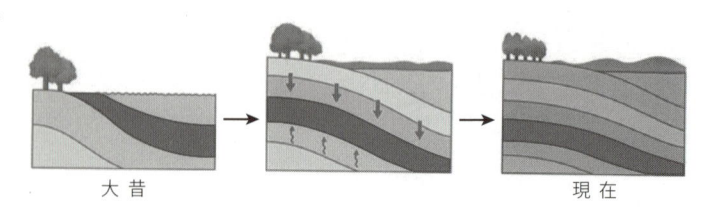

図4.2　石炭の形成
（（財）石炭エネルギーセンターHPより）

図4.3　世界の主要炭田と地質時代
（出光興産　石炭エネルギーセンターHPより）

4.2　石炭の種類

　植物に近い泥炭や褐炭から無煙炭まで，石炭の熟成度（石炭化度）によって石炭は分類されている。石炭化度の進行は，木材の成分であるセルロースやリグニンからの脱水反応による泥炭・褐炭化，脱炭酸により低度瀝青炭へすすみ，さらに脱水により高度瀝青炭へ，そして脱メタン反応によって無煙炭へと進むとされている（図4.4）。炭素含有量をパラメーターとして石炭を分類すると表4.1となる。

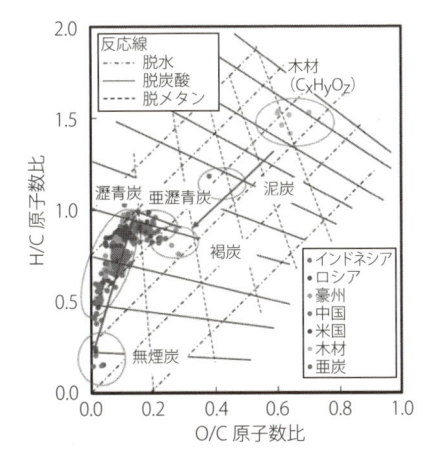

図 4.4 van Krevelen のコールバンド
（出光 CDB より）

表 4.1 炭素含有量による石炭の分類

炭化度による分類	無煙炭	瀝青炭			亜瀝青炭	褐炭
		高度	⇔	低度		
炭化度	～91%	87～91	83～87	80～83	78～80	70～78
用途による分類	無煙炭	強粘結炭	非粘結炭	一般炭	一般炭	一般炭
水 分（%）	5.0	8.0	8.0	8.3	25.0	66.5
灰 分（%）	12.5	8.0	9.5	14.5	4.0	1.7
揮発分（%）	7.0	39.5	31.0	26.5	32.0	50.8
全硫黄分（%）	0.45	0.5	0.7	0.5	0.33	0.3
発熱量（kcal/kg）	7,600	7,525	7,000	6,800	5,100	2,082
用 途	焼結用練炭電極	製鉄用，コークス	高炉吹き込み用	ボイラー用		

エネルギー白書 2004 年版（資源エネルギー庁 HP より）

4.3 石炭の埋蔵量と分布

　石炭は，埋蔵量（石油換算：112 億トン）が多く，産出地も石油と比べれば偏りが少ない。日本でも，かつては多くの炭鉱が稼働していたが，炭層が深化して採掘が困難になり，外国からの輸入炭に価格的に釣り合わなくなったため，現在では，釧路コールマインなど，わずかな例[*]を除いて稼働していない（図 4.5）。外国の炭田は，規模が大きく地表に炭層が露出して露天掘りができるものが多い。現在，石炭供給のほとんどを輸入に頼っており，輸入先は，オーストラリア・インドネシアの順でほぼ 80 % を占めている（図 4.6）。

　2001 年の世界の石炭埋蔵量と生産量の統計を図 4.7 に示す。石炭は可採年数も多かったことから，石油代替燃料としてもっとも現実的で有望な資源であった。

[*] 日本では現在北海道で 6 つの露天掘り鉱山が稼働している。石炭相場が上昇し，国内炭も価格競争力を取り戻しつつある。

図4.5　日本の主要炭田
(藤岡健次郎編,『最新地理学辞典』,(1892)(釧路炭田　釧路市HPより))

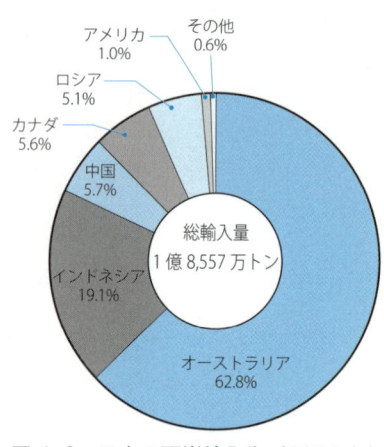

図4.6　日本の石炭輸入先（2008年）
財務省「日本貿易統計」より

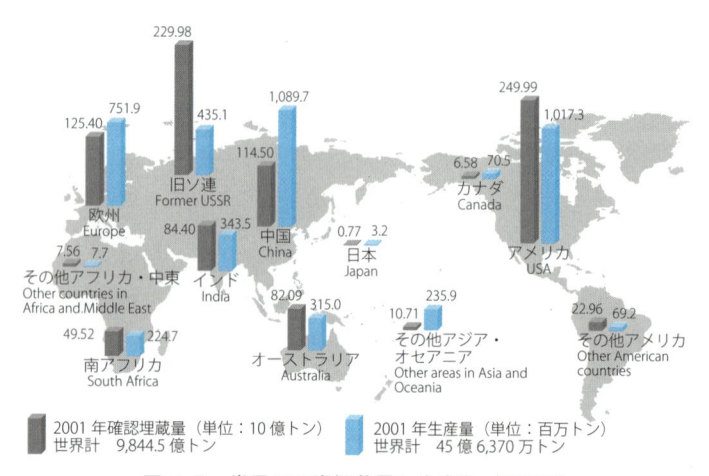

図4.7　世界の石炭埋蔵量と生産量（2001）
（財）石炭エネルギーセンター,「石炭とエネルギー」より

　しかし，生産量の推移をみると，2001年には216年あった可採年数が，2010年では118年と激減している（BP統計）。これは，採掘可能な石炭の量が修正されたことと，中国が経済成長に伴って石炭の消費量を急激に増やし続けてきたことによる（図4.8）。中国の1次エネルギー消費構成は，2011年時点（BP統計）で石炭が70.4％，石油が17.7％，天然ガスが4.5％，水力が6.0％，原子力が0.8％である。石炭の生産量，消費量とも中国が世界のほぼ半分を占めており，中国国内の石炭の可採年数は40年程度まで下がっている。今後，中国が増加するエネルギー資源をどこから得るのか，世界のエネルギー需給に大きな影響を与えることが予想される。さらに現在，中国では，石炭を燃やした時に出るPM2.5と呼ばれる煤煙や酸化硫黄の排出による健康被害が問題となって

いる（図4.9）。日本を初め主要先進国で実施されている，脱硫装置や脱煤煙装置の普及が進まないと，環境に与える影響は甚大なものになると予想される（第14章参照）。

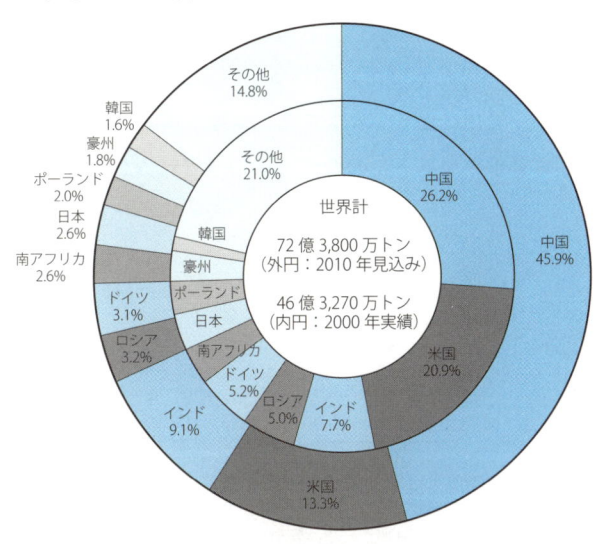

図4.8　世界の地域別石炭消費量の推移

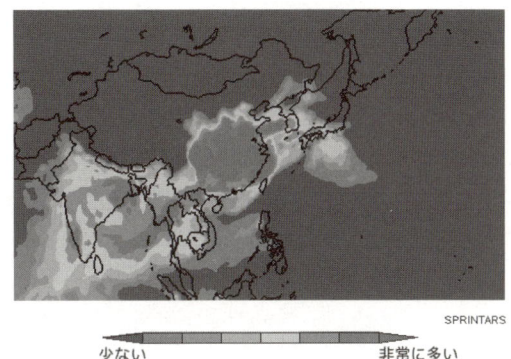

図4.9　PM2.5 大気汚染粒子拡散予測
（NHKweb SPRINTARS）

4.4　石炭の利用

第1章で述べたように，20世紀前半まで石炭はエネルギー源として，化学製品の原料としても中心的な役割を担ってきた。しかし，20世紀半ばにはその位置を石油に譲り，1970年代では，石炭の利用は，製鉄用のコークスとして用いられるのにほぼ限られていた時期もある（図4.10）。石油危機の後，石炭資源の豊富さが注目され，火力発電に利用されるようになり，現在（2013年）では電力供給の30％を担っている（図1.3）。

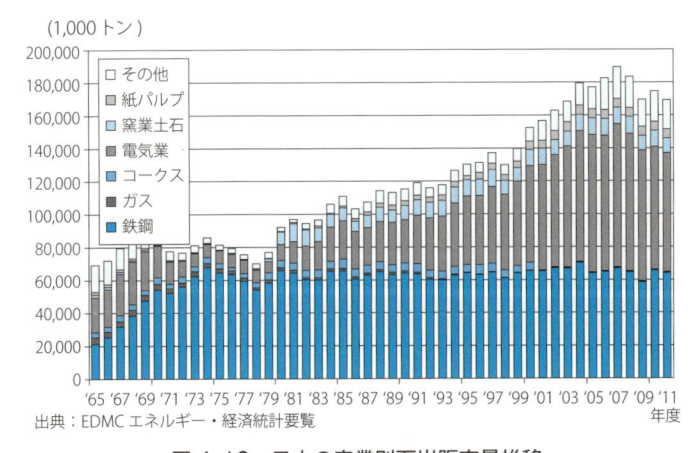

図4.10　日本の産業別石炭販売量推移
（出典：EDMC エネルギー・経済統計要覧）

石炭利用の概略を示す（図4.11）。コークス炉ガスは，製鉄所の燃料として用いられる他，都市ガスとして供給される。また，有機材料関連としては，コールタールとコークス炉ガスは様々な有機物（主に芳香族化合物）を含むことから，分離・精製後，有機化学製品の原料として使われる。一般炭は，主に燃料として用いられるが，水及び酸素（空気）と反応させて，水素，一酸化炭素，メタンなどに変換して，工業用燃料や都市ガス，アンモニアやメタノールの合成にも用いられる。

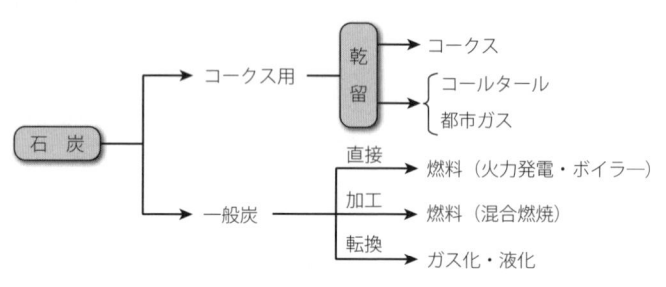

図4.11 石炭利用の概略

4.4.1 石炭の乾留

空気を遮断して石炭を加熱（乾留）すると，瀝青炭を例にすると，100℃あたりで水分，吸蔵ガスの放出が始まり，300〜400℃になると熱分解が始まって水分，ガス，タールが発生する（表4.2）。メタン・一酸化炭素が主な分解物であり，炭化水素成分も得られる。温度が上がるに連れ500℃以上でメタンの発生量が減り，最後は水素を発生し，1000℃付近で炭素に富んだコークスとなる。分解ガスの発生温度は，石炭の炭化度によって異なり，泥炭200〜250℃，亜炭・褐炭250〜300℃，瀝青炭300〜400℃，無煙炭400〜450℃である。非粘結炭を乾留したときに得られる塊にならない粉末状の残留物をチャーと呼ぶ。石炭ガス化の材料として用いられる。

表4.2 石炭乾留生成物

生 成 物	生成物収量	
	高温乾留 (約1000℃)	低温乾留 (約600℃)
コークス(%)	65〜75	65〜75
タール(%)	5〜6	10〜15
ガス液(%)	7〜10	6〜10
硫安(kg/t)†	10〜14	3〜5
ガス(m³/t)	250〜360	110〜170

† 発生するアンモニアを硫酸で処理して得る

4 石炭化学

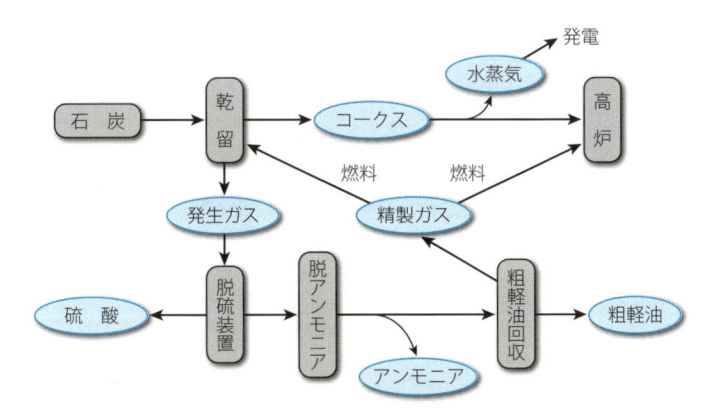

図4.12 コークス製造過程

4.4.2 コールタール

コールタールからは有機材料の原料として貴重な縮合芳香族化合物が供給される。表4.3にコールタールの成分，図4.13にコールタールから得られる化学原料を示す。これらのヘテロ芳香環や環縮合芳香族化合物は，染料や有機機能材料・医薬品等の有機合成の原料として貴重である。

表4.3 コールタールの成分

沸 点（℃）	留 分	重 量（%）
～180	軽 油	<3
～210	石炭酸油	<3
～230	中油（ナフタレン油）	10～12
～290	洗浄油（吸収油）	7～8
～400	アントラセン油	20～28
>400	中ピッチ	50～55

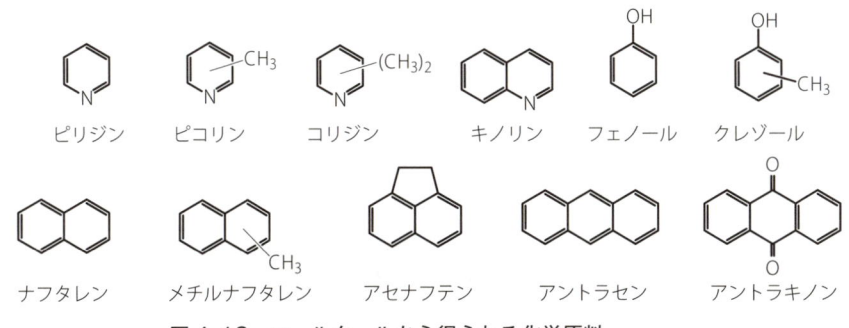

図4.13 コールタールから得られる化学原料

ナフタレンからは，酸化によって無水フタル酸が得られ（図4.14），可塑剤の原料として重要である（p.74参照）。

図4.14　ナフタレンから無水フタル酸の合成

4.4.3　コールタールピッチ

タールピッチはコールタールを蒸留した際の残留物として得られる縮合多環状芳香族化合物の混合物である。軟化点により軟ピッチ（約70℃以下），中ピッチ（70～85℃），および硬ピッチ（85℃以上）に分類される。石油コークスとの配合，または単独で加熱・加圧成形したのち，焼成することで，人造黒鉛電極を始め，アルミ精錬用電極（アノード・カソードブロック原料）がつくられる。電気製鋼炉では大電力を投入し，アーク放電によってスクラップを溶解する。炉内の溶鋼温度は1600℃，電極先端温度は3000℃にも達し，このような過酷な温度条件下で使用できる工業部材は，現在黒鉛のみである。

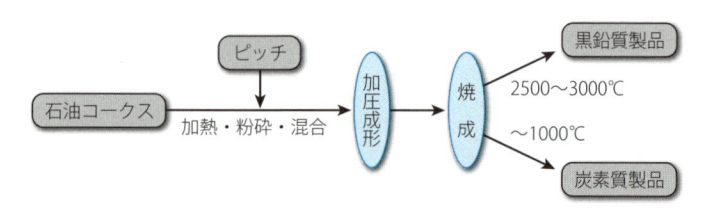

図4.15　石油コークスやコールタールピッチからの黒鉛・炭素質製品の製造

4.4.4　カーボンブラック

副生油は，カーボンブラックの原料油となる。カーボンブラックは，工業的に品質制御して製造される直径50-150 nm程度の炭素の微粒子であり（図4.16），世界で1100万トン生産（日本62万トン（2012年））されている。主に，ゴム製品に補強材として添加されるほか，印刷インキ，塗料，樹脂等に利用される。一般的には石炭乾留で副生されるクレ

オソート油，石油精製等で副生される重質芳香族油などを不完全燃焼させるオイルファーネス法，天然ガスを用いるチャンネル法，アセチレンなどといった炭化水素を熱分解して製造するアセチレン法などがあり，オイルファーネス法が主流である。

図 4.16　カーボンブラック（HAF 級）の SEM 写真
(「カーボンブラックのナノマテリアルとしての安全性」，カーボンブラック協会より)

4.4.5　カルシウムカーバイドからアセチレンの生成

生石灰にコークスを配合し，電気炉で溶かしてカーバイド（炭化カルシウム）を作る。カーバイドは，アセチレンのジアニオンのカルシウム塩であり，水と反応してアセチレンを生じる。アセチレンは合成ゴムの原料や溶接用に使用する。

$$3C\,(コークス) + CaO\,(生石灰) \longrightarrow CaC_2\,(カルシウムカーバイド) + CO$$

$$Ca^{2+}[C\equiv C]^{2-} + 2H_2O \longrightarrow H\text{-}C\equiv C\text{-}H\,(アセチレン) + Ca(OH)_2\,(消石灰)$$

図 4.17　コークスからカルシウムカーバイド，カーバイドからアセチレンの生成反応

4.4.6　その他

また，石炭にタール，ピッチなどの結合剤を添加して，加圧成型した練炭や豆炭は火付きの良い家庭燃料として広く用いられる。

図 4.18　練炭・豆炭

4.5 石炭のガス化

石炭の乾留によって得られるガス成分（コークス炉ガス）は，水素・一酸化炭素・メタンなどを含む可燃性ガスであり（表4.4），工業用燃料や都市ガスなどに供給され，古くは街灯などに用いられた（p.5 参照）。

石　炭　⟶　メタンなどガス成分＋タール等重質油成分＋チャー（C）

表 4.4　コークス炉ガス（COG）や高炉ガス（Bガス），転炉ガス（LDガス）の成分

ガス	CO	CO_2	H_2	CH_4	C_nH_m	O_2	N_2
COG	7〜8	3〜4	50〜60	25〜30	2〜3	0.5	7〜8
Bガス	20〜30	15〜25	2〜5	—	—	—	50〜55
LDガス	60	21	1				18

＊　チャーは，非粘結炭を乾留した時に得られる残留の固形分。

石炭ガス化反応の過程は，まず石炭の熱分解が起こり，メタンや低級炭化水素ガスを発生しチャー＊ が得られる。続いてチャーまたは石炭にガス化剤である水蒸気や空気，酸素及び水素などが反応するとともに，発生したガス相互間のガス化反応が行われる。温度，圧力，滞留時間等の反応条件によって異なる組成のガスが得られる。

石油資源の枯渇が危惧されたことから，石炭をガス化し，発電（空気を用いる）・化学品合成用原料（酸素を用いる）とする研究が進められている。石炭は，そのまま燃焼させると二酸化炭素の排出量が天然ガスや石油に比べて多いため（図4.19），石炭を直接燃焼させるのではなく，石炭を分解して燃料となるガスを取り出すことが目的となる。

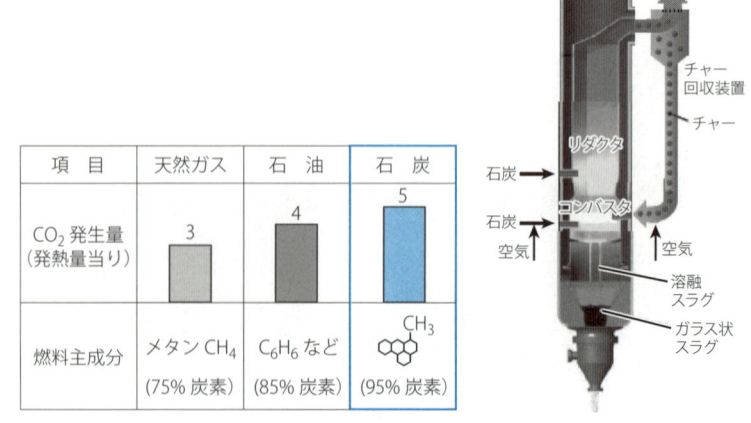

図 4.19　燃料の特性とガス化装置
（クリーンコールパワー研究所　研究会資料より）

炭素と水との水性ガス反応によって，有用な水素と一酸化炭素（合成ガス）が生成することを利用し，石炭を発電に利用する研究が進められた。ガス化装置を図 4.19 に示す。石炭は，微粉末（チャー）にして燃焼炉に上から導入される。酸素，空気のガス化剤は下から供給され，石炭とガス化剤が対向流で接触するため石炭の加温とガス化までの反応が効率よくなされる。ガスは上から取り出されて，発電に用いられ，灰は下方より取り出される。

表 4.5 に示すように，水性ガス反応は大きな吸熱反応であるため，炭素と酸素との反応で得られる燃焼エネルギーが使われる。そのほか，水素化分解，メタン化反応によってメタンも生成する。二酸化炭素の排出を考慮すると，発生時に生成する二酸化炭素は，別途回収して大気への放出を抑制することが必要である。

水素が必要な場合は水性ガスシフト反応によって，一酸化炭素の濃度を下げることができる。化学原料として合成ガスを用いる場合は，空気ではなく酸素を用いることで，窒素やアルゴンなどを含まない合成ガスが供給される。

合成ガスやメタンを用いる化学原料体系は，C1 化学と呼ばれ，メタノールや酢酸合成などに用いられる。天然ガスからも合成ガスが得られることから，C1 化学については，第 5 章でまとめて述べる。

表 4.5 ガス化の基本反応式

反応過程	熱収支	反応名称
酸素との反応		
$C + O_2 \rightarrow CO_2$	+97.0 kcal/mol	
$C + 1/2\, O_2 \rightarrow CO$	+29.4 kcal/mol	
$C + CO_2 \rightarrow 2CO$	−38.2 kcal/mol	発生炉ガス反応
水蒸気との反応		
$C + H_2O \rightarrow CO + H_2$	−31.4 kcal/mol	水性ガス反応（合成ガス）
$C + 2H_2O \rightarrow CO_2 + 2H_2$	−18.2 kcal/mol	
$CO + H_2O \rightarrow CO_2 + H_2$	+10.0 kcal/mol	水性ガスシフト反応
水素との反応		
$C + 2H_2 \rightarrow CH_4$	+17.9 kcal/mol	水素化分解反応
$CO + 3H_2 \rightarrow CH_4 + 2H_2O$	+49.3 kcal/mol	メタン化反応

4.6 石炭の液化

第 1 章で述べたように，内輪機関の発達によって自動車・航空機などが発達し，ガソリンの戦略的な重要性が高まった。このため，石油のとれない地域において，石炭の液化は非常に重要な科学的命題となった。

*1　F. Bergius

*2　Bergius process

　1913年ドイツのベルギウス*1によって，高温高圧下，石炭と水素を直接反応させることで（直接水添液化法），液化生成物とする方法が見いだされ，その後プラント化された。第二次世界大戦期，ドイツや日本は，石炭は自給できたが石油は自給できなかったため，石炭液化の研究が進められた。ドイツはベルギウス法*2や合成液化法によってガソリンや軽油類似の燃料を合成し，かなりの量の軍用燃料を自給することができた。第二次世界大戦後は石油価格がさがり，利用価値が下がったが，人種隔離政策により石油禁輸措置を受けていた南アフリカで石炭液化研究とプロジェクトが進んだ。

　1990年代の原油価格の高騰により，石油に比べて埋蔵量も多く資源的に余裕があることから，石油の代替え資源として石炭の液化が再び検討された。有機工業化学とは直接関連しないことから，ここでは検討されている液化方法を示すのみにとどめる。

　石炭はH/C比が小さいため，石炭を液化するには，加熱することによって石炭分子の化学結合を切れ易い状態にし，次いで切断点に水素を添加することによって低分子化する。

(a) 直接水添液化法：石炭の有機高分子成分に直接水素を反応させることによって液状油を得る方法である。石炭を粉砕し，重質油と混合して高温・高圧下で水素と直接反応させる。

(b) 溶剤抽出液化法：石炭とリサイクル油を混合して，圧力100〜150気圧，温度400〜450℃で熱処理し，石炭から可溶分を抽出するとともに，リサイクル油の水素供与性を利用して石炭に水素を供給する方法である。この方法では，リサイクル油に水素供与性を与えるために，リサイクル油の水添工程が必要となる。

(c) ソルボリシス液化法：石炭を常圧〜数十気圧という低圧で液化油の一部を使って数分〜10分程度の極めて短時間の反応で液化する方法であるが，反応条件が穏やかであるだけに，得られる液状物は重質であり，油分を得ようとすれば，さらに第2段目の水添工程を加える必要がある。

(d) 合成液化法：石炭を合成ガスに変換し，合成ガスから，フィッシャー・トロプシュ反応によって，種々の炭化水素やアルコールを合成する。南アフリカで商用規模で運転に入っている。

　フィッシャー・トロプシュ反応については，次章で述べる。

5 天然ガス・合成ガス

5.1 資源としての天然ガスとその分類

　天然ガスは，地中に産出するメタンを主成分とするガス状炭化水素の混合物であり，油田に付随する在来型天然ガスと，それ以外の非在来型天然ガスに分類される。在来型の天然ガスの確認埋蔵量は 2006 年の統計で約 175 兆 m^3 とされ，可採年数は 62 年であったが，それ以降も新しいガス田が次々と発見されている。埋蔵量の 56 % が中東地域に集中している石油と異なり，天然ガスの中東への集中度は 42 % で，埋蔵地域も旧ソ連，アジア，アメリカなど世界各地に分散している。

　近年，非在来型天然ガスの存在が重要視され，アメリカではすでに天然ガスのシェアの半分以上を占めるようになっている (p.14)。非在来型天然ガス資源の分類を表 5.1 にまとめる。

表 5.1　非在来型天然ガス資源の分類

分　類	
タイトガス	在来型ガスが貯留している地層よりも稠密な砂岩層にたまった天然ガス。現在のアメリカの天然ガスシェアーの 30 % 近くを占めており，すでに在来型の天然ガスと位置づけられている。
シェールガス	頁岩(シェール)層に封じ込まれているガス。北米のみならず，中国や欧州等にも豊富に存在している。水平掘削技術を活用し，頁岩層に水圧でヒビを入れて，ガスを回収する開発技術の発達・普及とガス価格の上昇によって，実用化された。
コールベッドメタン	石炭が生成される過程で発生して，そのまま石炭層に滞留した天然ガス。豊富な石炭層を陸上に有するオーストラリア，インド，インドネシアを中心に開発が進んでいる。
メタンハイドレート	低温高圧下で形成される水分子とメタンガス分子から構成される氷状の物質。シベリアの永久凍土地帯や大陸近くの大水深海域に限られると考えられてきたが，近年になって大陸棚海底下の地層に多量に存在していることが判明した。海底地層下でのメタンハイドレートの分解によるメタンガスの回収技術の開発が進められている。

また，在来型天然ガスと非在来型天然ガスの確認された埋蔵量とその分布を図5.1に示す。在来型天然ガスと非在来型天然ガスの分布はかなり異なる。

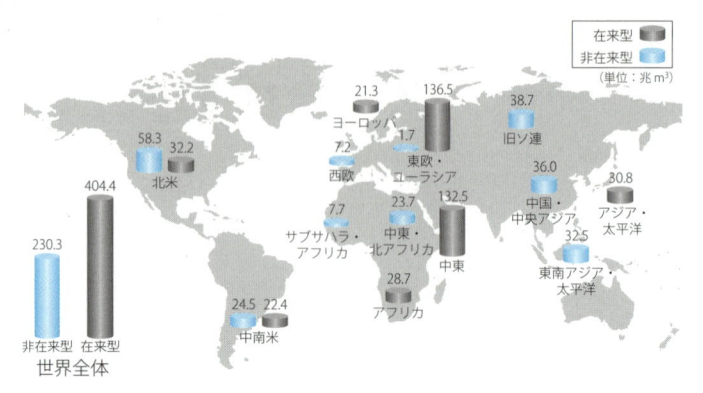

図5.1　世界の天然ガス資源の埋蔵量
(単位：石油換算トン)
(注)「非在来型」は原始埋蔵量の回収率25%と仮定して計算
出所：IEA「World Energy Outlook 2009」などを基にJOGMEC作成

北米大陸やヨーロッパでは，天然ガスは産地と消費地がパイプラインで結ばれているが，日本では海上輸送に頼っているため，天然ガスの価格が高くなる。メタンの沸点-161.5℃以下に冷やして液化（深冷液化）し，タンクに詰めて，LNG（liquefied natural gas）タンカーで輸入されている（図5.2）。輸入先は，オーストラリア，カタール，マレーシアなどである（表5.2）。

表5.2　日本のLNGの主な輸入先

国　名	輸入量（万トン）
オーストラリア	1706
カタール	1525
マレーシア	1427
ロシア	837
ブルネイ	591
インドネシア	578
アラブ首長国連邦	554

（2012年度日本貿易統計）

図5.2　LNGタンカー

5.2　天然ガスの燃料としての利用

天然ガスは液化の過程で硫黄や窒素分を除くことができるため，化石燃料のなかでも最もクリーンなエネルギーとされている。また，H/C比を比べると，メタン（=4），石油（≈2），石炭（<1）と大きく，燃焼時の二酸化炭素の排出量が小さい（図5.3）。そのため火力発電に使われ，

原子力発電の停止した 2013 年の日本の発電量の 43 ％は天然ガスになった。

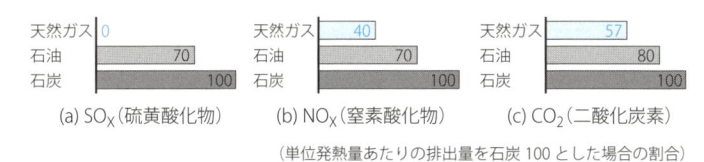

	天然ガス	石油	石炭
(a) SO_x（硫黄酸化物）	0	70	100
(b) NO_x（窒素酸化物）	40	70	100
(c) CO_2（二酸化炭素）	57	80	100

（単位発熱量あたりの排出量を石炭 100 とした場合の割合）

図 5.3　単位発熱量当たりの排出比較
（「エネルギー白書」資源エネルギー庁より）

空気の大部分を占める窒素や酸素よりメタンの分子量が小さいため，メタンガスは空気より軽い。そのため，室内に貯まりにくく，爆発の危険性は低い。以前，都市ガスとして供給されていた石炭ガスや石油改質ガスは一酸化炭素を含んでいたため中毒事故が起こったが，天然ガスは毒性も低く，一酸化炭素も含まれていないため中毒は起こさず，安全性が高い。都市ガスの天然ガスへの転換が進んでいる。

> **二酸化炭酸排出量の比較**
>
> 　地球温暖化の対策を念頭において，二酸化炭素の排出量を比較するためには，メタンや石油，石炭の H/C 比を比べるだけでは不十分である。メタンであれば液化や輸送中の冷却に使われるエネルギーも考慮する必要がある。それらを考慮すると，天然ガスの優位性は，それほど大きくはない。原子力発電においても同じで，発電時に二酸化炭素を出さないとしても，放射性物質の濃縮・分離，発電所の建設，放射性物質の後処理すべてを含めて換算しなければ，正確な比較とは言えない。原子力発電については，廃炉後の放射性物質の後始末にどの程度のエネルギーが必要になるか，現在算出することができない。

5.3　天然ガスの化学製品原料としての利用

　天然ガスはメタンを主成分とするガス状炭化水素であり，常温で加圧しても液化しない乾性ガス（メタン）と，C2 〜 C5 の炭化水素を含み，加圧により液化する湿性ガスに分類される。メタンは，燃料として用いられるほか，種々の化学工業製品の原料となる。エタンより炭素数の多い飽和炭化水素（湿性ガス）は，石油と同様にクラッキングによって脱水素され，ナフサ分解成分と同様に石油化学の工業体系で原料として使われる。しかし，ナフサの分解によって得られるほどプロピレンや C4 留分は製造できず，芳香族成分（BTX）は得られない。

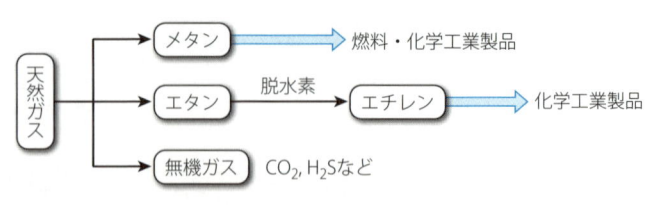

図5.4　天然ガスの利用

5.3.1　メタンの利用

メタンは炭素の4つの等価な sp³ 軌道が水素の 1s 軌道と相互作用することで σ 結合を形成した化合物である。メタンの各水素原子は四面体の頂点に存在する。

表2.6で示したように，メタンの C-H 結合をホモリテックに切断するためのエネルギー（結合解離エネルギー）は他の炭化水素のどの結合エネルギーより大きく，メタンが非常に安定な化合物であることを示している。このため，メタンの反応は非常に高温で行われ，ラジカルを経由するものと思われる。

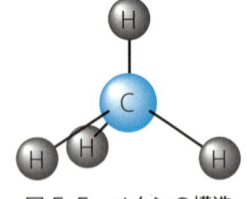

図5.5　メタンの構造

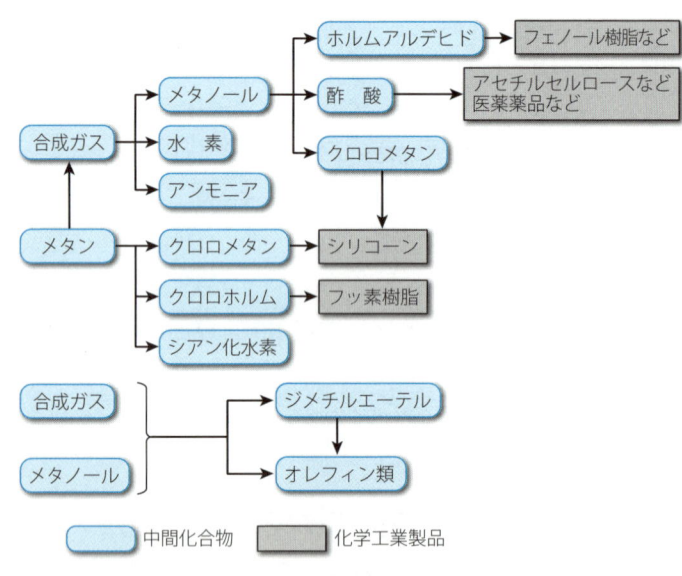

図5.6　メタンを原料とする化学体系

（1）シアン化水素（HCN）

メタンとアンモニアを空気と混合し，1000℃に加熱して網状の白金触媒を通過させることで，シアン化水素を得る。メタクリル酸の合成（p.64）に使われる。

$$CH_4 + NH_3 + 3/2 O_2 \longrightarrow HCN + 3H_2O$$

(2) 二硫化炭素 (CS$_2$)

メタンと硫黄を 900 ℃に加熱して反応させて合成される。溶剤や, ビスコースレーヨンの製造 (p.107 参照) にもちいられる。非常に引火・発火しやすいため (引火点：-30 ℃, 発火点：90 ℃), 特殊引火物に指定されており, 貯蔵する場合は, 水を用いて液面を被覆する (水より重い) ことが求められている。木炭やコークスからも製造される。

$$CH_4 + 4S \longrightarrow CS_2 + 2H_2S$$

$$C + 2S \longrightarrow CS_2$$

(3) クロロメタン類 (CH$_{(4-n)}$Cl$_n$)

メタンを塩素と共に 350 ～ 400 ℃に加熱すると, 順次塩素化されてクロロメタン類を与える。反応はラジカル連鎖反応(p.58)で進行するため, 選択的な合成は困難であり, 生成物の分布はメタンと塩素の比で決まる。

連鎖開始段階
$$Cl_2 \xrightarrow{加熱} \cdot Cl + \cdot Cl$$

連鎖成長段階
$$\cdot Cl + CH_4 \longrightarrow \cdot CH_3 + HCl$$
$$\cdot CH_3 + Cl_2 \longrightarrow ClCH_3 + \cdot Cl \quad \text{クロロメタン}$$

$$CH_3Cl + Cl_2 \xrightarrow{-HCl} CH_2Cl_2 \quad \text{ジクロロメタン}$$
$$CH_2Cl_2 + Cl_2 \xrightarrow{-HCl} CHCl_3 \quad \text{クロロホルム}$$
$$CHCl_3 + Cl_2 \xrightarrow{-HCl} CCl_4 \quad \text{四塩化炭素}$$

図 5.7　ラジカル連鎖反応によるクロロメタン類の合成

クロロメタンは, メタノールとの反応でも得られる。

$$CH_3OH + HCl \longrightarrow H_3CCl + H_2O$$

液相法：100～150℃, 2～20 atm
気相法：γ-Al$_2$O$_3$ または ZnCl$_2$ 触媒, 200℃, 1～5 atm

図 5.8　メタノールからのクロロメタンの合成

クロロメタン類は溶剤に用いられる他, クロロメタンはシリコーンの原料として, クロロホルムはフッ素樹脂の原料として用いられる。

（i）シリコーン：クロロメタンは金属ケイ素と銅触媒存在下反応させることで, ジメチルジクロロシランを与える。金属ケイ素は塩素で処理することで四塩化ケイ素 (SiCl$_4$) となり, 有機金属試薬 (グリニャール試薬や有機リチウム試薬) と反応させることで, アルキル基の導入されたアルキルクロロシランが生成する。アルキル基の数は試薬の当量に

よって調整される。ジメチルジクロロシランとアルキルクロロシラン類を重合（縮合）反応させることで、シリコーンが製造される（図5.9）。ケイ素の4つの結合が全てが酸素と結合しているものはシリケート（石英）である。モノ、ジ、トリクロロシラン類を用いて縮重合させることで、シリケートの結合にアルキル基が導入される。アルキル置換基の数が増えることで、柔軟性が増加し、樹脂→ゴム→グリース→オイルに作り分けられる（図5.10）。

* F. A. V. Grignard（仏）

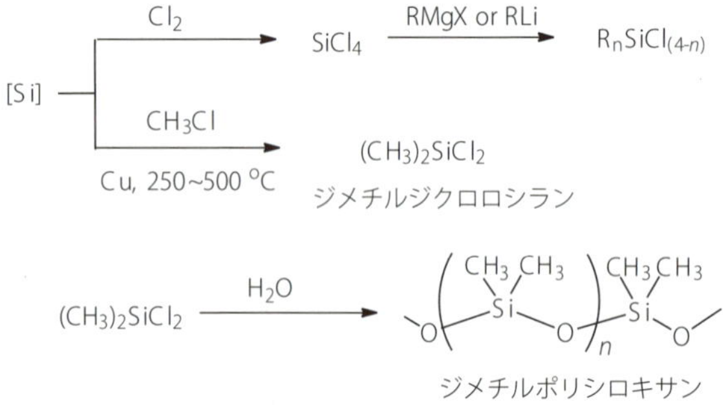

グリニヤール (Grignard) 試薬

　1900年にグリニヤール*は、有機ハロゲン化物がエーテル溶媒中でマグネシウムと反応し有機マグネシウム化合物を形成し、これがケトン、アルデヒドと反応しアルコールが生成することを見出した。有機合成に広い範囲で用いられたことから、有機マグネシウム化合物が彼の名をとってグリニヤール試薬と名づけられた。グリニヤール試薬は反応性が十分高いにもかかわらず、有機リチウムと比べて発火性が低く、取り扱いが容易である。グリニヤールは、ポール・サバティエと共に1912年にノーベル賞を受賞している。

図5.9　金属ケイ素からクロロメタンの合成と縮合重合によるポリシロキサンの合成

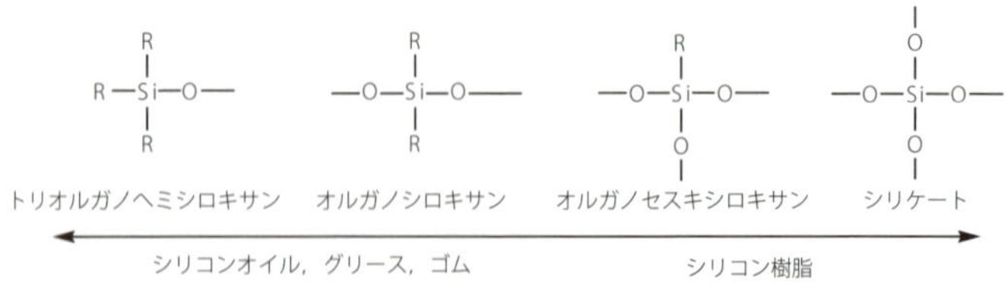

図5.10　シリケートへのアルキル基の導入によるシリコーンの性質変化の概念図

　Si-O結合の結合エネルギーは106 kcal/molとC-C結合の結合エネルギー（85 kcal/mol）より大きいため、非常に安定であり、有機系のポリマーに比べて優れた耐熱性、電気絶縁性、化学的安定性を備えている。

シリコンゴムでは，加硫によって耐熱性を上げることも行われる。

有機ケイ素化学

炭素の酸化物，二酸化炭素 CO_2 は O=C=O の分子構造をもちガスであるが，ケイ素の酸化物 SiO_2 はポリマーであり固体である。アセトンに相当するケイ素化合物もジメチルシロキサンでありポリマーとなる。これは，C=O の二重結合は安定に存在するが，ケイ素の二重結合 Si=O は，容易にポリマー化してしまうためである。C=C 二重結合を持つ化合物が安定に存在するのに対して，ケイ素の二重結合を持つ，ジシレン Si=Si が安定に存在せず，容易にポリマー化するのと同じである。第二周期の炭素は 2p 軌道をもち，その重なりによる π 結合がかなりの安定性を持つのに対して，第3周期のケイ素は 3p 軌道をもち，その広がった p 軌道の重なりでは，十分な安定化が得られないためである。これは，ケイ素に限らず，第三周期以降の元素では一般的であり，逆に安定な二重結合を形成する第二周期の元素が特異であるといえる。

ただし，二重結合をもつケイ素化合物が存在しないわけではなく，立体的に込み合った置換基を持たせることで，熱的に安定なジシレンを合成・単離することが可能である。最近では，分子全体をつつみこむような置換基を付けることで，ケイ素原子をもつベンゼンや三重結合を持つ分子が合成された。

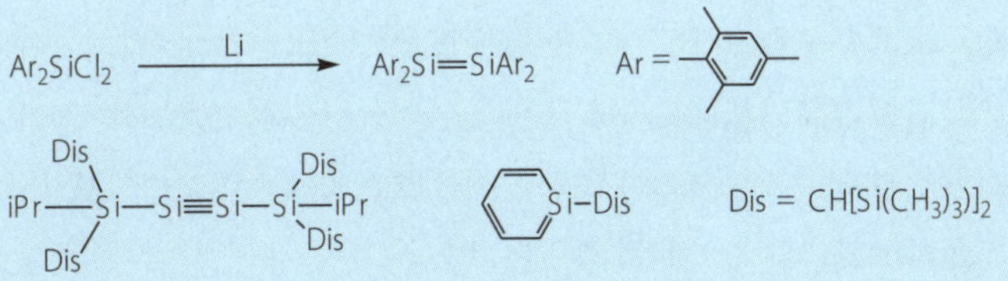

$$Ar_2SiCl_2 \xrightarrow{Li} Ar_2Si=SiAr_2$$

Ar = メシチル基

iPr(Dis)₂Si—Si≡Si—Si(Dis)₂iPr

Ph-Si-Dis

Dis = $CH[Si(CH_3)_3]_2$

ケイ素二重結合もつ分子の合成方法とケイ素原子をもつベンゼンと三重結合を持つ分子

(ⅱ) テトラフルオロエチレン：フッ素樹脂の原料となるテトラフルオロエチレンは，クロロホルムとフッ酸によって得られるクロロジフルオロメタン（フロン-22）の熱分解によって得られる。

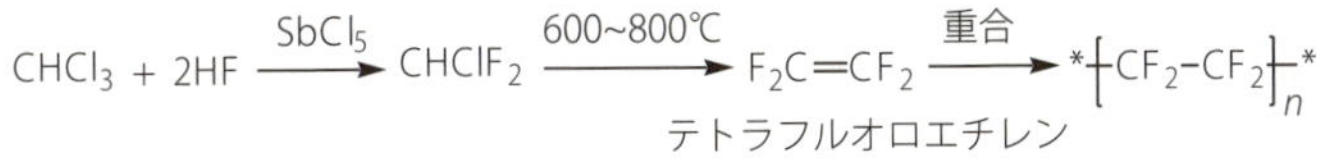

$$CHCl_3 + 2HF \xrightarrow{SbCl_5} CHClF_2 \xrightarrow{600\sim800℃} F_2C=CF_2 \xrightarrow{重合} *[CF_2-CF_2]_n*$$

テトラフルオロエチレン

図 5.11 クロロホルムからテトラフルオロエチレンの合成

* ポリテトラフルオロエチレン（PTFE）は1938年，米国デュポン社のプランケット博士によって偶然発見された。第二次大戦中，米国は原爆製造（マンハッタン計画）を遂行したが，その過程でウラン235の濃縮を行う必要があり，ウランを揮発性の六フッ化ウランに導いて分離を行った。その際に用いる機材に，フッ素に対する高度な耐食性，耐熱性，絶縁性などが要求された。フッ素に対する耐食性を高めるにはあらかじめフッ素化された材料を用いることが良く，PTFEを主体とするフッ素樹脂が開発された。デュポン社は1945年にテフロンを商標として登録し，1946年から販売が開始され，あらゆる産業へ浸透していった。

ナフィオン（Nafion）
燃料電池は，水素のような燃料の燃焼反応の際に得られる化学エネルギーを，直接電気エネルギーとして取り出すデバイスである。イオン交換膜を挟んで，正極に酸化剤を，負極に還元剤（燃料）を供給することにより発電する。固体高分子（膜）形燃料電池において，含フッ素ポリマーであるナフィオンがイオン交換膜として用いられる。燃料電池は，利用効率に優れ，またスケールメリットが小さいことから，自動車を始めとする移動用電源，モバイル用の小型電源，さらには大規模発電用電源に至る，幅広い用途での応用が期待されている。

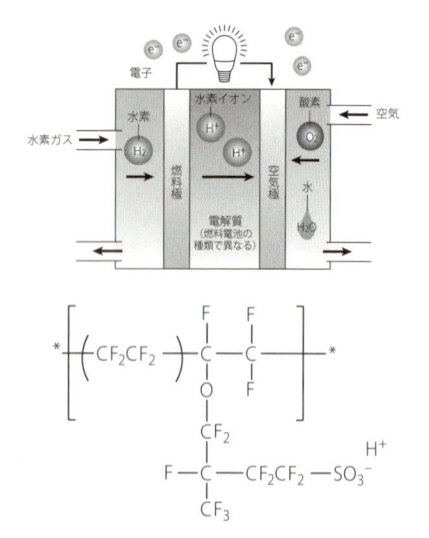

固体高分子（膜）形燃料電池の構造モデルとナフィオンの構造

フッ素樹脂は，他の高分子材料と比較して，耐熱性，耐薬品性，耐候性，電気特性が極めて優れているうえ，非粘着性，滑り性などのユニークな性質を有していることから，自動車，航空機，半導体，情報通信機器から身近な家庭用品まで幅広く使用されている。ただし，もっとも多く使用されているPTFE*は，260℃を超えて加熱すると，有害な分解生成物を発生する。

5.3.2　合成ガス
（1）一酸化炭素と水素の性質

合成ガスに含まれる一酸化炭素（CO）は，二酸化炭素と比較して，金属に対する配位能力が高く，合成中間体として有用である。オクテット則を満たさない化合物であるが，三重結合性が強いため，電気陰性度がC＜Oであるにもかかわらず，炭素原子上に負電荷が乗った構造Aの寄与が大きい（図5.12）。そのため，炭素の孤立電子対を供与する形式で，金属と錯体を作りやすい。シアンイオンと同様に血液中のヘモグロビンの鉄とも強く結びつくため，毒性が非常に強い。

図5.12　二酸化炭素のルイス構造

また，水素分子もパラジウムや白金などの金属が存在すると表面に吸着して，活性の高い状態になる。オレフィンへの水素添加はそのような状況から起きる。これらの性質から，合成ガスはメタンや二酸化炭素に比べて金属触媒に対して非常に活性である。

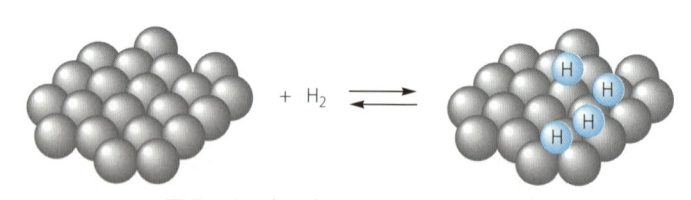

図5.13　金属表面への水素原子の吸着

（2）合成ガスの製造

メタンから合成ガス（p.85参照）を製造する技術として水蒸気改質，二酸化炭素改質，部分酸化が知られている。一般に行われているのはニッケル触媒を用いた水蒸気改質であり，二酸化炭素改質は単独では商業化されておらず，H_2/CO比を減少させるために行われているのみである。

二酸化炭素改質の問題点は，メタンの分解やボーダード反応[*1]による炭素の析出による触媒の劣化であり，水蒸気改質では過剰な水蒸気供給とアルカリ金属の添加（K_2O）によって，これが抑えられている。改質触媒は吸熱反応であるため，天然ガス＋スチームに外部から熱を与える必要があり，多数の燃焼バーナーと改質触媒を充填した改質管から構成される水蒸気改質炉が採用されている。

水蒸気改質

$$CH_4 + H_2O \longrightarrow CO + 3H_2 \quad \Delta H = 206 \text{ kJ/mol}$$

Ni/Al_2O_3 触媒 750〜850℃

二酸化炭素改質

$$CH_4 + CO_2 \longrightarrow 2CO + 2H_2 \quad \Delta H = 247 \text{ kJ/mol}$$

部分酸化

$$CH_4 + 1/2O_2 \longrightarrow CO + 2H_2 \quad \Delta H = -36 \text{ kJ/mol}$$

水蒸気改質と二酸化炭素改質は吸熱反応であるが，部分酸化は発熱反応である。このため，論理的には部分酸化法が最適であるが，一般的な触媒上では，まず完全酸化が進行し，続いて水蒸気改質および二酸化炭素改質が進行する二段階機構で進行していると考えられている。酸化触媒システムの開発が望まれる。

石炭やバイオマスから得られる合成ガスとともに，ガソリン代替え材料としての水素の供給，炭化水素の供給材料として注目されている。特に，合成ガスやメタノールを原料に，ジメチルエーテル（DME）やオレフィン類を得るプロセスは，シェールガス革命による天然ガス供給の拡大を受けて，今後さらに重要性を増してゆくものと考えられる。

(3) メタノール

合成ガス中の一酸化炭素と水素を5〜10 MPaの圧力で，銅触媒により反応させることによりメタノールが合成される[*2]。

$$CO + 2H_2 \longrightarrow CH_3OH$$

Ag-Cu 触媒 600〜700℃

水蒸気改質によって，得られる合成ガスのH_2/CO比は3であり，この過程で水素が余る。そこで，二酸化炭素と水素からメタノールを合成する反応も行っている。触媒としてCuO-ZnO-Al_2O_3など多くの触媒システムが開発・検討されている。

$$CO_2 + 3H_2 \longrightarrow CH_3OH + 3H_2O$$

CuO-ZnO-Al_2O_3 触媒 250 ℃

[*1] Boudouard 反応：
$$2CO \longrightarrow C + CO_2$$

[*2] メタノール合成は1923年BASF社によって工業化されたが，100気圧以上の高圧が必要であった。その後ICI社が新触媒を開発して，50気圧以上の低圧で製造されるようになった。

(4) ホルムアルデヒド

メタノールを酸化することでホルムアルデヒドが得られる。銀法（Ag-Cu），鉄法（V，Mo などを含む鉄酸化物）などが知られている。

$$CH_3OH + 1/2O_2 \longrightarrow HCHO + H_2O$$

Ag-Cu 触媒 600 ～ 700 ℃

ホルムアルデヒドはフェノールと反応し，フェノール樹脂の原料として用いられる（第 6 章）。

(5) 酢 酸

3.2.4 で述べたように酢酸は，エチレンの酸化によって，アセトアルデヒドを経て製造されていたが，メタノールを触媒によってカルボニル化させるモンサント法[*1]が開発されることで，現在では主にメタノールから製造されている。1960 年に BASF 社によって開発されたが，開発当初は 700 atm，300 ℃ という過酷な反応条件が必要であった。1966 年にアメリカのモンサント社によって改善され，30 ～ 60 atm，150 ～ 200 ℃ という穏やかな条件で反応を進行させることができるようになった。この反応は，まずメタノールとヨウ化水素が反応してヨウ化メチルとなり，ロジウム触媒によってカルボニル化され，加水分解によって酢酸とヨウ化水素となる。ヨウ化水素は回収され，再び反応に使われる。後に，イリジウム錯体をもちいたカティバ法[*2]が BP ケミカルズ社[*3]によって開発され，1990 年以降は主流となった。カティバ法によって反応混合物中での水の使用量が減ったことから，乾燥のプロセスが簡略化されるとともに，プロピオン酸のような副生物が減少し，水性ガスシフト反応を抑制することができた。

[*1] Monsanto process

[*2] Cativa process

[*3] BP ケミカルズ：Britich Pertroleum Chemical

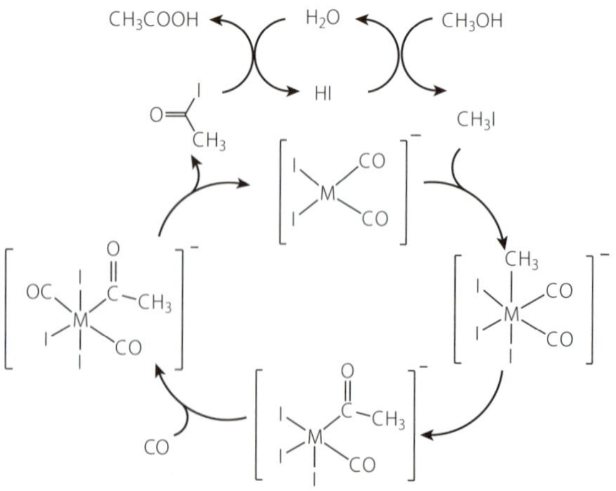

図 5.14 カティバ法（M = Ir）とモンサント法（M = Rh）の反応機構

(6) ジメチルエーテル（DME）の合成

近年 DME はクリーンで取扱いの容易な新燃料として高い関心を集めている。DME は LP ガスに類似した性質を持ち常温大気圧下ではガスであるが，常温で約 6 atm に加圧されるか，大気圧下で-25 ℃に冷却されると無色透明な液体となるため，LPG のように液体として貯蔵が可能である。スプレーなどのエアロゾルに用いられている。灯油に近い燃焼効率，硫黄あるいは窒素化合物を全く含有しない燃料であり，人体に対して非常に低毒性であるとともに金属を腐食しないという特長を持つことから，クリーンな燃料としても注目されている。また，高いセタン値（55〜60）を示すことから，ディーゼル用の軽油の代替品としても注目されている。

メタノールから合成されていたが，合成ガスから直接製造する方法も見出されている。

$$2CH_3OH \longrightarrow CH_3OCH_3 (DME) + H_2O$$

触媒：シリカアルミナ 250 ℃以上

$$3CO + 3H_2 \longrightarrow CH_3OCH_3 (DME) + CO_2$$

複合触媒（メタノール合成触媒：Cu/ZnO とメタノール脱水触媒：アルミナなど）

5.3.3 合成ガスから燃料油へ
(1) フィッシャー・トロプシュ（FT）反応

FT 反応は合成ガスから直鎖の炭化水素混合物を製造する方法であり，合成液体燃料として使われた。用いる触媒や条件によってメタンやオレフィン，高級パラフィン，アルコールなども合成できる。表 5.3 に触媒金属と生成物をまとめた。

FT 合成反応に使用される触媒としては，コバルト，鉄，ニッケル，ルテニウムなどの活性金属が，無機酸化物などの担体に担持された形態のものが知られている。そして，これらの触媒は一般的に，担体に活性金属成分が担持された後，焼成されて調製され，さらに水素ガスなどの還元剤により還元処理されて活性化された状態で FT 合成反応に供される。

表5.3 合成ガスの反応

合成の目的	触媒	反応
メタン	Ru or Ni	$CO + 3H_2 \rightarrow CH_4 + H_2O$
パラフィン	Fe, Co, Ni	$nCO + (2n+1)H_2 \rightarrow C_nH_{2n+2} + nH_2O$
オレフィン	Ru	$nCO + 2nH_2 \rightarrow C_nH_{2n} + nH_2O$
メタノール	ZnO, Cr$_2$O$_3$	$CO + 2H_2 \rightarrow CH_3OH$
高級アルコール	ZnO, Cr$_2$O$_3$	$nCO + 2nH_2 \rightarrow C_nH_{2n+1}OH + (n-1)H_2O$
エチレングリコール	Rh	$2CO + 3H_2 \rightarrow HOCH_2CH_2OH$

フィッシャー・トロプシュ反応

　合成ガスから炭化水素を生成する手法は，1920年代ドイツにおいて，石炭を原料として確立した。その創始者の名前をとってフィッシャー・トロプシュ[*1]反応と呼ばれる。同時期に開発された石炭液化のベルギウス法とともに，石炭の「直接液化」と「間接液化」と区分された。FT反応は，炭素鎖が伸びてゆく重合反応である。FT反応を用いた石炭液化は，歴史的に石油資源を持たない国が戦略的な必要から行ってきた。第二次世界大戦中のドイツや日本，人種隔離政策を取っていた南アフリカなどである。南アフリカのサソール社は石炭を原料に 8000 B/D の合成燃料を製造するプラントからスタートし，現在でも商業レベルの技術と実績を有している。現在，中国では自国資源の豊富な石炭を液化するプロセス（CTL[*2]）として大きなプロジェクトが進められている。

*1　Fischer-Tropsch

*2　coal to liquids

(2) MTOプロセス

　MTO（methanol to olefin）プロセスとはメタノールからエチレンやプロピレンを製造するプロセスである。エチレンやプロピレンはナフサやエタンの熱分解によって製造されていたが，合成ガスからメタノールを経て製造することが可能となる。触媒として種々のゼオライトが検討され，初期のプロセスでは修飾ZSM-5が用いられていたが，後にSAPO-34（アミノホスフェート）が見出された。この反応では，エチレンとプロピレンは1:1で生成する。また，修飾ZSM-5（H-ZSM5）によって，メタノールからプロピレンを製造するプロセスも稼働している。

$$2CH_3OH \longrightarrow CH_2=CH_2 + CH_2=CH-CH_3 \ (1:1)$$

触媒：SAPO-34, 435℃

$$2CH_3OH \longrightarrow CH_2=CH-CH_3$$

触媒：H-ZSM5, 425℃

ゼオライトは石油精製の高オクタンガソリン製造における触媒として用いられているが（2.4.2(5)），メタノールからのオレフィン合成においても重要な役割を果たしている。触媒機能はゼオライト細孔の固体酸特性と形状選択性に基づいている。修飾 ZSM-5 はメタノールやエタノールからガソリンの製造にも用いられている。

ゼオライトは，TO_4 四面体（T = Si, Al）が頂点の酸素原子を共有した三次元ネットワーク構造を持ち，構造を壊さずに脱着が可能なゼオライト水を含み，交換可能な陽イオンが存在するという特徴を有するアルミノケイ酸塩（$M_{x/m}Al_xSi_{1-x}O_2 \cdot nH_2O$；M は価数 m の陽イオン）である（図 5.15）。ZSM-5 に代表される合成ゼオライトでは，無機塩（Na^+ や K^+）に代わって天然に存在しないアルキルアンモニウム塩 [$(C_3H_7)_4N^+$, TPA] などが用いられ，その有機塩基を鋳型にして，これを取り巻くようにアミノケイ酸塩骨格が組み立てられるため，特異な細孔を生ずると考えられている。

最近では，T 元素として，ケイ素やアルミニウム以外のリンやガリウムを含むものが知られるようになり，ゼオライト類縁化合物と呼ばれている。アルミノリン酸塩モレキュラーシーブ（$AlPO_4$–n^*）は，ゼオライトの SiO_4 四面体を 3 価のアルミニウムと 5 価のリンに置き換えた構造をもち，それだけでは中性のため，触媒能を持たない（図 5.15）。MTO 反応に用いられる SAPO-34 は，リンの一部をケイ素に置換させたシリコアルミナリン酸塩である。SAPO-34 は一部ケイ素原子を導入することで，固体酸（$M^+ = H^+$）としての性質を示す。

* n は結晶構造を示す番号

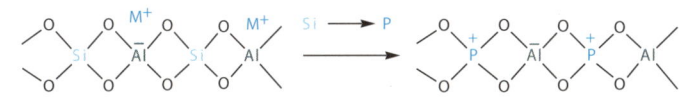

図 5.15　ゼオライト（アミノケイ酸塩骨格）とケイ素原子をリンに置き換えた，アルミノリン酸塩の構造

5.4　天然ガスの利用の将来

ナフサの分解を主な経路とするプロセスから天然ガスを主体とした化学プロセスが推進された場合，プロピレンなどの合成は，一旦合成ガスとメタノールを経るシステムを用いることになるものと考えられる。メタノール以外にもバイオマスから得られる合成ガスや発酵によって得られるエタノールを用いるプロセスも開発されており，炭酸ガス排出量の軽減に寄与することが期待されている。

6 高分子材料

6.1 はじめに

　人間は，有史以前から，木材，植物繊維，動物の毛や皮，昆虫の糸などの高分子材料を生活に取り入れて用いてきた。木材，植物繊維はセルロースであり，動物の毛や皮，昆虫の糸はタンパク質である。また，ゴムの原料であるゴムの木の樹液（生ゴム）はイソプレンの重合体である。化学構造を知る前から，それら天然高分子材料の性質を良く知って使いこなしてきたが，19世紀になり自然科学が発展すると，それら天然高分子を化学物質として扱う（他の化学物質と反応せる）ことで特性を向上させたり，新しい有機材料を創製するようになった。グッドイヤーは，生ゴムを硫黄と反応させ"加硫"することで使用に耐えるゴムの性質を獲得した。繊維が短く使用できなかった綿花のリンターや木材のセルロースから新たに使用に耐える繊維（再生繊維）が作られた。セルロースのニトロ化やアセチル化などの化学処理によって，セルロースにない新たな性質が付与され，半合成繊維や樹脂が製造された。20世紀に入って，高分子の概念が確立することで，セルロースやタンパク質の化学構造が明らかにされ，その天然高分子の構造を模倣することで，ナイロンなどの新たな合成繊維や合成ゴム・プラスチックが創製された。それらの合成化学製品がいかに人間の生活を豊かにしたかは計り知れない。

　この章では，天然繊維の構造や加工方法，合成繊維・合成ゴムなどの人工高分子材料の構造や製造方法について有機化学的な観点から示す。高分子化合物の示す物性ついては，『E-コンシャス高分子材料』（柴田・山口著，三共出版）などの専門の教科書に譲り，ここでは参考程度に示すことにする。

> 高分子という概念は 1920 年にシュタウジンガー* によって提唱された。それまで，ゴムやセルロース，樹脂，タンパク質などが大きな分子量を持つことは知られていたが，それらは小さな分子が凝集したものだと考えられていた。彼は，生ゴムの分子量測定の結果から，共有結合でつながった長い鎖状の巨大分子が存在すると考えた(1917 年)。その後，セルロースやタンパク質は，似た性質をもつモノマーが多数結合した鎖状の巨大分子（ポリマー）であり，これによって高分子の性質が導かれると提唱した。シュタウジンガーは，1953 年にノーベル賞を授与された。

* H. Staudinger

6.2 高分子の合成

高分子（ポリマー）は，単量体（モノマー）を重合させることで合成する。モノマーとしては，新たな結合を生成する複数の反応点をもつことが求められる。反応点の部位によって，連鎖重合と逐次重合に分類され，連鎖重合は付加重合，開環重合などに，逐次合成は反応の種類によって重縮合，重付加，付加縮合などに細分化される。

連鎖重合の場合，モノマーは比較的安定な化合物であり，それが活性種と反応することで，モノマーのユニット上に活性点が移動し，反応を繰りかえすことで重合が進行する。そのため，成長するポリマー上に反応点は通常1つである。このため，直鎖状のポリマーを生成させやすい。一方，逐次重合では，モノマーに含まれる官能基が逐次反応することで重合が進行する。反応点となる官能基はポリマーの両末端にも存在し，それ自身はモノマーと変わりがない。モノマーを工夫することで三次元的なポリマーのネットワークを作ることも可能であるため，エンジニアリングプラスチックを製造するのに適している。

（1）付加重合の例

連鎖重合のなかで，ビニル基（$H_2C=CH-X$）などの不飽和結合に活性種が付加し，鎖長が伸びるとともに反応末端が活性点となる重合反応を付加重合と呼ぶ。活性種がラジカルであればラジカル重合，カチオンやアニオンであればカチオン重合・アニオン重合である。ラジカル重合が工業的にもっともよく使われており，製造プロセスから，i) 塊重合，ii) 懸濁重合，iii) 乳化重合，iv) 溶液重合などに分けられる。3 章で述べたチーグラー・ナッタ触媒による重合反応は，金属触媒にモノマーが配位・挿入を繰り返す配位重合であり，炭素はアニオニックになって

いることから配位アニオン重合と呼ばれる。

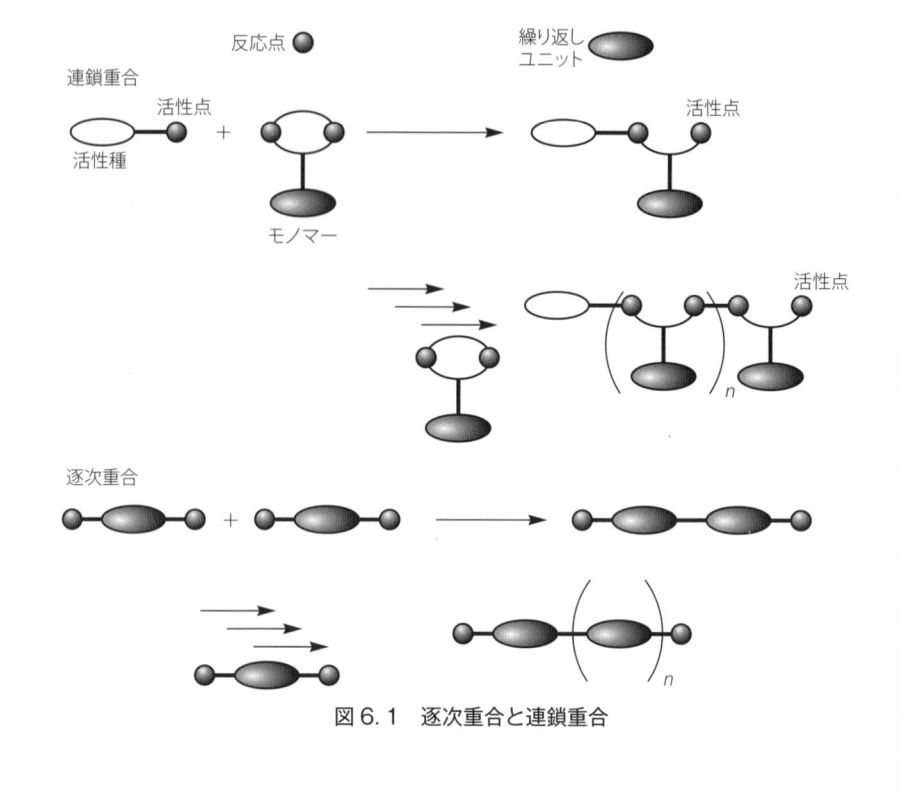

図6.1 逐次重合と連鎖重合

図6.2 スチレンのアニオン重合
安定なベンジルアニオンが生成するように，ブチルリチウムの付加はスチレンの末端に起きる。

（2）開環重合の例

ε-カプロラクタムからナイロン6や，エチレンオキシドのポリエチレンオキシドの合成が開環重合の例となる。

図6.3 開環重合の例

（3）重縮合の例

反応の際に水やアルコールの脱離を伴う反応を重縮合と呼ぶ。ナイロン-66やポリエステル，フェノールとホルムアルデヒドの反応によるフェノール樹脂の合成もその例となる。

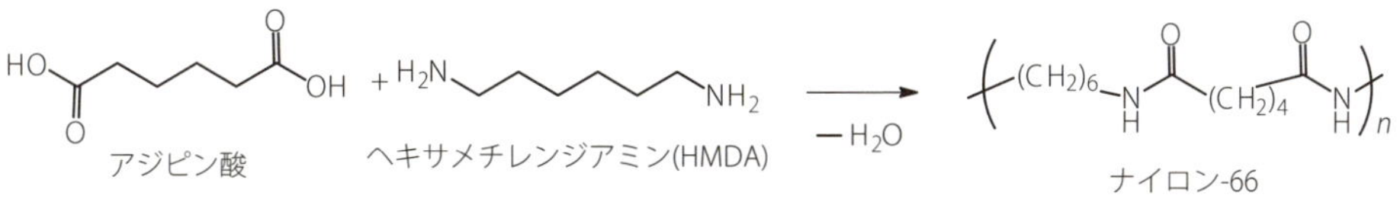

図6.4　重縮合の例

（4）付加縮合の例

ポリウレタンは，通常イソシアネート基とアルコール基が縮合してできるウレタン結合でモノマーを共重合させた高分子化合物である。ここでは，イソシアネート基にアルコールが付加することで反応が進行するため付加重合と呼ばれる。

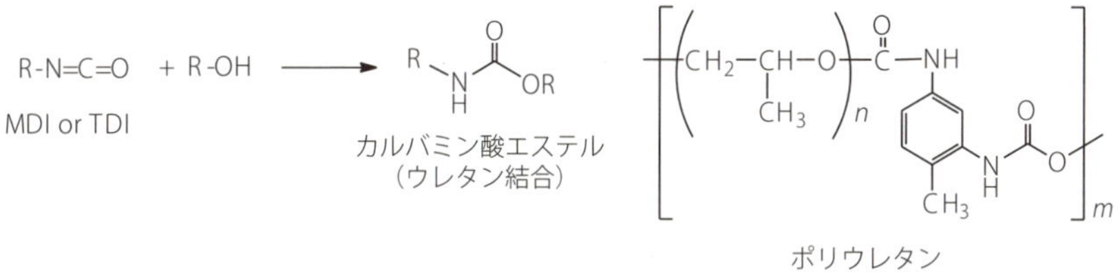

図6.5　イソシアナートとアルコールとの反応によるカルバミン酸（ウレタン）結合の生成とMDIから導かれるポリウレタンの構造（ポリプロピレングリコールが使われている）

6.3　繊　維

細い糸状の物質をいう。繊維品の原料となる繊維は，均整で耐久力があり，適当な比重，保温性，伸び，吸湿性，光沢性，染色性がある。生成過程によって，天然繊維と化学繊維（人造繊維）とに大別される（『ブリタニカ国際百科事典』より）。分子レベルで糸状（一次元鎖）の物質でも，絡み合った状態になれば，二次元的なシートにも，三次元的な塊にもなりうる。実際，一次元鎖をもつポリエチレンも塊として得られ，あとで述べるプラスチック（成形物）として用いられる。そのため，合成高分子材料を繊維にするためには紡糸という操作を必要とする。一方，自然界で見られる天然繊維は糸状になるように分子鎖が縒り合されているため，塊にするには逆に化学的な操作が必要である。

```
                                              ┌─ 綿  ┐
                                   ┌─ 植物繊維 ┤      ├ セルロース
                                   │          └─ 麻  ┘
                       ┌─ 天然繊維 ┤
                       │           │          ┌─ 絹  ┐
            ┌─ 一般繊維┤           └─ 動物繊維┤      ├ タンパク質
            │          │                      └─ 羊毛┘
            │          │           ┌─ 再生繊維 ──┬── レーヨン
            │          │           │             └── キュープラ（ベンベルグ）
            │          │           │           ┌── アセテート
    繊維 ───┤          └─ 化学繊維 ┼─ 半合成繊維┤
            │                      │           └── トリアセテート
            │                      │           ┌── ナイロン
            │                      │           │   アクリル
            │                      └─ 合成繊維 ┤   ビニロン
            │                                  └── その他
            │                      ┌─ 高強度繊維 ── 炭素繊維
            │                      │                アラミド
            └─ 特殊繊維 ───────────┤                その他
                                   │
                                   └─ 高弾性繊維 ── ポリウレタン
```

図 6.6　繊維の分類

繊維を緩く組み合わせた布などの場合，軽くて柔らかい上に，繊維の間に多量の空気を含むことから断熱効果が高い。また，布状にしたものは，単に固めたものより，柔軟で強度も強い。このため，繊維は衣類だけではなく産業用にも広く使われており，生産量としては産業用の方が多くなっている。

6.3.1　一般繊維
（1）セルロースを基とした繊維
1）植物繊維

ゼニアオイ科ワタ科属の植物の種を包む繊維から得られるセルロース繊維を綿*と呼ぶ。希アルカリで煮沸することで，99％以上の純度のセルロースが得られる。アメリカでの綿の栽培のためにアフリカ大陸から多数の人間が奴隷として移住させられ，その繊維を紡糸し織物とするために，イギリスで機織機が作られたことで産業革命が興されるなど，歴

＊　木綿栽培は非常に古くからおこなわれており，しかも世界でそれぞれ独立に行われていたと考えられている。最古の痕跡（紀元前 5000 年頃）はメキシコで見つかっている。ここで栽培されていたアメリカ栽培綿は，現在，世界で栽培されている木綿の 89.9％を占める。また，南アジアで栽培されていた品種や紡績・機織りの技法はインダス文明のモヘンジョダロ遺跡（紀元前 2500 年～紀元前 1800 年）にまで遡ることができるとされる。

綿の実は，コットンボールと呼ばれる球状の鞘が成熟したものであり，その中に大量の綿毛に包まれた種子が入っている。繰綿機で実綿から分離された長繊維をリントまたは繰綿と呼び，次いで地毛除去機を用いて分離した地毛主体の短繊維をリンターまたは繰屑綿と呼ぶ。リントは紡績し綿糸・紐・綿織物製品や装飾品，または不織布あるいはそのままの形で広く使用される。リンターは繊維が短く紡績原料とはならないが，リンターパルプ，レーヨン，セルロース誘導体調整の原料として重要である。

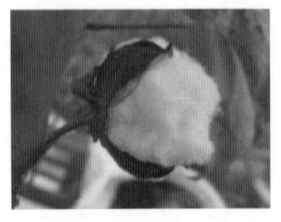

綿　花

史的にも重要な繊維である。現在でも，生産される繊維の三分の一を占めている。

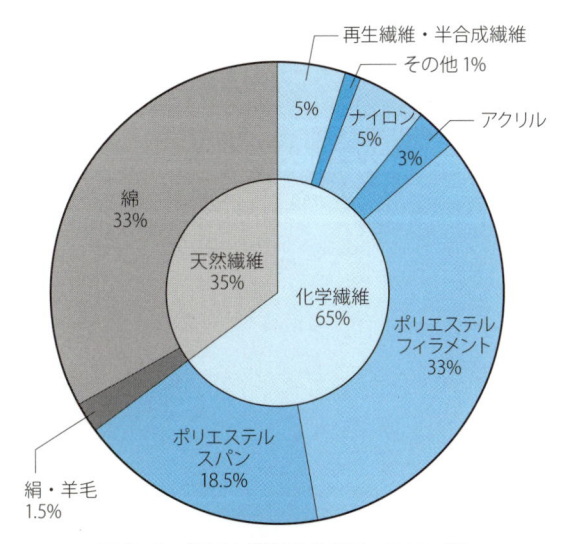

図 6.7 世界の繊維生産割合（2011 年）
（「繊維ハンドブック 2013 年度版」（日本化学繊維協会））

麻（亜麻・大麻），ジュート（黄麻）などからもセルロースを基本とする植物繊維が得られる。衣類・履物・カバン・装身具・袋類・縄・容器・調度品など，様々な身の回り品が大麻から得た植物繊維で製造されている。麻織物で作られた衣類は通気性に優れているので，日本を含め，暑い気候の地域で多く使用されている。

セルロースはグルコース*が縮合した多量体（多糖）である（図 6.8）。水や有機溶媒に溶解せず，酸やアルカリにもつよい。グルコースは，水中で環状ヘミアセタールとして存在し，一位の水酸基の立体化学により，$α$-グルコースと$β$-グルコースが存在し，アノーマ効果によってヒドロキシル基がアキシャルに存在する$α$-グルコースの方が安定である。セルロースは$β$-グルコースが 1-4 位で重合した構造をもち，分子は水素結合によってシート状になっている。これに対し，$α$-グルコース分子が 1-4 位で重合したデンプン（アミロース）は水素結合によるらせん構造をとっている。多くの動物は，グルコースの$β$1-4 位のエーテル結合を加水分解する酵素を持たないため消化することができない。

セルロースは，重合に関与しない 3 つの水酸基をもち，分子鎖間で水素結合することでシート構造を作っている。この水酸基は繊維が水分を吸収する効果をもつことに寄与するとともに，化学反応させることができ，再生繊維や樹脂の発明につながった。

* glucose

図6.8 グルコース，セルロース，デンプン（アミロース）の構造

*1　H. E. Fischer

糖類の研究

1870年代までに四種類の単糖（グルコース，フルクトース，ガラクトース，ソルボース）が単離され，どれも $C_6H_{12}O_6$ の分子式をもつことが知られていたが，その立体構造を決めることは困難と考えられていた。その構造を巧みな実験によって決定したのが，H.E. フィッシャー[*1]である。それぞれの異性体の関係を明らかにするとともに，最終的に，グリセリンを原料としてグルコース，フルクトース，マンノースを合成し，立体化学を証明した。プリン誘導体の研究，ペプチドの合成などの成果をあげ，1902年第2回のノーベル賞を受賞している。

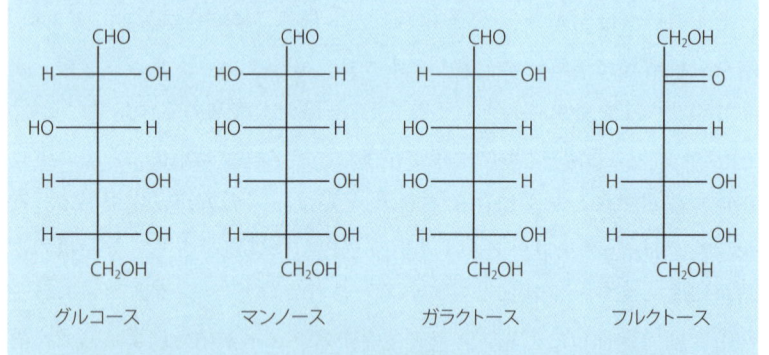

グルコース　　マンノース　　ガラクトース　　フルクトース

上の図は，フィッシャーによって考案されたフィッシャー投影図によって示された糖の構造である。この構造は糖の立体構造を理解するためには良いが，実際の糖の構造を示すものではない。α-グルコースとβ-グルコースの違いもこれからは理解できない。糖の研究をさらに進め，グルコースのピラノース（六員環）構造とその立体化学がより理解しやすい投影図（下図）を考案したのがハワース[*2]である。ハワースは，ビタミンCの構造決定を行い，その業績から1937年にノーベル化学賞を受賞

*2　W. N. Haworth

した。ビタミンCはグルコースから発酵法によって生産されている。

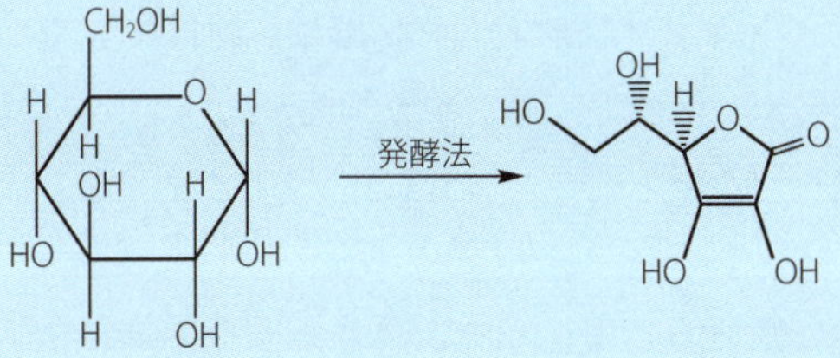

α-D-グルコース　　発酵法　　ビタミンC

2）再生繊維

コットンボールから得られる短繊維リンターは同じセルロースでありながら糸にならない。また，木材から得られるセルロースであるパルプも短繊維であるため，紙の原料にはなるものの糸にはならない。これらのセルロースを化学処理によって溶解させたのち，凝固・再繊維化したものを再生繊維とよぶ。木材パルプや竹などの植物原料を用いたものをレーヨン，リンターから繊維化したものをキュプラと呼ぶ。

レーヨン（ビスコースレーヨン）は，木材パルプや竹などの植物原料をアルカリ（NaOH）存在下，二硫化炭素と反応させて溶解し，これを口金から硫酸水溶液中に押しだすことで製造される（湿式紡糸法）。また，これをシート状に成形したものがセロファンである。

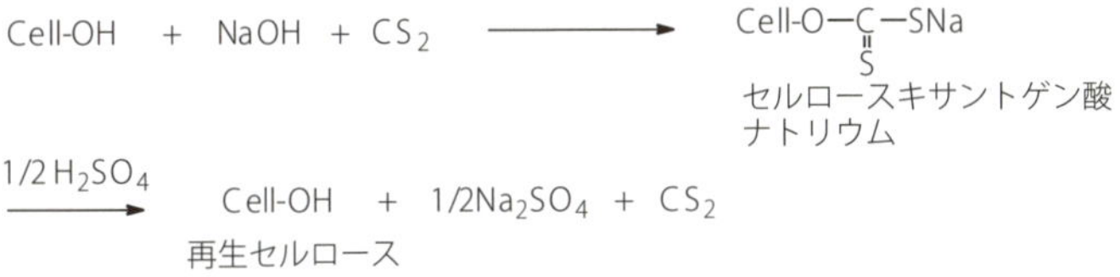

$$\text{Cell-OH} + \text{NaOH} + \text{CS}_2 \longrightarrow \text{Cell-O-C(=S)-SNa}$$
セルロースキサントゲン酸ナトリウム

$$\xrightarrow{1/2\,\text{H}_2\text{SO}_4} \text{Cell-OH} + 1/2\,\text{Na}_2\text{SO}_4 + \text{CS}_2$$
再生セルロース

図6.9　ビスコースレーヨンの製造工程

キュプラはリンターを原料とし，銅アンモニア溶液に溶解させ，これを凝固・再生して製造される。原料パルプの繊維素の質が良く繊維素の配列が揃っているため，ビスコースレーヨンと比較して糸物性，摩耗強度に優れた製品が得られる。

3）半合成繊維

セルロースを無水酢酸でアセチルエステル化し，完全にアセチル化したものをトリアセテート（酢酸セルロース），55～60％アセチル化したものをアセテートと呼ぶ。アセテートはトリアセテートを部分加水分

解して製造する。アセトンに溶解し，溶液をノズルから噴出させ溶媒を飛ばすことで繊維とする。アセテートは適度な吸湿性と保温性を持つ。

トリアセテートはジクロロメタンに溶け，同様にして，繊維化する。親水性に乏しいが，耐熱性，耐アルカリ性が高い。シート状にして液晶パネルの偏光板，写真フィルム，たばこのフィルターなどに用いられる。

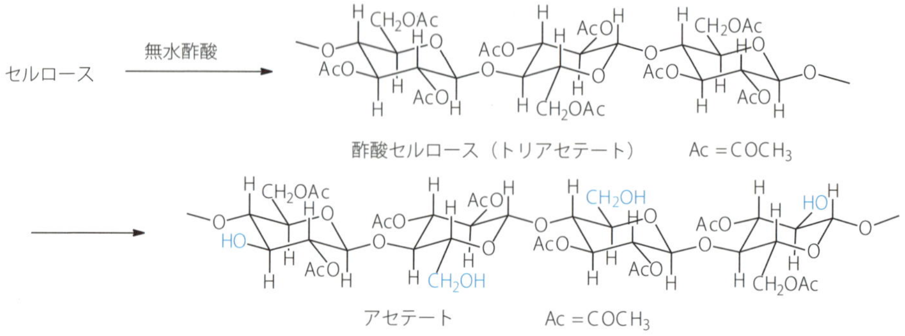

図 6.10　酢酸セルロースの合成とアセテートへの変換

セルロースの加工に関する歴史

人間の力で絹のような光沢をもつ繊維を作り出したいという欲望から，古くから様々な研究がなされてきた。絹の構造を知らなかった当時の人々が，蚕が桑の葉を食べて糸を作ることから，セルロースに化学的作用をすることで人造絹糸が得られるのではないかと想像したことも，あながち笑うことはできない（次表）。19 世紀半ばに，ヨーロッパで蚕の病気（微粒子病）が蔓延し，壊滅状態になったことから，人造絹糸に対する必要性が高まり，多くの発明家がセルロースに夢を託して研究を行った。（蚕の伝染病によるヨーロッパでの生糸の不足を解消するため，日本から生糸が盛んに輸出された。その生糸の品質を高めるため器械製糸技術が導入され，そのモデル工場として富岡製糸場（2014 年世界技術遺産に認定）が作られた。日本は 20 世紀初頭には世界一の生糸輸出国となった。）再生繊維の出現もその波の中で起きた出来事である。

セルロースは水や有機溶媒に溶解しないが，濃硝酸に溶けることが知られていた。シェーバイン[*1]は，セルロースを硫酸と硝酸の混合液に浸すことで，硝酸エステル化されたニトロセルロースが得られることを見出した（次図）。非常に燃えやすいことから，彼はこれを綿火薬として売り出したが，爆発性をコントロールできず，事業化は失敗している。使いやすい爆薬の製造はノーベル[*2]を待たなければならない。

*1　C. F. Schorbein
*2　A. B. Nobel

ニトロセルロースの合成とその構造

セルロースのニトロ化をグルコース単位で二個に抑えたニトロセルロースをエタノール，ジエチルエーテルの混合液に溶かしたものをコロジオンとよび，初期の写真技術に用いられた。シャルドンネ[*1]は，このコロジオンを小さい孔から噴出させることで，溶媒が蒸発し細い光沢ある繊維が得られることを見出し，「レーヨン」として特許化した。当初は好評であったが，非常に燃えやすいため，繊維としては使われなくなった。

ニトロセルロースに可塑剤として樟脳（カンファー）をまぜて固まらせたものが，初めての人工樹脂であるセルロイドである。セルロイドは，写真フィルムや映画のフィルムとして用いられた。これも，燃えやすいため，やがて燃えにくい酢酸セルロースに代わった。

酢酸セルロースは，シュッツェンベルジェ[*2]によって，セルロースと無水酢酸の反応によって見出されたが，当初クロロホルムにしか溶けないとされたため，紡糸が困難であったが，ジクロロメタンに溶解することがわかり，繊維化されるようになった。

[*1] H. de Chardonnet
[*2] P. Schutzenberger

セルロースの加工

年代	事象	
1844	マーセル	セルロースとアルカリの反応を研究
1845	シェーバイン	ニトロセルロース（硝化綿）を合成
1855		スペインから広がった病気によりヨーロッパの蚕が壊滅する
1857	シュワイツァー	銅アンモニア溶液にセルロースが溶けることを発見
1869	シュッツェンベルジェ	セルロースと無水酢酸からアセチルセルロースを合成
1870	ハイアット	セルロイドの商品化（ビリヤードの玉）
1884	シャルドンネ	ニトロセルロースの紡糸化に成功 レーヨンをパリ博覧会に出展
1893	クロスとベバン	ビスコースレーヨンを発明
1918	ベンベルグ	銅アンモニアレーヨン（キュプラ）の工業化
1921	セラニーズ社	アセテートの製造

(2) 動物繊維

1) 羊 毛

ウール（wool）は羊の毛またはそれを織った布のことをいい動物繊維である。ケラチンというタンパク質からなり，折りたたまれた構造をもつα-ケラチンが引き伸ばされてβ-ケラチンになる。分子間にシスチン結合を持つため，弾力が与えられる。

図6.11　α-ケラチンとβ-ケラチンのモデル構造

2) 絹

絹は光沢のある美しい繊維で，古くから高貴な繊維として用いられてきた絹は，カイコの繭からとった天然の繊維である。カイコ蛾は野生に存在しない完全な飼育動物であり，カイコは人による管理なしでは生育することができない。主成分はカイコが体内で作り出すたんぱく質・フィブロインである。絹はカイコの体内から空気中に粘液が吐き出され，固化して繊維化したもので，二本の繊維（フィブロイン）がコロイド状の被膜（セリシン）に包まれた構造をしている。繭から，生糸への工程でこの被膜がアルカリ（石鹸・灰汁・曹達）などで溶解，除去される。フィブロインの80～85％はグリシン‐セリン‐グリシン‐アラニン‐グリシン‐アラニンの繰り返し構造をとり，水素結合によってペプチド鎖が接合している。

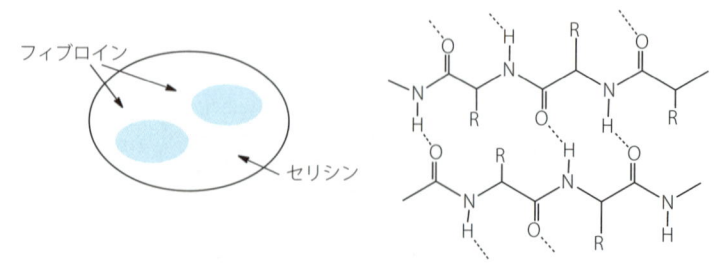

図6.12　生糸の構造とフィブロインタンパクのモデル構造

（3）合成繊維
1）ナイロン

ナイロンは，1935年デュポン社のカロザース（p.68）によって開発された世界初の合成繊維である。カロザースはヘキサメチレンジアミンとアジピン酸の重合によりナイロン-66を合成した。1:1のナイロン塩（結晶）をつくり精製したのち，加熱し，脱水させることで重合させた。カプロラクタムの開環重合によって合成されるナイロン-6やナイロン-12なども知られている。開環重合，重縮合の例として製造法を示している（図6.4, 図6.5）。

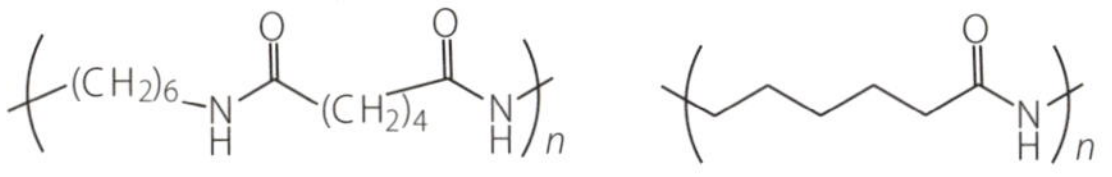

図6.13　ナイロン-66とナイロン-6の構造

摩擦や折り曲げに対して強く，しなやかな感触をもつ繊維であり，アミド結合を持つことから染色しやすい。衣料・インテリア用から産業資材まで広い用途をもつ。

デュポン社の高分子材料

デュポン社は火薬事業から出発して多角的に経営を広げ，1930年代から1960年代にかけて合成繊維の開発をリードした当時世界ナンバーワンの化学企業であった。下の表に，デュポン社が開発したり，工業化した高分子材料を年代別に示す。

年	製品名	製品
1921	デューコ	ニトロセルロース塗料（デューコ）
1929	デュポン	防湿性セロファン
1930	フレオン	冷蔵庫用冷媒クロロフルオロカーボン
1931	ネオプレン	クロロプレンゴム
1935	ナイロン	ポリアミド合成繊維
1943	テフロン	フッ素樹脂
1948	オーロン	アクリル繊維
1953	ダクロン	ポリエステル繊維
1956	デルリン	ポリアセタール樹脂
1959	ライラク	ポリウレタン合成繊維
1959	ケブラー	パラ系芳香族ポリアミド
1964	コーファム	ポリウレタン合成皮革

（田島慶三，『世界の化学企業』（55 科学のとびら），東京化学同人より）

2) アクリル繊維

アクリルおよびアクリル系繊維はアクリロニトリルを原料とし，酢酸ビニルや塩化ビニル等を共重合させて，主に湿式紡糸にて製造される。シアノ基の極性により，羊毛に似た，ふんわりとあたたかな肌触りをもつが，熱に弱く，燃焼するとシアン化水素を発生するなどの問題もある。ニット製品，毛布，シーツなどに用いられる。燃えにくくするために，塩化ビニルを混合した共重合体（30～80％）は難燃性をもつが，柔軟性は落ちる。アクリル系と表示され，カーテンなどに用いられる。

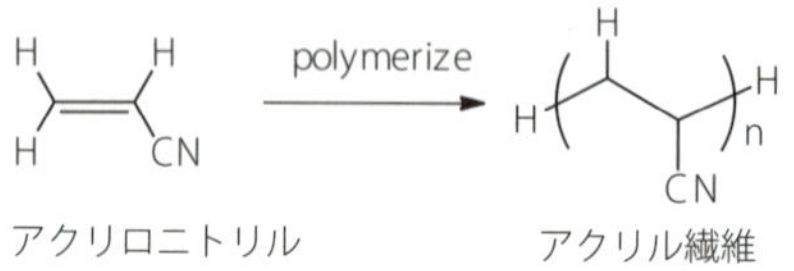

図 6.14 アクリロニトリルからアクリル繊維の合成

アクリル樹脂はアクリル酸エステルあるいはメタクリル酸エステルの重合体であり，アクリロニトリルは使われていない。

3) ビニロン

酢酸ビニルを重合させることで，ポリ酢酸ビニルとなり，加水分解によって，ポリビニルアルコールとなる。これをさらにホルムアルデヒドと反応させることで，ビニロン[*]が得られる。ポリビニルアルコールの仮想的な原料はビニルアルコールであるが，これは，アセトアルデヒドとの互変異性体であり，安定には存在しない。酢酸ビニルはこれをエステルとして，固定した構造を持っている。ビニロンは吸湿性があり，強度が強い。発がん性の問題からの使用が禁止されたアスベストに代わる補強繊維としてコンクリート補強繊維として用いられる。

[*] 合成繊維ビニロンは1939年桜田一郎によって作られ，1950年に倉敷レーヨン（現クラレ），大日本紡績（現ユニチカ）で工業化された，日本初の合成繊維である。

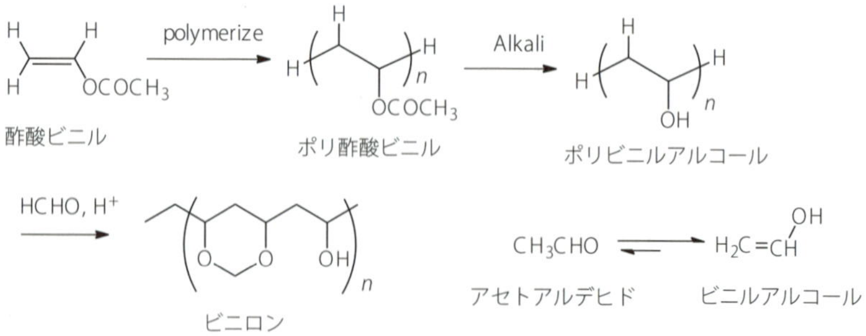

図 6.15 酢酸ビニルからビニロンの合成

6.3.2 特殊繊維
(1) 高強度繊維
1) 炭素繊維*

黒鉛構造が繊維方向に並ぶことで非常に強い強度を発現する。ポリアクリロニトリル（PAN系）またはピッチ（ピッチ系）を原料に高温で炭化して作った質量比で90％以上が炭素で構成される繊維である。軽くて強い。その強度は鉄の10倍、剛性は7倍、しかし、重さは4分の1である。耐摩耗性、耐熱性、熱伸縮性、耐酸性、電気伝導性に優れるものの、加工性やリサイクルは難しい。

* 炭素繊維は日本が生み、育てた繊維と言える。1961年に大阪工業技術試験所進藤昭男博士が炭素繊維を発表。これがPAN系高性能炭素繊維の始まりとされる。さらに、群馬大大谷教授によりピッチ系炭素繊維が見出された。日本メーカー（東レ・東邦テナックス・三菱レイヨン）で世界シェアの約70％を占めている。

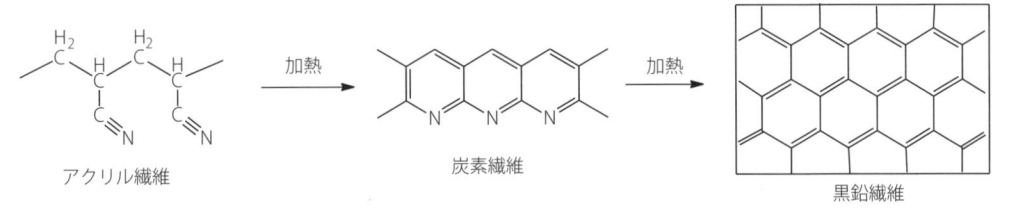

図6.16 アクリル繊維から炭素繊維の合成

2) アラミド

芳香族ポリアミドをアラミドと呼ぶ。デュポン社によって開発されたケブラーなどに代表される高い強度と、耐熱性、高弾性のある繊維である。タイヤコード、ロープ、防弾チョッキなどに用いられる。

図6.17 ケブラーの構造

(2) 高弾性繊維
1) ウレタン繊維

ポリウレタンを紡糸することで、高弾性をもつ繊維が得られる。重付加の例として構造を示している（図6.6）。

6.4 プラスチック（樹脂）
6.4.1 プラスチックの分類

プラスチックは，天然および合成樹脂を原料とした成形物を意味する。繊維，ゴム，塗料，接着剤以外の物である。ほとんどは，合成樹脂を指している。

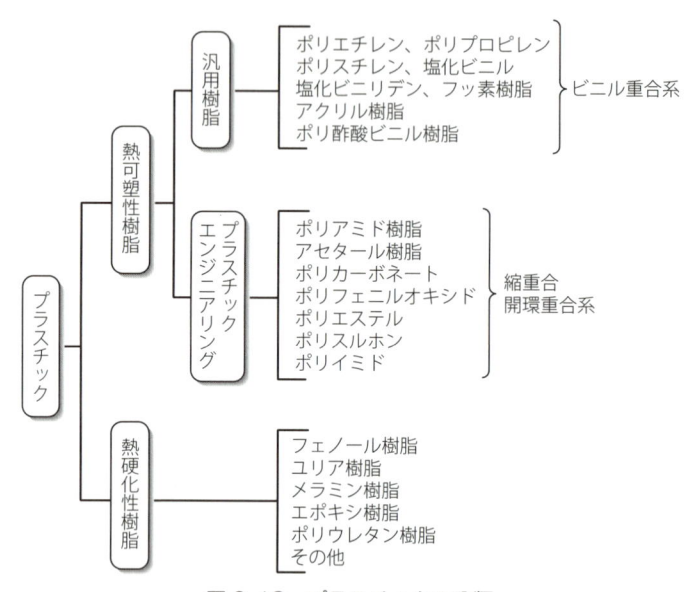

```
プラスチック ┬ 熱可塑性樹脂 ┬ 汎用樹脂 ── ポリエチレン、ポリプロピレン ┐
             │              │             ポリスチレン、塩化ビニル       │
             │              │             塩化ビニリデン、フッ素樹脂     ├ ビニル重合系
             │              │             アクリル樹脂                   │
             │              │             ポリ酢酸ビニル樹脂             ┘
             │              │
             │              └ プラスチックエンジニアリング ┬ ポリアミド樹脂     ┐
             │                                             │ アセタール樹脂     │
             │                                             │ ポリカーボネート   │
             │                                             │ ポリフェニルオキシド├ 縮重合
             │                                             │ ポリエステル       │ 開環重合系
             │                                             │ ポリスルホン       │
             │                                             └ ポリイミド         ┘
             │
             └ 熱硬化性樹脂 ── フェノール樹脂
                               ユリア樹脂
                               メラミン樹脂
                               エポキシ樹脂
                               ポリウレタン樹脂
                               その他
```

図 6.18　プラスチックの分類

　加熱や冷却することで流動状態と固体状態を行き来するプラスチックを熱可塑性プラスチックと呼ぶ。熱可塑性プラスチックの分子構造は非結晶性のものと，結晶性のものがあり，基本的に，紐のような形状をした構造（線状高分子，一次元高分子）を取っていると考えられている。この紐の構造が規則正しく並んでいるのが結晶性のもので，熱可塑性の中でも耐熱性に比較的優れたプラスチックとなる。ポリエチレンや塩化ビニルなどのビニル系のポリマーは，大量に使われることから汎用樹脂と呼ばれる。

　加熱すると重合や架橋して三次元高分子となって固化し，この状態から加熱しても流動状態には戻らないプラスチックを熱硬化性プラスチックと呼ぶ。熱硬化性プラスチックは立体網目状をとっていると考えられている。耐熱性や耐薬品性に優れたものになることから，工業用の金属材料の代替材料となり，エンジニアリングプラスチック（エンプラ）と呼ばれる。

6.4.2 各種プラスチック

主なプラスチックについて示す。ポリエチレン，ポリプロピレンについては第3章で，フッ素樹脂についてはテトラフルオロエチレンの項（p.93）で，ポリ酢酸ビニルについては，ビニロンの項（p.112）で述べている。

(1) 汎用樹脂

1) ポリスチレン (PS)

五大汎用樹脂（ほかに高密度・低密度ポリエチレン，ポリプロピレン，ポリ塩化ビニル）の1つ。透明な汎用ポリスチレン（GPPS）とゴムを加えたポリマーアロイで乳白色の耐衝撃性ポリスチレン（HIPS）が代表的である。比較的軽く，成形しやすい。透明性が高いが，耐油性は低い。そのままではもろいため，ゴム成分を加え，耐衝撃性を高めている。

図6.19　ポリスチレンの構造

2) ポリ塩化ビニル (PVC)

ポリエチレン，ポリプロピレンとともに，もっとも多量に生産されている樹脂であり，低価格，電気絶縁性がきわめて良好。透明性，着色，印刷自在性，耐水，耐溶剤，耐薬品性，耐候性などがすぐれる。耐熱性は低い。パイプ，雨どい，ホース，硬質・軟質フイルム，ビニル人形，シートレザー，電線被覆，家具，テレビキャビネット，おもちゃなど各種家庭用品などに広く応用されている。

図6.20　ポリ塩化ビニルの構造

3) アクリル樹脂

アクリル酸メチルやメタクリル酸メチルを重合させて作られる。透明度が高く，耐候性が良く太陽光にあたっても変質しない。水族館の透明な窓，看板や自動車のテールランプ，携帯電話の表示窓，液晶ディスプレイ（LCD）用バックライトの導光板などに用いられる。

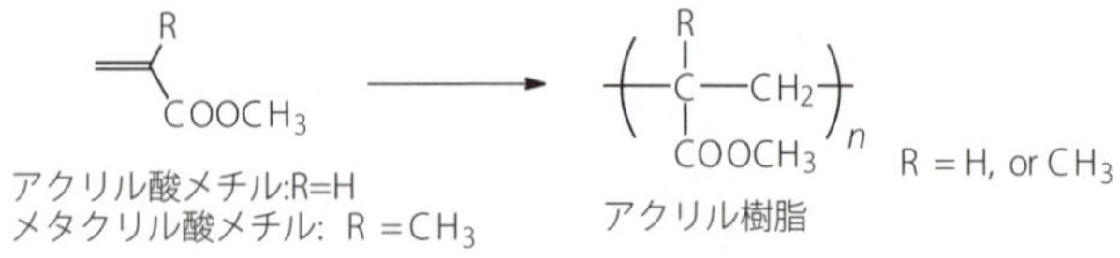

図6.21　アクリル樹脂の構造

4）塩化ビニリデン樹脂

　塩化ビニリデンのホモポリマーは不溶不融のため，塩化ビニル，アクリル酸エステル，アクリロニトリルなどとの共重合体として用いられる。ガスバリア性（水・空気）がたかく，熱耐性も優れているため，家庭用ラップ*や食品包装フィルムなどに使われている。

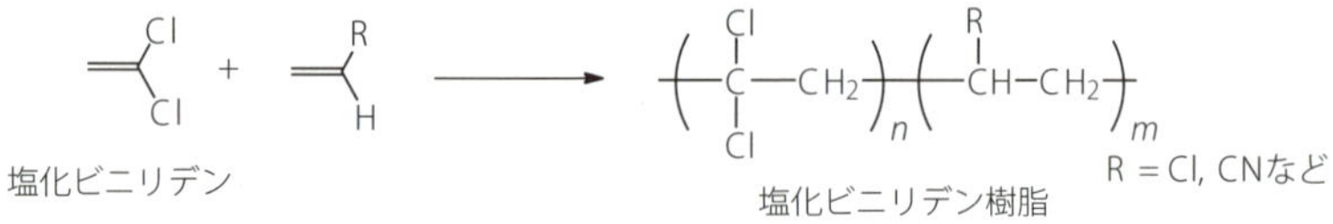

図6.22　塩化ビニリデン樹脂の構造

* 塩化ビニリデンを主体とする樹脂は1933年，アメリカのダウケミカルのラルフ・ウイリーが開発し，繊維やフィルムへ加工され生産された。サランラップなどの名で知られているが，サランの名は，旭化成の登録商品名である。
　ダウケミカルズ（Dow Chemical）社は，1897年に地下かん水から臭素を抽出する会社として設立され，写真に用いられる臭化銀の需要の増大とともに発展した。第一次世界大戦後は有機化学製品にまで手を広げ，ポリスチレンなどの高分子事業によって拡大，2001年にユニオンカーバイド社と合併して，デュポン社を抜いて，現在アメリカ最大の化学メーカーとなった。

（2）エンジニアリングプラスチック

1）ポリカーボネート

　ポリカーボネートは，熱可塑性樹脂の一種であり，汎用エンプラでは唯一透明なプラスチックである（光学機器にも用いられる）。機械的強度が高く，耐熱性，低温特性も高い。耐疲労性は低く，酸やアルカリにも弱い。ビスフェノールAとホスゲンもしくはジフェニルカーボネートを原料として生産される。

　ポリカーボネート，エポキシ樹脂，ポリウレタンなどの原料として使われるビスフェノールAは，フェノールとアセトンの酸触媒縮合反応によって合成される。

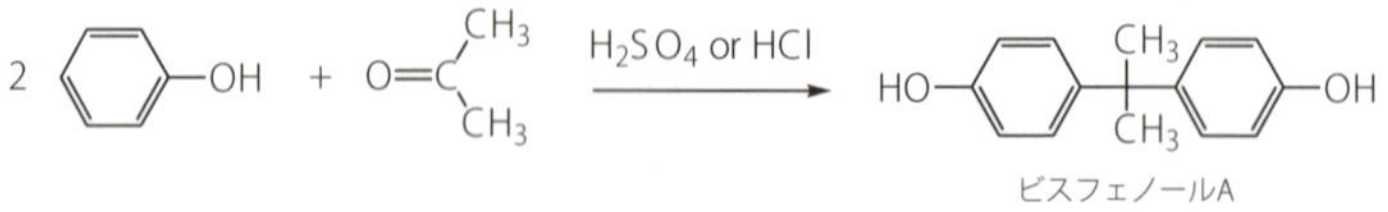

図6.23　ビスフェノールAの合成

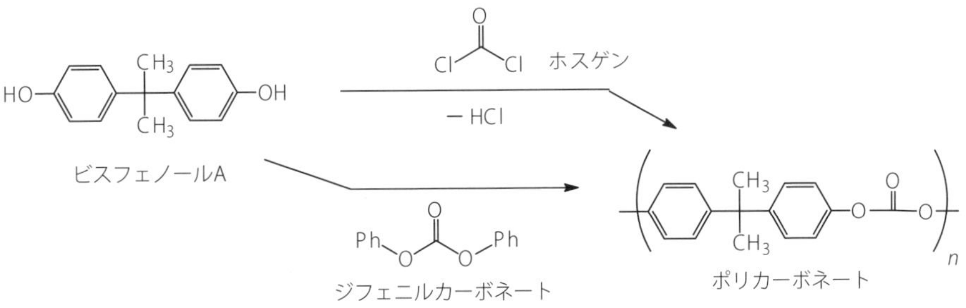

図6.24 ポリカーボネートの合成

従来,ジフェニルカーボネートの合成の際にもホスゲンを用いていた。ホスゲンは極めて毒性の高い化合物であり,反応後に塩酸が生成するため中和措置が必要である。ホスゲンを使用しないエステル交換反応を用いるプロセスが開発・検討されている。

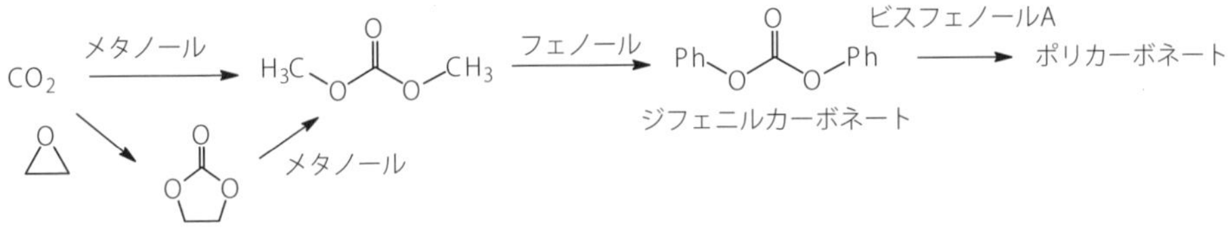

図6.25 ホスゲンを用いないポリカーボネートの合成経路

2) ポリエステル

ポリエステルは多価カルボン酸とポリアルコールとの重縮合体であり,テレフタル酸とエチレングリコールを原料とするポリエチレンテレフタレート (PET) が最も一般的である。

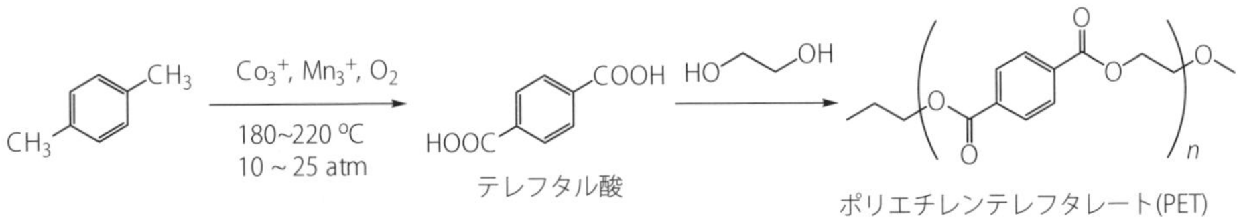

図6.26 p-キシレンからのテレフタル酸の合成とポリエチレンテレフタレート (PET) への誘導

3) ポリフェニルオキシド,ポリスルホン,ポリイミド

ポリフェニルオキシド,ポリスルホン,ポリイミドはいずれも芳香族成分の多い,広い熱範囲で安定な樹脂として開発されている。

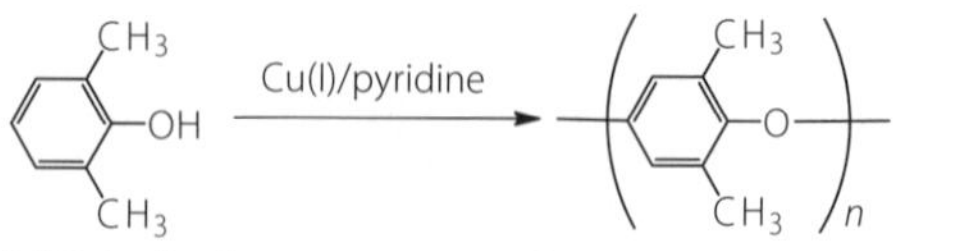

図6.27　ポリフェニルオキシドの合成

ポリフェニルオキシドは非常に耐衝撃性が強いものの成形加工性が悪いため，ポリスチレンとブレンドして使われる。

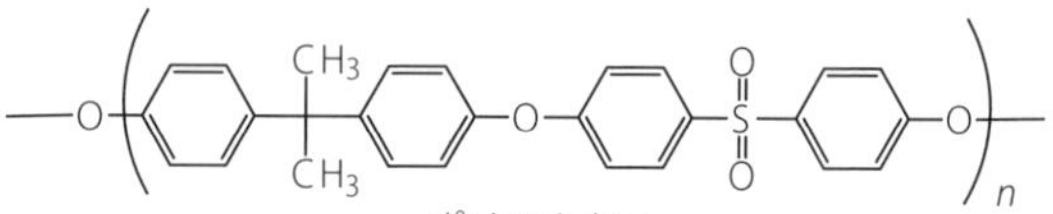

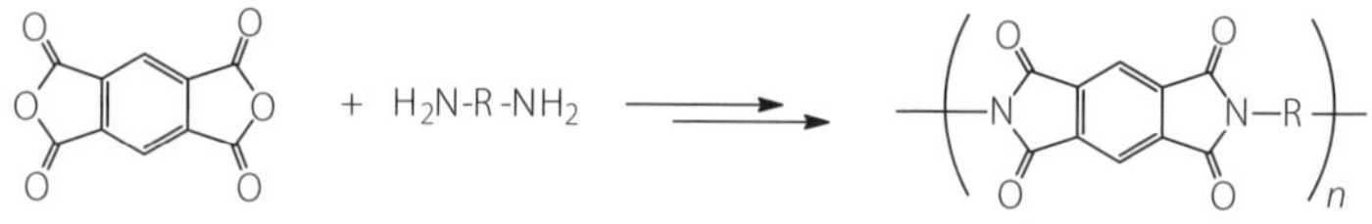

図6.28　ポリスルホンの構造とポリイミド樹脂の合成

宇宙機器，航空機，自動車，電子機器などの部品や接着剤として，耐熱性の高い高分子材料の開発が望まれたことから，これら芳香族成分の多い樹脂が開発された。

(3) 熱硬化性プラスチック

1) フェノール樹脂

フェノール樹脂（PF）は，1909年に工業化された最も古い人工プラスチックであり，ベークライトと呼ばれる。耐熱性，寸法安定性，電気絶縁性，機械的強度等に優れた熱硬化性エンジニアリング・プラスチックであり，電子電機部品，家電部品，自動車部品，産業機器部品などに使われる。フェノールとホルムアルデヒドを原料とし，熱し方や混合の割合によって，「レゾール」や「ノボラック」というフェノール樹脂になる。「レゾール」は基本的に常温では液体で，加熱すると固まり，元には戻らない熱硬化性プラスチックである。「ノボラック」は通常は固形で，加熱すると溶け，冷ますと常温で元に戻る熱可塑性プラスチックである（p.209参照）。

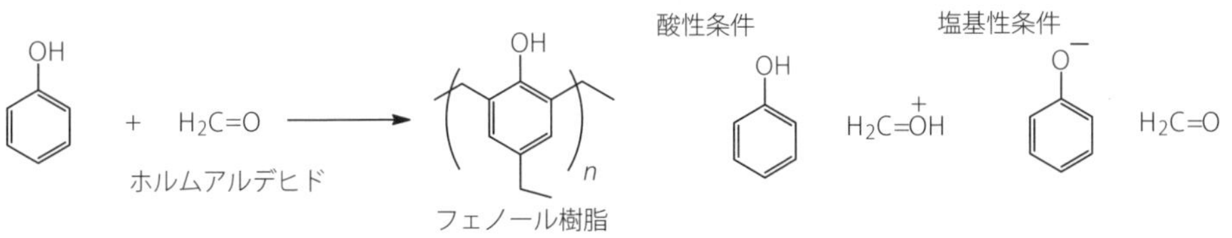

図6.29 フェノール樹脂の合成

酸性条件ではオキソニウムカチオンを中間体とするフリーデル・クラフツタイプの反応で，塩基性条件ではフェノキシドイオンからの縮合である。いずれもフェノールベンゼン環のオルソ，パラ位が活性*である。

* フェノールのパラ位を置換基で塞ぐと，三次元的な重合が阻害される。それを利用して，p-t-ブチルフェノールをホルムアルデヒドと縮合させると，環状オリゴマー，カリックスアレーンが合成できる。反応条件によって，4量体・6量体・8量体を作り分けることが可能であり，フラーレン（C60）の分離などホスト分子として有用である。

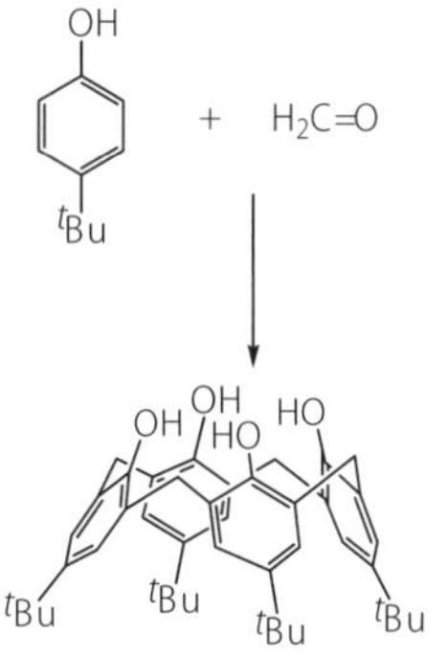

2）ユリア（尿素）樹脂

尿素とホルムアルデヒドの反応によって得られる熱硬化性樹脂。アルカリ性条件下で反応させる。木材に対して接着力が優れているため，合板などの接着剤として用いられる。

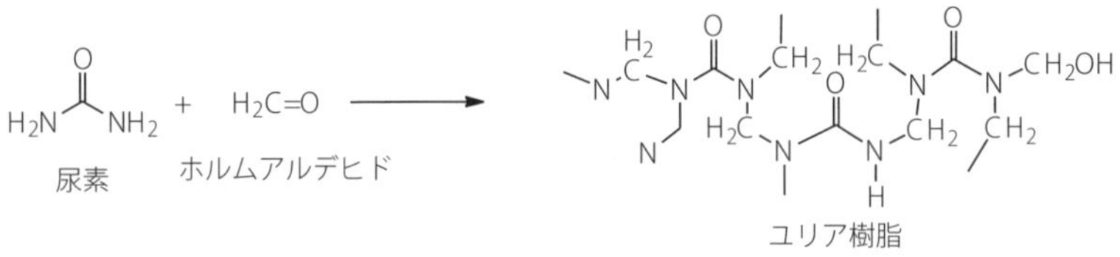

図6.30　ユリア樹脂の合成

3）メラミン樹脂

メラミンとホルムアルデヒドの反応によって得られる熱硬化性樹脂。ユリア樹脂と共にアミノ樹脂と呼ばれる。合板などの接着剤としての用途が多い。ホルムアルデヒドと反応させ，メチロールメラミンとしてから加熱し硬化させる。

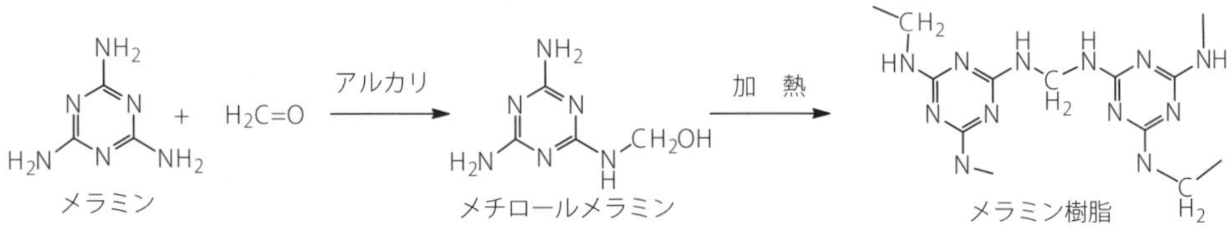

図6.31　メラミン樹脂の合成

4）エポキシ樹脂

ビスフェノールAとエピクロルヒドリンからエポキシ樹脂が作られる。末端に反応点を残しているため，さらにアミンなどと反応させて，固化させることができる。エポキシ樹脂は優秀な接着性と強度と強靱性に優れており，溶剤その他の薬品に対する耐性が高く，硬化時の体積収

縮が少ない。優れた電気特性，硬化中に放出される揮発分がないなどの特長をもつことから，塗料，電気・電子，土木・建築，接着剤などに用いられている。

図6.32　エポキシ樹脂の合成

6.5　ゴ　ム

ゴムを分類すると以下のようになる。自動車のタイヤやホースなどに使われる汎用ゴム，工業的に重要な特殊性能を有した特殊ゴム，さらに，常温ではゴム弾性を示すが，高温では可塑性を示す熱可塑性エストラマーなどがある。

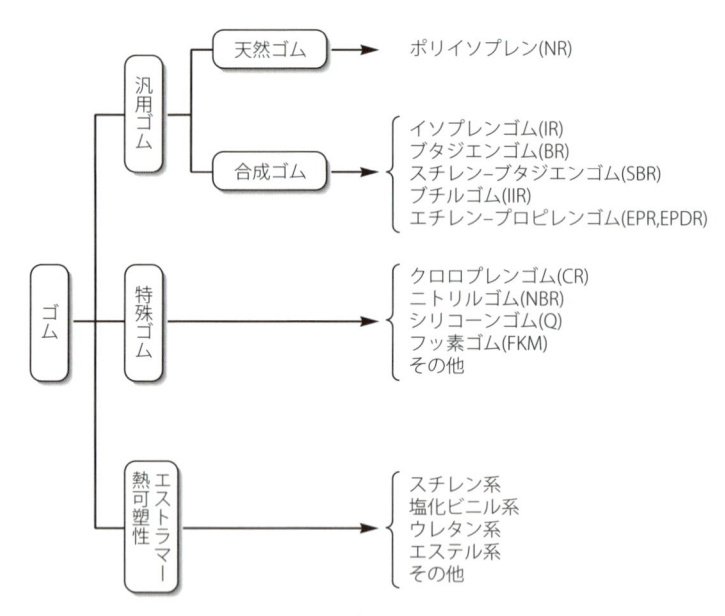

図6.33　ゴムの分類と番号

ゴム弾性の特徴

① 通常の固体ではその弾性率は $1 \sim 100$ GPa であるが，ゴムは $1 \sim 10$ MPa と非常に低い弾性率を示す。このため，弱い力でもよく伸び，5から10倍にまで変形する。

② 外力を除くとただちに元の大きさまで戻る。伸びきった状態では非常に大きな応力を示す。
③ 弾性率は絶対温度に比例する。
④ 急激（断熱的）に伸長すると温度が上昇し，その逆に圧縮すると温度が降下する。（ガフ・ジュール[*1]効果）
⑤ 変形に際し，体積変化がきわめて少ない。すなわちポアソン比が0.5に近い。

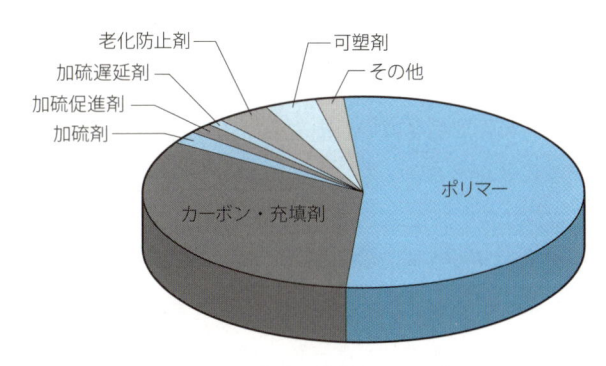

*1　Gough-Joule

図6.34　ゴムに含まれているもの
（ゴム豆知識：株式会社フコクHPより）

　このような状態をゴム状態という。硫黄の他に炭素粉末（カーボンブラック：p.82参照）を加えて加硫すると特性が非常に改善され，その含有量によって硬さが変化する。多くの硬質ゴム製品はこの炭素のために黒色をしている。

6.5.1　天然ゴム

　生ゴムは，ゴムの木の樹皮を傷つけ，流れ出る樹液（ラテックス）を酸で凝固させ乾燥させたものである。南アメリカのインディオは生ゴムを容器やボールなどとして用いていた。ヨーロッパ人たちはその弾性に興味を持ち，材料として用いることを検討したが，冬には硬くなり，夏には融けて糊状になるなど，消しゴム以外に使いようが見つからない物質であった。1826年ファラデーは，熱分解により生ゴムがC_5H_8ユニット（イソプレン）の整数倍の構造を持つことを明らかにした。1839年チャールズ・グッドイヤー[*2]は，生ゴムを硫黄と反応させる（加硫）ことにより，広い温度範囲で軟化しにくい弾性材料となることを見出した。

*2　C. Goodyear

※ 天然にはトランス二重結合を持ったポリイソプレンも存在する。マレー半島原産のグッタペルカ属の木をはじめ，アカテツ科の植物の樹液から得られるグッタパーチャは約80％のトランス二重結合を含むポリイソプレンである。弾性は示さないが，熱をかけると融けて型に入れて成形できる。ゴルフボールなどに用いられたが，時間がたつと固くなり割れやすかった。現在のゴルフボールはゴム芯に糸ゴムを巻きつけグッタパーチャのカバーを被せたものであり，現在でもグッタパーチャが使われている。
また，アカテツ科のサポジラから取れる樹液を煮て作る天然樹脂チクルはチューインガムに用いられる。チクルはポリ-1,4-イソプレンで，cis 型65％と $trans$ 型35％の混合物である。

生ゴムは，100％のシス構造をもつイソプレン重合体（ポリイソプレン）であり，わずか数％のトランス体が混じった合成品でも運動性能が劣化する。

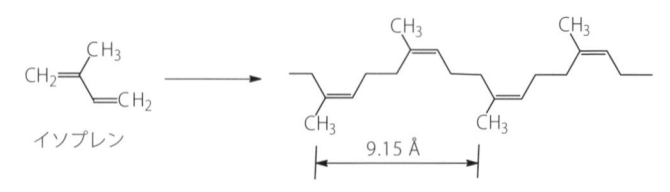

図6.35 ラテックス（ポリイソプレン）の構造

加硫はポリマーの架橋反応の一種であり，ゴム系の原材料の弾性や強度を確保することができる。わずか0.3％でその効果が現れる。ゴムバンドを作るソフトラバーは1～3％の硫黄を含む。3～10％になると強さが増して，タイヤなどに使われる。天然ゴム（NR）は，加硫した生ゴムにカーボンブラックなどを添加して製造する。加工性，機械強度に優れ，大型自動車のタイヤ，ホース，ベルト，空気ばねなどに用いられる。

図6.36 加硫の概念

ラテックスの採集(Wiki)

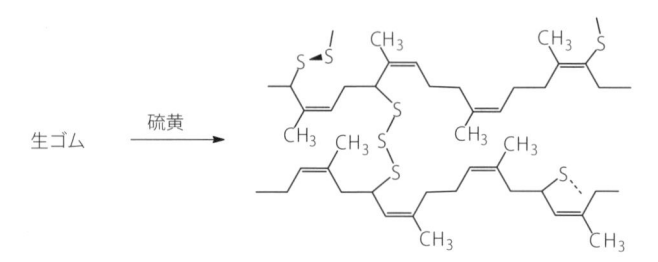

6.5.2 合成ゴム

第一次世界大戦中天然ゴムの供給を断たれたドイツが天然ゴムと同様の性能をもつ合成ゴムの開発を進めた。イソプレンの重合体はトランス二重結合を含むポリマーを与えるため性能が低く，イソプレン以外を原料とするゴムが検討された。1914年にバイエル社によってメチルゴムが見出されたが，その性能は低かった。ドイツIG染料会社によって，スチレン−ブタジエンの共重合体の性能が非常に良いことが見出され製品化された。30年代には，アメリカのデュポン社でクロロプレンゴムが開発された。その後，チーグラー・ナッタ触媒（p.49）による重合法の改良もあり，さまざまな合成ゴムが開発された。合成ゴムの種類，特徴，用途を示す。

(1) 汎用ゴム

1) イソプレンゴム (IR)

イソプレンをチーグラー触媒やリチウム触媒などにより重合したもの。完全にシス体に制御できず，天然ゴムとは性質が異なる。品質が均一で，ごみなどの異物がなく，素練りが容易で型流れがよく，吸水性や電気特性は NR より優れている。

医療用ゴム製品，食品用ホース，栓類などに用いられる。

2) ブタジエンゴム (BR)

チーグラー触媒などを触媒として，炭化水素溶媒中で溶液重合したもので，シス体の含有率が高いもの（>90 %）が工業的に重要である。反発弾性が高く，動的発熱が小さい。耐摩耗性，低温特性が優れている。押出成形がよく，型流れもよい。自動車タイヤ，一般ゴム製品，ゴルフボールなどに用いられる。

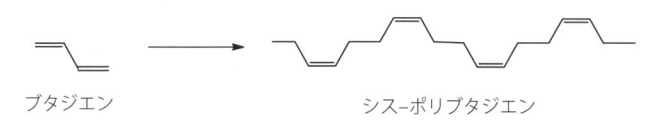

図6.37 ブタジエンゴムの構造

3) スチレン-ブタジエンゴム (SBR)

もっとも生産量が多く，広範囲に使用されている合成ゴム。大部分の SBR はブタジエンとスチレンを乳化重合（ラジカル重合）した共重合体である。通常，結合スチレン量は 23.5 % であり，結合スチレン量が 50 % 以上のものを一般にハイスチレンゴムまたはハイスチレンレジンと呼ぶ。品質が均一で異物が少ない。耐熱性，耐老化性，耐摩耗性が優れている。自動車タイヤ，ベルト，パッキングなどに用いられる。

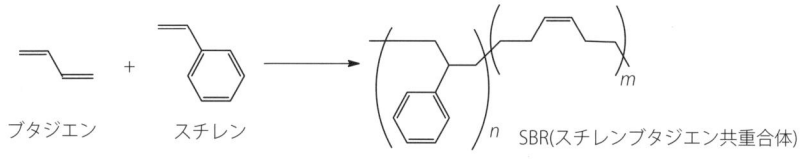

図6.38 スチレン-ブタジエンゴムの構造

4）ブチルゴム（IIR）

イソブテンに少量のイソプレンを加えた混合液を触媒や反応調整剤を入れ，-100℃くらいに冷却した反応槽を通して連続的に生産された合成ゴム。気体の透過性が極めて小さい。そのほか耐熱，耐光，耐オゾン性，電気絶縁性と耐コロナ性に優れ，柔軟性，衝撃吸収性が大きい。タイヤチューブ，防水シート，シーリング材，ラジエターホース，衝撃吸収材などに用いられる。

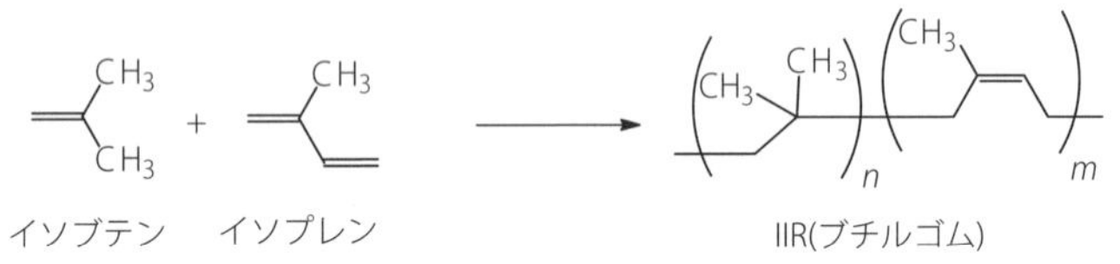

図6.39　ブチルゴムの構造

5）エチレン-プロピレンゴム（EPM, EPDM）

エチレンとプロピレンとの共重合体であり，主鎖に二重結合を含まないため硫黄加硫ができない。この欠点を除くために少量の第三成分を導入して，主鎖中に二重結合を持たせたものがEPDMである。耐オゾン性，耐候性，耐熱性，低温での屈曲性，電気特性，耐コロナ，耐トラッキング性に優れ，耐薬品性，耐水性，耐蒸気性もある。自動車用バンパー，電線被覆，建築用ゴム製品に用いられる。

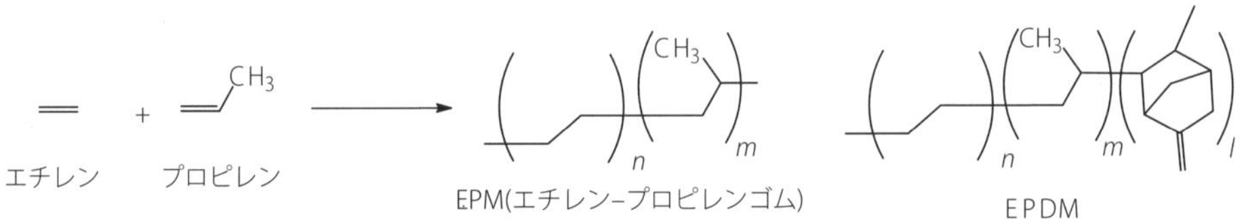

図6.40　エチレン-プロピレンゴム（EPM）の構造とエチリデンノルボルネンを加えたEPDMの構造

（2）特殊ゴム

1）クロロプレンゴム（CR）

クロロプレンを乳化重合して製造される。ほとんどのゴムがシス型が主たる構造であるのに対し，クロロプレンゴムはトランス型である。耐熱性，耐老化性，耐オゾン性，耐候性，耐燃性，耐薬品性（酸を除く）に優れる。のりは接着力が極めて大きい。電線被覆，接着剤，コンベアーベルト，工業用品などに用いられる。

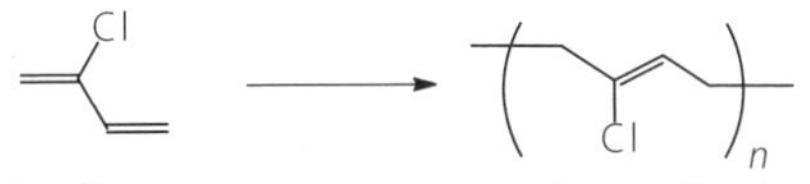

図6.41 クロロプレンゴム（CR）の構造

2）ニトリルゴム（NBR）

アクリロニトリルとブタジエンを乳化共重合して得られる。アクリロニトリル量の増加とともに耐油性，耐摩耗性，機械的強度が向上するが，耐寒性，伸び，弾性は低下する。ガソリンホース，パッキン，工業部品などに用いられる。

図6.42 ニトリルゴム（NBR）の構造

3）シリコンゴム（VMQ or Q）（5.4.1（3）シリコーンを参照）

主鎖がケイ素－酸素結合（シロキサン結合）からなっている。広い温度範囲で物性の変化が小さく，低温でも弾性を失わず，耐オゾン性，耐候性が優れ，かなりの耐油性があり，広い温度範囲，周波数範囲で電気的性質の変化が小さく，非粘着性で無味無臭である。ガスケット，オイルシール，パッキン，自動車部品，医療用，食品用に用いられる。

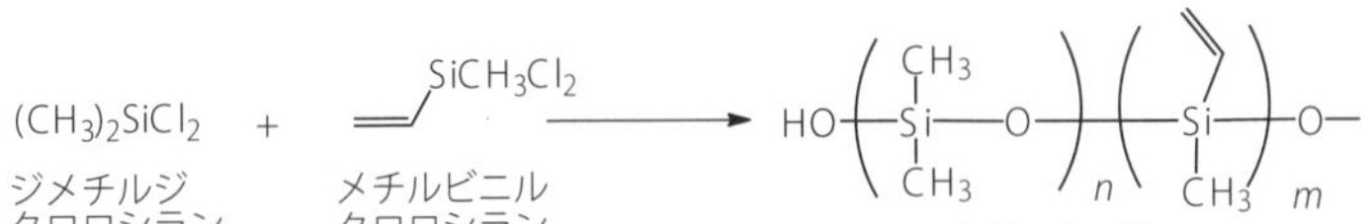

図6.43 シリコンゴム（VMQ or Q）の構造
（ビニル基の導入により架橋を促す）

4）フッ素ゴム（FKM）

分子内にフッ素を含む合成ゴムの総称で，フッ素の量や単量体の構造により種々のタイプがあり，その性質も異なる。耐薬品性が特に優れ，ほとんどの油，溶剤によく耐え，耐候性，耐オゾン性が抜群であり，耐

熱性はシリコンゴムより優れ，使用限界温度は約 250 ℃で，電気絶縁性も良好である。熱交換用シール，ドライクリーニング用機器シール，サニタリーパイプのパッキンなどに用いられる。

図 6.44　フッ素ゴム（FKM）の構造
（旭ゴム株式会社，ゴムナビ HP より）

(3) 熱可塑性エストラマー

エストラマーとはゴム状弾性体（erastic polymer）のことであり，熱を加えると軟化して流動性を示し，冷却すればゴム状弾性体に戻る性質を持つ物質を熱可塑性エストラマーとよぶ。スチレン系，オレフィン系，塩ビ系，ウレタン系，アミド系などがある。射出成形によって迅速に成型加工を行なえる利点があるが，熱によって変形するため耐熱性を要する用途には適さない。一般的に，分子内に架橋（結合している部分）はなく，高分子内で凝集して流動することを防止している拘束相（硬質相）と弾性をもつゴム成分（軟質相）をもつ。たとえば，ポリスチレン-ポリブタジエン-ポリスチレンからなるブロック共重合体では，ポリスチレンのブロックが凝集して硬質相となり，安定な弾性を示す熱可塑性エストラマーとなる。合成ゴムと熱可塑性樹脂の間を埋める素材として注目されている。

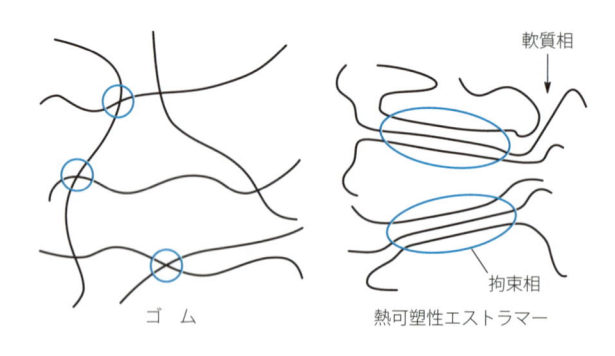

図 6.45　ゴムと熱可塑性エストラマーの概念図
（パッキングランド HP より）

6.6 その他

その他，機能化された高分子はさまざまな領域で用いられており，それら機能面から分類される高分子材料については専門の教科書を参考にされたい。なお，塗料については次章で，伝導性高分子については，一部機能性色素の章（11章）で述べる。

7 油脂・界面活性剤

7.1 はじめに

　油脂は，天然高分子材料であるセルロースと同様，人間がその構造を知る，はるか以前から用いてきた天然の有機材料である。歴史的には，オリーブ油が重要で代表的な油脂*であるが，現在最も生産されているのは大豆油である。主成分は長鎖脂肪酸とグリセリンのトリエステル（トリグリセリド）であり（図7.1），植物や動物から得られ，食用となる他，灯油として，セッケンの原料として，そして塗料として用いられてきた。「油」とは水と交わらない液体成分であり，「脂」は固体の成分を示している。精油（12章）も水と交わらない液体成分であるが，揮発性をもつ芳香成分として，油脂と区別されてきた。油脂に分類されるものには，他にリン脂質，ステロイド，脂溶性ビタミンなども含まれる。水と交わらない食用にならない固体成分のうち，100度前後で融けて灯用に用いられるものを「ろう（蝋）」と呼び，ろうそくに用いた。油脂は木材の腐食を防ぐための被覆をつくる目的（塗料）にも使われたが，それに特化した材料に漆（ウルシ）がある。ワックス，潤滑油も油脂から作られたが，現在では，石油から精製されるものが大部分を占めている。

*　オリーブ油はオリーブの木の実をつぶすことで得られる。地中海世界でオリーブの占めていた位置は高く，少なくとも5000年前からオリーブ油を取るために栽培されていたことが知られている。商業価値が高く，その栽培に特化しすぎたため，森林伐採と土壌浸食を招き，ギリシャ文明が衰退したとの説もある。様々な神話に登場するが，旧約聖書のノアの方舟の神話では，大雨が降りやんだ後，ノアが放ったハトが銜えてくるのがオリーブの葉であった。

$$\begin{array}{l} H_2C-OCOR \\ HC-OCOR \\ H_2C-OCOR \end{array} \quad -OCOR = 脂肪酸$$

図7.1　トリグリセリドの構造

7.2 油　脂

7.2.1 油脂の種類

　油脂は長鎖脂肪酸とグリセリンのトリエステルであるが，構成する3つの脂肪酸の炭素数や不飽和度は揃っていないことが多い。脂肪酸の代

表的なものを表7.1に示す。天然の長鎖脂肪酸のほとんどは偶数個の炭素を持ち，二重結合はシスである。トランス脂肪酸は天然の植物油にはほとんど含まれておらず，水素添加などの化学変換において副生し，心臓疾患のリスクを高めるとされている。

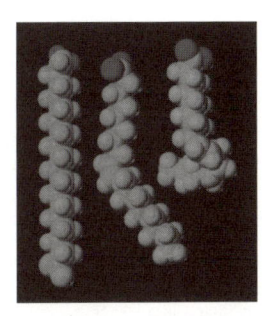

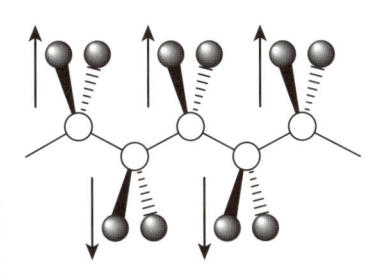

図7.2 ステアリン酸，オレイン酸，リノレン酸の構造

直鎖の飽和炭化水素鎖はメチレン(CH_2)部位の双極子によって互いにジグザグ構造をとり，比較的剛直である。このため，飽和脂肪酸の融点は二重結合をもつ脂肪酸と比べて高くなっている。不飽和脂肪酸の存在が脂質分子の流動性を高めることがわかる。

表7.1 主な脂肪酸

脂肪酸（慣用名）	構造式	融点(℃)
カプリン酸	$CH_3(CH_2)_8COOH$	31.5
ラウリン酸	$CH_3(CH_2)_{10}COOH$	44
ミリスチン酸	$CH_3(CH_2)_{12}COOH$	54
パルミチン酸	$CH_3(CH_2)_{14}COOH$	62.5
ステアリン酸	$CH_3(CH_2)_{16}COOH$	70
ベヘン酸	$CH_3(CH_2)_{20}COOH$	76
オレイン酸	$CH_3(CH_2)_7CH=CH(CH_2)_7COOH$ (*cis*)	14
エレオステアリン酸	$CH_3CH_2CH=CHCH_2CH=CHCH_2CH=CH(CH_2)_7COOH$ (*trans, trans, cis*)	48
リノール酸	$CH_3(CH_2)_4CH=CHCH_2CH=CH(CH_2)_7COOH$ (*cis, cis*)	-9.5
リノレン酸	$CH_3CH_2CH=CHCH_2CH=CHCH_2CH=CH(CH_2)_7COOH$ (*cis, cis, cis*)	―

> 天然の長鎖脂肪酸のほとんどは偶数個の炭素を持つが，これは生合成の過程で，補酵素アセチルCoAのアセチル基が連続的に付加することによって炭素鎖が合成されるためである。
>
> **アセチルCoAの分子構造**

油脂の化学的特性を示す数値として，酸価（acid value：AV），ケン化価（saponification value：SV），ヨウ素価（iodine value：IV）があり，

それぞれ，遊離脂肪酸の量，脂肪酸の分子量，脂肪酸の不飽和度を示す数値である（表7.2）。トリグリセリドを主成分とする油脂の分類を図7.3，および主な油脂を表7.3, 7.4に示す。植物油には，薄く広げて放置すると乾燥被膜になる乾性油，いつまでも液体のままで乾くことがない不乾性油，乾燥しないわけではないが非常に時間のかかるものや，いつまでもべたついて完全に乾燥しない半乾性油の区別もある（図7.2）。その性質の違いは不飽和度によってだいたい決まり，乾性油のヨウ素価は130以上である。乾性油は塗料として用いられる。

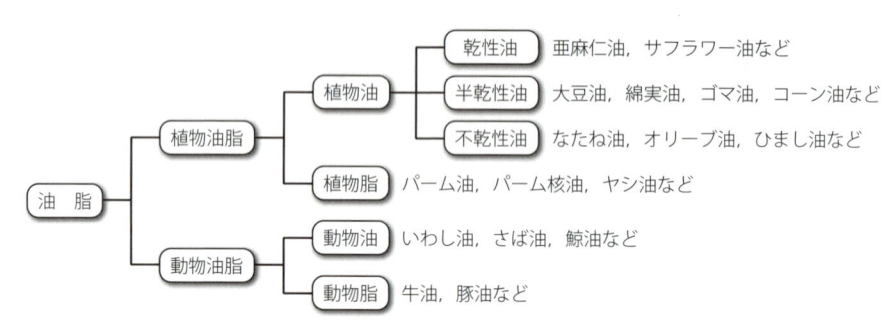

```
                              ┌ 乾性油   亜麻仁油，サフラワー油など
                  ┌ 植物油 ─┼ 半乾性油 大豆油，綿実油，ゴマ油，コーン油など
         ┌ 植物油脂┤         └ 不乾性油 なたね油，オリーブ油，ひまし油など
         │        └ 植物脂   パーム油，パーム核油，ヤシ油など
油 脂 ───┤
         │        ┌ 動物油   いわし油，さば油，鯨油など
         └ 動物油脂┤
                  └ 動物脂   牛油，豚油など
```

図7.3 油脂の分類

表7.2 油脂の化学的特性を示す数値

酸　価	油脂1gの中に存在する遊離脂肪酸を中和するのに要するKOHのmg数
ケン化価	油脂1gを完全にケン化するのに要するKOHのmg数
ヨウ素価	資料に吸収されるハロゲンの量をヨウ素に換算し，試料に対する百分率で示したもの（不飽和度の測定）

表7.3 主な植物油脂

	油脂名	ヨウ素価	特　徴
乾性油	アマニ油	173〜190	亜麻仁から得られる。リノレン酸が多く含まれる
	サフラワー油	122〜150	ベニバナ（紅花）の種子から得られる。リノール酸が豊富
	大豆油	114〜138	大豆の種子から得られる。リノール酸が豊富
半乾性油	ゴマ油	103〜118	ゴマ（胡麻）を圧搾して作られる食用油。オレイン酸，リノール酸が豊富
	なたね油	94〜106	なたねの種子から得られる。オレイン酸が豊富
	落花生油	84〜101	落花生から得られる。オレイン酸が多く含まれる
不乾性油	オリーブ油	75〜83	オリーブの果実から得られる植物油。オレイン酸が豊富
	ひまし油	81〜90	トウダイグサ科のトウゴマの種子から採取する。リシノレイン酸が豊富
	ヤシ油（パーム油）	7〜16	ココヤシから取れる油（ヤシ油）と，アブラヤシから取れる油（パーム油），がある。ラウリン酸が豊富

動物の体内に主に含まれている動物性油脂を脂肪という。動物性油脂は飽和脂肪酸を多く含むため融点が高い。脂肪は動物の栄養として重要であり，食物から摂取されるとともに，体内で炭水化物から合成され，肝臓や脂肪組織に貯蔵される。

表7.4　主な動物油脂

	油脂名	ヨウ素価	特徴
陸産	豚脂	46～70	パルミチン酸(24～33)，ステアリン酸(8～12)，オレイン酸(40～60)
	牛脂	25～60	パルミチン酸(24～35)，ステアリン酸(14～30)，オレイン酸(39～50)
	羊脂	31～47	パルミチン酸(25)，ステアリン酸(31)，オレイン酸(36)
海産	ナガス鯨油	107～110	C_{14}, C_{16}の飽和脂肪酸，C_{16}, C_{18}のモノエン酸
	マッコウ脳油	71～74	C_{10}～C_{18}の飽和脂肪酸，C_{12}～C_{20}のモノエン酸
	マッコウ皮油	82	C_{16}～C_{20}の飽和脂肪酸，C_{14}～C_{18}のモノエン酸
	イワシ油	165～190	C_{18}～C_{22}の高度不飽和脂肪酸
	タラ肝油	170～182	C_{16}～C_{20}の高度不飽和脂肪酸

7.2.2　油脂に含まれる微量有効成分

ココナツオイル，パーム核油，牛乳などには炭素数が6～12の脂肪酸からなる油脂，中鎖トリグリセリド（MCT1）が含まれる。一般的な脂肪酸よりも分子鎖が短いため，吸収，代謝が速く，体脂肪として蓄積されにくいという特徴から注目されている。

油脂に含まれる「不ケン化物」には生理活性をもつ有効成分が含まれている（表7.5）。これらの物質は，脂肪酸と組み合わせることで，様々な効能を示すものが多い。

表7.5　油脂に含まれる微量有効成分の種類とその効能

	微量成分	起源	効能性質
植物系	イソフラボン	大豆油(特に胚芽)	免疫系強化，皮膚と粘膜細胞の成長再生促進，自然な角質化，骨粗鬆症・ガン予防
	トコフェロール（ビタミンE）	小麦胚芽油，なたね油，大豆油	抗酸化作用，循環系強化，血流改善
	カロチノイド	パーム油	抗酸化作用，ガン予防，皮膚と粘膜再生，視力低下防止
	植物ステロール	大豆油, コーン油, ひまわり油	血行促進，コレステロール値低下
	レシチン	大豆油	肝機能・脳機能促進，ストレス軽減
	γオリザノール	米油, 米胚芽油	更年期障害，自律神経失調症の緩和，皮膚の老化防止
動物系	ドコヘキサエン酸	かつお，マグロ	血圧低下作用，動脈硬化予防，がん予防
	エイコサペンタエン酸	いわし，さば	血清脂質改善作用，抗腫瘍作用，心筋梗塞改善，血圧調整

財団法人　油脂工業会館　油脂原料研究会より

7.2.3 油脂の採油と精製

植物油の採油は，歴史的には水車や風車などを利用した圧搾法が使われていた。現在では，機械を用いて搾油したのち，溶媒（ヘキサン）を用いて抽出する。搾り粕は飼料や肥料として用いられる。種に対して油の比率は 20 ～ 40 ％のため，搾り粕の扱いは採油業者にとって重要であり，油脂の価格も，搾り粕の価格と総合して決まる。

動物油は，加熱処理（水蒸気に当てる，煮る）により分離する。採取した油は様々な不純物を含んでいることから，アルカリ精製，脱色，脱臭などの操作によって精製する。

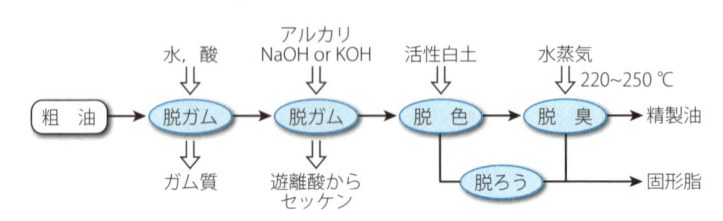

```
                水, 酸    アルカリ        活性白土    水蒸気
                         NaOH or KOH              ↓ 220~250 ℃
                  ↓         ↓              ↓         ↓
  粗 油 → 脱ガム → 脱ガム → 脱 色 → 脱 臭 → 精製油
                  ↓         ↓                ↓
                 ガム質    遊離酸から       脱ろう → 固形脂
                         セッケン
```

図 7.4　油脂の精製過程

脂肪酸の分離は，基本的に有機分子の分離手法を用いる。
1）分別結晶法： 融点の差を利用して分別する。
2）減圧蒸留法： 長鎖脂肪酸や低級アルコールエステルに用いる。
3）分子蒸留法[*]： 熱に不安定なビタミン類の蒸留に用いる。

[*] 10^{-3} Torr 以下の高真空下で行う蒸留。分子蒸留では蒸発面と凝縮面との距離が蒸気分子の平均自由行路以下となり，蒸発面からとび出した蒸気分子は他の分子と衝突することなく凝縮面に到着する。

7.2.4 油脂の用途

戦前は洗剤や塗料などの工業用油脂の消費が食用を上回っていたが，それ以降は石油化学製品に置き換わり，食用の消費量が上回るようになった。生産量は，大豆油，パーム油，ナタネ油の順で全体の半分以上（56 ％）を占める。ここでは油脂の加工法と加工して得られる製品について取り上げる。

（1）油脂の化学

油脂は長鎖脂肪酸とグリセリンのトリエステルであり，長鎖脂肪酸は不飽和結合を含むことから，油脂の化学変換はエステルの反応と不飽和結合の反応に分けられる。

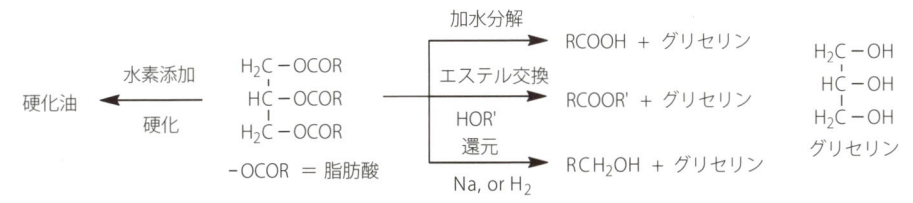

図7.5 トリグリセリドの反応

1）水素添加（硬化）

不飽和油脂を水素添加することを，"硬化する"といい，水素添加された油を，"硬化油"という。触媒として，白金，ニッケルなどが用いられる。硬化によって，トランス化が進みやすい[*1]。

硬化油から得られる重要なものとして，植物油から得られるマーガリンがある。マーガリンは，綿実油や大豆油を部分水素添加した硬化油に，発酵乳・パーム油，ラードなどの天然固形油脂や液体油を食塩・ビタミンAなどを加えて乳化し練り合わせた加工食品である。

[*1] トランス脂肪酸は心血管疾患（CVD）、特に冠動脈性心疾患（CHD）のリスクを高める確実な証拠があるとされている。（FAO・WHO合同専門家会議（2010））

2）加水分解による脂肪酸とグリセリンの合成

アルキルベンゼンスルホン酸を酸触媒に加水分解するトイッチェル法[*2]，酸化亜鉛，酸化マグネシウム，酸化カルシウムなどの触媒存在下，加熱加圧下で加水分解する加圧蒸気法，蒸気加圧下（55 atm, 250〜260℃）無触媒で加水分解する高圧連続法（コルゲート・エメリー法）[*3]があり，高圧連続法が主流である。この方法は，酸化による劣化のため脂肪酸やグリセリンに着色や臭いが発生する問題があり，酵素（リパーゼ）を用いた方法などが検討されている。

[*2] Twitchell process

[*3] Colgate-Emery process

1,3-ジアシルグリセリド

固定リパーゼ酵素は，部分加水分解による1,3-ジアシルグリセリド（DAG）の合成にも用いられる。DAGは，TAGと比べて小腸で吸収されたのちに油として再合成されにくい。このため，食後の血中中性脂肪が上昇しにくく，体に脂肪が付きにくいとされ，特定健康食品に認定された。しかし，このDAGの生成過程で，発がん性が疑われるグリシドール脂肪酸エステルが副生・混入することがわかり販売が中止された。

3) 脂肪酸エステルの合成

脂肪酸エステルは，脂肪酸のエステル化や油脂のエステル交換反応によって合成される。脂肪酸や高級アルコールは，低分子量のエステル合成と比べて反応性が低く，触媒の開発が検討されている。

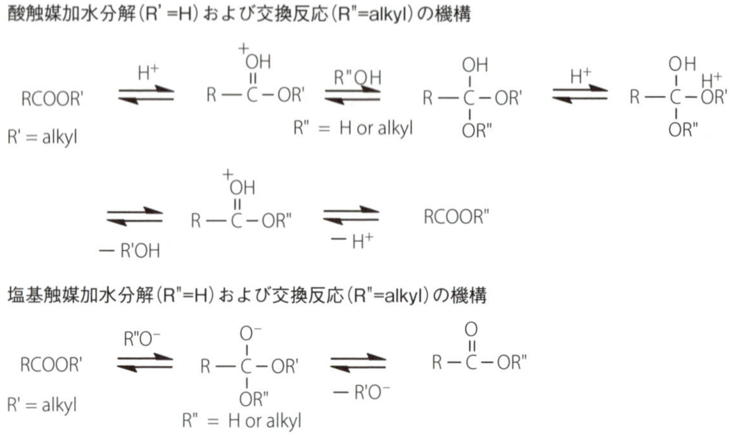

酸触媒加水分解($R''=H$)および交換反応($R''=alkyl$)の機構

$$RCOOR' \xrightleftharpoons{H^+} R-\overset{+OH}{\underset{}{C}}-OR' \xrightleftharpoons{R''OH} R-\overset{OH}{\underset{OR''}{C}}-OR' \xrightleftharpoons{H^+} R-\overset{OH}{\underset{OR''}{C}}-OR'\overset{H^+}{}$$

$$\xrightleftharpoons{-R'OH} R-\overset{+OH}{\underset{}{C}}-OR'' \xrightleftharpoons{-H^+} RCOOR''$$

$R' = alkyl$, $R'' = H$ or alkyl

塩基触媒加水分解($R''=H$)および交換反応($R''=alkyl$)の機構

$$RCOOR' \xrightleftharpoons{R''O^-} R-\overset{O^-}{\underset{OR''}{C}}-OR' \xrightleftharpoons{-R'O^-} R-\overset{O}{\underset{}{C}}-OR''$$

$R' = alkyl$, $R'' = H$ or alkyl

図 7.6 酸および塩基による加水分解およびエステル交換反応の機構

脂肪酸のエステルは，潤滑油や可塑剤，界面活性剤として用いられる。

表 7.6 脂肪酸エステルの利用

エステル	利用例
リシノレイン酸ブチル*	耐寒性潤滑油
アセチルリシノレイン酸メチル	耐寒性可塑剤
セバシン酸オクチル**	耐寒性可塑剤，潤滑油
多不飽和酸多価アルコールエステル	塗料原料
低度不飽和(飽和)酸多価アルコールエステル	界面活性剤
脂肪酸モノあるいはジグリセリド	乳化剤，アルキド樹脂中間体

* リシノレイン酸ブチル((R,Z)-12-ヒドロキシ-9-オクタデセン酸ブチル)

(園田昇，亀岡弘編，『有機工業化学』，化学同人)

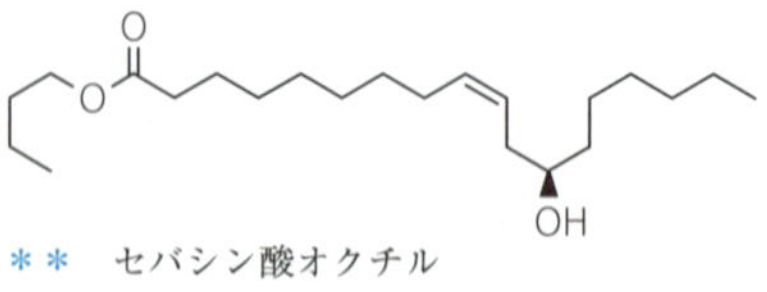

** セバシン酸オクチル

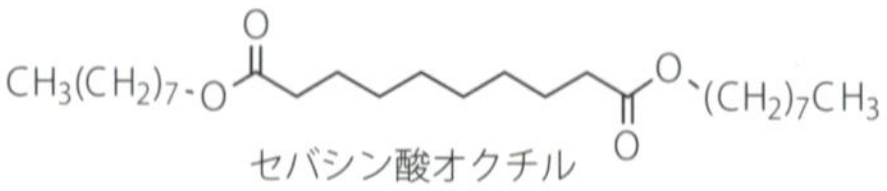

$CH_3(CH_2)_7-O-\overset{O}{\underset{}{C}}-(CH_2)_8-\overset{O}{\underset{}{C}}-O-(CH_2)_7CH_3$
セバシン酸オクチル

$$R-CH=CH-R' \xrightarrow{O_3} \left[\text{分子状中間体} \longrightarrow \underset{\text{オゾニド}}{\text{オゾニド}} \right] \xrightarrow{\text{酸化的分解}} R-COOH + HOOC-R'$$

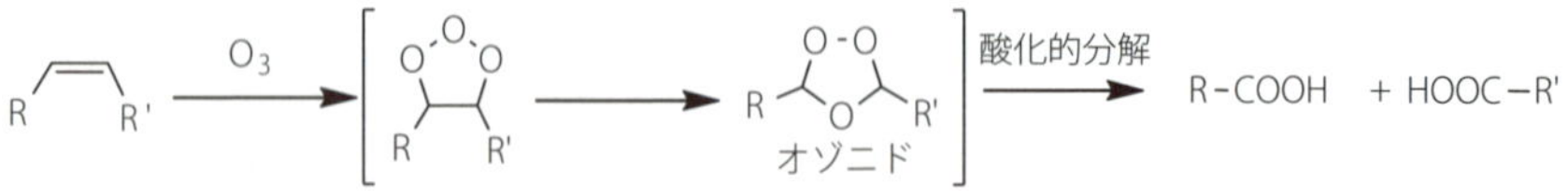

セバシン酸は，リシノレイン酸からオゾン酸化によって合成される。

4）高級アルコールの合成

高級アルコーは，界面活性剤，可塑剤などに利用されている。主に石油化学によって供給されるが（α-オレフィン参照），高級脂肪酸やそのエステルの還元によっても得られる。マッコウクジラの鯨油は特異な天然高級アルコールの貴重な供給源でもあったが，捕鯨の規制によって材料用としての価値はなくなった。還元は，水素添加やナトリウム還元などによって行われる。

7.3 塗料

7.3.1 塗染について

ペンキやニスに代表されるように，一般に液状で，溶剤の揮発・乾燥によって固化・密着し，表面に塗膜を形成して，対象物の美観を整え，保護する。

① 物体の保護，防食，耐油，耐薬品，防湿

② 光沢の付与，美化，平滑化，彩色

③ 生物付着防止，殺菌，伝導性調節，反射

などを目的とする。

旧約聖書のノアの箱舟に動物の脂を塗ったという記述があり，旧約聖書成立の時代にはすでに，樹脂が塗料として使われていることがわかる[*1]。日本では古くからウルシ（漆）が使われてきた。油脂も漆も，その被膜成分となる分子にはいずれも長鎖不飽和アルキル鎖があり，その空気酸化によって重合する性質が使われている。現在では，合成樹脂が主にその役を担っている。

塗料の構成を図7.7に示す。塗膜を形成する油脂や樹脂（バインダー）を溶剤（シンナーなど）に溶かしたものを展色剤（ビヒクル）と呼び，塗膜を作らせる（硬化）ため硬化剤が加えられる。塗料は，さらに，色を付けるための顔料と目的に応じた添加剤（消泡剤・酸化防止剤・紫外線防止剤など）を加えて作成される。油絵も油脂をバインダーとして使い，顔料をキャンバスに定着させる技法である[*2]。

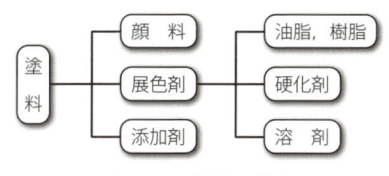

図7.7 塗料の構成

---

*1 塗料について初めて書かれたのは旧約聖書の「ノアの箱舟」の話とされている。ノアは彼の箱舟に防水用にアスファルトや動物の脂を塗ったとされる。

BC2000年頃エジプトでは植物の油を煮詰め，そこに黄土，鉛白，丹，などの色の粉を入れた現在の油性塗料にあたる塗料が使われた跡が有る。地中海世界では，オリーブ油・亜麻仁油が塗料として用いられた。

産業革命以降，ヨーロッパでは鉄のさび止めのための塗装の需要が増え，おもに亜麻仁油が使われた。1825年シュブールによって，脂肪を分解するとグリセリンと脂肪酸に分解されることが見出され，油脂工業の発展の端緒となった。1900年代に入り，有機化学の発展により，ニトロセルロースやフェノール樹脂・アルキド樹脂が見出され，塗料として用いられるようになった。1923年アメリカでそれまで刷毛で塗っていた塗料を吹き付け塗りするラッカーのスプレー塗装始まる。1934年フォードが自動車にメラミン焼付める。1940年以降石油化学時代が開幕し，エマルション塗料，エポキシ樹脂，アクリル樹脂等々の生産が始まった。
（大沼清利「塗料技術発展の系統的調査」，参考）

*2 油絵の絵の具は，顔料と乾性油などから作られる。油絵具は乾性油が酸化し硬化することにより定着する。乾性油としては，リンシード（亜麻仁油）やポピーオイル（ケシ油）が用いられる。乾性油やワニスの希釈剤として使うテレビン油は揮発性の精油（12章参照）であり，絵具を固着させるはたらきはない。仕上げ用に用いられるニスは，東南アジアのラワン属の樹木から採取される軟質の樹液である。これをテレビン油に溶かしてぬり，揮発させ乾燥・乾固させる。他にもギリシャで採取されるマスチック樹脂などの天然樹脂が用いられる。

表7.7 塗膜形成成分（バインダー）

分類	素材
乾性油	亜麻仁油，大豆油，シナキリ油
加工乾性油	脱水ひまし油，スチレン油，ウレタン油
合成樹脂	不飽和ポリエステル，アルキド樹脂，酢酸ビニル樹脂，塩化ビニル樹脂，エポキシ樹脂，ウレタン樹脂，アミノ樹脂
天然樹脂	ロジン，コーパル，セラック
セルロース	ニトロセルロース，アセチルセルロース

7.3.2 塗料の分類

(1) 油性塗料

空気中で酸化して硬化する乾性油系の油性ワニス（ボイル油）を使った塗料に顔料を混ぜ，塗ることでペイントとなる。

油脂が薄い膜にしたときに常温で乾燥皮膜（固化）を作るのは，自動酸化による重合が原因である。これは，油脂を構成する不飽和脂肪酸の二重結合の存在により，この酸化の過程で発熱する。そのため布などに染み込ませた油脂は，極めて危険であり，放置すれば必ず発火すると考えるべきである。揮発性が低いにもかかわらず，油脂は消防法で危険物に指定されている。

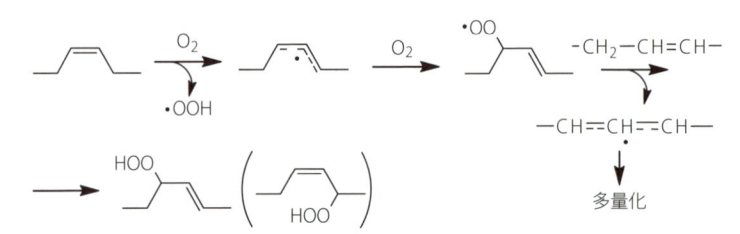

図7.8 自動酸化の推定反応機構

(2) セルロース系塗料

ニトロセルロース，酢酸セルロースなどを揮発性の溶剤に溶かしたもの。ラッカーと呼ばれる塗料は種類が多いが，ニトロセルロースを用いるものが主流である。

(3) 合成樹脂塗料

合成樹脂をビヒクルとする塗料で，現在主流である。アルキド樹脂，アクリル樹脂が代表的である。他にも，アミノ樹脂，エポキシ樹脂，フェノール樹脂，メラミン樹脂などが用いられる（これらの樹脂の製造・構造については第6章で示した）。

(4) 水性塗料

有機溶媒を使わず，合成樹脂の微粒子を水に懸濁させエマルジョンとして用いる。樹脂としては，ポリビニル酢酸や，スチレン-ブタジエン共重合体が使われる。

(5) 粉体塗装

塗料中に有機溶剤や水などの溶媒を用いず塗膜形成成分のみを配合している粉末状塗料。樹脂に硬化剤，顔料，添加剤を混合し，溶融混合して冷却・粉砕することで粉体塗料とする。回収・再利用が可能で産廃も少ない事から環境にやさしい塗料として高い評価を得ている。

塗装機と塗装したい物（被塗装物）との間に電圧をかけ，塗料粒子を負に帯電させ，正に帯電した被塗装物に静電力で付着させ，加熱し焼付ける。

7.3.3 塗料の乾燥

塗料は乾燥することで硬化するが，その塗膜形成成分の違いによって，反応が進行するものと，しないものがある。油脂は酸化によって反応し固化する。加熱によって，固化することを焼付けという。

7.3.4 天然塗料（漆）

日本では 12000 年前に既に漆が使用された形跡がみられる。（中国では 4000 年ほど前の漆塗りが発見されている。）陶磁器が china と呼ばれるように，漆器は japan と呼ばれる日本の伝統工芸品である。

漆は，ウルシの木の樹液から得られる天然塗料である。樹液にはバインダーとしてカテコール誘導体であるウルシオールと酸化酵素ラッカーゼが含まれている。漆の硬化には湿気が必要であり，まず酵素によってカテコール部分が酸化重合し，さらに側鎖部分の酸化重合が進む。加熱すると酵素が失活するため硬化しない。

ウルシオールの化学構造は 20 世紀の初頭から研究され，1918 年に真島利行によって決定された。ウルシオールは似たような化学構造をもつ複数の化合物の混合物で，非常に不安定で容易に重合する。最も多く含まれる誘導体の構造を図 7.9 に示す。

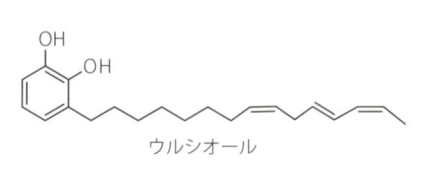

図 7.9　ウルシオールの構造とウルシの木

7.4　ろう（ワックス）

　高級脂肪酸と一価または二価の高級アルコールとのエステルを指す融点の高い油脂状の物質（ワックス・エステル）で，広義には実用上，これとよく似た性質を示す中性脂肪や高級脂肪酸，炭化水素なども含める。

　動物ろうとしては，蜜ろう（ミツバチ），鯨油（マッコウクジラの脳）などがあり，蜜ろうは人間が最初に使ったろうそく*の原料と考えられている。蜜ろうは多種類（21種類以上）の成分を含み，パルミチン酸ミリシルやセロチン酸が，鯨油はパルミチン酸セリルが主成分とされる。植物ロウは，ハゼ，ウルシ，サトウキビなどから得られ，木ろうと呼ばれた。木ろうの主成分はパルミチン酸のトリグリセリドである。

＊　最初のろうそくはミツバチの巣からとれる蜜ろうで作られたものとされ，地中海沿岸地域や中国で紀元前3〜4世紀ごろから使われていた。蜜ろうそくは，奈良時代には中国から日本へ伝来したとされる。蜜ろうそくは高価なものであり，裕福な上流階級や寺院，儀式など以外ではあまり使われなかった。9世紀ごろから，ヨーロッパでは獣脂が一般にろうそくに使われるようになった。獣脂ろうそくは価格が安かったものの，煙や不快な臭いがあるのが欠点であった。日本では，室町時代後期にウルシやハゼなどから採取する木ろうでできたろうそくの製法が伝えられ，江戸から明治時代まで電灯が広がるまで使われた。ハゼろうの採取とろうそくづくりには時間がかかるため，高価なものであった。（写真：ハゼの実）

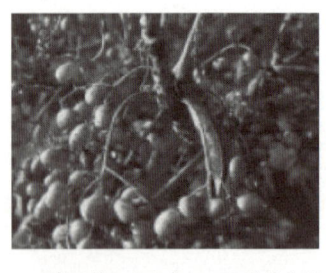

表 7.8　天然ろうの成分

種類	主な成分・構造	
蜜ろう	パルミチン酸ミリシル	$CH_3(CH_2)_{14}COOCH_2(CH_2)_{28}CH_3$
	セロチン酸	$CH_3(CH_2)_{24}COOH$
鯨油	パルミチン酸セリル	$CH_3(CH_2)_{14}COO(CH_2)_{15}CH_3$
木ろう	パルミチン酸(77%)，オレイン酸(12%)を含むトリグリセリド（ケン価値 205〜225，ヨウ素価 5〜8）	

　1章で述べたように，18世紀中頃欧米で，マッコウクジラの鯨油がろうそくの原料として使われるようになり，マッコウクジラの絶滅が危惧されるほど乱獲された。しかし，19世紀には石炭や石油を原料としたオイルランプやガス灯による照明が盛んに使用されるようになり，ろうそくの使用量は減少した。現在流通しているろうそくの多くは，石油起源のパラフィンを主原料としたものである。

　石油化学製品として分類されるパラフィンワックスは，主に炭素数18〜30程度の直鎖状パラフィン系炭化水素であり，減圧蒸留留出油から分離精製して製造され，結晶性が高く低融点である。マイクロワックスは減圧蒸留残油または重質留出油から分離精製して製造される主に炭素数30〜70程度のイソパラフィン類，シクロパラフィン類であり，微結晶で高融点である。

7.5 界面活性剤

界面（2つの性質の異なる物質の境界面）に働いて界面の性質を変える物質を界面活性剤という。水に溶けてその表面張力を低下させる物質とされていたが，現在では，分子中に親水性基と疎水性基を有し，液体に溶けるか分散して，選択的に界面に吸着する物質とされる。界面活性剤は洗剤に大量に使用されているほか，食品や化粧品の乳化剤・保湿剤としても重要な位置を占めている。

7.5.1 界面活性剤の性質

典型的な界面活性剤であるセッケンの構造を示す（図 7.10）。セッケンは，親水性のカルボキシ基の塩と疎水性の長鎖アルキル基をもつアニオン性界面活性剤である。疎水性基であるアルキル基が小さい場合（酢酸など），カルボン酸塩は水に溶解する。ところが疎水性基であるアルキル基が十分大きい場合，分子は界面に集まり，疎水性基を水から油層あるいは空気に向けて配列を始める。これは，界面を分子が飽和するまで続き，それ以上になると，疎水性基を内側に，親水性基を外側にした集合体を形成するようになる（図 7.11）。このような分子集合体をミセルと呼び，ミセルができ始める濃度を臨界ミセル濃度（CMC）と呼んでいる。

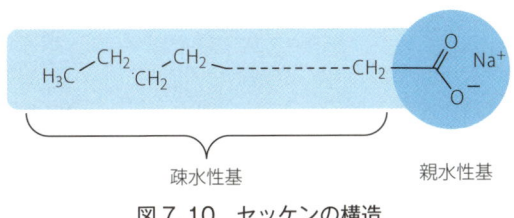

図 7.10 セッケンの構造

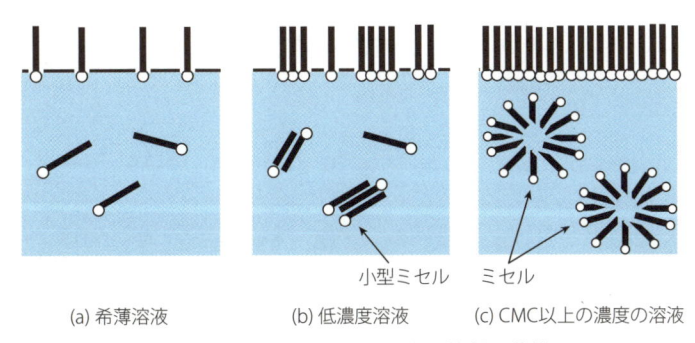

(a) 希薄溶液　(b) 低濃度溶液　(c) CMC以上の濃度の溶液

図 7.11 水中における界面活性剤の状態

臨界ミセル濃度（CMC）の前後で溶液の状態が大きく変化することが，さまざまな測定によって明らかにされている（図7.12）。

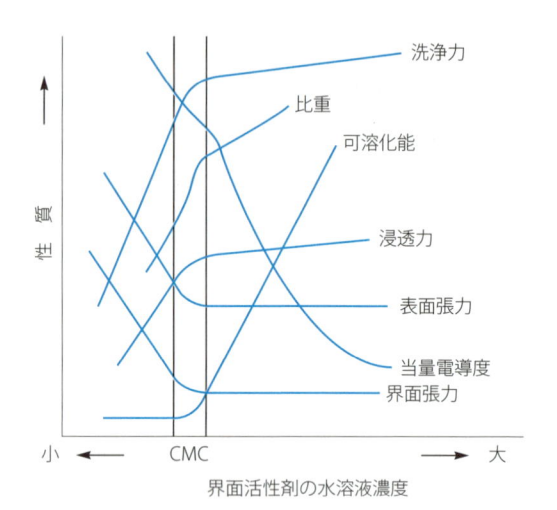

図7.12 水中における界面活性剤の状態
（園田昇・亀岡弘編，『有機工業化学』，化学同人）

生成するミセルの形状は，分子の形状や濃度によって変化する（図7.13）。構造によっては，ミセルより，ベヒクルと呼ばれる小胞体を形成する。これは，疎水性基を内側に，親水性基を外側に向けて集合した二層膜が球状に閉じた膜構造を形成したものである。細胞膜はリン脂質よりなるベヒクルである。

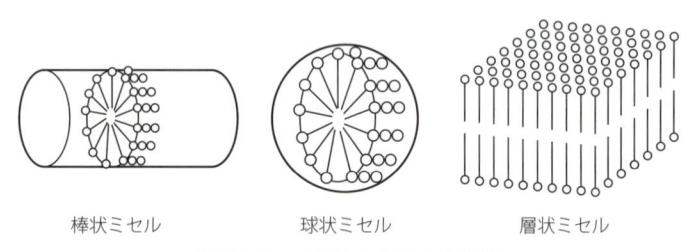

図7.13 典型的なミセルの構造

> **細胞膜**
>
> 　細胞膜を構成するホスホグリセリドは，1,2-ジアシルグリセリドの3位のヒドロキシル基にリン酸がエステル結合した化合物である。エタノールアミンやコリンなどのアルコールがリン酸部位にさらにエステル結合している。このリン酸エステル部が親水性基（極性頭部）として働き，水中で二層膜構造を形成する。膜タンパク質は，二層膜部分に疎水性部を膜外に親水性部を出して二層膜上を浮遊している。リン脂質の一種であるレシチンの構造を参考にした人工分子でも小胞体リポゾームを形成することが見出されている。
>
> 細胞膜の構造
> 脂質二重膜　5nm　タンパク質
>
> リン脂質
>
> $$\begin{array}{c} \text{親水性部} \\ \overbrace{\quad\quad\quad\quad} \\ H_2C\text{–}O\text{–}\underset{\underset{O}{\|}}{\overset{\overset{O^-}{|}}{P}}\text{–}O\text{–}X \\ HC\text{–}OCOR \\ H_2C\text{–}OCOR \end{array}\Bigg\}\text{疎水性部}$$
>
> $-OCOR$ = 脂肪酸
> $X = -CH_2CH_2N(CH_3)_2$
> レシチン

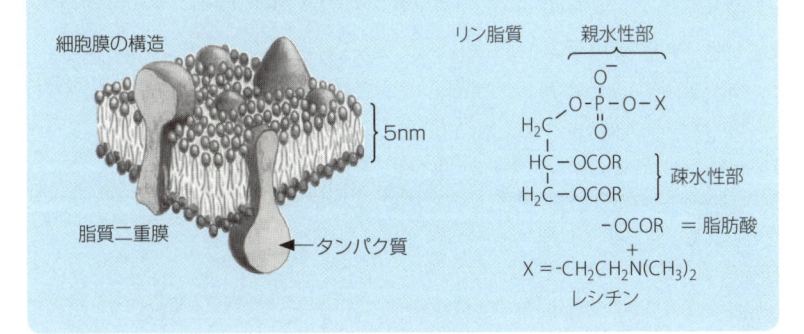

1）クラフト点と曇り点

イオン性界面活性剤は，ある特定の温度以上になると水に対する溶解度が急激に増加する。その温度をクラフト[*1]点と呼ぶ。この温度以上にならないとミセルを形成しない。一般に活性剤の疎水基の炭素数が長くなるほど高く，枝分かれなどにより結晶性が悪くなるほど低くなる。

一方，非イオン性界面活性剤では，温度が高いと水に溶けきれなくなって溶液が白濁する。この温度を曇り点という。水分子との水素結合によって水溶性を示すが，高温では水素結合が切れて，ミセルの会合度が増加して水溶性が低下するため，ある点で濁り始める。この点を曇り点と呼ぶ。このため，イオン性界面活性剤はクラフト点以上で，非イオン性界面活性剤では曇り点以上で使用する。

*1　Krafft

2）HLB値

HLB（hydrophile-lipophile balance）値は疎水基と親水基のバランスに基づく数値でグリフィン[*2]によって提唱された（1949）。HLB値は0から20までの値を取り，0に近いほど親油性が高く20に近いほど親水性が高くなる。いくつかの算出方法が知られている（図7.14）。代表的な界面活性剤のHLB値と用途との関連を表7.9に示す。

*2　W. Griffin

$$HLB = 20\left\{1 - \frac{S}{A}\right\} \qquad (1)$$

S はエステルのケン化値，A は脂肪酸の酸値

$$HLB = 20 \times (親水基の重量\%) \qquad (2)$$

図 7.14　HLB 値を算出する式

表 7.9　代表的な界面活性剤の HLB 値と用途

ＨＬＢ値	用　　途	
20〜15	可溶化	ラウリル酸ナトリウム（〜40）
>12	洗浄作用	オレイン酸ナトリウム（18）
>7	乳化作用(O/W)	ソルビタンモノオレート（4.3）
		ソルビタンモノラウレート EO4 モル付加体*（13.3）
15〜7	浸透作用	ポリエチレングリコール（400）モノラウレート（13.1）
7〜3	乳化作用(W/O)	ノニルフェノール EO4 モル付加体（8.9）
		ノニルフェノール EO12 モル付加体（14.1）
4〜1	消泡作用	ノニルフェノール EO20 モル付加体（16.0）

＊　ソルビタンの構造については図 7.24 を参照。EO4 はエチレングリコール鎖(-OCH$_2$CH$_2$)$_n$- の n の数。

7.5.2　界面活性剤の分類

親水性基と疎水性基の構造を変化させることで，様々な性質をもつ界面活性剤が製造される（図 7.15, 表 7.10）。

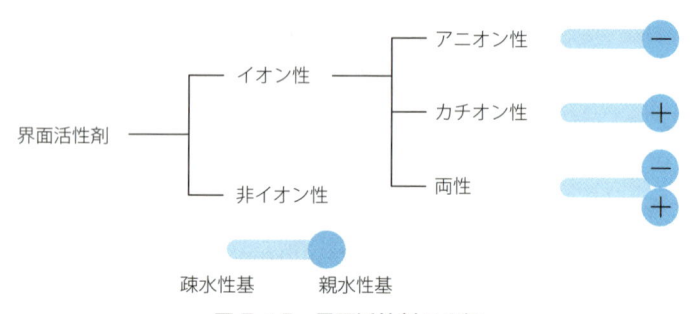

図 7.15　界面活性剤の分類

表 7.10　界面活性剤の疎水性基と親水性基の構造

(1) アニオン性界面活性剤

1) セッケン

セッケンは長鎖脂肪酸のアルカリ塩（一般にナトリウム塩）で，油脂のアルカリ加水分解によって製造される*。カルボン酸が弱酸であるため，セッケンは塩基性である。

＊　古代ローマの伝説によれば，サポー（Sapo）の丘の神殿で羊を焼いて神に供える儀式があり，羊を火であぶるとき，したたり落ちた脂肪が灰の上に落ち，セッケンができたとされる。ケン化を saponification と呼ぶのは，このサポーの丘の名に由来するといわれる。セッケン自体の記録は，5000年前のメソポタミア・シュメール人にまで遡ることができるとされる。ローマ帝国の崩壊とともに西ヨーロッパでセッケンは使われなくなり（ビザンチン帝国やアラブ世界では使われていた），セッケン作りがスペインとフランスで復活するのは8世紀に入ってからとされる。原料としては，動物脂肪が使われかなり臭いものだった。12世紀になってフランスのマルセーユなどを中心に，オリーブ油を用いたセッケンが作成されるようになり，19世紀まで基本的に同じ製造方法がとられていた。

（「㈱生活と科学社 HP」参考）

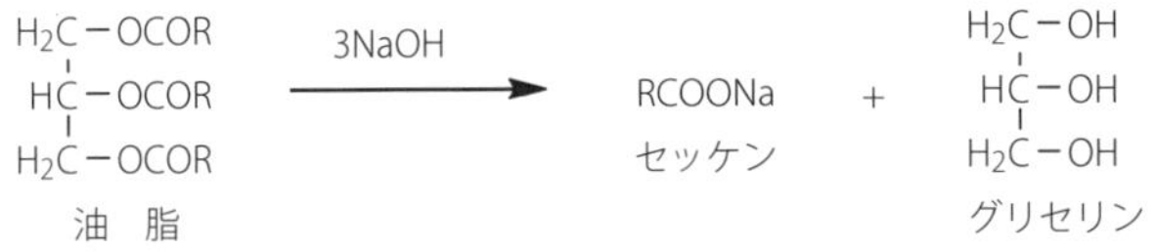
H2C−OCOR
HC−OCOR
H2C−OCOR
油　脂
3NaOH
RCOONa
セッケン
+
H2C−OH
HC−OH
H2C−OH
グリセリン

図 7.16　セッケンの製造と分子構造

2) スルホン酸型アニオン性界面活性剤

アルキルベンゼンから合成される（LAS：linear alkylbenzene sulfonate）と α-オレフィンから合成される（AOS：α-olefin sulfonate）の二種類ある。生分解性を考慮してアルキル鎖は直鎖状のものが用いられる。代表的な合成洗剤である。強酸と強塩基の塩であるため水中で中性を示し，中性洗剤と呼ばれる。LAS はアルキルベンゼンを，AOS は α-オレフィンの発煙硫酸などによるスルホン化によって製造する。

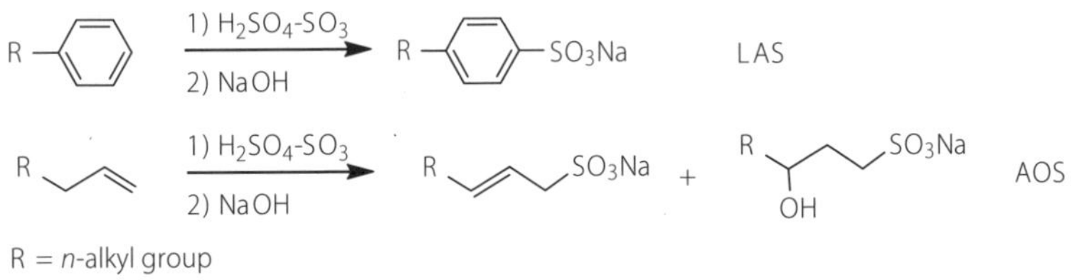
R
1) H2SO4-SO3
2) NaOH
R
SO3Na
LAS
R
1) H2SO4-SO3
2) NaOH
R
SO3Na
+
R
SO3Na
OH
AOS
R = n-alkyl group

図 7.17　スルホン酸型アニオン性界面活性剤（LAS と AOS）の製造と分子構造

3) 硫酸エステル型アニオン性界面活性剤

高級アルコール，α-オレフィンを硫酸と反応させ，中和して得る AS（alkyl sulfonate），ポリオキシエチレンアルキルアルコールを硫酸や発煙硫酸などと反応させて得る AES（alkyl ether sulfonate）などがある。シャンプーや歯磨きなどに用いられる。

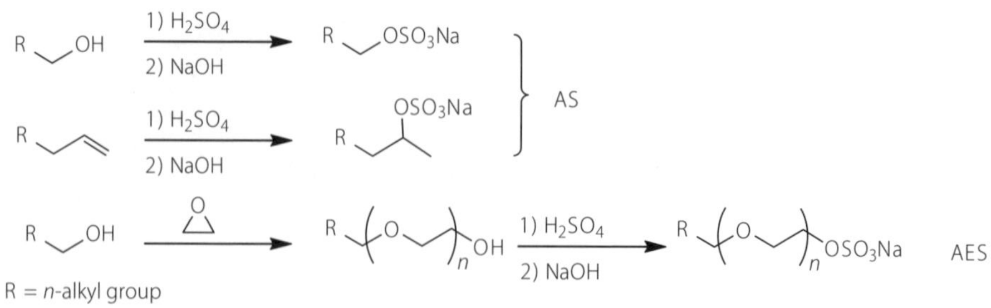

図7.18 硫酸エステル型アニオン性界面活性剤 AS と EAS)の製造と分子構造

4) リン酸型，リン酸エステル型アニオン性界面活性剤

親水性基としてリン酸塩やリン酸エステル塩をもつ，アニオン性界面活性剤は，帯電防止剤やボディーシャンプーの基剤として用いられている。

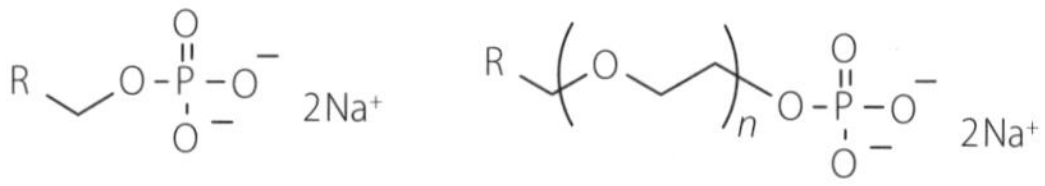

図7.19 リン酸およびリン酸エステル型アニオン性界面活性剤の分子構造

(2) カチオン性界面活性剤

4級アンモニウム塩やピリジニウム塩が用いられる。アニオン性の物質に吸着しやすく，特にピリジニウム塩は細菌の表面などに付くことで殺菌能力を示すものもある。洗浄能力は期待されないが，リンスや衣類の帯電防止剤，柔軟剤，殺菌剤，消毒液として用いられる。

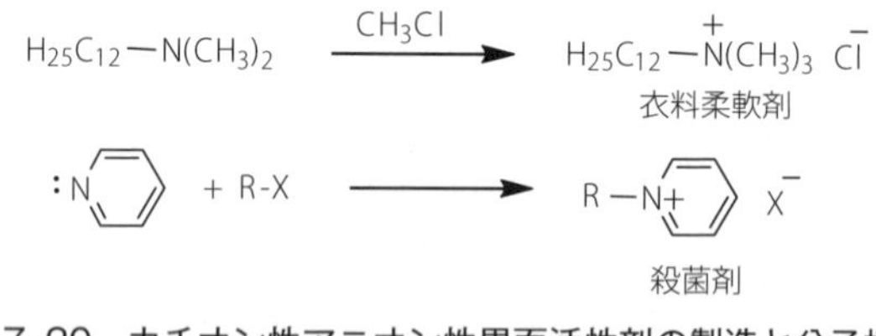

図7.20 カチオン性アニオン性界面活性剤の製造と分子構造

アミンやピリジンの窒素原子は孤立電子対をもち，さらにアルキルハライドと反応して4級のアンモニウム塩，ピリジニウム塩を生成する。

(3) 両性界面活性剤

カチオン性，アニオン性両方の性質をもつ界面活性剤である。酸性，アルカリ性どちらでも親水性基が生き残ることから，広い pH 領域で界面活性を示す。アミノ酸型と，ベタイン型がある。アミノ酸型のモデルを図7.21に示す。等電点において中性となり，親水性が低下し性能を

下げる．一方，4級のアンモニウム基とカルボキシル基をもつベタイン型には，その様なpH領域は見られない．

アミノ酸型

アルカリ性　　　　　　　　　　　　　　　　　　　　酸性

ベタイン型

R = -CH$_3$, C$_2$H$_4$OH
R' = -C$_{18}$H$_{37}$, or -C$_{12}$H$_{25}$

図7.21　両性界面活性剤のモデル

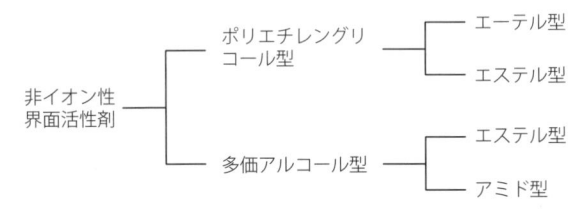

(4) 非イオン性界面活性剤

非イオン性界面活性剤は親水性基がイオンに解離しない界面活性剤である．広いpH領域で機能しイオン性界面活性剤と併用することが可能である．親水性基としてポリオキシエチレン型と多価アルコール型がある．

非イオン性界面活性剤
- ポリエチレングリコール型
  - エーテル型
  - エステル型
- 多価アルコール型
  - エステル型
  - アミド型

図7.22　非イオン性界面活性剤の分類

1) ポリエチレングリコール型非イオン性界面活性剤

水酸化ナトリウムか水酸化カリウムを触媒にエチレンオキシドと反応させることで得られる．医薬品，化粧品，乳化剤などに用いられる．

R-OH + エチレンオキシド →(触媒:NaOH) R-(O-)$_n$-OH　エーテル型

RCO-OH + エチレンオキシド →(触媒:NaOH) RCO-(O-)$_n$-OH　エステル型

R = 長鎖アルキル鎖　or　長鎖アルキル鎖-⏣

図7.23　ポリエチレングリコールユニットの合成

2）多価アルコール型非イオン性界面活性剤

多価アルコールとして用いられているものを図 7.24 に示す。これら、多価アルコールを脂肪酸のエステルとして用いる。スクロース（ショ糖）では、脂肪酸のメチルエステルを用いたエステル交換反応によって製造する。

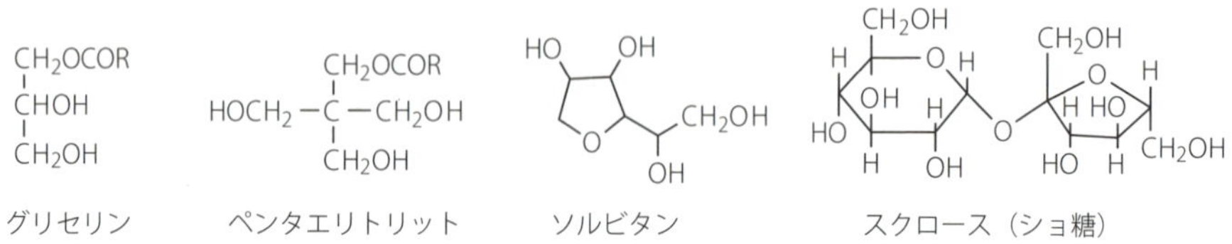

グリセリン　　ペンタエリトリット　　ソルビタン　　スクロース（ショ糖）

図 7.24　非イオン性界面活性剤に用いられる多価アルコール類

合成洗剤の発展

* Böhme

洗浄用の最初の合成界面活性剤は、1917 年にドイツで石炭から合成されたアルキルナフタレンスルホン酸塩であった。これはあまり洗浄能力が高くなかった。1928 年、ドイツのベーメ* 社によって、天然の動植物油脂から作られた高級アルコールに濃硫酸を作用させてアルキル硫酸エステル塩（AS）が合成された。これは洗浄能力が高く、アメリカのデュポン社とプロクター・アンド・ギャンブル（P&G）社により、1932 年に家庭用合成洗剤「ドレフト」として発売された。1933 年には、ドイツの IG 社によって、アルキルスルホン酸塩（SAS）とアルキルベンゼンスルホン酸塩（ABS）が開発された。これらは、石炭や石油から作られた、食用油脂に頼らない実用的な合成洗剤の第 1 号である。

日本では、1933 年にドイツから技術を輸入することで、AS の製造が開始された。弱アルカリ性合成洗剤としては、ABS 洗剤が 1951 年にはじめて発売された。1950 年代半ば以後、電気洗濯機の普及に伴い、合成洗剤が急速に普及することで、ABS が日本の合成洗剤の中心となり、1963 年には、合成洗剤の生産量がセッケンの生産量を上回るようになった。

大量に使用されるようになった ABS は、イソブテンのオリゴマーを用いていたことから、アルキル基に枝分かれ構造を持っており、微生物による分解が起きにくい物質だった（生分解* が困難という意味で「ハード型」と呼ばれる（次図））。そのため、河川でも泡立ちが消えず、問題となり、生分解が起こりやすい、直鎖状のアルキル基（α-オレフィンから製造される）をもった「ソフト型」洗剤に置き換わった。

表7.11 各種アルキルベンゼンの微生物分解性

アルキルベンゼン	分解率 (%)
$CH_3(CH_2)_{10}CH_2-C_6H_5$	100
$CH_3(CH_2)_8-C(CH_3)_2-C_6H_5$	85
$(CH_3)_3CCH_2CH(CH_3)CH_2CH_2-CH(CH_3)-C_6H_5$	<10
$(CH_3)_3CCH_2CH(CH_3)(CH_2)_5-C_6H_5$	0

　また，洗濯用合成洗剤には，助剤としてトリポリリン酸塩が使用されていた。これが，生活排水による河川や湖沼の富栄養化の原因の1つとして問題視されるようになった。1979年に滋賀県で「琵琶湖富栄養化防止条例」が制定され，工場排水中の窒素・リンの排出規制と合わせて，リンを含む合成洗剤を，滋賀県内で使用・販売・贈与することが禁止された。その後，その活動は各地に広まり，洗剤製造会社もそれに対応することで，現在の日本では，家庭用洗剤はほとんど全て，リン酸塩を含まない無リン洗剤になっている。

(㈱生活と科学社 HP「石鹸百科」より)

＊　アルキル基の酸化分解機構は，ω-酸化，β-酸化の二段階で進行する。アルキル基にメチン炭素あるいは4級炭素があるとβ酸化が進行せず分解が止まる。

ω-酸化

$$R-CH_2CH_2CH_3 \xrightarrow{O_2} R-CH_2CH_2COOH \xrightarrow[-H_2O]{H_2} R-CH_2CH_2OH \xrightarrow{-H_2}$$

$$R-CH_2CH_2CHO \xrightarrow[-H_2]{H_2O} R-CH_2CH_2COOH$$

β-酸化

$$R-CH_2CH_2COOH \xrightarrow{HSCoA} R-CH_2CH_2CO-SCoA \xrightarrow{-H_2} R-CH=CHCO-SCoA \xrightarrow{H_2O}$$

$$R-CH(OH)CH_2CO-SHCoA \xrightarrow{-H_2} R-C(O)CH_2CO-SHCoA \xrightarrow{HSCoA} H_3C-C(O)-SHCoA + R-C(O)-SHCoA$$

8 染料・色素

8.1 はじめに

可視光線を吸収し固有の色を示す物質を色素と呼び，着色に用いる色素の中で，粉末で水や油に不溶のものを顔料[*1]，水や油に溶けるものを染料と呼ぶ。顔料はそれ自身のみでは繊維その他の素材に対して染着性を持たないが，染料として用いられる物質は，繊維などの素材に親和性を有し，水その他の媒体から選択的に吸収されて染着する能力を有する。

現在，染料に求められる性質として

① 独特の鮮明な美しい色をもつ
② 比較的簡単な操作で染色できる
③ 多量に合成でき，安価である。
④ 日光，洗濯，摩擦などに対して堅牢である。

などがあるが，必ずしも過去からそうであったわけではない。染料によっては，非常な労力と手間をかけて染色が行なわれた。近代になるまで鮮やかな色に染色することは難しく，特定の色の服を着ることがその人物の地位を示すことにもなった[*2]。染料の元となる生物は地域の特産品であることが普通であり，染色の手法も生産地の機密とされることが多かった。特に媒染に用いるミョウバンは産地によって微量成分が異なり，同じ染料を用いても，発色する色合いや鮮度が違い，近代科学の発展によって化学分析の手法が広まるまで，他の地域で再現することはほぼ不可能であった。このように，染料は非常に高い価値を持っていたため，それを合成によって作り出すことは大きな利益を産み，有機化学とそれを利用した化学産業の発展を大きく促進した。現在の巨大化学会社で染料工業を出発母体とする企業は多い。染料工業の発展は世界経済に大きな影響を与えたが，一方，伝統的な地域経済に与えた影響も大きく，長年にわたって藍の栽培を行っていたインドの地域産業は，19世紀にほぼ壊滅するに至った。

[*1] 人類が用いた最古の色素としては，アルタミラやラスコーの洞窟の彩色壁画（17000年前）が有名である。これは顔料であるベンガラ（α-Fe_2O_3）を用いている。顔料が無機材料であったため現代にそれらの彩色が残ったと考えられる。有機材料では光や酸素に対する堅牢性に劣るため，それだけの長期にわたって色彩を保つことは無理である。同じく無機材料の青色の顔料であるラピスラズリはウルトラマリン（群青）の原料であり，きわめて貴重な顔料であった。アフガニスタンの山中バダフシャンでしか産出しなかったラピスラズリはヨーロッパから日本までユーラシア大陸の各地で見出される。シルクロードを渡る産物として非常に重要であったことが理解される。

[*2] 古代紫は非常に高価であったため，古代ローマ帝国では特権階級にふさわしい色として皇帝の紫と呼ばれた。また，聖徳太子の定めた冠位十二階は，天皇が臣下のそれぞれに冠（位冠）を授け，冠の色の違いで身分を表した。最高位の大徳を示す色は紫である。朝鮮半島の諸国でも同じような制度があったとされる。

染料の本来の用途は繊維類の染色であるが，繊維製品以外に紙パルプ，皮革，毛髪その他雑貨類の染色または着色，食品，医薬品，化粧品等の着色にも用いられ，更にインキ，トナー等の情報記録用や偏光フィルムや液晶関係の情報表示用機能性色素などとしても重要である。これら機能性色素については，次章でまとめる。

染料工場を母体とする巨大企業

合成染料は，1856 年に英国のパーキンによって塩基性染料のモーブが発明された事に始まる。モーブは 1857 年に Parkin & Sons（後の ICI 社→現アクゾ・ノーベル社（Akzo Nobel））にて生産が開始された。その後，染料の研究はドイツ，スイスへ広がり，ドイツではバイエル（1862 年），MLB（1862 年，後のヘキスト），BASF（1865 年）等が，スイスではガイギー（1863 年），チバ（1885 年），サンド（Sandoz）社がそれぞれ染料の生産を開始した。

ドイツのバイエル，BASF，ヘキスト社は，それぞれ化学企業として発展したが，第一次世界大戦後の混乱により 1925 年に合併・統合し IG 染料工業となった。同時期にイギリスの化学会社も合併し，ICI 社を設立している。IG 染料工業は優秀な化学製品を生み出したが，第二次世界大戦において国策企業として戦争に協力したとされ，経営者は戦争責任を問われ，施設・技術は連合国側に接収された。大戦後再び，バイエル，BASF，ヘキスト社等に分割され再スタートを切ることになったが，デュポン社と比べてその売り上げは，7 分の 1 以下であった。しかし，石油化学の発展に伴い，1970 年代にはデュポン・ICI と肩を並べる大企業へと発展した。バイエル，BASF は現在も世界の化学企業としてトップグループを形成しているが，ヘキスト社は 1990 年代から始まった企業再編の波の中で，合併・分割を繰り返すうちに企業としては消滅した。

スイスのガイギーとチバ社は 1971 年に統合してチバーガイギー社に，サンド社は 1996 年にチバーガイギー社と統合してノバルチス（Novartis）社になった。現サンド社は，ノバルチス社のジェネリック部門が独立したものである。

日本では 1910 年代に，日本染料（現在の住友化学），三井鉱山（現在の三井 BASF 染料），帝国染料（現在の日本化薬）などが染料生産を開始した。

主要な染料の開発の歴史

年度	事項	年度	事項
1856 年	最初の合成染料 塩基性染料 mauve（Perkin）	1901 年	建染染料 indanthrene blue RS（Bohn）
1860 年	酸化染料 aniline black（Calvert）	1912 年	ナフトール染料 naphthol AS（Griesheim Elektron）
1862 年	酸性染料 soluble blue（Nicholson）		
1878 年	建染染料 indigo（Baeyer）	1915 年	1：1 型金属錯塩染料 neolan（Ciba）
1884 年	直接染料 congo red（Boettiger）	1940 年	蛍光増白剤 blankophor（IG）
1889 年	酸性媒染（クロム）染料 diammond black F（Lauth,Krekerler）	1951 年	1：2 型金属錯塩染料 irgaran（Geigy）
		1954 年	羊毛用反応染料 remalan（Hoechst）
1883 年	硫化染料 vidal black（Vidal）	1956 年	セルロース繊維用反応染料 procion（ICI）

住化ケムテック，「染料総論」参考

8.2 色素の構造的特徴

8.2.1 光の吸収と色

人間が色を感じる範囲は 380〜750 nm の波長領域に限られ，これを可視光と呼んでいる。紫より短波長の光は紫外光（線），赤より長波長の光は赤外光（線）である。プリズムによる分光で理解されるように，可視光はその波長によって紫から赤までの色に対応する。有機化合物が色素となるためには，人間の目で色が認識されなければいけない。通常の色素の場合，その有機物が可視部に光の吸収帯を持つことが条件となる（発光する色素もあり，有機素子・センサーなどに用いられるが，これら機能性色素については次章で述べる）。白色光（すべての可視光を含む光，たとえば太陽光など）が色素を通過する際に，全領域が吸収されれば黒色となり，吸収されなければ白色，ある波長の色の光のみが透過すればその色に見える。一方，白色光が物質を通過して特定の色の光が吸収されると，その透過光は別の特定の色で感知される。たとえば，400 nm の紫の色が吸収されると，その光は黄色に感じられる。これを補色と呼ぶ。波長と色相の関係を図 8.2 に示す。

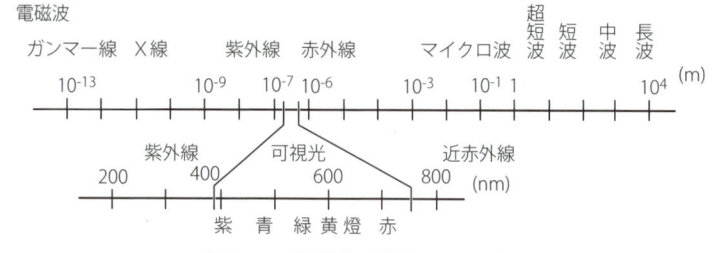

図 8.1 電磁波の波長による分類

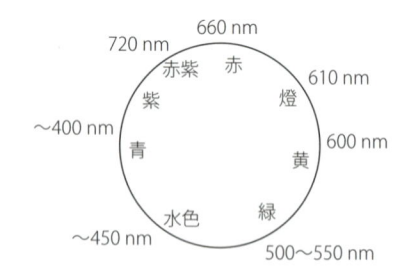

図 8.2 色相環
円の反対側に位置する色が補色となる。

8.2.2 色素の構造と吸収

色と色素の分子構造の関係については，ウィット[*1]の発色団・助色団説（1876 年），アームストロング[*2]のキノイド説（1888 年）などの経験

---

*1 Witt
*2 Armstrong

的な考え方が提案された。バリー*の共鳴説（1935 年）などによって色
と構造との関係が量子化学と結びつき，分子軌道法の発展に伴い，化合
物の電子エネルギー状態と吸収スペクトルとの関係の理論付けが進展し
た。現在では，コンピュータを用いた理論計算によって，分子間相互作
用を考慮しない状況（真空または溶液中を想定）での有機分子の吸収は，
かなりの精度で再現することができ，従来の経験則も理論的解釈による
裏付けが行われている。

* Bury

有機分子は炭素原子をもとに，σ結合とπ結合によって形成されてい
る。ポリエチレンやダイアモンドが無色であるように，σ結合がどれだ
け連続して結合しても可視光を吸収することはない。σ結合のエネル
ギーが高く，また，隣接したσ結合と強い相互作用をしないためである。
一方，π結合は，強く相互作用する，つまり共役することで最高占有軌
道（HOMO : highest occupied molecular orbital）と最低非占有軌道
（LUMO : lowest unoccupied molecular orbital）のエネルギー差が小さ
くなり，$\pi-\pi^*$ 遷移に基づく吸収が長波長にシフトする。ただし，ブタ
ジエンの吸収波長は 210 nm 前後，ベンゼンでも最長吸収波長は 270
nm 程度であり，アントラセンでようやく 380 nm と可視領域に達し，
黄色を示す。このように，炭化水素ではかなり共役系が大きくならない
と，可視部に吸収を示さない。

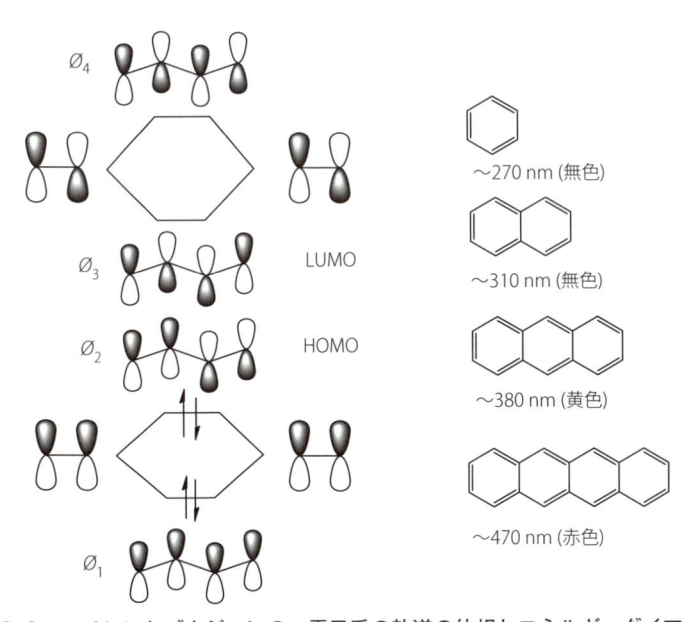

図 8.3　エチレンとブタジエンのπ電子系の軌道の位相とエネルギーダイアグラ
　　　　ムと，ベンゼン，ナフタレン，アントラセン，テトラセンの最長吸収波
　　　　長と色調

*1 azobenzene
*2 anthraquinone
*3 indigo
*4 triphenylmethane

*5
吸収・発光などの波長の変化
　　長波長化　　　短波長化
　　深色移動　⇔　浅色移動
吸収・発光などの吸収強度の変化
　　濃色移動　⇔　淡色移動

代表的な色素の基本となる共役系，アゾベンゼン[*1]（アゾ染料），アントラキノン[*2]（アントラキノン染料），インジゴ[*3]（インジゴイド染料），トリフェニルメタン[*4]（トリアリールメタン染料）の構造を図8.4に示す。これらは拡張された共役系をもち，それら基本となる共役系にさらなる共役系や孤立電子対をもつ窒素や酸素などのヘテロ原子が置換・導入されることで，置換基（助色団）効果によって吸収はさらに長波長シフト（深色移動：bathochromic shift）し，吸収強度も増大（濃色シフト：hyperchromic shift）する[*5]。

アゾベンゼン　　　アントラキノン

インジゴ　　ジアリールメタン　（R = H）
　　　　　　トリアリールメタン（R = ベンゼン誘導体）
　　　　　　　　　発色団

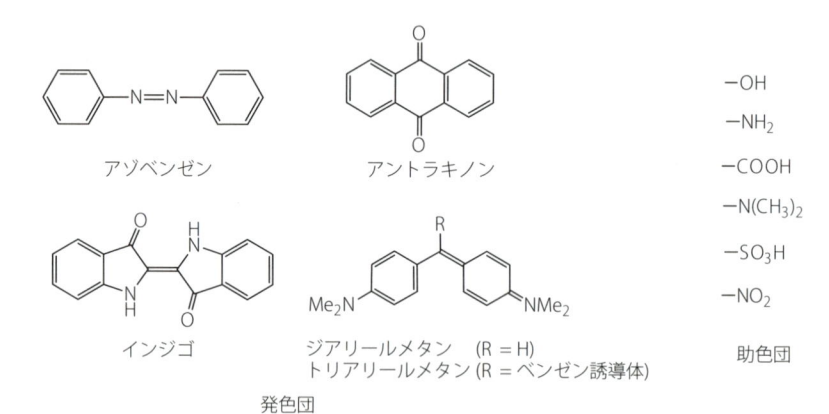

−OH
−NH$_2$
−COOH
−N(CH$_3$)$_2$
−SO$_3$H
−NO$_2$

助色団

図8.4　発色団と助色団

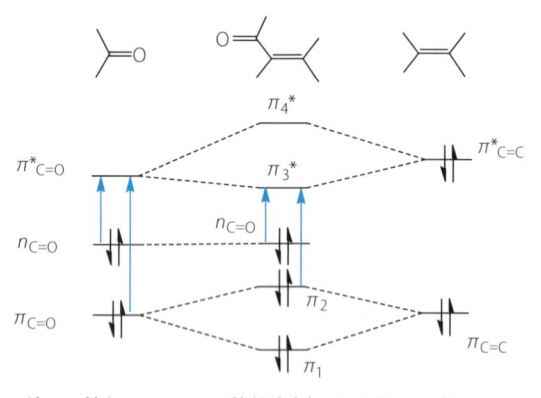

図8.5　カルボニル基とエチレンの共役を例にした共役の効果
二重結合の共役により $n-\pi^*$，$\pi-\pi^*$ のエネルギー差が小さくなり，長波長シフトすることが理解される。

計算化学

　計算化学では，シュレーディンガー（Schrödinger）方程式を解くことにより分子の最安定構造やエネルギーを求める。半経験的分子軌道法と非経験的分子軌道法（ab initio 法）があり，半経験的分子軌道法は積分を解かずに実験により得られた数値（パラメータ）などを代入して解いていく方法である。用いる実験値により何種類かのパラメータが開発されており，AM1，PM3，PM5，MNDO などがある。非経験的分子軌道法はシュレーディンガー方程式の積分などを数学的近似のみを用いて解いていく方法である。最近では，電子系のエネルギーなどの物性を電子密度から計算する密度汎関数（density functional theory：DFT）が用いられるようになった。これらの理論計算によって，分子の最安定構造のみならず，分子軌道とそのエネルギー準位や遷移状態の構造，活性化エネルギー，吸収・発光スペクトルなども算出可能になった。計算プログラムとして Gaussian は，半経験的分子軌道法に加え，密度汎関数法や非経験的分子軌道法も扱えるため，良く用いられる。

　半経験的分子軌道法を開発したポープル[*1]が，密度汎関数理論を開発したコーン[*2]が，1998 年に「分子の構造や性質，化学反応の量子化学的な計算手法研究」に対する貢献によってノーベル化学賞を授与された。

[*1] J. A. Pople
[*2] W. Kohn

8.3　天然染料

　人類が天然の繊維を染色し始めたのは紀元前数千年頃といわれ[*3]，草木や貝類，昆虫類から得られた天然染料が用いられてきた。良く知られている染料の由来と構造を示す。

[*3] ツタンカーメンの墓の中から，染料として有名なベニバナが見つかっている。

1）インジゴ

　藍の色素は，インジゴと呼ばれ，これを繊維に染めつけることで，藍色の染色ができる。インジゴは，インドで栽培されている藍植物からとれる天然藍（インド藍）のことを指し，「インドから来たもの」が由来である。インジゴの前駆体であるインジカンを含有している植物は多くあり，世界各地において古くから藍染めに用いられてきた。日本では，タデアイ（蓼藍）から藍が作られた。植物中ではインジカン（β-D-グルコースとインドキシルの配糖体）として存在し，発酵などによってインドキシルとなり酸化によってインジゴを生成する。バイヤーによって構造決定され，後に合成された。

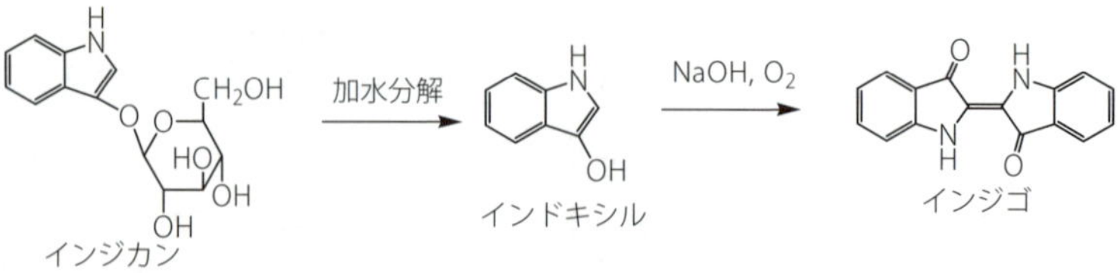

図 8.6　藍からの染色。インジカンからインジゴへの化学変化

2）古代紫

悪鬼貝科に属するアカニシほか何種類かの貝のパープル腺から得られる紫の染料。インジゴに臭素が置換した構造をもつ。

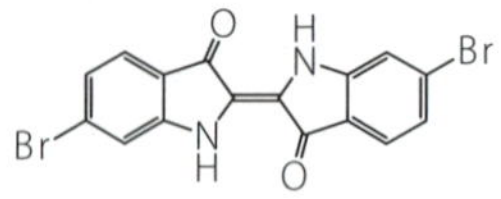

図 8.7　古代紫（6,6'-ジブロモインジゴの構造）

3）茜（アカネ）

アカネ色素は，アカネ科のセイヨウアカネ（西洋茜，英語：Madder）の根から抽出される。アリザリン，ルベリトリン酸などを主成分とする赤色の色素である。

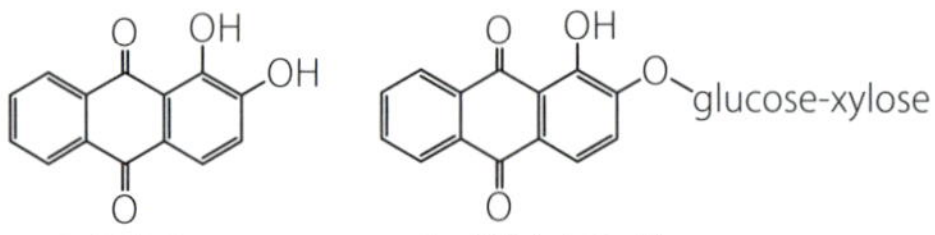

図 8.8　アリザリン，ルベリトリン酸の構造

*1　C. Grabe
*2　C. T. Liebermann

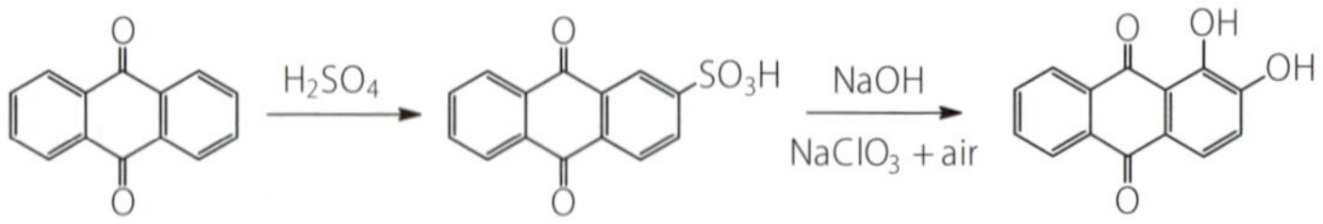

アリザリンは，グレーベ[*1]とリーベルマン[*2]によってアントラキノンから合成された。

図 8.9　アリザリンの合成

4）シコニン

ムラサキ科ムラサキの根に含まれる赤紫色色素。黒田チカによって構造決定された。黒田は，ベニバナの色素カルサミンの構造決定も行っている（後に訂正された）。

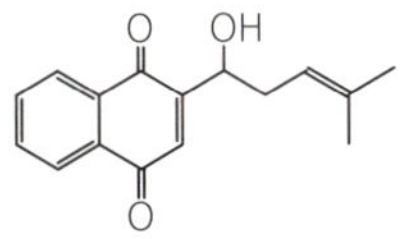

図 8.10　シコニンの構造

5) ケルメス・コチニール

昆虫コチニールカイガラムシ（エンジムシ，学名 *Dactylopius coccus*）を乾燥したものから得られる染料であり，色素はアントラキノン骨格をもつカルミン酸である。原料となる昆虫は地中海の国々で樫の木の一種ケルメス・オーク（Kermes oak）から捕集された。

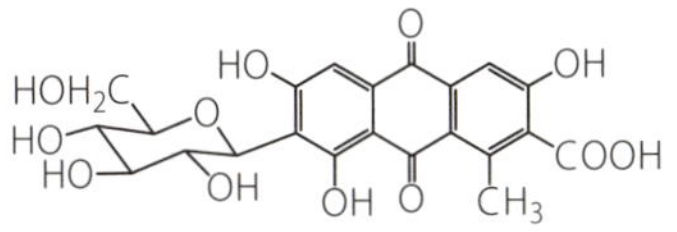

図 8.11　カルミン酸の構造

バイヤーと染料

1868 年，インジゴの分子式（$C_{16}H_{10}N_2O_2$）がバイヤー[*1]によって決定された。恩師であったケクレがベンゼン環の構造を提唱したわずか 3 年後である。しかし，その構造が決まるまでには 15 年を要した。その間に有機化学の考え方や技術がバイヤーによって大きく発展した。1882 年には，o-ニトロベンズアルデヒドとアセトンをアルカリ存在下に反応させると，一挙にインジゴが合成できることを見出した。なお，インジゴの工業的合成には，1890 年に発明されたホイマンの方法（ホイマン・プフレーガー法[*2]）が現在でも採用されている。さらにバイヤーは，アリザリンがアントラセン骨格を持つことを明らかにし，古代紫の構造について重要な知見を与えるなど，有機化学と染料化学の発展につくした。その功績により 1905 年にノーベル化学賞を受賞した。

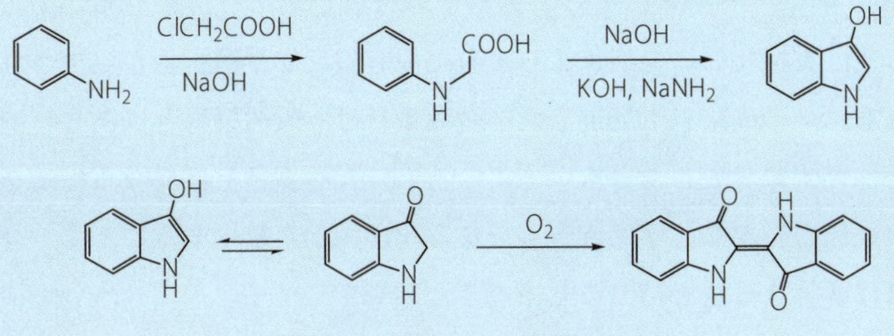

*1　J. Baeyer

*2　Heumann-Pfleger process

ホイマンのインジゴ合成法

6）サフラワー（紅花）

紅花には，黄色と紅色の二種類の染料が含まれる。黄色の染液は，水溶性の色素サフラワーイエローである。花びらからは「紅染め」に使用するカルサミンが得られる。

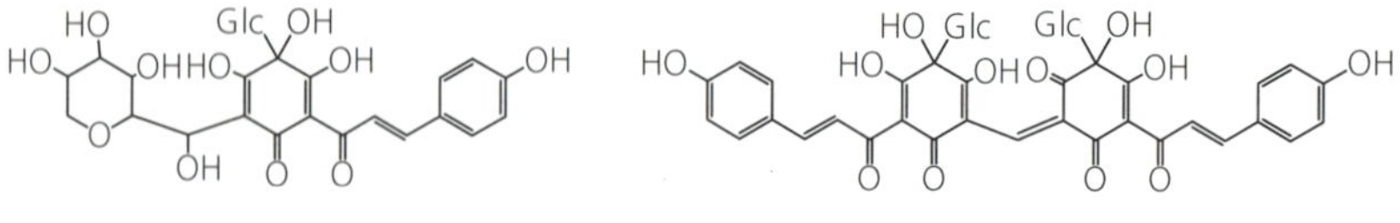

サフロニン-A　　　　　　カルサミン

図8.12　サフラワーイエロー（サフロニン-A）とカルサミンの構造

黒田チカ

黒田チカ（1884～1968）は，日本最初の女性理学士であり，2番目の理学博士であるなど女性化学者のさきがけであった。ウルシオールの研究で著名な真島利行の教えを受けた最初の1人であり，帝国大学（現東北大学）で初めての女子学生の一人であった。卒業後東京女高師（現お茶の水女子大学）の教授となり，理化学研究所で研究を続け，カルサミンの構造決定により1929年博士号を得た（後に黒田が構造決定した分子は，安定なカルサミンの構造の互変異性体イソカルサミンであることが明らかにされた）。さらに黒田は，つゆ草の青花の色素，黒豆や茄子の色素，紫蘇の色素など身近な色素の研究を行った。単離した結晶性色素を，それぞれアオバニン，クロマミン，ナスニン，シソニンと命名，いずれもアントシアニン類の構造であることを明らかにした。昭和11年，日本化学会より第1回真島賞を受賞。昭和34年紫綬褒章。

化学と工業(2013, Vol. 66-7, 541, 堀勇治)参考

＊　アニリンの研究で著名なホフマンの下で研究をしていた，パーキンは N-アリールトルイジン（$C_{10}H_{13}N$）の酸化によってマラリアの特効薬であったキニーネが合成できるのではないかと考えて実験を行ない，黒いタール状のモノを得た。このモノが絹や木綿を染色できることを見出し工業化した。パーキンはモーブが絹や木綿を染色できることは分かっていたが，その分子構造は知らなかった。モーブの分子構造が明らかにされたのは1994年のことである。1994年に決定されたモーブの色素成分であるモーベリンの構造を下に示す。パーキンの用いたアニリンにはトルイジンが含まれていたと考えられる。ちなみに，キニーネの構造も下に示す。

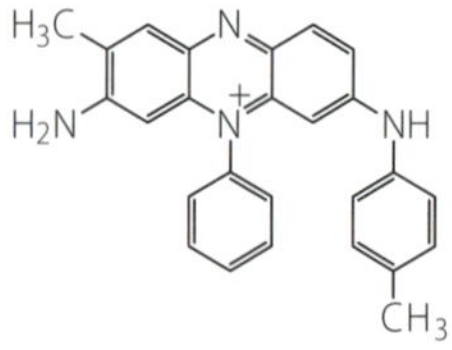

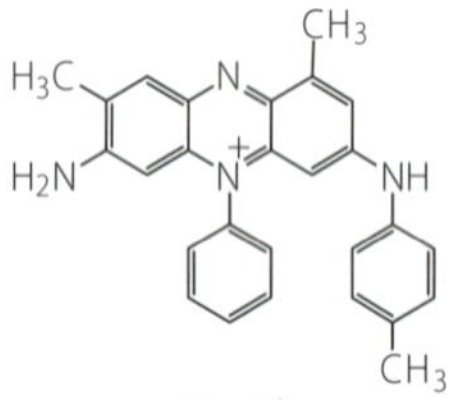

モーブ

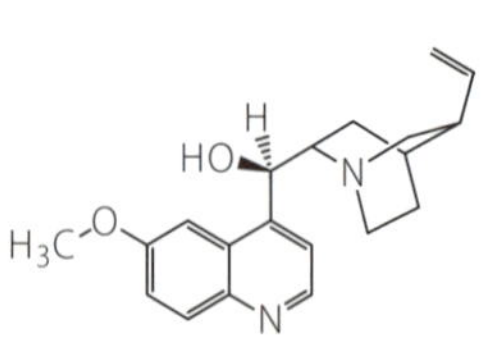

キニーネ

8.4　合成色素

8.4.1　色素の分類

1856年にパーキンによって初めての合成色素モーブが合成された＊。その後，有機化学の発展によって新たな有機反応や解析法が見出されるとともに，合成染料も発展した。合成染料は，天然染料とはあまり関連性をもたずに発展したともいえる。特に，天然繊維とは異なる構造をもち，染色に必要な化学的性質も異なる化学繊維が登場することで，合成染料は多様な構造を持つことになった。

図8.4で示したように，基本構造から分類すれば，アゾ染料，アントラキノン染料，インジゴ系染料，ジアリール，トリアリールメタン染料

などがある。水溶性や繊維に対する吸着性を高めるため，スルホン酸基を導入したものが多い。

8.4.2 染料の合成
（1）アゾ染料
アゾ染料の基本骨格はアゾベンゼンであり，骨格合成にはジアゾ化合物のジアゾカップリングが用いられる。

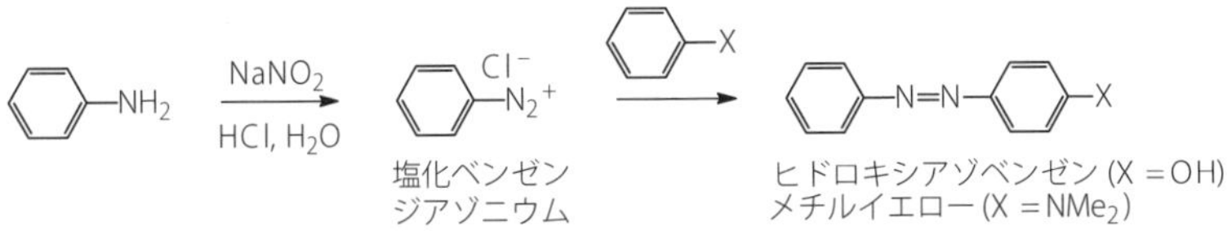

図8.13　アゾ染料，ヒドロキシアゾベンゼン，メチルイエローの合成
ジアゾカップリングは，ヒドロキシル基やアミノ基のような電子供与性基を持ったベンゼン誘導体やナフタレン誘導体に起きる。

（2）アントラキノン染料
天然染料であるアリザリンもその一員である。アントラキノン染料はアントラキノンを出発原料にかなり長い経路で合成される。アントラキノンは，コールタールから得られるアントラセンのクロム酸（50～100℃）またはバナジン酸鉄（340～380℃）を用いた酸化によって合成される。

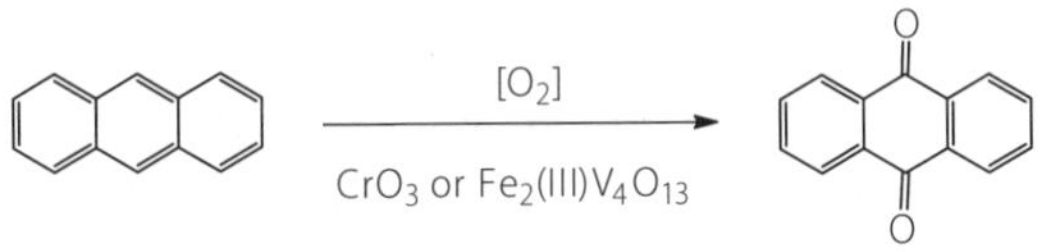

図8.14　アントラセンからアントラキノンの合成

アントラキノンの合成としては，無水フタル酸とベンゼンのフリーデル・クラフツ反応を用いた方法も知られている。過酸化水素の製造に用いられる 2-アルキルアントラキノン（主に 2-エチル体）はこの方法で合成されている。

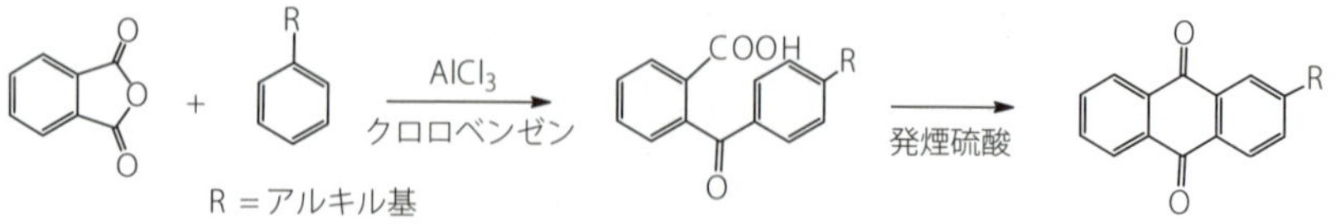

図 8.15　フリーデル・クラフツ反応を用いたアントラキノン誘導体の合成

（3）インジゴ系染料

インジゴの合成は，コラム（p.155）に示した。同様の方法で赤色の染料であるチオインジゴも得られる。

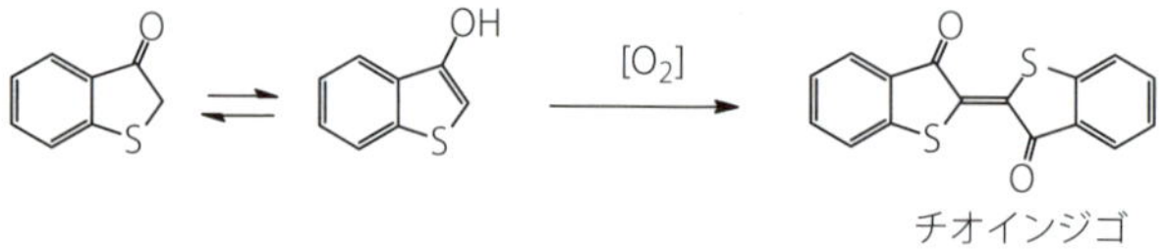

図 8.16　チオインジゴの合成

8.4.3　染色法とその機構

染色方法によって，染料を分類すると表 8.1 のようになる。また，表 8.2 には繊維と染料の間の主な結合様式をまとめた。

表 8.1　染色法による染料の分類

染料	素材	構造と応用上の特徴
直接染料	セルロース	スルホン酸基を有し，平面構造をとる
反応染料	綿	反応基，スルホン酸基を有し，繊維と結合する
硫化染料	麻／レーヨン	硫化ナトリウム還元により水溶性，染着後不溶化
建染染料	キュプラ	還元剤によって水溶化し，染着後不溶化
ナフトール染料	ベンベルグ	繊維上でジアゾ化，カップリングさせる
酸性染料	ポリアミド（ナイロン）	スルホン酸基をもつ
酸性媒染染料		スルホン酸基をもち，クロム錯塩化
金属錯塩酸性染料		主として，クロム，コバルトにより錯塩化
分散染料	半合成繊維 ポリエステル	水に不溶で，分散系により用いる
カチオン染料	アクリル	四級アンモニウム基をもつ

表 8.2 繊維と染料の間の主な相互作用

染料	繊維	繊維と染料の間の主な相互作用
直接染料	セルロース	水素結合,分散力
建染染料	セルロース	水素結合,分散力
ナフトール染料	セルロース	水素結合,分散力
反応染料	セルロース	共有結合,水素結合,分散力
酸性染料	ポリアミド	イオン結合,水素結合,分散力
酸性媒染染料	ポリアミド	イオン結合,配位結合,水素結合,分散力
分散染料	ポリエステル繊維	水素結合,分散力
カチオン染料	アクリル繊維	イオン結合,分散力

　染料と繊維を結び付ける相互作用には様々なのもがある。反応染料は直接共有結合で染料と繊維を結び付けている。ポリアミド繊維やアクリル繊維のようなイオン構造をもつ繊維では,イオン同士の静電相互作用(イオン結合)を利用する。水酸基をもつセルロースでは,金属イオンを介した配位結合を利用する媒染が行なわれる。これらは,比較的強い相互作用であるが,セルロースでは染料と繊維との結合には分子間相互作用に分類される水素結合と分散力が有効に働いている。以下に,それぞれの例を示す。

ファンデルワールス力

　1873年,実際の気体が何故理想気体の方程式に従わないかを説明するためファンデルワールス* は気体の状態方程式 (1) に,分子の有限の大きさ b を考慮して体積 V から b を差し引き,圧力 P に a/V^2 を加えた。a/V^2 は,分子間に働く相互作用を考慮した値であり,分子間力の概念はここから始まる。

$$(P + a/V^2)(V - b) = RT \qquad (1)$$

ファンデルワールスは1910年にノーベル物理学賞を受賞した。

　広義では,イオン-イオン相互作用(イオン結合),イオン-双極子相互作用,双極子-双極子相互作用などを含む分子間相互作用全体をファンデルワールス相互作用(力)と呼ぶが,狭義では距離 r の6乗に反比例する相互作用(配向・誘起・分散力)をファンデルワールス相互作用と呼ぶことが多い。特に電気的に中性な分子間にも働く引力的相互作用を分散力と呼び,以下のように説明される。電気的に中性な分子間にも瞬間的な量子的ゆらぎによって電荷分布に偏り(誘起双極子)が生

* van der Waals

じる。この誘起双極子間に働く相互作用（誘起双極子 – 誘起双極子相互作用）は，反発的にも引力的にも働くが，時間平均すると引力的に働く。

それぞれの相互作用について示す。

1) イオン – イオン相互作用 （イオン結合）

$$W(r) = \frac{Q_1 Q_2}{4\pi\varepsilon_0\varepsilon_r r}$$

2個の電荷 Q_1, Q_2 の間に働くクーロン相互作用の自由エネルギーは以下の式で表される。

ここで，ε_r は媒質の相対誘電率，ε_0 は真空中での誘電率，r は電荷間の距離である。

2) イオン – 双極子相互作用 （イオンの水和，溶媒和など）

角度 θ だけ傾いた極性分子と電荷 Q の間に働くクーロン相互作用の自由エネルギーは以下の式で表される。

$$W(r, \theta) = \frac{Qu\cos\theta}{4\pi\varepsilon_0\varepsilon_r r^2}$$

ここで，u は分子の双極子モーメントである。距離の2乗に反比例する。

3) 双極子 – 双極子相互作用

距離 r だけ離れ，互いにある角度に配向する双極子間の相互作用の自由エネルギーは以下の式で表される。u_1, u_2 は分子の双極子モーメントである。

$$W(r, \theta_1, \theta_2, \varphi) = \frac{u_1 u_2}{4\pi\varepsilon_0\varepsilon_r r^3}[2\cos\theta_1\cos\theta_2 - \sin\theta_1\sin\theta_2\cos\varphi]$$

双極子が一直線に並んだ時が最も安定であるが、分子は3次元的に配列するため、実際はより複雑になる。距離の3乗に反比例する。

4) 配向相互作用（双極子が回転している場合の相互作用）

自由な回転を想定すると引力は現れないが、安定な状態数がボルツマン分布に従って多く存在するため、時間平均すると引力となる。配向相互作用の自由エネルギーは以下の式で表される。T は温度、k はボルツマン定数である。

$$W(r) = \frac{u_1^2 u_2^2}{3(4\pi\varepsilon_0\varepsilon_r)kTr^6}$$

距離の6乗に反比例する。

5) 双極子−誘起双極子相互作用

双極子の近傍に存在する分子は、中性であっても双極子の電場によって分極し、相互作用を生じる。u_1, u_2 は分子の双極子モーメント、a_{01}, a_{02} は分子の分極率である。

$$W(r) = \frac{[u_1^2 a_{01} + u_2^2 a_{02}]}{(4\pi\varepsilon_0\varepsilon_r)^2 kTr^6}$$

これも、距離の6乗に反比例する。

6) 誘起双極子−誘起双極子相互作用（中性の分子にも働く引力的相互作用）

ロンドンによって量子力学的摂動論をもちいて導いた相互作用の式で表される。

$$W(r) = -\frac{3}{4} \frac{a_{01} a_{02}}{(4\pi\varepsilon_0)^2 r^6} \frac{I_1 I_2}{(I_1 + I_2)}$$

I_1 と I_2 は第一イオン化ポテンシャルである。これも、距離の6乗に反比例する。

電荷、双極子、分子分極率の相対的な大きさを見積ると、ほぼ 800：3：1 となる小さな相互作用であるが、液晶、液化、結晶化など原子・分子の集合現象全般に影響を与えるため重要である。

（1）セルロース系繊維

1）直接染料

水溶性アニオン染料の中で，比較的分子量が大きくセルロース繊維に対して親和性を有する染料を直接染料と呼ぶ。

① 染料分子が直線性をもち，長い共役系をもつ
② ベンゼン環やナフタレン環等の芳香環が共平面をとる。
③ 水素結合形成基を多く有する。

セルロースの水酸基と水素結合で，疎水性部とは芳香環と分散力で結合する。染色操作が簡便であり比較的安価であったため，良く使われたが，堅牢性に欠けるため，最近では紙・パルプ・皮革などの染色に利用される。

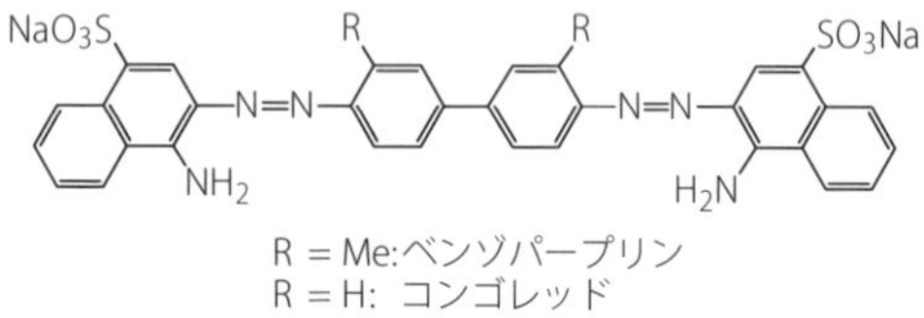

R = Me：ベンゾパープリン
R = H： コンゴレッド

図 8.17　直接染料ベンゾパープリンとコンゴレッドの構造

2）ナフトール染料（アゾイック染料）

アゾ色素を生成するカップリング成分（下付け剤）とジアゾ成分（顕色剤）を別々に繊維（主にセルロース繊維）に親和性のある形で付与し，繊維上で反応させて不溶性の色素を構築させ染色する。濃色の染色が容易で，堅牢度も高い。

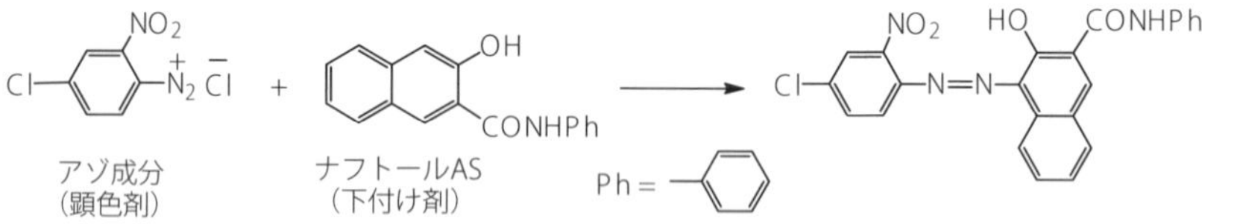

アゾ成分　　　　ナフトールAS
（顕色剤）　　　（下付け剤）　　Ph＝フェニル

図 8.18　ナフトール染料の合成

3）硫化染料

染料分子内に多くの硫黄結合を含む水不溶性染料で，硫化ナトリウムによって還元され，ロイコ染料の形で繊維に付着させた後，酸化により不溶化する。安価で，光や洗濯等に対する耐久性は高いが，摩擦堅牢性などに欠ける。塩基性で処理するため，主にセルロース繊維やビニロンなどのアルカリに強いものに用いられる。（硫化染料は多数の硫化芳香族化合物の混合物）

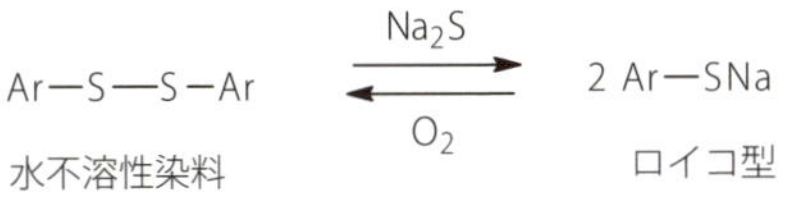

$$Ar-S-S-Ar \underset{O_2}{\overset{Na_2S}{\rightleftarrows}} 2\ Ar-SNa$$

水不溶性染料　　　　　　　ロイコ型

図 8.19　硫化染料の染色法

4) 建染染料

アルカリ性還元剤を用いて染料を還元して水溶性のロイコ化合物に変化させて繊維に吸着させ，その後空気中に放置することで酸素によって酸化され，もとの不溶性色素にもどることで，染色される染料を建染染料とよぶ。インジゴを例にその過程を図 8.20 に示す。セルロース繊維に対して良好な染着性を示し，堅牢性も高いことから良く使われている。インジゴ系とアントラキノン系に分けられる。セルロースの水酸基と水素結合で，疎水性部とは芳香環と分散力で結合する。

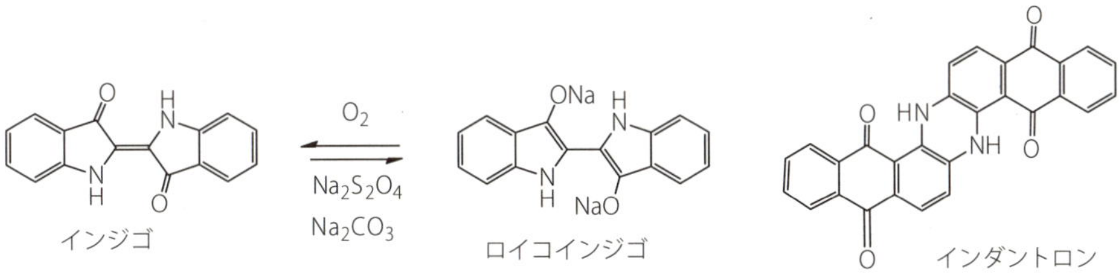

図 8.20　インジゴの染色過程とアントラキノン系建染染料インダントロンの構造

5) 反応染料

繊維中の官能基と化学反応して共有結合により先着する染料。繊維との間に共有結合を持つため優れた湿潤堅牢性をしめし，セルロース繊維用染料として消費量が最も多くなっている。ビニルスルホンに対する求核付加型と，クロロトリアジン（塩化シアヌル）に対する求核置換型が代表である。

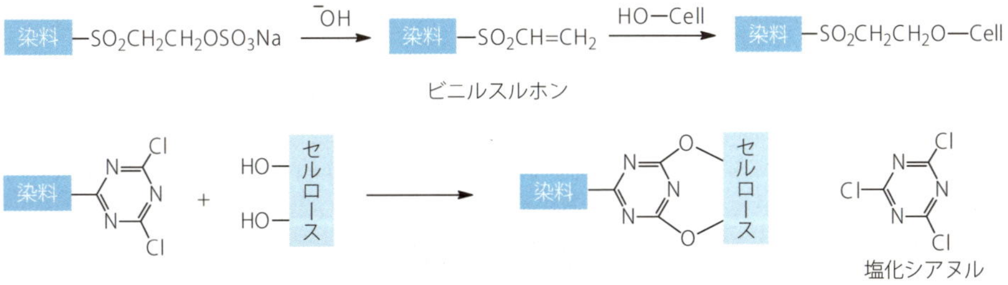

染料$-SO_2CH_2CH_2OSO_3Na \xrightarrow{^-OH}$ 染料$-SO_2CH=CH_2 \xrightarrow{HO-Cell}$ 染料$-SO_2CH_2CH_2O-Cell$

ビニルスルホン

図 8.21　ビニルスルホンへの求核付加と塩化シアヌル誘導体への求核置換反応を用いた反応染料の染色機構

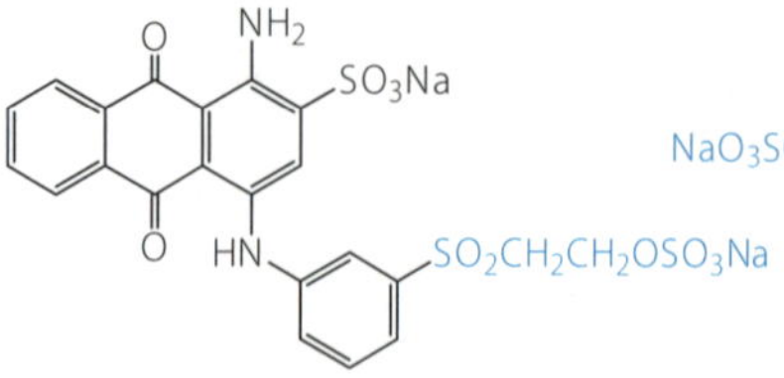

レマゾールブリリアントブルー R

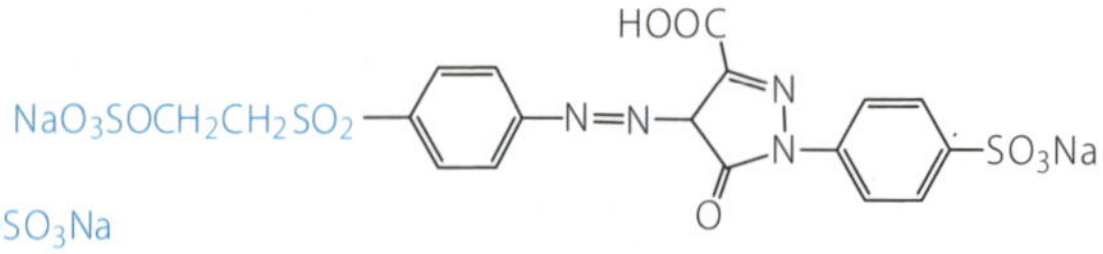

リアクティブイエロー 14

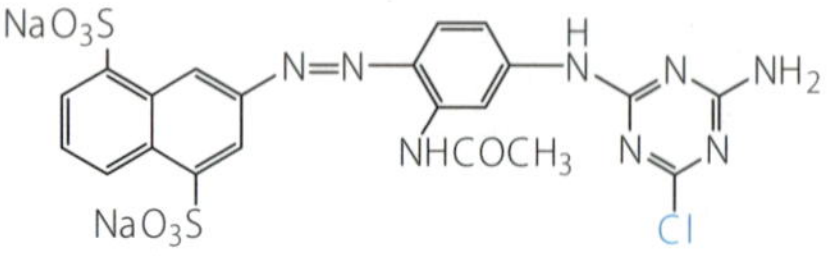

プロシオンイエロー H-A

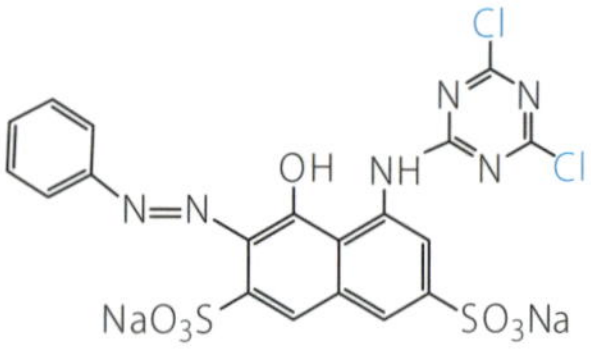

リアクティブレッド 2

図 8.22　代表的な反応染料の構造（反応点を青色で示した）

(2) ポリアミド繊維用染料

羊毛や絹，およびナイロンなどのポリアミド系繊維用の染料としては，酸性染料，酸性媒染料，金属錯体酸性染料などの他，羊毛用の反応染料などが用いられる。

1）酸性染料

染料がアニオン性を示す水溶液中で，羊毛やナイロン等のポリアミド繊維に対して親和性があり，セルロース繊維に対して親和性の少ないものを酸性染料と呼ぶ。タンパク質繊維は酸性基（$-COOH$）と塩基性基（$-NH_2$）をもつ両性物質であるため，酸性染料や塩基性染料はイオン結合によって良好な染着性を示す。また，芳香環部分の疎水性相互作用（分散力）も作用していると考えられる。

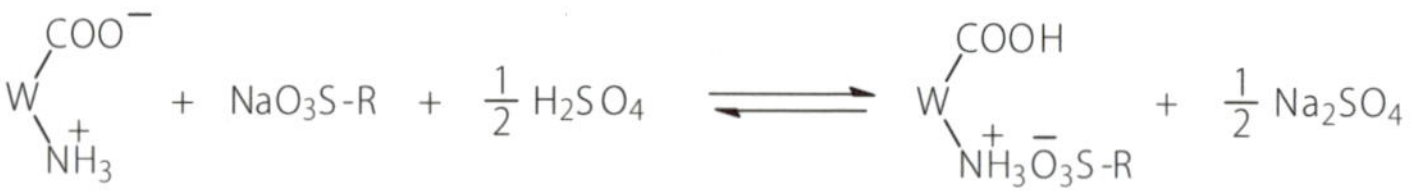

図 8.23　酸性染料の染色原理

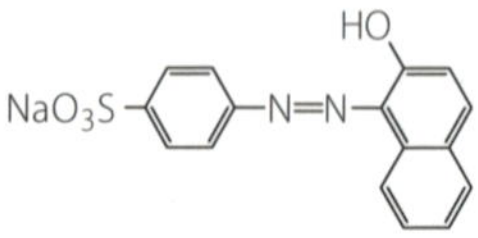

オレンジ II

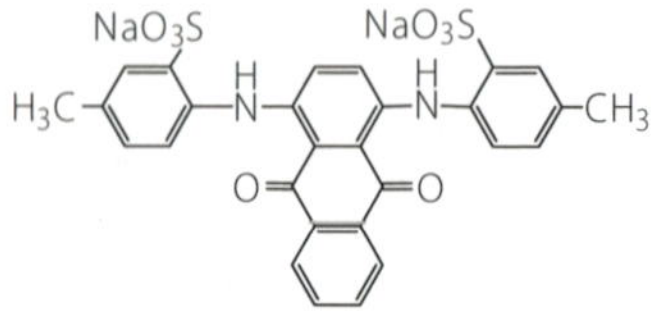

アシッドサイアニンググリーン G

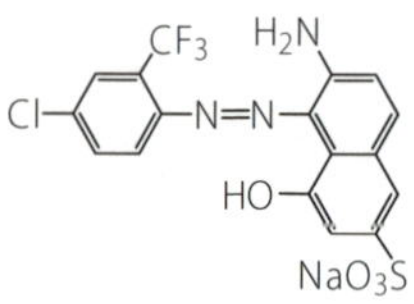

C. I. アシッドグリーン 25
（ナイロン用）

図 8.24　代表的な酸性染料の構造

2）酸性媒染染料

繊維への吸着力が弱いため，クロムイオンなど（媒染剤）と配位結合で吸着させる。天然染料であるアリザリンやカルサミンなどもミョウバン（明礬）を使って染色する，媒染染料である。繊維をあらかじめアルミニウムなどの金属塩で処理して，これを染料で染める。繊維と染料の間には金属を介した配位結合が形成される。

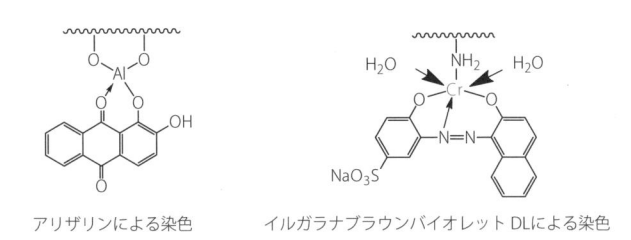

図8.25　媒染染色の配位結合様式

（3）その他繊維

1）分散染料

水に難溶なため，微粉末にして，界面活性剤などの分散剤を用いて水分散状態でアセテートやポリエステルなどの疎水性繊維の染色に用いる。合成繊維の普及に伴って伸長し，染料中でもっとも使われる染料である。アゾ染料が多いが，アントラキノン系もある。スルホン酸基を持たないため，水溶性が乏しい。メーカーであらかじめ微粒子にして供給される。

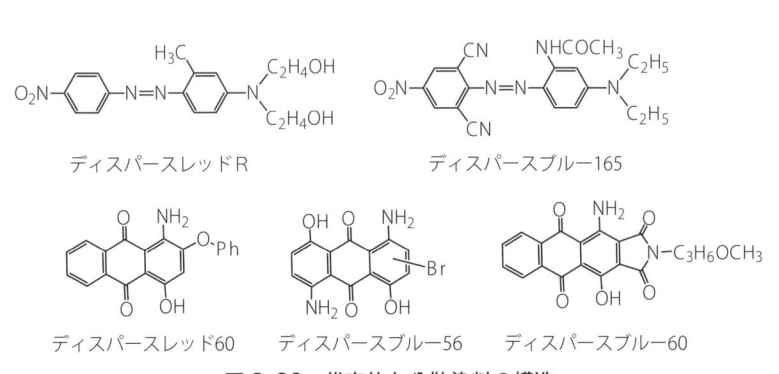

図8.26　代表的な分散染料の構造

2）カチオン染料

カチオン染料には，19世紀に開発された旧カチオン染料とアセテー

ト繊維やアクリル繊維用に開発された四級アンモニウム基を含む染料がある。旧カチオン染料であるトリアリールメタン系色素（図8.27）は，木綿の媒染用に開発されたが現在では使われておらず，紙・パルプの染色やインクなどに用いられ，さらにその誘導体が感圧・感熱色素などに用いられている（p.175～177参照）。

　1930年代，アクリル繊維が開発されるとともに共役系内に四級アンモニウム基を含む共役型のメチン型カチオン染料（図8.28）が開発され，1950～60年代にかけて，共役系外に四級アンモニウム基を含む絶縁型と呼ばれるカチオン染料が開発された。この染料でないとアクリル繊維をきれいに染めることはできない。共役型のメチン型カチオン染料は鮮明な色を示すが，耐光性・耐熱性に欠け，絶縁型カチオン染料は耐光性・耐熱性に優れるが，鮮明性に欠けるものが多い。イオン結合により，繊維と着染している。

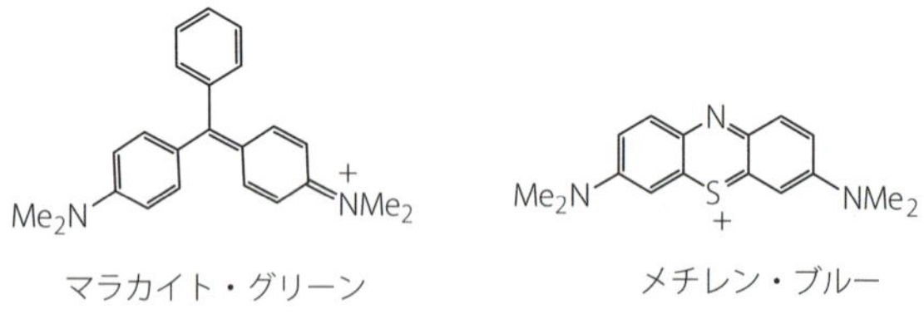

マラカイト・グリーン　　　メチレン・ブルー

図8.27　代表的な旧カチオン染料の構造

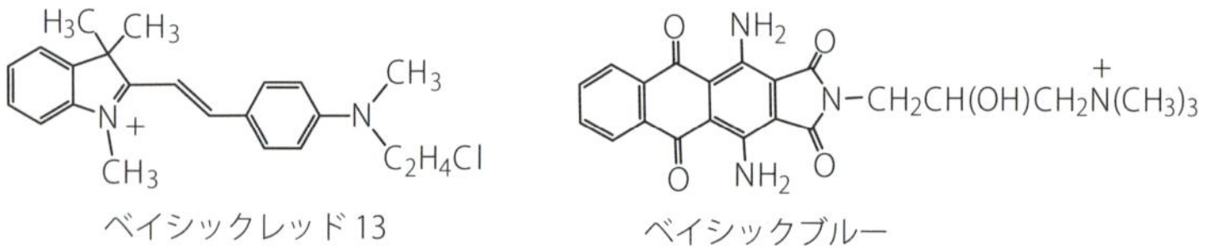

ベイシックレッド13　　　ベイシックブルー

図8.28　代表的なメチン型カチオン染料と絶縁型カチオン染料の構造

8.5　蛍光増白染料

　紫外線を吸収して紫～青色の蛍光を発する能力を持った化学物質で繊維を染めることにより，明度の低下を引き起こさずに，青の補色である黄色の黄ばみが目立たなくなる。1929年にクライス[*]がクマリンの誘導体であるエスクリンに，そのような効果があることを見出した。合成洗剤が開発された時期と重なり，1940年台にはドイツIG社によって，蛍光増白染料ブランコフォアが開発されている。蛍光増白剤は洗剤だけでなく紙などにも使われている。

[*] P. Krais

図 8.29 蛍光増白剤エスクリン，その基本骨格クマリン
代表的な蛍光増白染料ブランコフォア B，ユビテックス ER，ミワホワイト AT の構造と用いられる繊維

8.6 着色色素

　食品や口紅などの化粧品，医療品などの着色に用いられる色素は，特に安全性が重視される。過去に使われていたものでも，発がん性が見つかったため使用禁止になったものも多い。植物などから抽出された天然色素が多いが，合成色素も用いられている。合成色素だけではなく，天然から見出された色素にも発がん性は見出される。食品添加物として用いられている色素の構造を図 8.30 に示した。アゾ染料やインジゴなど，図 8.4 に示した染料の基本共役構造を持つ化合物にスルホン酸を導入したものが多い。インジゴカーミン（青色 2 号）はインジゴを硫酸で処理することで得られる。

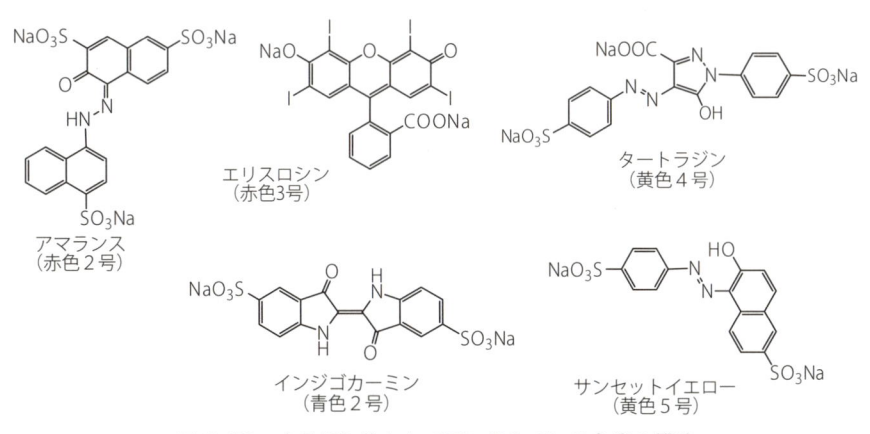

図 8.30 食品添加物として用いられている色素の構造

9 機能性色素

　機能性有機色素には，文字通り有機色素の色を用いる場合と，高い電子特性が必要なため，必然的に拡張された共役系を持つ有機色素が用いられる場合がある。前者にインクや写真，ディスプレー用色素があり，後者に有機半導体や太陽電池などがある。この章では，前者の色に関わる機能性有機色素について取り上げる。

9.1　色と光の三原色

　世界にはさまざまな色があふれている。プリズムで太陽光を分光すれば，実際に様々な色が目に映る。可視光と呼ばれる 380〜750 nm の波長をもつ光が，波長ごとに特定の色に相当することを先の章で述べた。ところで，その色を再現するためには，全ての色のインクや絵の具を用意しなければならないのであろうか？カラープリンターのインクを交換するとき，プリンターにセットされているインクの色は，黒を除けば，4から5種類であり，初期のプリンターには，インクに黒がなく，シアン（C）・マゼンタ*（M）・イエロー（Y）の三色であった。それでいて，プリントアウトされた印刷物にはさまざまな色が露われていた。これは，シアン（C）・マゼンタ（M）・イエロー（Y）の三色からすべての色が作り出せることを利用している。そのため，この三色は色の三原色と呼ばれている（図9.1）。黒もその三色を混ぜることで作り出される。そのため黒部分の多い印刷ではインクの消費がかさむため，黒用のインクが別に設定された。光の場合，三原色は赤・青・緑となり，混ぜ合わせることで白が現れる。これらの現象は波長に対応する色の性質によるものではなく，色を感知する人間の目の構造に由来することが明らかになっている。

＊　マゼンダとも呼ばれるがマゼンタに統一する。

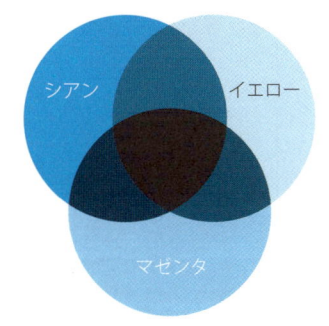

図 9.1 光と色の三原色

　目の網膜にある視細胞には，色を感知する錐体細胞と光を感知する桿体細胞の二種類がある。錐体細胞には，赤・緑・青のそれぞれに感じる色素（ロドプシン）が存在し，それぞれの色素をもつ細胞が感じた刺激が脳に送られ，3つの刺激の割合を色として感じる。ロドプシン[*1]は，オプシン[*2]というタンパク質にビタミンAからつくられるレチナール[*3]が結合した色素である。レチナールに光が当たると二重結合部分が回転して，cis- から $trans$- に光異性化し，$trans$- 体がオプシンから離れる。これが刺激となって視神経に情報が送られ，脳に光として感じられる（図9.2）。レチナールの吸収はたんぱく質ロドプシンの構造によって変化し，人間はそれぞれが赤・青・緑に対応する三種類のロドプシンをもち，それが三原色に対応する（図9.3）。

*1　rhodopsin
*2　opsin
*3　retinal

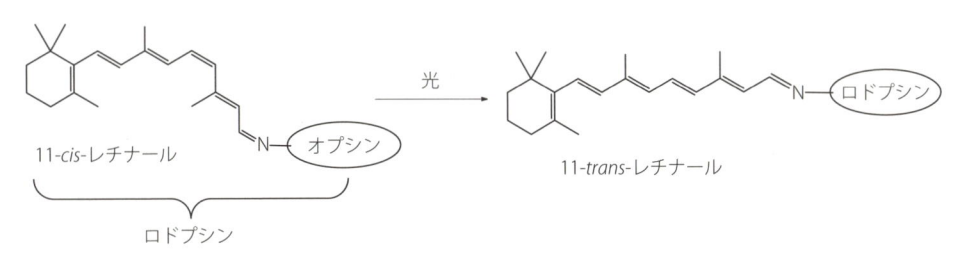

図 9.2　ロドプシンの構造と光による構造変化

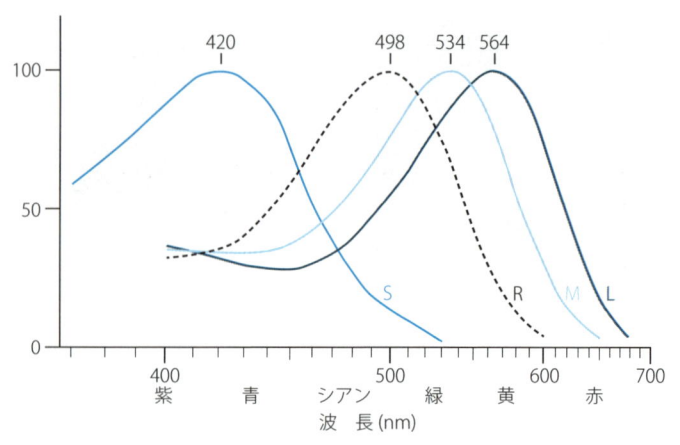

図9.3 人間の錐体細胞（S,M,L）と桿体細胞（R）の吸収スペクトル
網膜の桿体細胞は光を感じる部分に存在する。

三原色について

18世紀ル・ブラン[*1]（仏）は，シアン（C）・マゼンタ（M）・イエロー（Y）の3種類の色材を混合することで，ほとんどの色が再現できることを実証した。19世紀に入り，ヤング[*2]（英）は，その現象が人間の目の機能によるものであるとする光の三原色説を提唱した。その後ヘルムホルツ[*3]（独）が，どのような波長の光をどのような感度で捉えるのか具体的に示し，三色説を完成させた。

光と色（色素）とで三原色がやや異なるのは，色素の混合の場合，特定の周波数を強く反射する色素の組み合わせで，狙ったとおりの色の刺激反応パターンを再現するのは難しく，シアン，マゼンタ，イエローのような反射率の高い周波数領域が広い色素を使う方が実用なためである。

また動物によって，色を感知する機能は異なり，魚類，両生類，爬虫類，鳥類には4タイプの錐体細胞を持つものが多いが，霊長類以外の哺乳類は2つのタイプの錐体細胞しか持たない。これは哺乳類の祖先が夜行性だったため色を認識する機能が衰えたためと考えられている。

*1 Le Blanc
*2 T. Young
*3 H. von Helmholtz

9.2 写 真

自然の色を再現することが，少ない色素（インクや絵の具）の配合で可能であることが理解され，カラー写真やディスプレー技術につながった。写真の撮影，現像過程は一連の化学反応であり，19世紀に化学の発展によって広まり，20世紀には大きな化学産業の分野となった。まず，モノクロ写真の工程を示す（図9.4）。

① 感　光：フィルム表面のハロゲン化銀が光によってごく一部が還元され，銀クラスター（潜像）が生成する。
② 現　像：現像液中の還元剤（ハイドロキノンやメトール[*1]）と反応して，目に見える大きさの銀に $10^7 \sim 10^8$ 倍に拡大する。この過程は，潜像核周辺の臭化銀が早く還元されることに基づく。十分現像されたところで，酸（酢酸など）によって停止する。
③ 定　着：チオ硫酸ナトリウムによって未反応の臭化銀を錯体として，水洗して取り除き，画像を固定させることで，ネガフィルムとする。
④ 焼　付：ネガフィルムに光をあて，銀塩を塗った印画紙に像を写し，上記の操作により画像を定着させる。

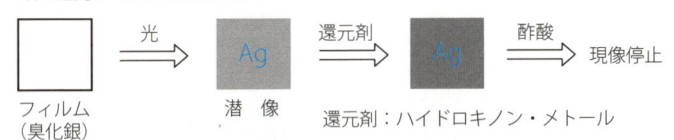

[*1] metol (*N*-methyl-*p*-aminophenol hemisulfate)

図 9.4　モノクロ写真の工程

臭化銀をゼラチン[*2]と混合して作った「乳剤」をアセテートなどのフィルムに塗って乾かしたものが写真フィルムである。銀塩は紫外から青までの光には感光するが，それより長波長の光（緑・赤）には感光しない。そのため，増感色素を加え，色素が吸収した長波長の光によって色素から銀塩へ電子移動が起こることで感光させる（長波長の赤の光には感光しないため，現像の際赤色の光源下で作業ができる）。増感作用をもつ色素として，シアニン系の色素が用いられた（図 9.5）。二重結合の数により吸収波長をコントロールできる。

[*2] ゼラチンは，コラーゲンを親物質とする動物性タンパク質である。コラーゲンは，真皮，靱帯，腱，骨，軟骨などを構成するタンパク質のひとつで，人間では，全タンパク質のほぼ 30％を占める。骨や皮中に含まれるコラーゲンは難溶性の物質であるが，これを酸やアルカリで前処理したのち，加熱すると，3本鎖らせんの分子構造がこわれ，ランダムな3本の分子鎖に分かれる。このように熱変性し，可溶化されたコラーゲンを，「ゼラチン」と呼ぶ。膠（にかわ）として，古くから接着剤に使われていたが，19世紀後半，写真乳剤に応用されるにいたって，工業的に大きく発展した。
　工業的なスケールで生産されるゼラチンは，主として牛骨および牛皮，豚皮を原料としている。まず，骨の約 75％を占めている無機質（リン酸カルシウム）を希塩酸を用いて除去し，コラーゲン主体の物質「オセイン」とする。オセインから，塩酸や硫酸などの無機酸もしくは石灰を用いて，原料の前処理を行なう。前処理の終わった原料を水洗して，過剰の酸やアルカリを除去したのち，温水を用いて加熱し，ゼラチンを抽出する。

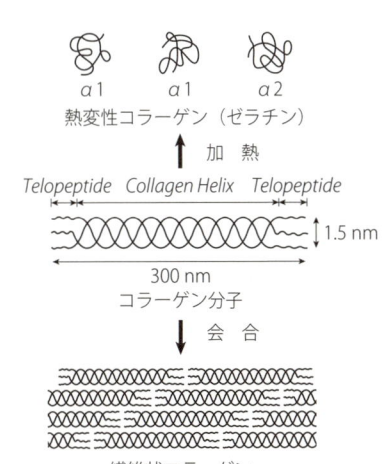

（参考　新田ゼラチン HP）

X = CH=CH, S, O など
シアニン系色素

図 9.5　シアニン系色素の構造

　増感剤を変え，青い光に感光する層，緑の光に感光する層，赤い光に感光する層を重ねると（分光増感作用），三原色の原理によって，カラー映像を再現することができる。カラー写真では，フィルム上に青・緑・赤のそれぞれの色に感光する色素を層状態にして塗布する（図 9.6）。色素の層には補色となる色を発する色素の前駆体であるカプラーが混ぜられる。

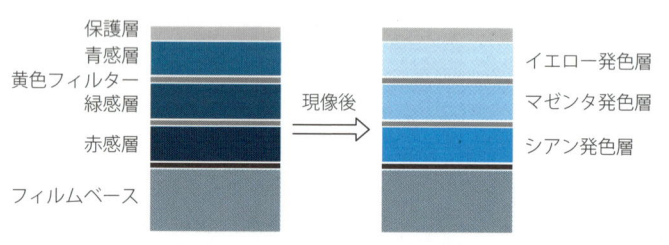

保護層
青感層
黄色フィルター
緑感層
赤感層
フィルムベース

現像後 →

イエロー発色層
マゼンタ発色層
シアン発色層

図 9.6　カラーフィルムの層構造

　撮影において，感光した色素が臭化銀にエネルギーを与え潜像を与えるまでは，モノクロ写真と同じである。カラー写真の現像では，現像液として，p-フェニレンジアミン誘導体*が使われ，これが潜像周辺の銀イオンによって酸化され，キノンイミン型化合物に変換される。このキノンイミンがそれぞれの色の補色に対応するカプラーと反応して発色する。カプラーの例とその発色反応を図 9.7 に示す。発色後，銀塩を洗浄（エチレンジアミン鉄錯体など），乾燥によりネガフィルムとし，焼き付けを行う。青い光に感光した領域には緑と赤の光を吸収する色素がネガフィルムに形成され，白色光を当てると青い光だけ吸収されず，青い色が発現される。

*　例として CD-4：4-アミノ-3-メチル-N-エチル-N-（β-ヒドロキシエチル）アニリン硫酸塩

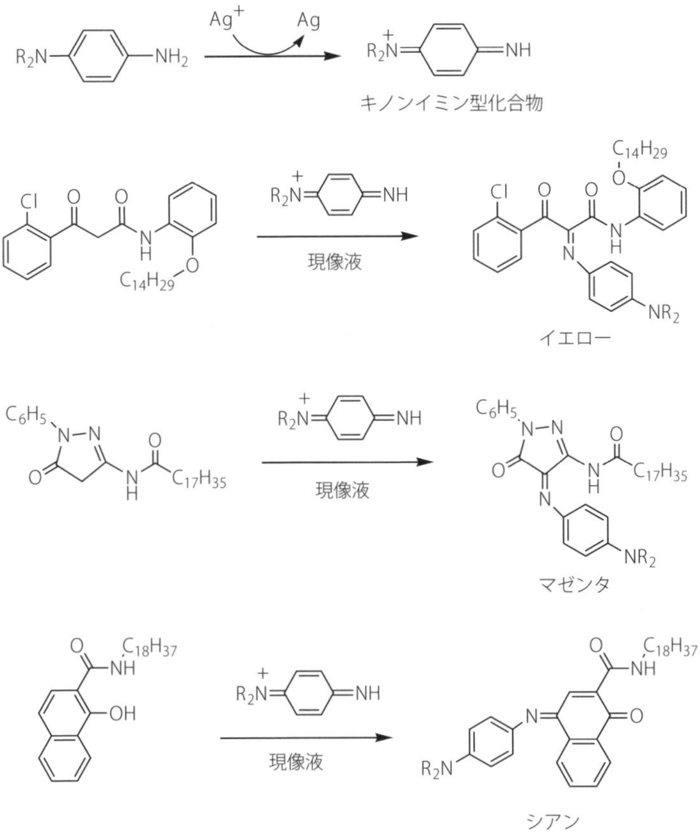

図 9.7 カラー写真の現像工程に用いられるキノンイミンとカプラーによる発色モデル
1つのキノンイミンによって，三色の色素が発色する。(キリヤ化学ＨＰより：ここでは R = Et)

　それぞれの色素は，錐体細胞のそれぞれの色素の吸収にできるだけ近い吸収を持つように設計され，それに近いほど色は鮮やかになる。さらに，光や酸素（オゾン）などに対する耐久性，フィルム上に塗布するための溶解性や膜形成能なども要求される。色素が非常に複雑な構造をしているのは，それら多様な要求を満たすためである。

　フィルムの生産は 21 世紀初頭まで一大化学産業であったが，半導体技術から派生した CCD（charge coupled device）を利用したデジタルカメラの普及（プリンターの機能向上も考えられる）によって一挙に衰退した。1つの技術転換により産業構造が変化することは，科学技術史の中ではそれほど特異なことではない。

*1　Eastman Kodak

　1880年創業し，1990年頃まで写真フィルム事業を大きく育てたコダック社[*1]は，富士フイルム社とともに世界で寡占状態を作り上げていた会社である。鮮やかな黄色の写真フィルムのパッケージは，世界のどこのフィルムショップでも見られた。そのコダック社は，2012年破産宣告を発表した（現在，法的管理下から脱却しグラフィック事業を中心に再建を進めている）。その直接の原因は，デジタルカメラの普及によるフィルム市場の縮小である。2000年から2010年の10年間で売り上げが10%以下に低下した。コダック社は1975年に世界で初めてCCDカメラを開発した会社である。しかし，その技術を自社で生かすことができなかった。一般向けにデジタルカメラが普及するきっかけになったのは，カシオが1995年に発売した「QV-10」といわれている。一方，コダック社とシェアーを競っていた富士フイルム社は，写真フィルムへの依存を減らしつつ路線を多角化し，フィルム技術の中核を医薬品や液晶材料に応用することで，成長を続けている。

主要フィルムメーカーの営業利益とフィルム・カメラ出荷数

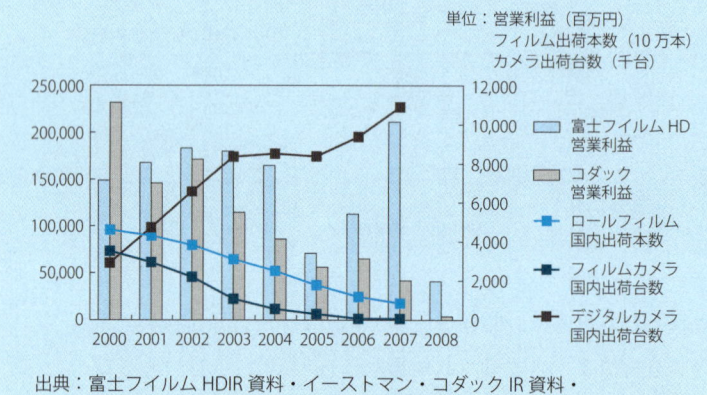

出典：富士フイルムHDIR資料・イーストマン・コダックIR資料・日本カラーラボ協会資料から日本総研作成

（日本総研HPより）

9.3　プリンター用色素
9.3.1　感熱紙

　熱転写プリンターに用いられる感熱紙は，熱により化学反応を起こして変色する物質（色素前駆体と顕色剤）を紙上に塗布することで，紙面を文字や図形に合わせて熱するとそれらを浮かび上がらせる。鮮明な印字が得られること，プリンターの小型化や高速化が図れ，インクが不要であり，省電力化が図れることなど，プリンターのトータルコストが他の印字方式に比べ安価なことから，様々な分野で利用されている。

*2　phenolphthalein

　感熱紙の発色には，フェノールフタレイン[*2]と同様の機構が用いられ

ている。pH指示薬として用いられるフェノールフタレインは、塩基性条件では3つの芳香環すべてが共役したトリアリールメタン共役系構造をもつが、酸性から中性条件では、カルボキシル基の酸素が中央の炭素に付加して四級炭素を生じ、共役系が切れてしまうことで無色に変わる（図9.8）。

図9.8　フェノールフタレインの発色機構

感熱紙の発色機構を図9.9に示す。感熱紙の表面には、無色の色素前駆体と顕色剤（ビスフェノールAやナフトール）が塗布されている。熱を加えると、その近傍の顕色剤が融け、色素前駆体と反応する。顕色剤の酸によって色素のラクトン環が開き、共役系が広がって発色する。

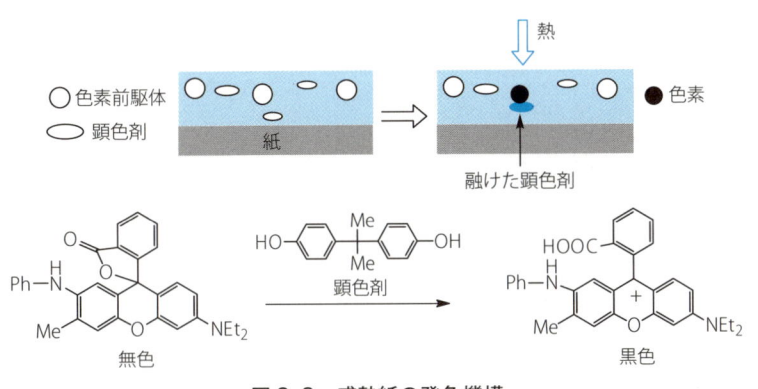

図9.9　感熱紙の発色機構

トリアリールメタン色素の吸収は、トリアリールメタンを構成する3つのジアリールメタン構造それぞれの吸収の足し合わせとなる（図9.10）。感熱紙に使われる色素が黒色を示すのは、それぞれのジアリールメタン構造が赤・青・黄の三原色に対応しているためである。

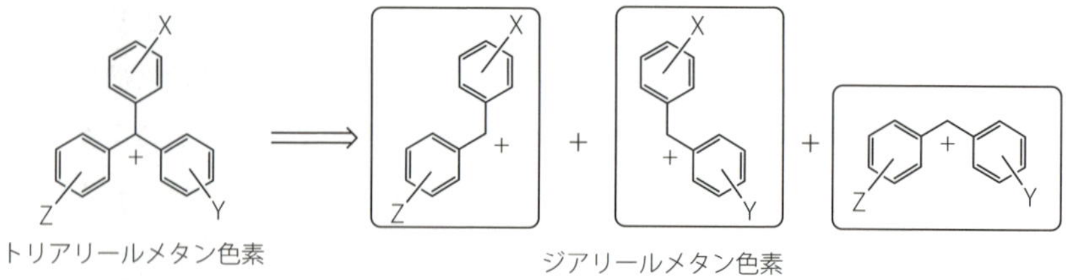

図9.10 トリアリールメタン色素の発色機構
部分構造であるジアリールメタン色素の共役系はそれぞれ独立しており，トリアリールメタン色素の色はそれぞれの色の混ぜ合わせになる。

> フェノールフタレインは1871年にインジゴの研究で知られるバイヤーによってフェノールと無水フタル酸との反応で合成された。バイヤーはそれ以外にも，レゾルシノールを用いてフルオレセインも合成した。糖の合成でノーベル賞を受賞したエミール・フィッシャーはバイヤーのもとでフルオレセインの研究を行い，博士号を取得している。フルオレセインは，塩基性条件下で蛍光性の開環物質を生成する。入浴剤に添加する着色料（黄色201号）として使われる。

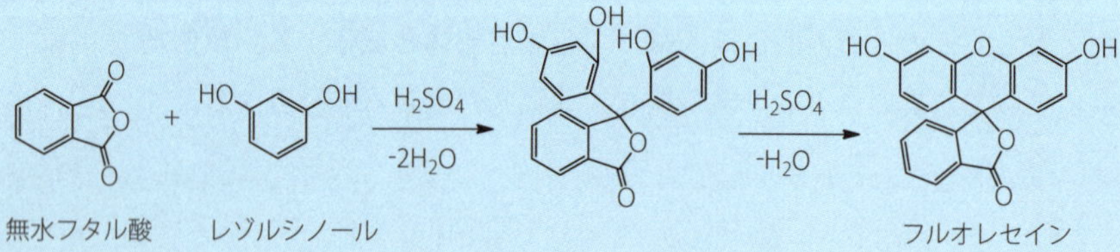

9.3.2 ノーカーボン紙

　文字を書き写したいとき，裏面にカーボンが塗ってあるカーボン紙を挟んで書くことで文字が転写される。下の紙に制限がなく，どのような紙にも複写できるが，カーボン紙が触れた面を汚してしまう欠点がある。ノーカーボン紙は，感熱紙で用いた発色機構を圧力（筆圧）に代えて行うことで，カーボン紙を使わずに転写できるようにした紙である。

　複写型は一般に，3枚の紙を用いる。色素前駆体と顕色剤をマイクロカプセル（ゼラチンや樹脂が用いられる）に取り込ませ，上の紙の下面に色素，中の紙の上面に顕色剤，下面に色素，一番下の紙の上面に顕色剤を塗布する。シングル型では，写したい紙の上面に色素前駆体と顕色剤を混ぜて塗布する。ノーカーボン紙では，圧力がかかることでマイクロカプセルが壊れて色素と顕色剤が放出され，反応して発色する（図9.11）。発色原理は感熱紙と同じである。

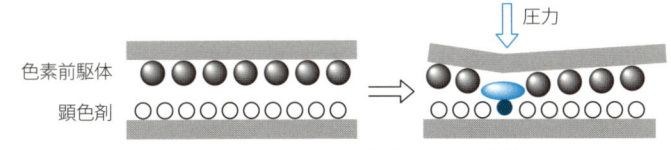

図9.11 ノーカーボン紙の発色機構

9.3.3 インクジェットプリンター用色素

インクジェットプリンターはインクを微小な液滴にして紙などに吹き付けて染色するプリンターである。インクに要求される性質は染料と同じく，ⅰ）鮮明な美しい色をもつ，ⅱ）光，洗濯，摩擦などに対して堅牢であるというほかに，ⅲ）水溶性である，ⅳ）ノズルの先端で目詰まりしないことなどが必要である。近年は，インクジェットプリンターを用いて写真が印刷されるようになった。印刷では，表面を保護膜によって覆うことでオゾンによる色素の分解を押えることができたが，インクジェットプリンターによる印刷では保護膜は形成されず，直接色素が大気に触れる。このため，色素自身に高い耐候性が求められており，各社による開発が進んでいる。インクジェット用の色素の例を図9.12に示す。

家庭用インクジェットプリンターは，プリンター本体を低価格で販売して利益率を抑える一方，消耗品であるインクカートリッジの販売で高い利益を生み出すビジネスモデル（キャプティブ価格戦略）を，プリンターメーカーが採用しているため，インクの互換性はほとんどない。

シアニンダイ C-1
（銅フタロシアニン誘導体）
R(3/4) = $SO_2(CH_2)_3SO_3M$
R(1/4) = $SO_2(CH_2)_3SO_2NHCH_2CH(OH)CH_3$

マゼンタダイ M-1

ダイレクトイエロー132

図9.12 富士フイルム社の開発した高耐候性インクジェット用銅フタロシアニン型シアン色素 C-1 とアゾ染料マゼンタダイ M-1，イエロー色素ダイレクトイエロー132

9.3.4 電子写真用機能性色素

レーザープリンターなどに用いられる電子写真において有機機能性色素は，導電体とトナーの2種の用途で用いられる。

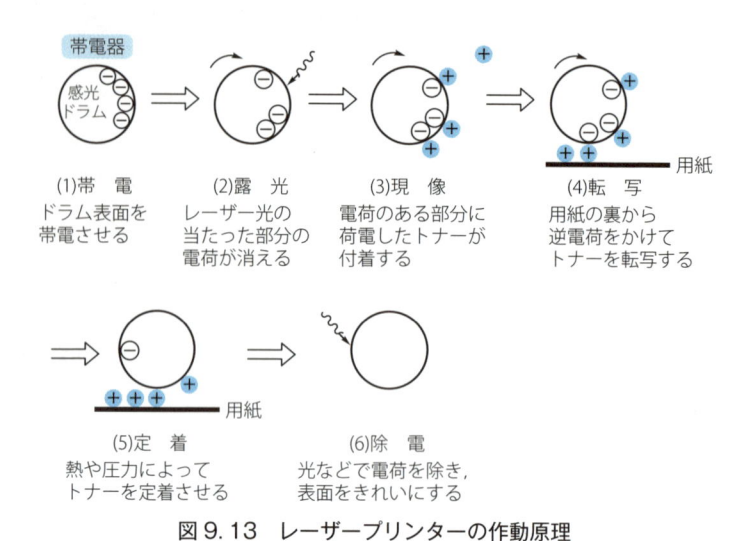

(1) 帯 電
ドラム表面を帯電させる

(2) 露 光
レーザー光の当たった部分の電荷が消える

(3) 現 像
電荷のある部分に荷電したトナーが付着する

(4) 転 写
用紙の裏から逆電荷をかけてトナーを転写する

(5) 定 着
熱や圧力によってトナーを定着させる

(6) 除 電
光などで電荷を除き，表面をきれいにする

図 9.13　レーザープリンターの作動原理

図 9.13 に示す露光によって，ドラム表面の光が当たった部分に導電性を生じ電荷を打ち消すことで，潜像を形成する。そのための光電材料として薄く均質な膜を作りやすい有機物質が用いられる。ドラムは，黒と三原色に対応して4つ設置される。電荷発生剤（CGM）にはフタロシアニン誘導体が，電荷輸送層（CTM）にはトリアリールアミン誘導体が用いられる。このトリアリールアミンの電気伝導度は〜10^{-5} cm^2/Vs 程度と高くはないが，層が薄いことから十分作動する。

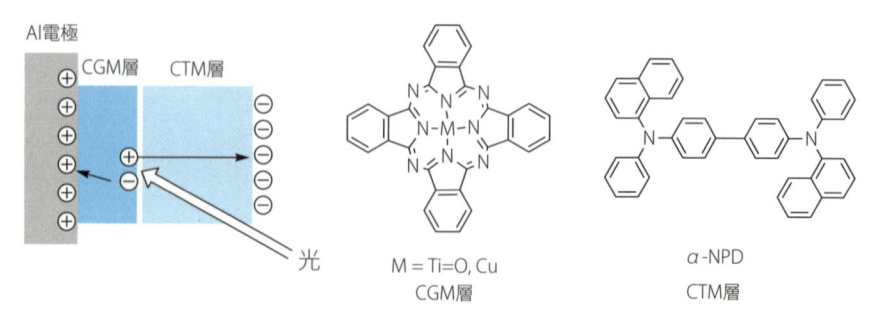

M = Ti=O, Cu
CGM層

α-NPD
CTM層

図 9.14　電荷の発生と移動の模式図
CGM層 = 電荷生成層，CTM層 = 電荷輸送層

トナーとは，光導電体を用いて作成された静電潜像を現像するために用いる帯電微粉末のことである。微粉末が帯電することが現像の際に不

可欠であるため，帯電性色素とよばれることもある．インクドットプリンターとは異なり，色素に溶解性が求められないため，主に顔料が用いられる．

　黒色トナーの着色剤としては，主にカーボンブラックが利用される．トナーを負に帯電させる方式で用いる負帯電性の電荷調整剤として，アゾ色素のクロム錯体などが用いられる（図9.15）．カラートナー用の着色剤として用いられる顔料としては，耐熱性の高いβ型銅フタロシアニン（C. I. pigment blue 15:1），ジメチルキナクリドン（C. I. pigment red 122）や，ジスアゾイエローAAA（C. I. pigment yellow 12）などが代表的である（図9.15）．

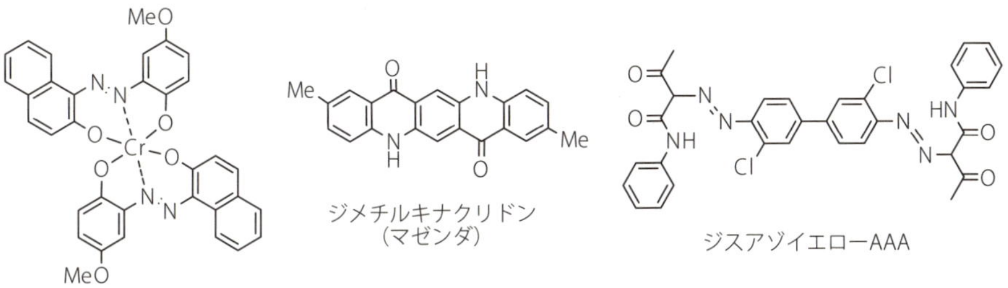

図9.15　レーザープリンターに使われる負電荷調整剤とトナー

フタロシアニン

　フタロシアニンは，ポルフィリンのメソ位が窒素で置換された基本骨格をもつ化合物である．1928年，スコティッシュ染料社[*]が無水フタル酸からフタロニトリルを製造している過程で，容器が破損し，鉄と接触したことで見出された．その後，ICI社によって構造が確認された．非常に安定な化合物であり，溶剤に溶けにくいことから有機顔料として用いられる．銅フタロシアニンが青色顔料として最も多く使われている．このベンゼン環を塩素置換した化合物は緑色の顔料であり，フタロシアニングリーンとして新幹線の塗料に使われている．高い電子特性，中心に金属を取り込む性質，スタック（積み重なり）しやすい構造などから，電荷移動素子，p型半導体，CD-Rの表面など機能性色素として広く使われている．

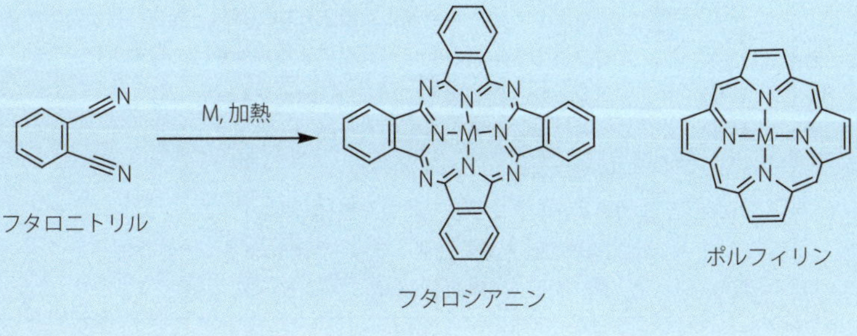

[*] Scottish Dye

10 有機半導体とその応用

10.1 有機分子の導電性

　有機物は電気を通さないことが常識であり，実際，電線や電子基板などの絶縁被覆材料としてプラスチックが用いられている。しかし，有機合成の手法で導電性を有する有機材料が得られれば，金属に比べて軽くて柔軟性があり，しかも安価な材料になるものと期待される。そのような観点から行われた導電性有機材料の研究は，1954年の赤松・井口らによるペリレン臭素錯体の導電性の発見から始まり，TTF-TCNQ錯体の金属的伝導性の発見，白川らの導電性高分子材料の発見へとつながった。これらの研究は，有機半導体が光電材料として利用されたことを皮切りに（9.3.5），導電性有機材料を用いたコンデンサ，有機太陽電池，有機ELなどの実用化に繋がった。また，20世紀末から21世紀初頭に，フラーレンやカーボンナノチューブ，グラフェンなどの新しい導電性炭素材料の発見も相次いだ。有機半導体が無機半導体に全面的に置き換わることは困難としても，それとは違った強みを持つ材料として，現在さらなる実用化に向けた研究が進められている。

表 10.1　有機導電体についての研究

年代	事象
1954	ペリレン臭素錯体の導電性（赤松・井口）
1973	TTF・TCNQ錯体の金属的導電性の発見
1970年代	トリアリールメタン類の有機正孔輸送材料・発生材料としての利用
1977	ポリアセチレンのドーピングによる高導電性の発現（白川）
1985	フラーレンの発見（クロト，スモーリー，カール）
1986	ヘテロ接合薄膜太陽電池の作成（タン）
1987	高性能有機EL素子の作成（タン）
1991	カーボンナノチューブの発見（飯島）
2001	（有機結晶性電界効果トランジスタによる超伝導の発現：ショーン）捏造
2004	グラフェンの単離（ガイム，ノヴォセロフ）

炭素の同素体であるダイアモンドは電気を流さないが，グラファイトは良導電性物質である。同じ炭素でありながら，その性質の違いは，同素体を作っている炭素の混成の違いによる。ダイアモンドは sp^3 混成からなる炭素が三次元的なネットワーク構造を取っているが，グラファイトは sp^2 混成からなる炭素が二次元的なシート構造（グラフェンと呼ぶ）をつくり，そのシートが積み重なっている。グラファイトは無限に広がった共役系をもち，全ての色を吸収するため黒色であり，金属的な高い導電性を示す。

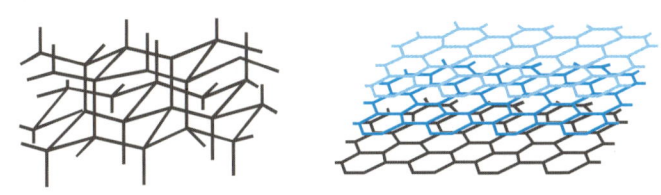

図 10.1　ダイアモンドとグラファイトの構造

グラファイトと違って限定された共役系しか持たない有機分子は，通常の導電性を示さない。しかし，ドーピング（酸化剤や還元剤を添加すること）や電荷移動錯体として部分電荷移動状態にすることで，導電性が得られる。1954 年，赤松・井口らによってペリレン臭素錯体に高い導電性（1.3 S cm^{-1}）が初めて見出され，その後，金属的な電導性を示す TTF・TCNQ 錯体（1973 年），さらに超伝導を示す TTF の誘導体（TMTSF や BEDT-TTF）も見出された。

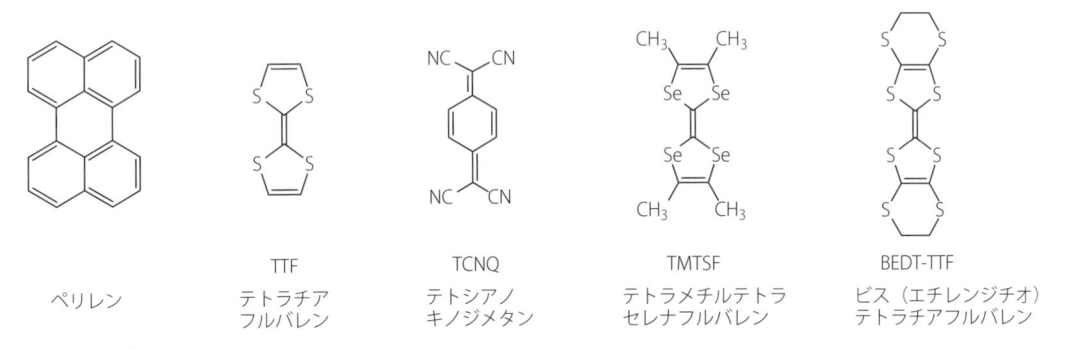

ペリレン　　TTF　　　　　TCNQ　　　　　TMTSF　　　　　　BEDT-TTF
　　　　テトラチア　　テトラシアノ　　テトラメチルテトラ　　ビス（エチレンジチオ）
　　　　フルバレン　　キノジメタン　　セレナフルバレン　　テトラチアフルバレン

図 10.2　導電性の錯体を与える分子と超伝導を示す TTF 誘導体

金属は自由電子をもち，電圧をかけることで電流が流れる。温度を下げると，結晶格子の熱運動が抑制され，伝導度が向上する。一方，絶縁体では価電子帯と伝導帯にエネルギーバンドにギャップが存在し，電子が自由に動けないため電流は流れない。半導体ではエネルギーギャップ

が小さく，熱励起された電子が伝導帯に存在することで電流が流れる。このため，温度を下げると伝導電子の数が減るため伝導性は低下する（図10.3）。

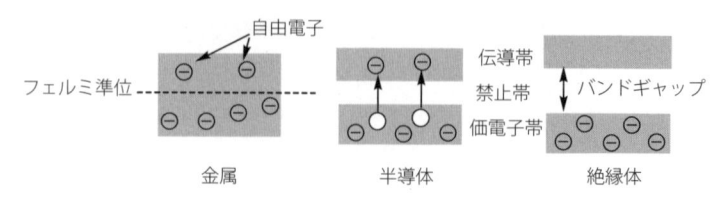

図 10.3　エネルギーバンドと導電性の関係

TTF・TCNQ 錯体は室温で 100 S cm^{-1} の電導度を示す。このとき，TTF と TCNQ は，部分的に電荷の移動した混合原子価状態にあることが示された。一方，TTF より強い電子受容能を示す DDQ との錯体は完全にイオン化した 1：1 塩となっているため絶縁体となった。電荷が全く移動しなくても，完全に移動しても導電性は得られないことが理解される（図 10.4）。

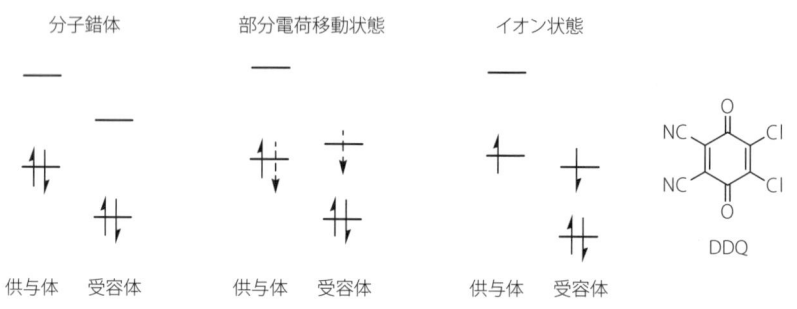

図 10.4　電荷移動が起こっていない分子錯体，部分電荷移動した錯体，イオン状態となった錯体の電子状態

これら分子性の導電体は応用にはつながっていないが，これらの研究から得られた化合物や導電性についての概念は有機導電性物質に対する認識を大きく広げた。TCNQ は，デュポン社によって開発された，優れた電子受容体（アクセプター）であり，電解コンデンサ用電解質（最近は，導電性ポリマーなどに代わっている）や有機電光変換素子材料などに用いられている。

電荷移動現象

電荷移動（CT）錯体は電荷移動相互作用によって形成される錯体である。電子供与性分子（ドナー：D）と電子受容性分子（アクセプター：A）との間の相互作用は，ファンデルワールス力よりも強く，錯体の形成を促す。マリケンはこのような電荷移動共鳴力を新しい基底状態の波動関数（Ψ）を使って説明した。ドナーとアクセプターの間の電荷移動状態を D^0A^0 と $D^{1+}A^{1-}$ の間の共鳴として，その基底状態の波動関数（Ψ）を

$$\Psi_g = a\Psi(D^0A^0) + b\Psi(D^{1+}A^{1-}) \quad (a \gg b)$$

とした。大きな CT 安定化のためには，ドナーからアクセプターへ 1 電子移動させるエネルギーが小さく，波動関数 $\Psi(D^0A^0)$ と $\Psi(D^{1+}A^{1-})$ の重なりが大きいことが望まれる。マリケン[*]は電荷移動相互作用の解明に対する貢献により，1966 年ノーベル化学賞を受賞した。

[*] R. S. Mulliken

10.2 導電性高分子

ポリアセチレンのように，共役系が分子全体に広がった高分子をπ共役高分子と呼ぶ。二次元的な共役系をもつグラファイトは導電性を持つが，一次元的な共役系をもつポリアセチレンは導電性を持たない。これは以下のように説明される。エチレンからブタジエンに共役系が拡張されると，HOMO と LUMO のギャップが減少する（8 章参照）。同様に共役系を伸ばしてゆくと，さらにエネルギーギャップは減少するが，無限に伸ばしてもギャップは 0 にはならず，導電性は得られない。これは，二重結合と単結合が交互する（結合交替のある）系の方がエネルギー的に安定であるためである（図 10.5）。芳香環を導入したπ共役高分子でも中性状態では絶縁体かそれに近い半導体である。代表的なπ共役高分子のバンドギャップを示す（表 10.2）。

π共役高分子はドーピングによって，電荷（ポーラロン）が付与され，それがπ電子系を流れることで導電性が得られる。正電荷の場合，詰まっていた電子が抜けた孔（正孔またはホールと呼ばれる）に隣接した電子が移動することでホールが移動し，電流が流れる。電荷は共役鎖全体に広がっているのではなく，有限な数の炭素上に局在化していると考えられており，共役鎖間を飛んでゆくホッピングも観測される。

ポリアセチレンの共役系は，ドーパントの付加により共役系が切断されドーピング感受性が失われやすい。これに反して，芳香族共役系ではバンドギャップは大きくなるものの，二重結合への付加反応が起こりにくく，また，ポーラロンが安定化されるため使いやすい導電体となり，

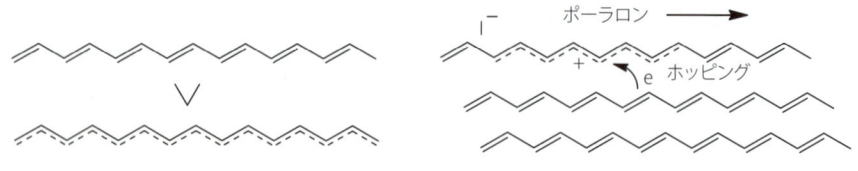

図10.5 ポリアセチレンの構造とドーピングによる導電性のモデル

表10.2 代表的な導電性ポリマーのイオン化ポテンシャル（I_p），バンドギャップ（ΔE_G），ドーピング剤とドーピング後の導電性（σ）

高分子	I_p	ΔE_G	σ (S cm^{-1})（ドーピング剤）
トランス型ポリアセチレン	4.7 (4.7)	1.4 (1.4)	$3 \sim 5 \times 10^2$ (I_2)
ポリパラフェニレン	5.5 (5.6)	3.4 (3.5)	5×10^2 (AsF$_5$)
ポリパラフェニレンビニレン	(5.1)	3.0 (2.5)	—
ポリピロール	4.0 (3.9)	3.0 (3.6)	$1 \sim 3 \times 10^2$ (ClO$_4^-$)
ポリチオフェン	4.9 (5.0)	2.0 (1.6)	2×10^2 (ClO$_4^-$)

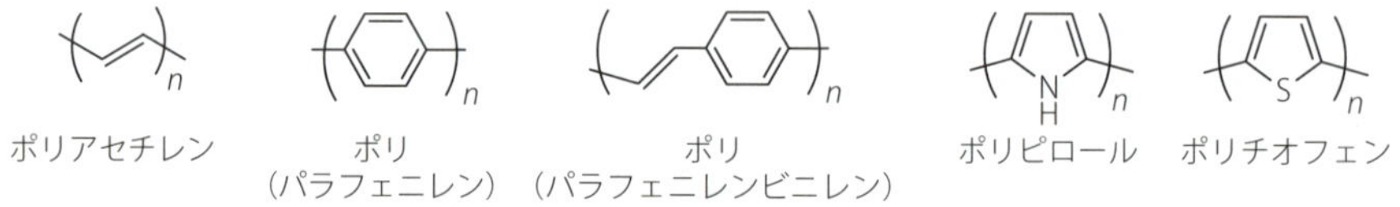

カッコ内は VEH 法による計算値（単位は eV）
『導電性高分子』：緒方直哉編，講談社(1990)，『E-コンシャス高分子材料』：柴田充弘・山口達明，三共出版(2012)より

応用が進んでいる。ピロールの酸化重合によって合成されるポリピロールは，ドープされた状態で空気安定性に優れ，固体電界コンデンサに用いられている。

　導電性ポリマーは成形・加工のしやすさとその軽さを活かして，太陽電池，ダイオード，発光素子などへの応用が図られている。最近，ポリ(3,4-エチレンジオキシチオフェン) とポリ(4-スチレンスルホン酸) を組み合わせた PEDOT：PPS（HC スタルク社[*]）が高い導電性と光透過性，大気安定性から注目されている（図10.6）。PEDOT：PPS はスピンコート法で容易に任意の厚さの導電性高分子薄膜をつくることができ，コンデンサやトランジスタ，帯電防止フィルムや有機薄膜太陽電池のホール輸送層などに使われている。

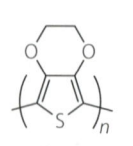

[*] H. C. Starck 社

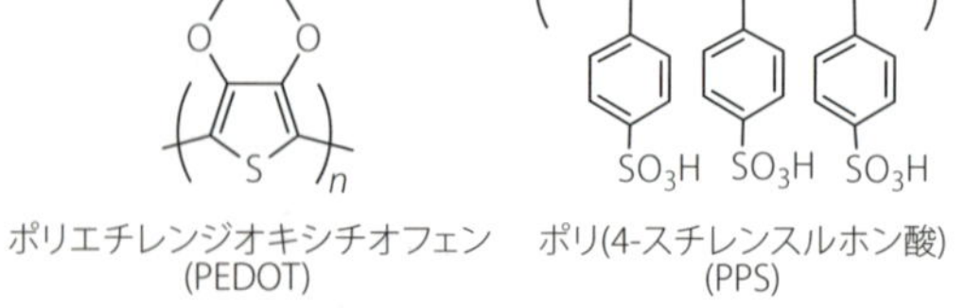

図10.6 ポリ(3,4-エチレンジオキシチオフェン) とポリ(4-スチレンスルホン酸) (PEDOT：PPS) の構造

> ポリアセチレンに臭素やヨウ素を作用させドーピングを行うことで，金属に匹敵する電導性が発現することを白川英樹，ヒーガー[*1]，マクダイアミッド[*2]らが見出した（1976年）。これは，ドーピングによってポリエチレン鎖から電子が奪われることで，電子が動きやすくなったためと考えられる。この研究を契機に導電性高分子の研究が大きく発展したことから，2000年3氏にノーベル化学賞が授与された。

[*1] A. J. Heeger

[*2] A. G. MacDiarmid

10.3 有機電界効果トランジスター（有機FET）

トランジスタとは，電気信号の増幅や電子制御スイッチとして使用される半導体素子である。その中で，電界効果トランジスタ（FET）は集積回路などにおいて主要な素子として使用されている。電気の流れる活性層の素材として有機物の薄膜[*3]を利用したFETを有機FETと呼んでいる。無機トランジスタと比べて軽量であること，柔軟性のあるトランジスタができること，インクジェット法などの印刷プロセスを導入することで大面積で低コストな電子製品の作製が可能になることなどの利点がある。

有機FETは，ソース，ドレイン，ゲートの3つの電極と，半導体薄膜，絶縁層からなる（図10.7）。一般に，シリコンウエハーをゲート電極，酸化被膜を絶縁層とし，蒸着または，ドロップ・スピンコートにより有機半導体層を形成させ，そこに金を蒸着させてソース・ドレイン電極とする。ゲートに電圧をかけない状態では電流は流れず，ゲートに電圧を付加することで半導体層に電荷が生じ，ドープされた状態になって電気抵抗が低下する。ゲート電流のon/offによりソース・ドレイン電極間の電流がスイッチされる。ゲート電圧の正負により，半導体層に生ずる電荷が変化し，半導体層が正に帯電することで電流が流れるものがp型，半導体層が負に帯電することで電流が流れるものがn型となる。化合物によっては，p型・n型両方を示す両性の化合物も存在する。

[*3] 有機材料の特徴は，薄膜を形成することでデバイスが作製できる点にある。有機薄膜の形成方法には大きく分けてドライプロセスとウエットプロセスがある。ドライプロセスである蒸着法は高真空で有機材料を気化（昇華）させ，基板上に堆積させ成膜する。また，ウエットプロセスには，溶媒に溶ける有機材料の性質を利用し，基盤を回転させ遠心力で溶液を広げ乾燥させるスピンコート法，インクジェットの印刷技術を活かして成膜するインクジェット法などがある。

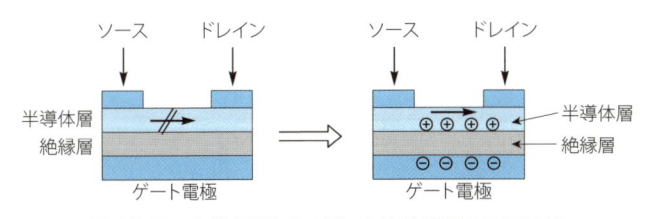

図10.7 有機FET（p型）の作動機構のモデル図

FETは，電荷移動度 μ, on/off 比（ゲート電流の on/off による電流比），駆動電圧の閾値電圧（V）で評価される。実用に耐える値として

$$\mu = 1 \text{ 桁 cm}^2/\text{Vs}$$

$$\text{on/off 比} = 3 \text{ 桁以上}$$

$$\text{駆動電圧} = 1 \text{ 桁 } V$$

が目安とされた。有機物として，電子輸送材料であるトリアリールアミン類（9.3.5）はアモルファスシリコン（$1 \sim 100 \text{ cm}^2/\text{Vs}$）と比べてキャリア移動度や安定性が低く，駆動電圧も高いため，FET 材料としては実用性が乏しいとみなされてきた。しかし，データのねつ造ということで終わったものの米国ベル研のショーンによる研究[*]から有機 FET が注目され，2000 年代に入って p 型半導体としてルブレンやペンタセンの結晶にシリコン半導体に匹敵する二桁（$40 \sim 50 \text{ cm}^2/\text{Vs}$）の電荷移動度が観測された。ヘテロ環をもつ，空気安定性の高いジナフトジチオフェンやオリゴチオフェンにも一桁の電荷移動度が見出され，応用への展開が図られている。

一方，n 型半導体としては高い移動度を示すものは少なく，p 型を示す化合物にフッ素やフルオロアルキル基を導入した化合物や，ペリレンビスイミド類やチアジアゾール，後に述べるフラーレン（C_{60}）とその誘導体が一桁の電荷移動度を示す。それほど高い移動度は示さないがフタロシアニン誘導体も半導体材料として使われ，置換基によって p 型および n 型半導体双方を示す。

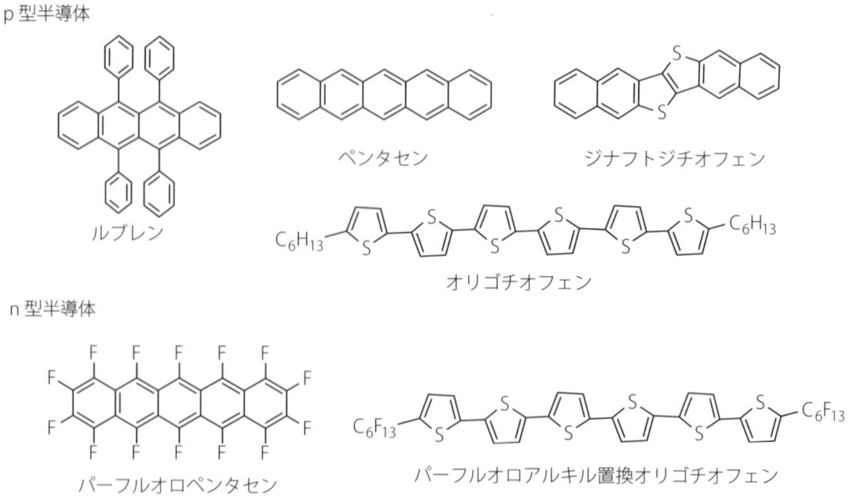

[*] 米国ベル研のショーンは，有機単結晶や単分子膜を用いた FET でキャリアを注入することによって，超伝導をはじめ，無機半導体に匹敵する分子１個でのトランジスタ動作などの顕著な業績をあげた。しかし，後に，その成果の全てが捏造であることがわかった。斉藤軍治氏（京大教授）は「今回の事件についてあえてポジティブな側面をいうなら，実現するのが難しく日の目を見ずに眠っていたアイデアが，多くの研究者に共有され，その後も真剣に実現への方策を考えさせつづけている事実である。」と述べている。（長谷川達夫，吉田幸大，斉藤軍司，化学，58, 12 (2003)）．

図 10.8 FET 特性を示す代表的な有機化合物

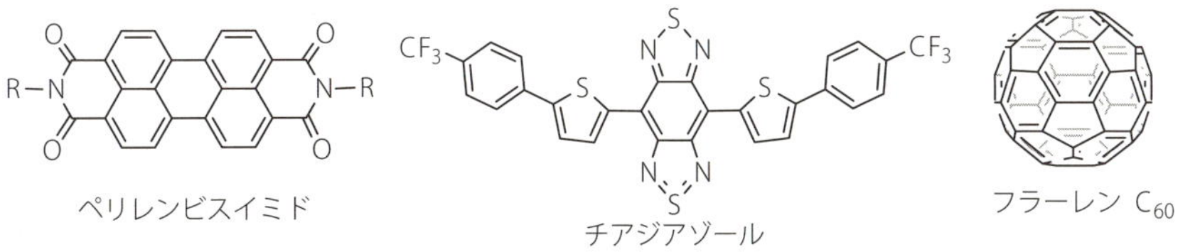

図10.9 n型半導体特性を示すペリレンビスイミド類やフラーレン（C$_{60}$）

10.4 有機太陽電池

正孔がドープされたp型半導体と電子がドープされたn型半導体を接合することをpn接合とよび，pn接合をもつ半導体素子をダイオードと呼ぶ。ダイオードは整流素子や発光素子に用いられるが，逆にpn接合に光を照射することで起電力を生じ，これを利用するのが太陽電池である。シリコン半導体を用いた無機系の太陽電池は実用化されている。単結晶型シリコン太陽電池で変換効率は20％を超えるが，高価である。薄膜製法によるアモルファスシリコン太陽電池は，シリコンの使用量が大幅に少なく，また真空蒸着による製造工程は，大量生産に向くため，結晶系に比べ大幅なコストダウンが可能だが，変換効率が10％前後と低い。軽量でフレキシブルな有機物の利点から，有機半導体を用いた有機太陽電池の開発も現在進んでおり，有機薄膜法と色素増感法で約12％の変換効率が得られている。

表10.3 各種太陽電池特徴比較

太陽電池種類		変換効率	特徴と課題
無機系	結晶シリコン	24%	製造エネルギー大 シリコン供給不安
	薄膜シリコン	15%	低コスト(対結晶) 電池材料使用量少
	薄膜化合物	19%	
有機系	色素増感	12.1%	超低コスト(対無機系)製造エネルギー少効率， 信頼性開発中
	有機薄膜	12%注)	

阪井　淳，河野謙司　パナソニック電工技報(2009, Vol, 57, p.46)
注) 2013年Heliatek社と三菱化学

10.4.1 有機薄膜太陽電池

図10.10に太陽電池（pin型）の基本構造を示す。光エネルギーによって，pn接合近傍の原子が励起され，正孔はp型半導体に，電子はn型半導体に流れることで起電される。1986年，タン[*1]（イーストマン・コダック社）は，透明電極上[*2]にフタロシアニン（p型半導体）とペリレンビスイミド（n型半導体），銀電極を順に蒸着させることで有機薄膜太陽電池を初めて作成した。この素子は1％の変換効率を示した。

[*1] C. W. Tang

[*2] 透明電極としてはindium tin oxide（ITO）がよく使われる。希少元素であるインジウムの酸化物にスズの酸化物を少量混合した化合物。可視光領域で透明性が高く，導電性も高いため，現在タッチパネルなどの透明電極として広く使用されている。しかし，脆いため曲げに弱く，またインジウムの安定供給に懸念があることから，代替材料が求められている。

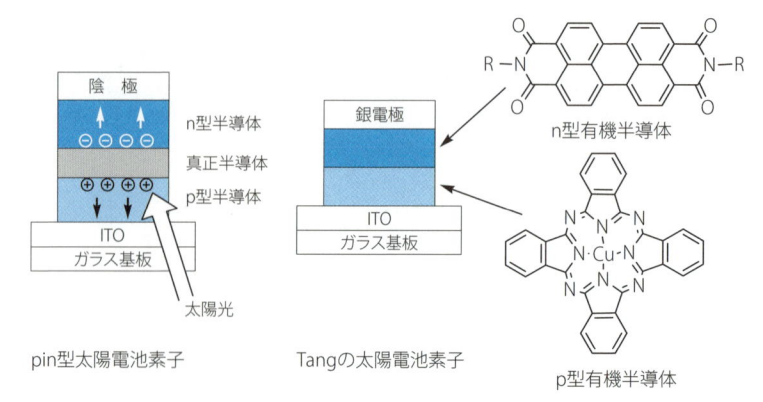

図 10.10　無機半導体太陽電池（pin 型）の基本構造とタンの太陽電池の構造

　その後，平本らによってp型半導体とn型半導体を混合した共蒸着層（i層）を入れることで，pn接合面が大きく拡大され，変換効率が上昇することが見出された。1995年にヒーガーらによって，共役高分子（ポリフェニレンビニレン）をp型半導体に用い，フラーレン誘導体（PCBM）をn型半導体に用いた系が報告された。その系では，共役高分子と可溶性のPCBMをスピンコート法で成膜し，混合層として用いた。半導体特性を示す高分子とPCBMが混合層中で絡み合うことから，広いpn接合面が期待される。このような構造をバルクヘテロジャンクション（BHJ）と呼んでいる。PCBMは太陽電池のn型半導体として広く用いられている。有機薄膜太陽電池は，ロール状の樹脂フィルム（基材）の上に半導体の性質を持つ有機物を塗布して製造でき，材料を高温で融解させる工程などがないため，製造時に必要なエネルギーを抑えることができるものと期待されている。

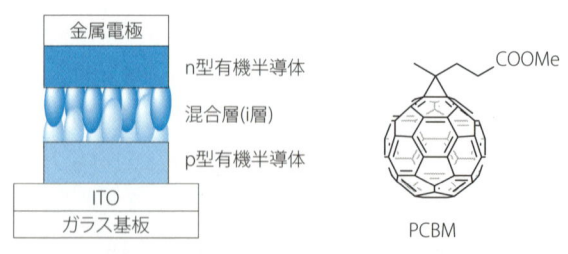

図 10.11　バルクヘテロジャンクション有機薄膜太陽電池のモデルとフラーレン誘導体 PCBM の構造

10.4.2　色素増感太陽電池

* M. Gratzel

　1991年グレッツェル[*]は，二酸化チタン粒子に色素を吸着させた電極，ヨウ素電解質溶液，白金対極から成る湿式太陽電池（図 10.12）を開発

した。この太陽電池は，開発者の名を取ってグレッツェルセルと呼ばれる。ルテニウム錯体を用いたこのセルで変換効率が 10 % を超える太陽電池が作成された。色素が太陽光を吸収し，二酸化チタンに電子を受け渡すことで起電力が発生する。色素は溶液中のヨウ化物イオンから電子を受け取る。この過程で生じた三ヨウ化物イオンは対極で還元される。この一連の化学反応によって電流が流れる。機構が単純で，低コストに製造できることから多くの研究が行なわれ，貴金属を用いない純有機色素でも 10 % 程度の変換効率が記録されている。トリアリールアミンを電子供与体とし，平面性の高い π-スペーサーを挟み，電子受容体としてシアノアクリル酸をもつことが，高い変換効率を示す色素の基本構造となっている（図 10.13）。酸化チタン表面に吸着するため，色素にはカルボン酸のような極性基が必要である。電解質を用いるため，液漏れなどの耐久性が課題となっている。

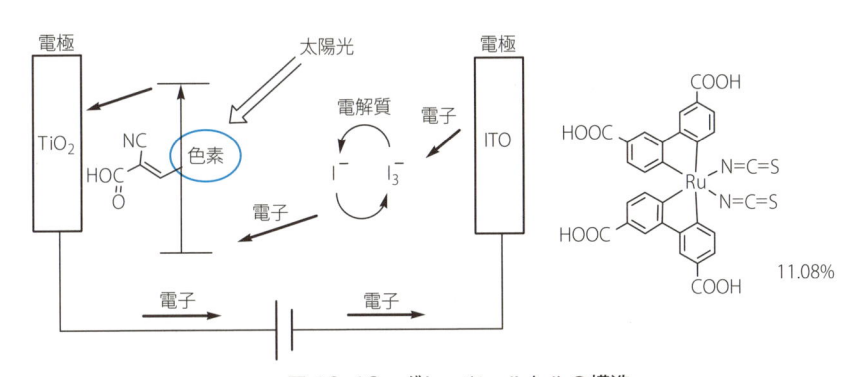

図 10.12 グレッツェルセルの構造

図 10.13 高い変換効率を示す色素のモデルと実際の分子構造

> 有機無機ハイブリッド構造のペロブスカイト結晶を光吸収に用いる太陽電池において16%に達するエネルギー変換効率が記録された。ペロブスカイト（$CH_3NH_3PbI_3$）は，金属酸化物（チタニア，アルミナ）の多孔膜上に，その結晶生成原料を溶液塗布することで数分のうちに形成され，800 nmまでの可視光をバンドギャップ吸収によって集光する。この性能から「印刷技術」により作製でき，従来の太陽電池に比べて製造コストを大幅に下げることが可能と期待されている。 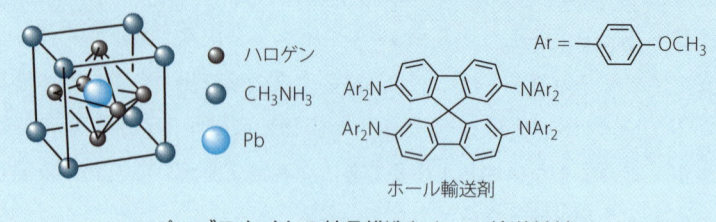
>
> ペロブスカイトの結晶構造とホール輸送材料

10.5 有機ELディスプレー

光によって電子はスピン状態を保ったまま励起され一重項励起状態となる。一重項励起状態から基底状態に戻るとき発光する光を蛍光と呼び，一重項励起状態から系間交差によって三重項励起状態になってから基底状態に戻るとき発光する光をりん光と呼ぶ（図10.14）。光によって分子が励起されて発光することをフォトルミネッセンス（photoluminescence：PL）とよび，電界によって分子が励起されて発光することをエレクトロルミネッセンス（electroluminescence：EL）とよぶ。有機化合物のELを用いたディスプレーを有機ELディスプレーとよぶ。

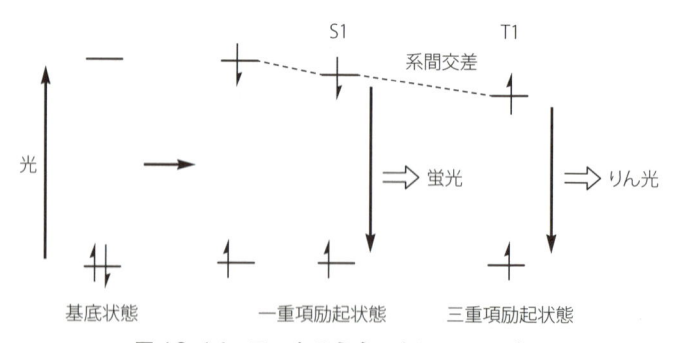

図10.14 フォトルミネッセンスのモデル

発光性の有機物質の薄膜を電極ではさみ電圧を加えると，陽極では分子のHOMOから電子が奪われてホール（正孔）が生じ，陰極では分子のLUMOに電子が注入される。ホールと電子が1つの分子で出会うと，

その分子は励起状態になり，発光する（図10.15）。このとき，生成する励起状態は，光励起とは異なり，一重項励起状態と三重項励起状態が1：3の比率となる。発光する有機物質を三原色に揃えることでカラーディスプレーとなる。液晶ディスプレー（第11章参照）と異なり，素子自体が光るためバックライトは必要ない。

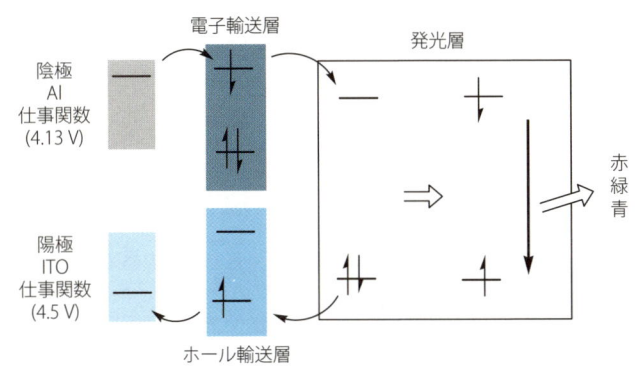

図 10.15　エレクトロミネッセンスのモデル

1987年にタン[*]によって作成された有機ELディスプレーの構造を図10.16に示す。発光層として，キノリノールのアルミニウム塩（Alq_3）を用い，ホール注入層としてp型半導体であるトリアリールアミン誘導体を用いている。タンらによる有機ELの開発におけるブレイクスルーは，有機材料を2層積層して電荷輸送と発光とに機能分化させたこと，積層する有機物を真空蒸着法により薄膜化したこと，薄膜が結晶化しないアモルファス材料を選定したこと，などである。

[*] C. W. Tang　有機太陽電池開発者と同じ

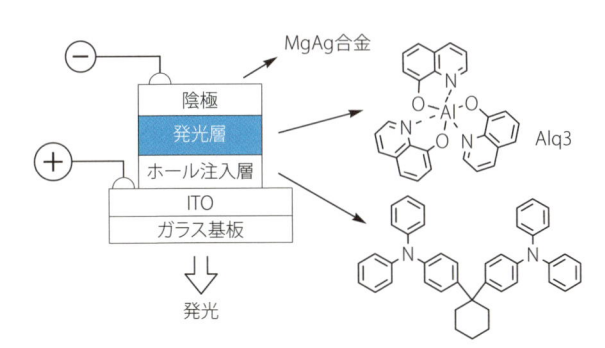

図 10.16　タンの有機 EL ディスプレーの構造

上記の考えをさらに発展させ，発光層と電子・電荷輸送・注入層を分離し，さらに両性の有機半導体をホストとして発光性分子をゲストとして取り込ませ混合して発光層とすることで，発光性分子の自己会合による消光を抑え，発光効率を向上させている。有機・無機界面の電子・電荷移動能の向上のため，陰極と電子注入層間にLiF層を，ITO電極とホー

ル注入層間には PEDOT：PPT 層を置いている。

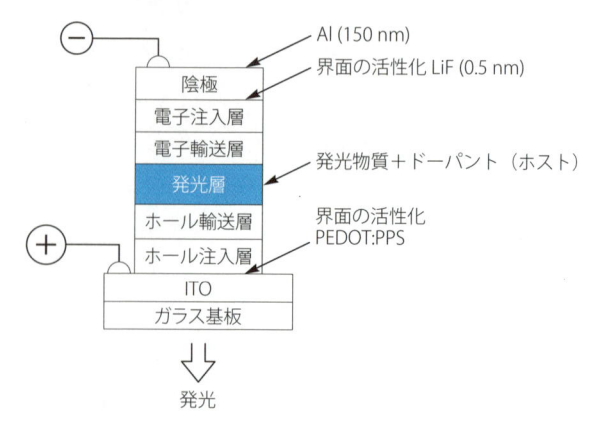

```
      Al (150 nm)
陰極   界面の活性化 LiF (0.5 nm)
電子注入層
電子輸送層
発光層    発光物質＋ドーパント（ホスト）
ホール輸送層   界面の活性化
ホール注入層  PEDOT:PPS
ITO
ガラス基板
 ⇩
発光
```

図 10.17　最近の有機 EL ディスプレーの構造

初期の有機 EL に使われた発光材料と電子・電荷輸送材料を図 10.18 と 10.19 に示す。ポリマーも用いられている。また，Alq_3 は電子輸送材料にも用いられる。有機 EL の発光材料には発光効率が 100％（量子収率 100％）であることが望まれ，さらに長時間の使用に耐える安定性が要求される。

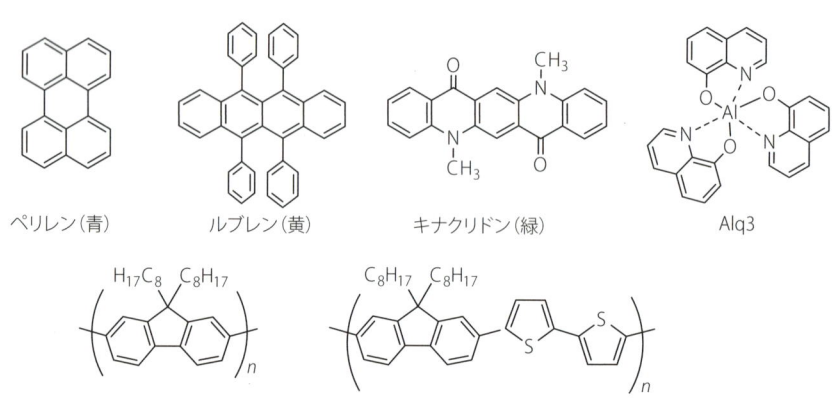

ペリレン(青)　　ルブレン(黄)　　キナクリドン(緑)　　Alq3

図 10.18　有機 EL に用いられた発光材料

図 10.19　有機 EL に用いられる電荷・電子輸送材料

デバイスが多層構造をもつため，各界面での反射によって，ガラス基板を通して外部に出る光は 20％ 程度であり，電場によって励起されて発生する励起状態の 75％ は三重項である。このため，蛍光発光を用い

る限り，たとえ蛍光発光効率が100％としても，外部量子効率（放出光子量／注入電子数）は5％に留まる（図10.20）。このため，発光材料にりん光を発する物質を用いることが検討された。長寿命で発光波長の適当なりん光発光材料は，重金属（Ir, Ru）を含む錯体が現在，使える化合物として開発されているが，青色の色素は開発が遅れており，現在も蛍光発光に頼っている[*1]。イリジウムやルテニウムは希少金属であり，汎用のディスプレーに用いることは資源的に問題があると考えられ，今後の開発が待たれる。現在，有機ELディスプレーは，大型のディスプレーにまで応用が広がっている。

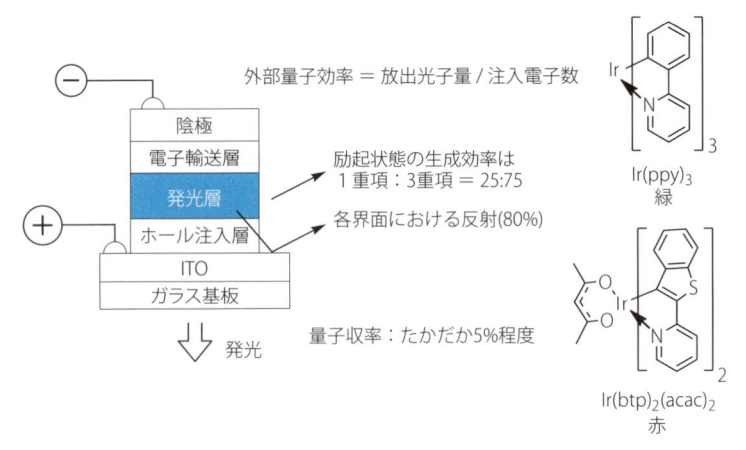

図10.20 有機ELの外部量子効率を決める要因とりん光発光材料

[*1] 青色発光材料：
りん光発光材料は，原理的に100％の量子効率が得られるため，高い発光効率が期待できる。しかし，青色りん光発光材料を用いたデバイスの高発光性と長寿命化を両立することは非常に難しく，OLED材料開発における最大の課題となっている。現在，青色りん光発光材料とホスト材料の適切なマッチングによって，高効率化と長寿命化が図られており，1万時間を超える耐久性をもつ系も開発されており，各企業の熾烈な開発競争が行なわれている。さらに，励起分子の一重項状態と三重項状態のエネルギー差の小さいホスト材料（TCDCB）を用いることで発現する遅延蛍光発光や，励起三重項分子間の衝突から起きるアップコンバージョンなどの技法を用いた蛍光発光材料の利用が進み，有機ELの高効率化が図られている。

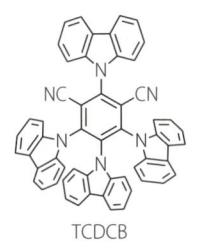

コニカミノルタ（Technology Report Vol. 11, 2014）を参考に

10.6 炭素材料

20世紀末から21世紀初頭，フラーレンやカーボンナノチューブ，グラフェンなどの新しい炭素材料の発見が相次いだ。フラーレン（C_{60}）は大量合成法も確立し，n型半導体として太陽電池に用いられるなど，応用への展開が進んでいる。

10.6.1 フラーレン[*2]

1985年，クロト，スモーリー，カール[*3]らは炭素クラスターの中で C_{60}（と C_{70}）が飛びぬけて安定であることを見出した。彼らは，それが，ダイアモンドとグラファイトに次ぐ第三の炭素同素体[*4]であり，その構造が中空のサッカーボール型であることを示唆した。その後，クレッチマーとハフマン[*5]によってアーク放電によって生成したススの中からフラーレンが溶媒抽出によって得られることが見出された。この発見によ

[*2] fullerene

[*3] H. W. Kroto, R. E. Smalley, R. F. Curl

[*4] 現在フラーレンは，ダイアモンド，グラファイト，アモルファスカーボンに次ぐ第四の炭素同素体とされている。

[*5] W. Krätschmer, D. R. Huffman

り，フラーレンを取り扱うことが可能になり，新しい炭素同素体の科学が開かれることとなった。

表10.4 フラーレン研究のブレイクスルー

年代	事柄
1985	フラーレンの発見（クロト，スモーリー，カール）
1990	バックミンスターフラーレンの単離（クレッチマー，ハフマン）
1991	アルカリ金属ドープ体（$C_{60}K_3$）の超伝導
	X線結晶構造解析による構造の確認
	金属内包フラーレン C_{82}@La の単離
	カーボンナノチューブの発見

フラーレンは，グラファイトと同様に sp^2 混成の炭素から構成され，五員環を含むサッカーボール型の対称性の高い構造を取っている。そのため，三重に縮重した LUMO をもち，六電子分まで還元される。三電子還元されたアルカリ金属塩には超伝導が観測される（$K_3 \cdot C_{60}$ で 30 K）。

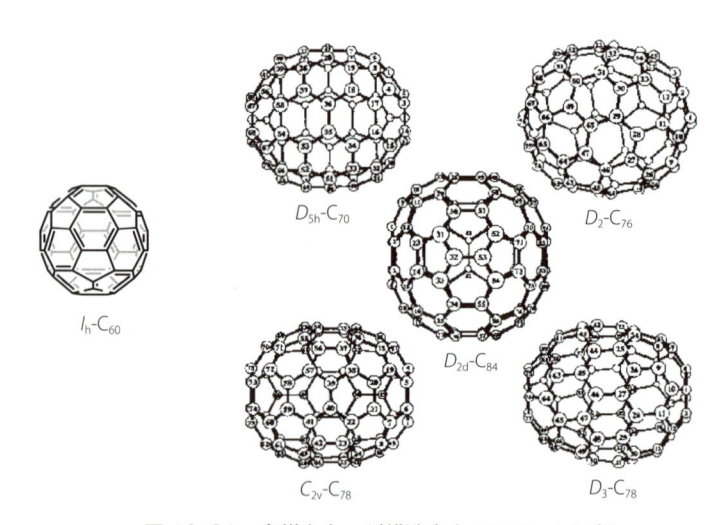

$I_h\text{-}C_{60}$ $D_{5h}\text{-}C_{70}$ $D_2\text{-}C_{76}$ $D_{2d}\text{-}C_{84}$ $C_{2v}\text{-}C_{78}$ $D_3\text{-}C_{78}$

図 10.21 多様なケージ構造をもつフラーレン類

フラーレンは反応性が高く，イオン反応，二重結合への付加反応，ディールス・アルダー反応などによって，様々な官能基を導入することが可能である。太陽電池に用いられる PCBM もフラーレンから合成される。

クロトらの最初の発見の際にも楕円球状の C_{70} の存在が確認されていたが，フラーレンの大量合成が可能になって，さらに多様なケージ構造をもつフラーレンの生成が確認された。ケージの中に金属を含むものも見出されており，その特異な電子特性が注目されている。

現在，C_{60} フラーレンは燃焼法によってトン単位のスケールで合成販売されており，先に述べた太陽電池素子やゴルフヘッド，活性酸素を除去する効果から化粧品にも配合されている。

フラーレンの発見

クロト[*1]は星間物質中の炭素クラスターについて研究をするためライス大学のカール[*2]を通じてクラスターの研究をしていたスモーリー[*3]と共同研究をおこなった。レーザーによって炭素を揮発させ再凝縮した炭素クラスターを質量分析器で観測する実験で，多数のシグナルが観測されたが，その中で C_{60} のシグナルが比較的大きく観測された。クロトの提案により，より安定な炭素クラスターが観測される条件に装置を変えたところ，非常に安定な化学種として C_{60} と C_{70} が生成することを見出した。彼らは，C_{60} をバックミンスターフラーレンと名付け，この物質の十分な安定性を示唆するとともに，特異な構造に起因する特異な性質（電子的物性や，空孔内に他の元素が内包される可能性）や，他にも多くの中空構造をもつ炭素が存在する可能性などを示唆した。これらの示唆はほぼ現実となり，科学に大きなインパクトを与えた。三氏はこれらの功績によって，1995 年ノーベル化学賞を受賞した。

*1 H. W. Kroto
*2 R. F. Curl
*3 R. E. Smalley

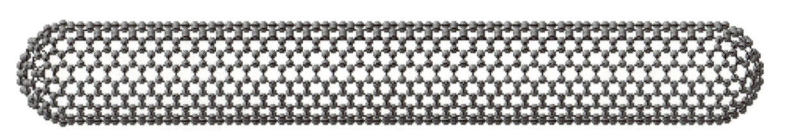

10.6.2 カーボンナノチューブ

カーボンナノチューブ（CNT）は NEC の飯島によって透過型電子顕微鏡（TEM）による観察によって見出された。グラファイトのシートであるグラフェンがチューブ状にまかれた構造をもち，末端はフラーレンのように曲面状に曲った炭素によってキャップされている（図10.22）。最初に発見された CNT は多層構造を持っていたが，スモーリーによって単層の CNT も見出された。アーク放電法・レーザーアブレーション法，化学気相合成法などによって合成され，直径はフラーレンと同じ 0.7 nm から 50 nm まで存在し，長さはメートル単位の物まで知られている。

図 10.22 カーボンナノチューブ（CNT）

単層の CNT における軸の方向は，ベクトルで指数化される。チューブを仮想的に切り開いてリボン状にし，開始点を $(0,0)$ に置いてグラフェ

ンと重ねたとき，リボンの端が来た点 (n, m) で示す．CNT はグラフェンシートの巻き方によって金属性・半導体性の導電性を示す．$n-m$ が 3 の倍数のとき金属性に，それ以外では半導体となると理論的に予想され，実験的に支持されている．

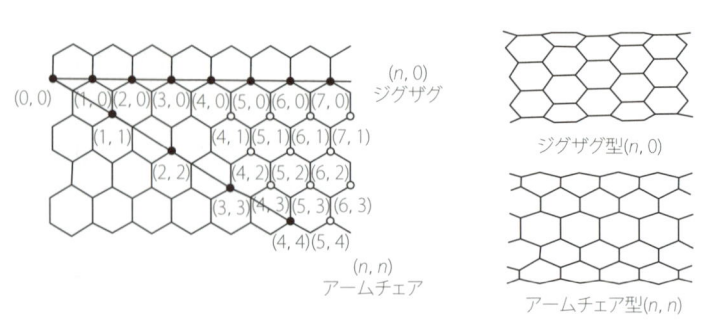

図 10.23　CNT の構造（キラリティー）の決め方

FET，透明電極フィルム，センサー，プローブ電子顕微鏡の端子などとしての応用が検討されている．

10.6.3　グラフェン

グラファイトの一枚のシートを表すグラフェンは，理想的な二次元導電体として相対論的な電子の挙動が予想されるきわめて興味深い物質であったが，グラファイトから取り出すことは不可能と考えられていた．2004 年ガイム[*1]とノヴォセロフ[*2]は，粘着テープによってグラファイトからグラフェンをはぎ取ることが可能なことを発見した．テープではぎ取ったグラフェンをシリコン基板に押しつけ，再び剥がすだけで一枚のグラフェンシートが基板上に残る．

その後，グラフェンの製作法がいくつか開発された．代表的な製作法であるプラズマ化学気相成長（CVD）法は，メタンをマイクロ波で分解し，銅箔などの表面にグラフェンシートを成長させる．また，炭化ケイ素（SiC）の基板を真空中で高温処理すると，表面のケイ素原子だけが昇華し，そのあとにグラフェンシートが生成する．

現在知られている物質のなかで，室温の電気伝導度と熱伝導度が最大であり，電子伝導度は 15,000 cm^2/Vs，導電率 7.5×10^7 S/m と極めて高い．可視光に対してほぼ透明（透過度 98 %）なため，透明電極としての利用が期待されるなど，シリコンの 100 倍の伝導度と鋼鉄の 200 倍の強度とされるグラフェンの今後の応用が期待される．

[*1]　A. Geim

[*2]　K. Novoselov

ガイムとノヴォセロフは 2010 年ノーベル物理学賞を授与された．

11 液晶・液晶ディスプレー材料

11.1 液晶

　結晶状態の物質が融解する際，分子の配向か配列の片方だけが先に乱れるものがあり，それらを中間相と呼ぶ。その中で，配向を保ったまま配列だけが乱れたものを液晶と呼ぶ。一方，配向だけが乱れたものを等方性結晶と呼び，四塩化炭素やフラーレンのような対称性の高い分子に見いだされる。液晶は，薄膜ディスプレーのスイッチ機構に採用されている。

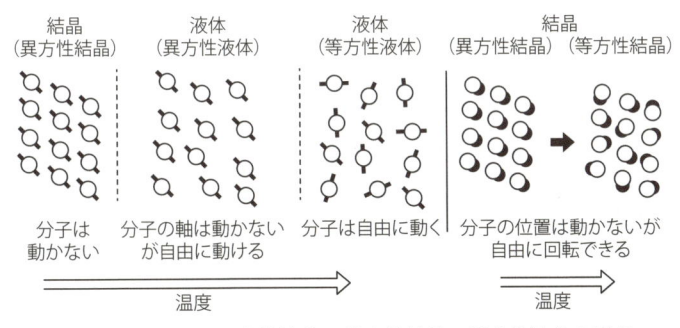

図 11.1　結晶と異方性液体，等方性結晶，等方性液体の関係

11.2 液晶の発見

　1888 年，オーストリアの植物学者ライニッツァー[*1]は，ニンジンから得たコレステロールと安息香酸のエステルを加熱すると，濁った液体になり，さらに温度を上げていくと透明になることに気づいた。この二重の融点ともいえる現象に興味をもったライニッツァーは結晶学の専門家であるレーマン[*2]（独）に助けを求めた。試料の加熱・冷却ができるホットステージを備えた顕微鏡を用いて，精緻な観察を行ったレーマンは 1889 年，「物理化学会報」へ「流れる結晶（crystals that flow）」についての論文を投稿したのが，液晶研究の初めとされる。その後，フォ

*1　F. Reinitzer

*2　O. Lehmann

*1 D. Vorländer

レンダー*1によって，アゾキシベンゼン誘導体などの液晶が合成され，分子が棒状であることが液晶性の発現に重要であることが示された。

図11.2 最初の液晶性分子であるコレステロールの安息香酸エステルとフォレンダーによって合成された液晶性アゾキシベンゼン誘導体

11.3 液晶の種類と構造

11.3.1 液晶の構造的特徴

液晶を誘起する構造ユニットをメソゲン（mesogen）と呼ぶ。低分子液晶ではメソゲンは分子であり，高分子ではメソゲン基となる。図11.3に示すように，一般にメソゲンは芳香環のような硬いコアと適度な柔軟性をもつ側鎖，必須ではないが極性置換基をもつ棒状の分子である（ディスコチック液晶を形成する円盤状分子を除く）。

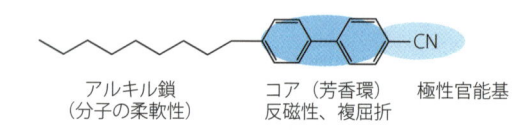

アルキル鎖　　　コア（芳香環）　　極性官能基
（分子の柔軟性）　反磁性、複屈折

図11.3 棒状の液晶分子の基本構造

11.3.2 液晶の配向

*2 G. Friedel
　なお，ジョルジュ・フリーデルはフリーデル・クラフツ反応を見出したシャルル・フリーデルの息子である。

*3　有機化学者であったガッターマンが彼の合成したp-アゾキシアニソールを偏光顕微鏡下で観察した際，奇妙な筋状の模様が現れることを見出し，これをシュリーレ（schliere）と名付けた。その後，多くの液晶がこの模様を示したことから，その模様をシュリーレンテクスチャーと呼んだ。

1922年，フリーデル*2は，偏光顕微鏡下で観察される模様（シュリーレンテクスチャー*3）の観察から（図11.4），液晶が3種類に分類できることを示した。

（1）ネマチック液晶（N）

糸状の模様が見えることから名付けられた。ネマチック液晶中では，光学軸の配向方向が滑らかに変化できない場所が線状に存在し，それが糸状の模様として現れる。液晶分子は，芳香環のπ-πスタッキング，側鎖同士のファンデルワールス力（p.159参照），双極子－双極子相互作用などによって自己組織化し，安定化のため一方向に揃う。ネマチック液晶は分子の長軸方向が同じ方向を向き，配向方向のみが秩序化されているが，位置に秩序がない。液晶中では最も粘性が低くて流動性が大きく，等方相に近い液晶である。

液晶は電圧を印加すると印加された電圧の方向に対して液晶分子の配

向方向が変化する電気的特性を有している。また，接している表面の処理（配向膜）によって液晶の方向を揃えることが可能である。この電気的特性および粘性率の低さから，液晶ディスプレー（LCD）に最も広く用いられている。

(2) コレステリック液晶（Ch または N）

不斉要素をもったネマチック液晶が示す液晶状態であり，ネマチック層がらせん状に積層する。ねじれが360°に回転するのに要する液晶相の厚みをらせんの"ピッチ"とよび，ピッチと液晶の屈折率の積に等しい波長の光の半分は反射される。これを"選択反射"とよび，この反射光が可視領域にある液晶は色づいて見える。ピッチ長は温度によって変化し，それに伴って色調の変化を促す。その色の変化は，温度計や温度センサーに用いられている。

(3) スメクチック液晶（S または Sm）

セッケンのようなものを意味し，層状構造を取る。扇型と楕円型の模様が特徴となる。分子の配列に結晶の秩序が残っている液晶状態であり，分子の長軸方向が揃うとともに横方向にも秩序があるため，層状構造を示す。層の方向に垂直に並んだスメクチックA（S_A）相，分子軸が一定方向に傾いたスメクチックC（S_C）相などがある。図11.5と11.6に，それぞれの液晶相を示す代表的な分子と分子の配列を示す。

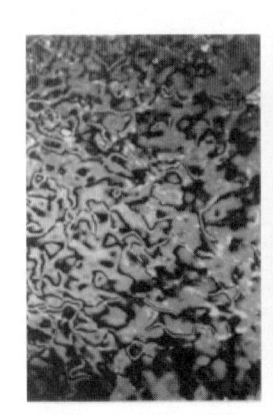

図 11.4　ネマチック液晶とスメクチック液晶のシュリーレンテクスチャー
（D. ダンマー，T. スラッキン（鳥山和久訳），『液晶の歴史』，朝日選書より）

図11.5に示すビフェニル誘導体はアルキル基の長さによって液晶相が変化する。アルキル鎖がペンチル（C_5H_{11}）基ではネマチックであり，オクチル（C_8H_{17}）基ではスメクチックになる。これは，アルキル鎖が伸びることで，分子間のファンデルワールス相互作用により，分子を揃える力が強くなったためと考えられる。

図 11.5　それぞれの液晶相を示す代表的な分子

ネマチック　　　コレステリック　　　ネマチック　（$n = 5$）
　　　　　　　　　　　　　　　　　　スメクチック（$n = 8$）

ネマチック(N)　　スメクチックA層(S_A)　　スメクチックC層(S_C)

図 11.6　ネマチック液晶相とスメクチック液晶層の分子配向のモデル図

> ディスコチック液晶：液晶分子は棒状の構造をもつことが一般的であるが，円盤状の構造をもつディスコチック液晶も知られている。1970年にド・ジェンヌ*（液晶などのソフトマテリアルの研究に対する貢献で1991年にノーベル物理学賞受賞）によって予言され，1978年，実際にベンゼン誘導体 A に初めてディスコチック液晶が見出された（液晶相を示す温度幅は小さかった（〜2℃））。分子の中心に円盤状の共役系をもち，複数のアルキル基が置換した構造を持つ。この円盤状の分子が積み重なって円柱状のカラム構造を形成し，このカラム構造が二次元平面内に周期的に配列する。現在，トリフェニレン B やコロネン C，ヘキサベンゾコロネン D などを中心に持つディスコチック液晶が知られている。

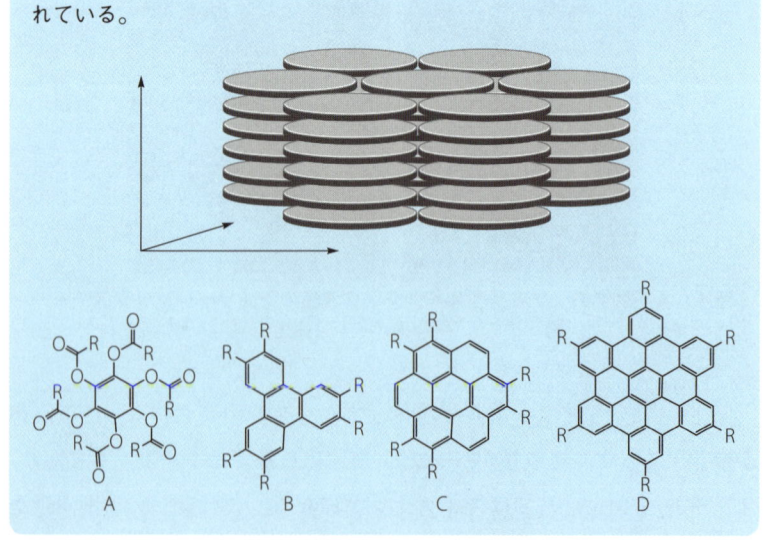

* P. G. de Gennes

11.3.3 液晶の現れ方による分類

(1) リオトロピック液晶（濃度転位型）

ある濃度範囲内で液晶状態を示す。生体膜や界面活性剤などはリオトロピック液晶であり，セッケンやリン脂質も水中で自己組織化しミセルや二層膜を形成する（p.140）。セッケンの構造（p.139）は，液晶の基本構造と類似しており，自己組織化して集合体を形成し，液晶状態となる。

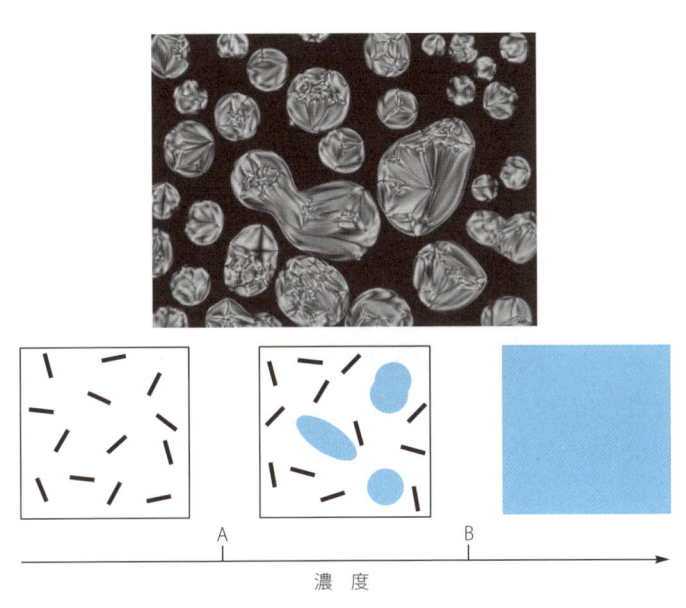

図 11.7 リオトロピック液晶のモデル

濃度が高まることで島状に液晶が生じ，やがて全面を覆う。それぞれ，A 点：等方相−液晶相転位濃度，B 点：液晶相のみとなる濃度が観測される。写真：等方性液体の中に浮かぶネマチック液晶層（ミクロ・マクロ・時々風景 by ZAM20F2 HP より）

(2) サーモトロピック液晶（温度転位型）

ある温度範囲内で液晶状態を示す。昇温過程および降温過程で可逆的に中間相を示す液晶をエナンチオトロピック（enantiotropic：互変型）液晶と呼ぶ。これに対して，温度（T_1）で等方性液体になるだけで液晶相を示さず，冷却時に等方性液体になった T_1 より低い温度（T_2）で液晶相を発現する液晶をモノトロピック液晶と呼び，このような転位をモノトロピック（monotropic：単変型）相転位とよぶ。

サーモトロピック液晶は，温度の上昇とともに複数の液晶相を形成するものもあり，その場合，結晶（C）相→スメスチック（S）相→ネマチック（N）相→等方性液体と対称性の高い相へと転移することが一般的である。しかし，液晶物質の中には C 相と S 相の中間に N 相が出現するようなものもあり，このような液晶をリエントラント液晶と呼ぶ。

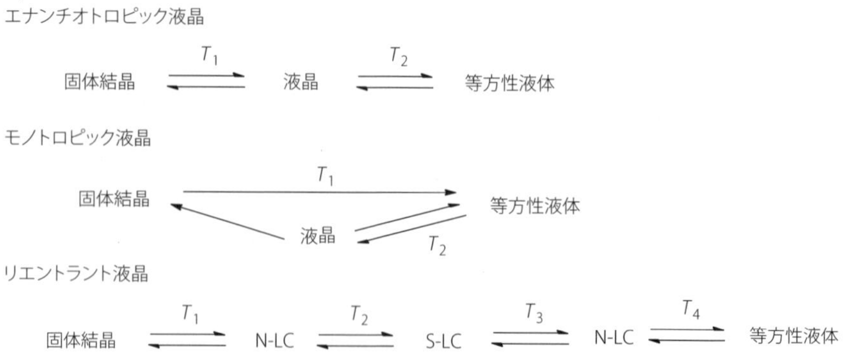

```
エナンチオトロピック液晶
固体結晶 ⇌(T₁) 液晶 ⇌(T₂) 等方性液体

モノトロピック液晶
固体結晶 →(T₁) 等方性液体
固体結晶 ← 液晶 ⇌(T₂) 等方性液体

リエントラント液晶
固体結晶 ⇌(T₁) N-LC ⇌(T₂) S-LC ⇌(T₃) N-LC ⇌(T₄) 等方性液体
```

図 11.8 サーモトロピック液晶の分類

11.3.4 高分子液晶

高分子液晶は，メソゲンが主鎖を形成する主鎖型液晶高分子と，メソゲンが高分子の側鎖に導入された側鎖型の高分子がある。

(1) 主鎖型液晶高分子

デュポン社によって開発されたケブラー（p.113）は，硫酸に溶かすと液晶相が出現する。主鎖間に働く水素結合が繊維の強い強度と液晶性に重要な役割を果たしているものと考えられる。また，ポリエチレンテレフタレート（PET：p.117）にも液晶性を示すものが存在する。

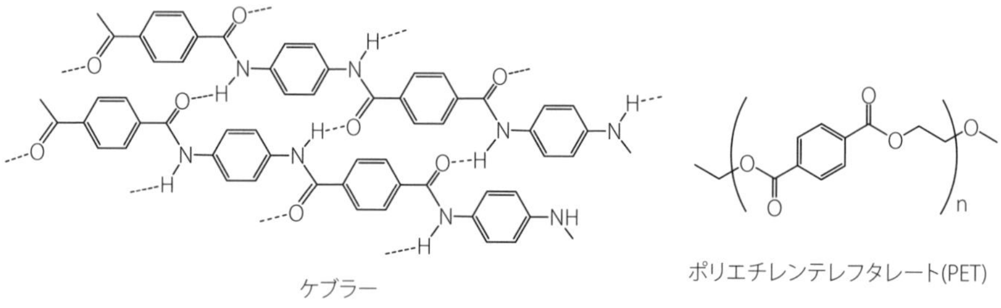

図 11.9 ケブラーと PET の構造

(2) 側鎖型液晶高分子

ポリアクリル酸やメタクリル酸を主鎖として，側鎖にメソゲンを組み込んだ高分子液晶が知られている。アゾベンゼンなどを組み込み，アゾベンゼン部分の光シス-トランス異性化が高分子全体の構造変化をもたらす系が，分子モータとして研究されている。

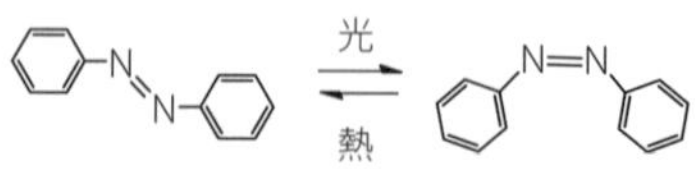

図 11.10 アゾベンゼンの構造とシス-トランス異性化

11.4 液晶ディスプレー（LCD）

液晶ディスプレー（LCD）は，テレビ，携帯電話，電卓などの様々な表示に用いられている。基本的な素子の構造を図 11.11 に示す。この素子には，偏光フィルター，配向膜，液晶，カラーフィルター，そこに含まれる顔料など様々な有機材料が用いられている。液晶は，ITO 電極を通じた電圧の変化に対応して動き，バックライトからの光の透過のオン－オフをコントロールする重要な働きを担っている。

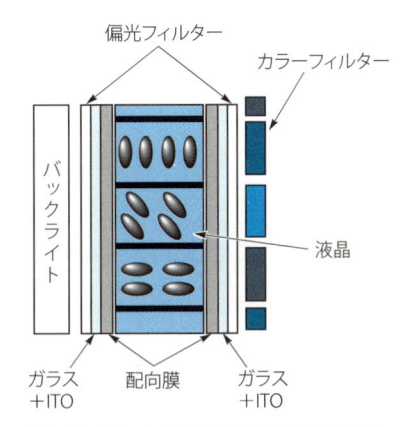

図 11.11 LCD の基本的な素子構造

表 11.1 液晶技術の発展

年代	事象
1888	液晶の発見（ライニッツアー）
1911	最初のラビング技術・モーガン条件（モーガン）
1935	フレデリックス転移の発見（フレデリックス）
1963	液晶の電気特性変化の発見（RCA 社）
1968	動的散乱 DSM(Dynamic Scattering Mode)方式 LCD 発表：RCA 社
1971	TN(Twisted Nematic)型 LCD の発表：ウェスティングハウス社
1972	TN 型 LCD 液晶時計発売：グルエン
1973	DSM 方式 LCD 液晶電卓発売：シャープ社
1978	TN 型液晶テレビ販売：シャープ社
1983	TN 型液晶カラーテレビ販売：エプソン社
1984	VA(Vertical Alignment)方式開発：クレール
1984	STN(Super Twisted Nematic)方式：シェーファ
1986	STN 方式 LCD 販売：シャープ社
1992	IPS(In-Plane-Switching)方式 LCD：キーファ，バウアー
1995	IPS 方式 LCD 販売：日立社
1995	コレステリック LCD 開発：ヤング
1997	MVA(Multi-Vertical Alignment)方式 LCD 販売：富士通社
1998	反射型液晶テレビ販売：シャープ社
2006	コレステリック LCD 電子ペーパー開発：富士通社

「液晶ディスプレー－その開発の歴史－」，野中勝彦，パテント 2006, Vol.59, No. 11 参考

11.4.1 偏光フィルム

通常の光(自然光)は360°の方向に振動しながら進んでいる。偏光フィルムは、通過する光の振動を360°から一定の方向に揃える特性を有する（図11.12）。このため、2枚の偏光フィルムを90度回転させて重ねると、光は通過できない。偏光フィルムは、主にポリビニルアルコール（p.112）にヨウ素や染料を吸着・染色させて延伸・配向させ、偏光性能を持たせたフィルムである。フィルムの機械的強度を確保するためにトリアセテートフィルム（p.108）などの支持体を貼り合わせ、保護フィルムを付着させて作成される。住友化学と日東電工の2社が世界で6割以上のシェアを握っている（日本経済新聞 2012.6）。

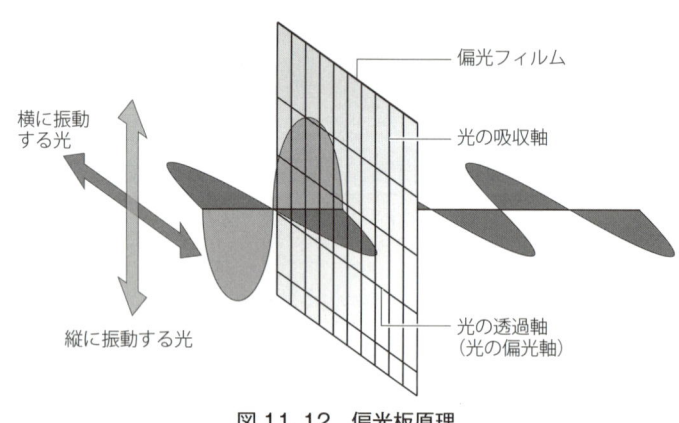

図11.12 偏光板原理
((株)ポラテクノ HP より)

11.4.2 配向膜

液晶ディスプレーにおいては電極上に液晶分子を規則正しく配列させるため、ITO基板上に「配向膜」を塗布する必要がある。現在の多くの配向膜は可溶性ポリイミド（p.118）*から作成される。前駆体である可溶性ポリイミドの溶液を基板上に塗布・焼成し、最終的には数十nm程度の厚みの高分子フィルムとする。このフィルムにラビング処理をすることで液晶分子の方向を整える配向膜が生成される。ラビング処理は、多くの場合、ナイロン布などを巻いたローラーで一定方向に擦ることで行う。高分子フィルムを擦るという簡便性に加え、液晶分子の配向状態も良好なことから、多くの配向プロセスで採用されている。しかし、ラビングによって液晶分子が配向する要因は未だ詳細には解明されておらず、また、微細な粉塵や静電気が生じるために、歩留まりや稼働率の低下を招く要因となっている。

* 可溶性ポリイミドには、前駆体であるポリアミック酸の溶液を基板に印刷（オフセット印刷）し、加熱により溶媒の除去および硬化反応(脱水縮合)させ製膜する熱硬化性ポリアミドと、文字通り可溶性のポリイミドの溶液を基板に印刷し、溶媒を乾燥させ、製膜する2つの方法がある。

(a) 方位はバラバラ　　(b) ラビングプロセス　　(c) 水平配向

図 11.13　ラビングによる配向膜形成モデル

そのため，高分子に直線偏光紫外線を照射することにより均一な水平配向を得る光配向がラビング処理を必要としない方法として注目された。1992年に，ポリビニル桂皮酸の直線偏光紫外線の二量化によって配向性能を発現できることが示された。最近では，光照射後，さらに加熱することで配向を揃える手法が開発されている。この場合，偏光方向に沿った分子のみが反応し，その分子を軸として，加熱処理によって他の分子の配向が揃う（図 11.14）。

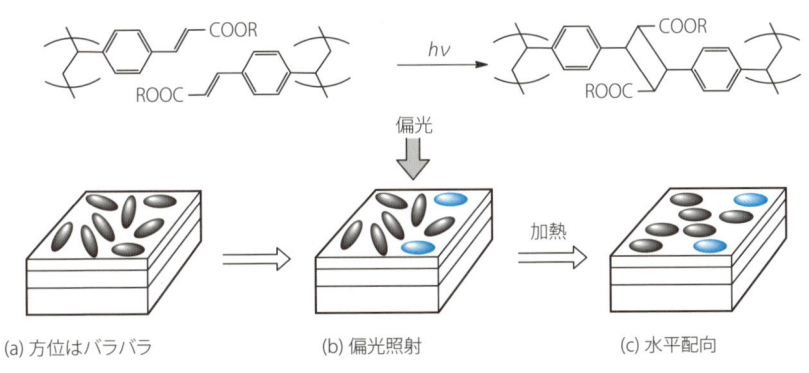

(a) 方位はバラバラ　　(b) 偏光照射　　(c) 水平配向

図 11.14　ポリビニル桂皮酸の光二量化反応と偏光照射による配向膜形成モデル

また，ポリイミドへの紫外線の照射による光分解の異方性によっても配向可能であることが示された。

11.4.3　液晶によるスイッチ機構

(1) モーガン条件とフレデリクス転移

LCDの基本原理となる性質は，20世紀前半，モーガンとフレデリクス[*1]によって用意された。モーガンはガラス表面などをこすること（ラビング）で，液晶分子を，望む方向に配向させることができることを見出した。さらに，2枚の配向膜で挟んだ液晶を観察することで，偏光面がおよそ90度回転した透過光が得られる条件（モーガン条件）[*2]を見出した。この条件を満たしたTN（twisted nematic）素子では，2枚のガ

[*1] C. Mauguin, V. Fréedericksz

[*2] モーガン条件：TN液晶層が90°旋光を示す条件として，モーガンの極限と呼ばれる
$$\Delta n \cdot d/\lambda \gg 1/4$$
が知られている。ここで，Δnは複屈折，dは液晶層の厚さ，λは光の波長である。

ラス基板上の液晶分子軸に平行または垂直な直線偏光を入射したときに，偏光面がおよそ90度回転した透過光が得られる。

また，フレデリクスは，基板の配向束縛力によって液晶分子を一定の方向に配向させたサンドイッチセルを作り，液晶分子対し垂直な磁場を印加する場合，磁場強度がある値を超えると磁場の方向に配向することを見出した。このような現象をフレデリクス転移と言う。また，この値を"しきい値"という。

(2) 動的散乱法（DSM：dynamic scattering mode）

1960年代アメリカRCA社[*1]によって，液晶のディスプレーへの応用が検討された。1962年には，ネマチック液晶に直接直流電圧を流すことで，液晶分子を制御する方式のLCDの特許を出願している。その後，同社のハイルアイマー[*2]によって，動的散乱法（DSM）によるLCDが発明された（プレス発表1968年）。これは，分子が垂直に並んだ液晶を透明電極で挟んだものである。そのままの状態では光が透過し，電流を流すと液晶の配列が乱れ，光が散乱されることで光が透過しにくくなる（図11.15）。この方式を利用してシャープは電卓の液晶表示装置を初めて作成した（1973年）。

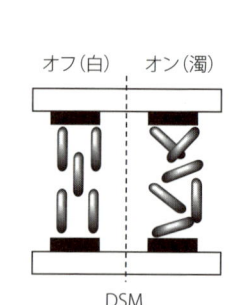

図11.15　DMS方式のモデル図

(3) TN（twisted nematic）方式

DSM方式は原理的に消費電力が大きく，また，散乱で光の透過をコントロールしていたため，コントラストが低いという難点もあった。そのため1969年にファーガソン[*3]によって見出されたTN（twisted nematic）方式が採用された（1970年にスイスのシャッドによる特許が先に成立していたため，特許を巡って裁判になった）。

[*1] アメリカRCA社：RCAはRadio Corporation of Americaの略で，1919年に設立され，1986年まで存続した1940～60年代にかけて世界最大の家電メーカーであった。ラジオ，白黒テレビ，カラーテレビを開発した会社として知られる。ビデオ・ディスク事業で失敗し，GE（ゼネラルエレクトリック）社に吸収された。RCA社は最初の液晶ディスプレーを1968年にプレス発表したが，商品化には至らなかった。
　RCAの担当者がシャープからの材料供給の依頼に対して，動作性能が遅い液晶は電卓の表示に向かないと断ったことが知られている。シャープは自社での開発を続け，直流電圧から交流電圧に代えることで，電気化学反応を抑え，長寿命化を達成した。

[*2] G. Heilmeier

[*3] J. L. Fergason

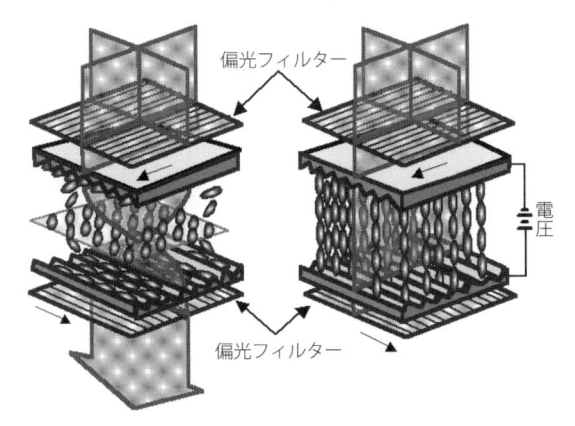

図 11.16　TN方式
オフ状態では，最初の偏光板を通りぬけた偏光が液晶分子のねじれに沿って 90 度曲がり，90 度ずらした次の偏光板を通り抜ける。オン状態では光は直進し，90 度ずらした次の偏光板を通り抜けることができない。(http://www.geocities.co.jp/SiliconValley-Bay/9357/lcd-2.html)

　TN方式では，90度ずらした2枚の偏光板にモーガン条件を満たしたネマチック液晶を挟み，フレデリクスのしきい値以上の電圧をオン-オフさせることで，光の透過をスイッチする（図11.16）。電圧を掛けるだけでよいため，DSM液晶に比べて消費電力を低く抑えられる。また，光の方向を偏光板によって精密にそろえるため，コントラストが高い。一方，液晶画面を横から見た際にコントラストが低下する問題が残った（ディスプレーの大型化の際に問題となる）。
その後，液晶の配向の違いに限っても

1) STN（super-twisted nematic）方式
2) IPS（in plane switching）方式
3) VA（vertical alignment）方式

などの方式が開発され，性能の向上によってディスプレーの大型化や高画質化が実現した。

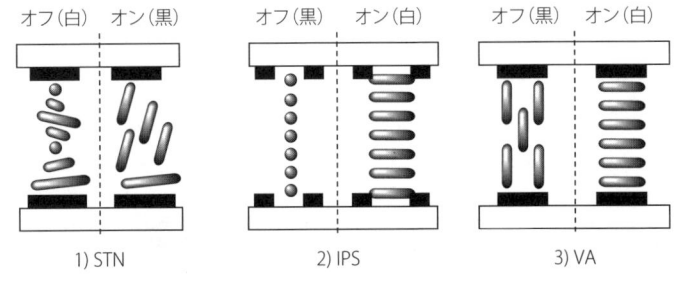

図 11.17　それぞれの方式のモデル図
1)STN方式。TN液晶が90度分子の並びをねじったのに対して，180〜260度ねじった方式。
2)IPS方式。液晶は平行のままで，電圧のオン・オフによって基板上を横方向に回転することで，光のスイッチを行う。3) VA方式。電圧オフ時に液晶が基盤に対して垂直に立つため，黒表示となり。電圧オンの時に水平に倒れて白表示となる。

1）STN方式

この方式によって斜め方向から見た場合の光の漏れが少なくなり，その結果，画面全体でコントラストが高くなる。TN液晶に比べて，応答性能の低下や，分子のねじれから色がつくなどの欠点もあり，カラーフィルターを組み合わせるなどして対応された。

2）IPS方式

どの角度から見ても液晶分子が寝ているため，視野角が広い利点がある。しかし，分子を横方向に動かすため，応答速度が遅いという問題をもつ。

3）VA方式

黒画質の向上と，高速対応が可能となる。また，液晶が基盤に対して立つか寝るかに因るため，ラビングが必要ない。このため，製造工程が大きく簡略化された。

（4）強誘電性液晶

強誘電性液晶とは，外部電場が無い状態でも（巨視的に見れば）分極が存在し，その向きが電場印加によって反転可能な性質を持つ液晶である。不斉要素をもつキラルスメクチックC相（Sc*）で見出される（図11.18）。ネマチック液晶と比べて自発分極の向きの回転が非常に速いため，きわめて高速な応答が可能と考えられ，LCDへの応用が検討されている。

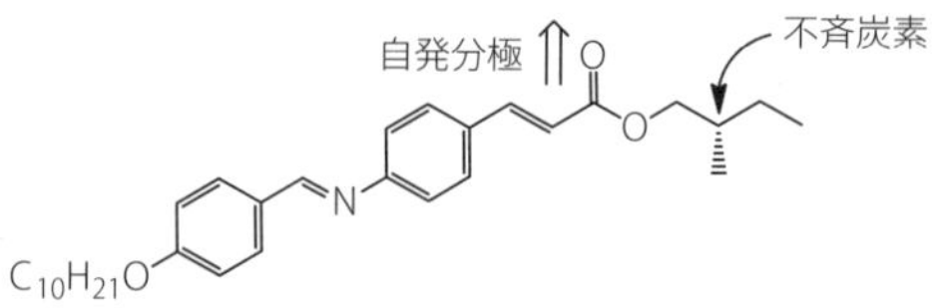

図11.18　最初の強誘電性液晶

11.4.4　カラーフィルター

液晶ディスプレーは，先に述べた有機EL素子と比べると，色素自体が発色するのではなく，バックライトの光が透過することで発色するため，カラーフィルターの透過率は重要である。このカラーフィルターには，LSI*をつくるフォトリソグラフィーが用いられ，生産性，色濃度，耐久性の面で色材として顔料を用いた顔料分散レジスト（ネガ型）が使われている（図11.19）。

* LSI（large scale integration：大規模集積回路）

11 液晶・液晶ディスプレー材料

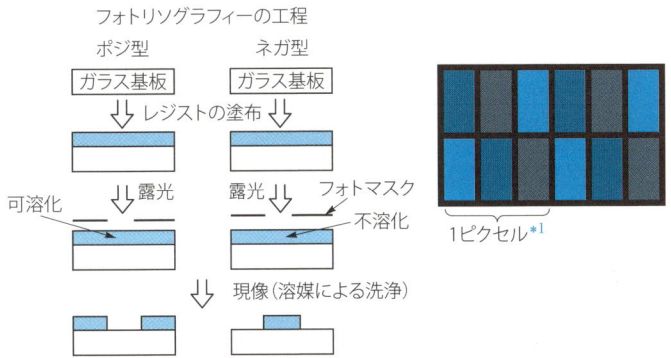

図 11.19 フォトリソグラフィーの原理とカラーフィルターの模式図
カラーフィルターの作成には，ネガ型のフォトレジストを用い，黒（BM）の枠から上記の過程を，RGB の三回繰り返すことで行う。

*1 ピクセル
ディスプレー装置の画面に表示する色情報の最小単位を「画素」（ピクセル：pixel）という。カラーフィルターでは，赤・青・緑の三色で 1 ピクセルとなる。

（1）フォトレジスト

フォトレジストは，光照射によって可溶化するポジ型と不溶化するネガ型があり，いずれも有機物の光反応が用いられている。

ポジ型は o-ジアゾナフトキノン誘導体とフェノールやクレゾールを含むノボラック樹脂[*2]を混合した系が利用されている。o-ジアゾナフトキノンは光照射によって，ウォルフ転位を起こしてカルボン酸誘導体となりノボラック樹脂のアルカリ水溶液への溶解を促進する。

*2 ノボラック樹脂はホルムアルデヒド―フェノール比が 1：1 より小さいフェノール樹脂である（p.118）。

図 11.20 o-ジアゾナフトキノンの光反応

ポリビニルフェノールはアルカリ条件下で水溶性であるが，この水酸基を保護すると不溶性となる。これを光酸発生剤（$Ar_3S^+X^-$ や $Ar_2I^+X^-$）と混合して，フォトレジストとして用いる（図 11.21）。この系では，酸によって脱保護された t-ブチルエステルがイソブテンと二酸化炭素，そしてプロトンを生じるため，再びエステルの分解に使われる。そのため，化学増幅型と呼ばれる。光酸発生剤はエポキシなどのカチオン重合なども促進する。

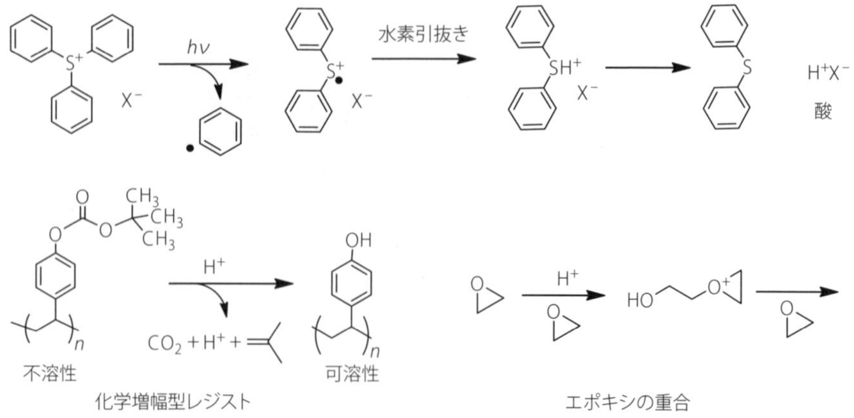

図 11.21　TPS-TF（X = CF$_3$SO$_3^-$）の光分解による酸の生成機構と，それによる化学増幅型レジスト，ポリエポキシドの生成機構

ネガ型は光により，レジストを重合させ不溶化させる。ポリイソプレン樹脂の様な炭化水素系高分子に，ナイトレン*発生剤（ビスアジド誘導体）を混合し，光によりナイトレンのプロトン引き抜きによる炭化水素系樹脂の固化を進める。また，桂皮酸の光二量化反応を用いた不溶化によるレジストも使われている。

＊　ナイトレンとは，窒素原子上に6個の価電子を有する化学種。窒素上の電子が不足した状態であるため，化学的な反応性に富み，さまざまな有機化学反応の中間体として用いられる。6個の価電子を有する炭素はカルベンと呼ばれ，同様に反応性に富む中間体である。

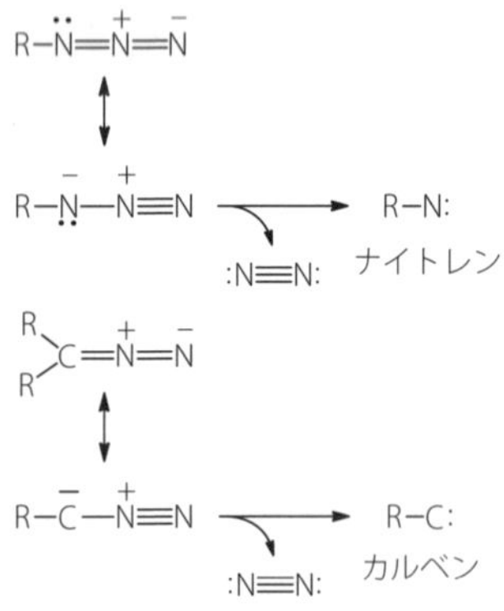

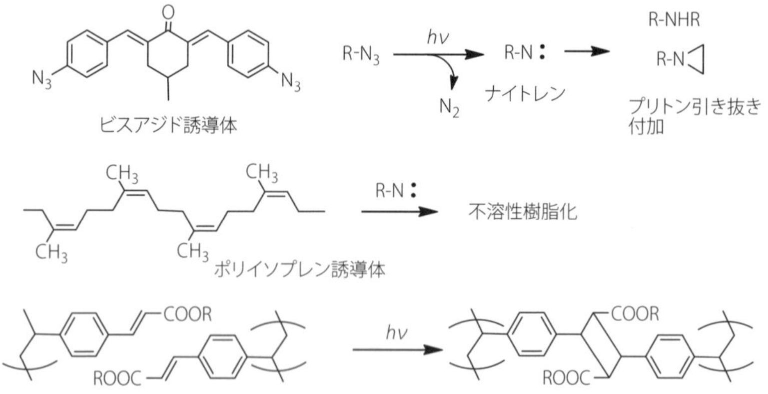

図 11.22　ビスアジド誘導体の光分解によるナイトレンの生成と，それによるポリイソプレンの不溶性樹脂化。桂皮酸の光二量化反応

(2) 色素顔料

顔料分散レジスト（ネガ型）に用いられる顔料は，高い熱・光安定性・コントラストと三原色に適した発色特性（輝度）が求められる。コントラストとは，液晶パネルの明暗をどれだけはっきりさせるかの指標であり，高いほどよい。顔料粒子による散乱が輝度を低下させる。このため色素顔料の粒径を細かくすることが求められている。以下に，カラーフィルターに使われている有機顔料を示す。

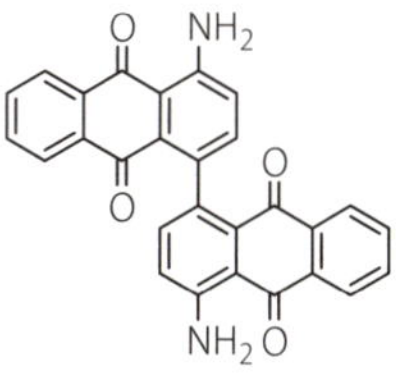

ピグメントレッド 177 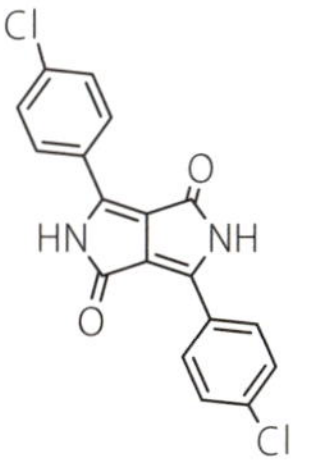　　ピグメントレッド 254 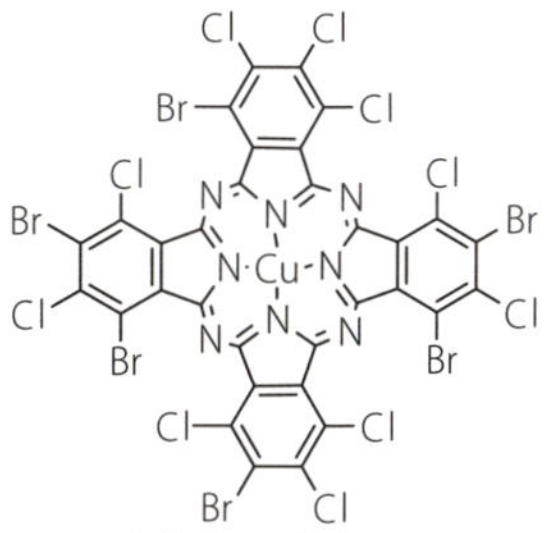　　ピグメントグリーン 36

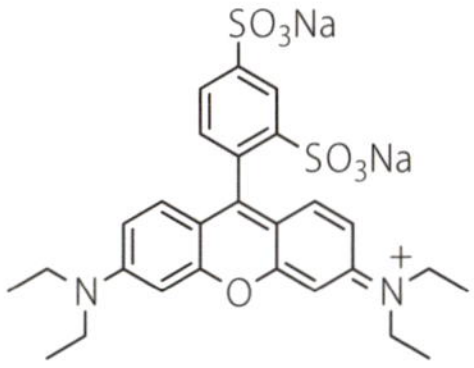

アシッドレッド 52 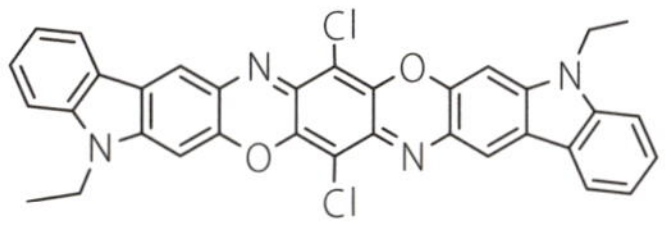　　ピグメントバイオレット 23 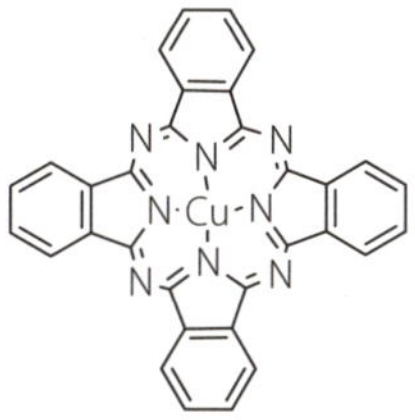　　ピグメントブルー 15:6

図 11.23　カラーフィルターに使われている有機顔料

11.5　反射型液晶ディスプレー

　反射型液晶ディスプレーは液晶のシャッターを使って，来た光を反射させて，明暗を出すディスプレーであり，カラーフィルターを使って色を出すこともできる。偏光フィルターやバックライトを使わないため電力消費量が少なく，目に優しいとされる。

　コレステリック液晶の選択反射（特定の波長（光）のみを反射）によって発色する性質がカラー電子ペーパーに応用されている。光の吸収層を下敷きに，三原色それぞれを反射する液晶を透明電極に挟んで積層させる（図 11.24）。通常は，液晶は縦向きにらせんを作っており，全ての色が反射され，白が表示される。通過させたい色の部分に電圧をかけると，らせんが横向きになって，その波長の光が透過する。黒は全ての色を通過させ，吸収層に吸収させることで表す。電圧を切っても横向きのまま安定しているため，電気を消費せずに表示が記録される。さらに高い電圧をかけることでらせん構造が壊れ，電圧を切ると縦配向が復活する。書き換え時のみ電力を消費するため，低電力消費を実現している。

図 11.24　コレステリック液晶 LCD の構造と原理
(富士通研究所 HP より)

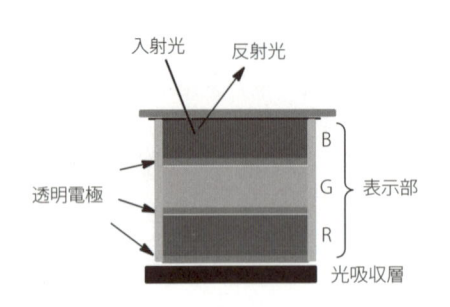

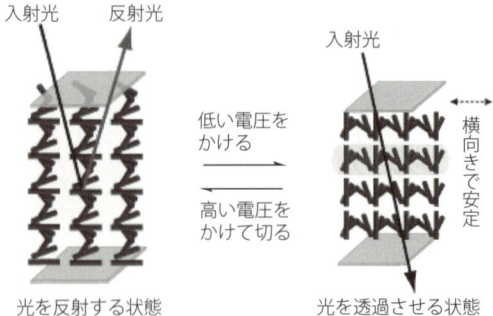

1, 低い電圧をかけてらせんを横向きにすると, 光が透過する。
2, 高い電圧をかけて電圧を切ると, もとの縦方向の液晶配列に戻り, 光を反射する。

エレクトロクロミズムを用いたディスプレー

　反射型ディスプレーとして液晶とカラーフィルターを使わず, 2 つの基板の間にシアン・マゼンタ・イエローの 3 原色のエレクトロクロミック発色層を形成した反射型表示素子も作られている (リコー・山田化学工業)。乾電池程度の低い電圧によって透明の消色状態から鮮やかな 3 原色を発色し, 電源を切っても発色状態が一定時間保持される。

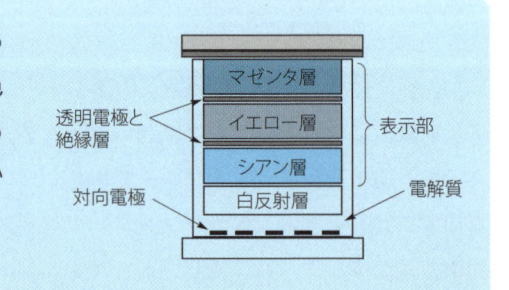

　エレクトロクロミズム (電子状態の変化によって着色する化合物)。ビオローゲンはジカチオン状態では無色であるが, 電子を注入することで鮮やかな青色に変わる。この原理を応用して, ビオローゲンにさまざまな共役系を挿入することで, 三原色を示す色素が構築される。

ビオローゲンのエレクトロクロミズム
透明　　青

マゼンタ

イエロー

シアン

12 香料・化粧品・香辛料・甘味料

　商業目的で製造販売される香気を持った有機物質またはそれらの混合物（調合されたもの）が「香料」である。香料の中でも，飲料，お菓子，アイスクリームなどの加工食品に使用されるフレーバー（食品香料），香水，オーデコロン，化粧品，セッケン，洗剤，芳香剤などの香に用いられるフレグランス（香粧品香料）＊がある。匂いの成分は，この他に医薬品や歯磨き，飼料，都市ガスなどにも使われる（表 12.1）。

　産地や収穫量が限られていた香料には非常に高価なものも存在していたが，染料と同様，有機化学の発展によって，分子構造が決定され，合成によって安定して安価に得られるようになり，それまで上流階級に限られていた香水やオーデコロンを日常的に楽しむことができるようになった。

＊ フレグランスは，香りが人々のイマジネーションを刺激したり，消費者の多彩なニーズに対応したりするために加えられる。一方，フレーバーは，食品が本来持っている風味に加工食品を近づける（「自然の模倣」）ために使用される。フレーバーは過剰になると不快さを与え，食品としての価値を失わせる。ほとんどの食品でその使用量は 10 ppm 以下で，1 ppm 以下の濃度でも十分な効果を発揮する。

表 12.1　香料の利用法

香粧品用	芳香商品：香水，オーデコロン 基礎化粧品：クリーム，化粧水，乳液など 仕上げ化粧品：白粉，口紅，頬紅など 毛髪化粧品：洗髪料，ヘアトニックなど
食品用	コーヒー，ジュース，アイスクリーム，キャンディーなど
芳香剤	室内用，自動車用
家庭用	芳香剤：粉セッケン，消臭剤，トイレ，殺虫剤
工業用	工業用製品：合成ゴム，樹脂，塗料，インキなど
環境用	防臭剤，工業防臭剤
保安用	着臭剤：都市ガス，プロパンガス
生物用	飼料用：飼料に配合，害虫用：誘引，忌避用

12.1 嗅 覚

目で感知される色と同様に，臭いは人間の鼻で感知される。人間は微妙な化学構造の違いを区別することができ，たとえば，香料として知られるジャスモン（ジャスミンの主成分）の側鎖の二重結合はシスであり，トランス体は「脂肪臭」となる。また，生体内の臭いや味のセンサーである受容体もタンパク質でありキラルであるため，鏡像体は別の物質として感知される。カルボンはキラル炭素をもち，L-体は「スペアミント様」そのD-体は「キャラウェイ様」とされる。

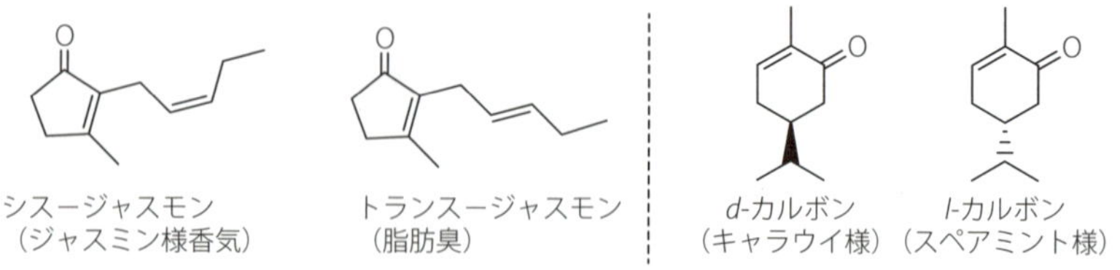

シス-ジャスモン（ジャスミン様香気）　トランス-ジャスモン（脂肪臭）　d-カルボン（キャラウイ様）　l-カルボン（スペアミント様）

図 12.1　香料の構造と匂いの関係

色とは異なり，物質の化学構造とにおいを系統立てること，物理的測定数値で表すことはいまだに成功していない。

12.2 香料の種類

香料は，植物や動物から採られる「天然香料」と，人工的に作られる「合成香料」とに分類される。天然香料の多くは揮発性の液体であり，主に植物由来の精油であるが，動物由来の古くから珍重されてきた香料もある（表 12.2）。

表 12.2　香料の種類と製法

種　類		由　来	製　法
天然香料	植物性	バラ，ジャスミン，桂皮，オレンジなど	抽出法 蒸留法 圧搾法
	動物性	ジャコウシカ，ジャコウネコ，ビーバー，マッコウ鯨	
合成香料		石油化学原料から合成する	化学合成

12.2.1 天然香料

(1) 香料の原料

天然香料の生産に使われる植物原料を表 12.3 に示す。

表12.3

使用部位	天然香料名	使用部位	天然香料名
花	ローズ，ジャスミン[*1]，キンモクセイ	樹皮	シンナモン，キハダ
花蕾(つぼみ)	カシス	根茎	ジンジャー，ターメリック
全草	ペパーミント，スペアミント，シソ，ローズマリー，セージ	果実	オレンジ，レモン，ライム，グレープフルーツ，バニラ
葉	ローレル，ウインターグリーン，ユーカリ	種子	ナツメグ，ビターアーモンド，マスタード

[*1] ジャスミンの主な産地はエジプトやモロッコ，インドである。花は夜間に開くので，開ききった明け方に人手により摘み取られ，有機溶媒で抽出される。抽出後，溶媒を除去することでコンクリートと呼ばれるワックス状の芳香を持つ固体が得られる。これをエタノールで再度抽出し，エタノールを除去したものが，香料として使用されるジャスミン・アブソリュートである。花約 700 kg からジャスミン・アブソリュート 1 kg が得られる。

(2) 香料の製法

原料となる物から，香りの成分を圧搾・抽出・蒸留などによって分離する。天然香料から単離された香料成分は単離香料と呼ばれる

1) **抽出法**：ヘキサン，エタノールなどの溶剤を用いて抽出する。無極性溶媒で抽出・濃縮したものをコンクリート，さらにアルコールで抽出したものをアブソリュートとよぶ。脂肪が香気分を吸収しやすい性質を利用し，花から香気分を吸収させる方法も，行われていた。香気を吸収した脂肪をポマードと呼ぶ。

2) **蒸留法**：「水蒸気蒸留法」は，蒸気圧の高い高沸点の化合物を沸点以下の温度で蒸留する方法[*2]として10世紀〜11世紀ごろにその方法が確立され，精油の製法として使われた。原料植物を蒸留釜に入れて，そこに水蒸気を送り込むことで，植物中にある精油成分が遊離・気化し，水蒸気と一緒に留出する。冷却することで水から分離する。減圧蒸留と組み合わせて，より沸点を低くし，熱による分解を抑える方法も取られる。

3) **圧搾法**：精油成分を含んだ果実や果肉を圧縮して精油成分を取り出す。水溶性のものをジュース，油性のものをオイルと呼ぶ。

4) **超臨界抽出法**：二酸化炭素のように，圧力をかけると液化する気体を溶剤として使用する方法であり，二酸化炭素を溶剤として使う場合，「液化二酸化炭素抽出法」「CO_2 蒸留法」とも呼ばれる。超高圧をかけ，超臨界状態になった二酸化炭素は精油成分を強く吸着する。その後，圧力を緩めて二酸化炭素を気化させると，精油分だけが残る。この方法を用いると，水蒸気蒸留では蒸留できない分子量の大きな成分も抽出することができるため，自然の植物中に存在している状態に極めて近い形のままの上質な精油を得ることができる。大きな設備を必要とし，コストがかかる問題点がある。

[*2] 溶けあわない2つの液体は独立して存在するため，それぞれの蒸気圧の和が大気圧に到達（大気圧＝水の蒸気圧 ＋ 化合物の蒸気圧）すると留出する。この時，留出する蒸気のモル分率はその時の蒸気圧の比に相当し，留出温度は 100 ℃以下になる。

12.2.2　天然香料（テルペノイド）の構造

多くの精油成分の炭素と水素の比が5：8であることが見いだされ，ケクレによってこの比率に従う化合物がテルペンと名付けられた。そしてワーラッハ* によってこのテルペンはいずれもイソプレンを部分構造として含んでいることが提唱された。

* O. Wallach

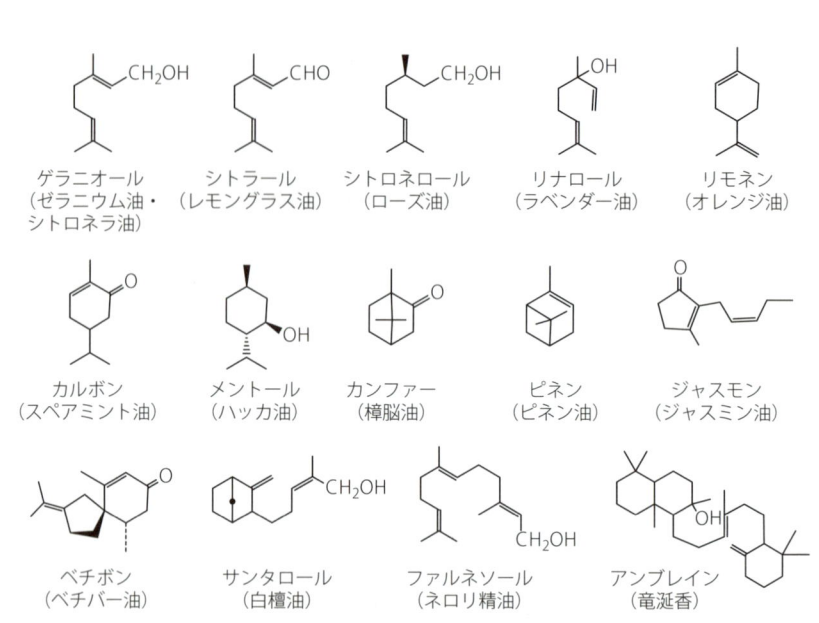

ゲラニオール（ゼラニウム油・シトロネラ油）　シトラール（レモングラス油）　シトロネロール（ローズ油）　リナロール（ラベンダー油）　リモネン（オレンジ油）

カルボン（スペアミント油）　メントール（ハッカ油）　カンファー（樟脳油）　ピネン（ピネン油）　ジャスモン（ジャスミン油）

ベチボン（ベチバー油）　サンタロール（白檀油）　ファルネソール（ネロリ精油）　アンブレイン（竜涎香）

図12.2　主な香料の種類と構造（草木類）

イソプレン単位が2個のものを（モノ）テルペン，3個のものをセスキテルペン，4個をジテルペン，5個をセスタテルペン，6個をトリテルペンとよぶ。セスキ，セスタはそれぞれ3/2，5/2を意味する。香料成分の炭素骨格がイソプレンを基本にして組立てられていることが，図12.3より理解される。

モノテルペン　セスキテルペン　ジテルペン

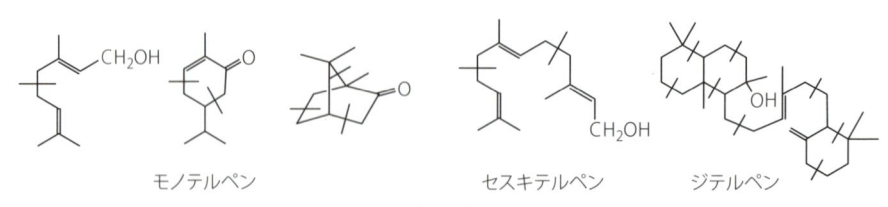

図12.3　テルペン類の構造に含まれるイソプレンユニット

イソプレンとテルペン

生ゴムの原料であるラテックスもイソプレンのポリマーである。ファラデーはラテックスの炭素と水素の比が5：8であり，熱分解によってイソプレンが得られることを見出した（6.4.1）。ケクレによって，この比率に従う化合物がテルペンと名付けられた。ケクレは，ベンゼン環の構造がシクロヘキサトリエンであり，二重結合が早く振動しているものと説明したことで有名なドイツの化学者である（インジゴの構造を解明したバイヤーもケクレの弟子である）。ワーラッハ[*1]はケクレのもとでテルペン類の研究をはじめ，テルペンがイソプレンの多量体（オリゴマー）とする説を提唱した。これが後にルジチカ[*2]によってイソプレン則と呼ばれるようになり，様々なテルペンの構造解明に役立った。ルジチカは，じゃ香臭のもととなるムスコンの構造を決定した。それらの功績によって，ワーラッハは1910年に，ルジチカは1939年にノーベル化学賞を受賞した。

*1　O. Wallach

*2　L. Ruzické

香料と法律

香料や香辛料は，食品衛生法，JAS法，IFRA法，薬事法によって規制されるとともに，化学物質として毒劇物取締法，消防法，安全衛生法などの安全基準によっても規制される。天然香料は食品衛生法で「動植物より得られる物又はその混合物で，食品の着香の目的で使用される添加物」と定義され，「天然香料基原物質リスト」（平成22年消食表第337号別添2）に使用できる約600品目の動植物名が例示されている。また，合成香料に対しては，安全性を確認するため一般的な毒性試験のほかに，繁殖試験や催奇形性試験，発がん性試験，抗原性試験，変異原性試験などの特殊毒性試験などを受けなければならず，当該物質の投与によって有害作用が観察されない最大投与量を判定し，実験動物の体重1kg当たりの摂取量（mg）で表される無作用量（最大無毒性量）を定めている。

テルペン類の生合成

テルペン類はアセチル CoA (p.129) からメバロン酸の脱炭酸，リン酸化によって導かれるイソペンテニル二リン酸を原料にして生合成される。イソペンテニル二リン酸はジメチルアリル二リン酸に異性化され，それとの結合により，炭素数 10 のゲラニル二リン酸，炭素数 15 のファルネソール二リン酸となり，それぞれモノテルペン，セスキテルペンへと導かれる。

コレステロールの生合成原料であるスクワレンや光合成色素であるカロチノイドもイソプレン則を満たす化合物である。スクワレンは，ファルネソール二リン酸の酵素による二量化によって合成される。これが，末端二重結合のエポキシ化から一挙に閉環してステロイド骨格を形成する。

スクワレンとカロテンの構造
スクワレンからステロイドの生合成過程

12.3 テルペノイドの合成

香料は植物や動物から得るのにかかる労力（ジャコウシカやジャコウネコは希少動物として保護対象になっている）が大きく，合成で置き換える価値の高い品目である。一方，人間が直接触れ，摂取する化学物質であるため，安全性に対する基準が非常に高く，成分や製法も対応する法律や安全基準を守ることが義務づけられている（p.217）。香料は揮発成分であるため分子量が小さく，天然染料のように複雑な構造をしていないため，有機合成のターゲットとして適当であった。そのため，新規な物質を作り出すよりは，天然物を安価な方法で作り出すことが求められた。

比較的安価に多量に得られるモノテルペンの精油を原料に香料成分を合成するルートが開拓されている。

(1) ピネンからの誘導

ピネンは，松脂や松材から水蒸気蒸留によって得られるテレピン油の主成分であり，精油の中で最も生産量が多い。二重結合の異性体である $α$ 体と $β$ 体があり，$α$ 体が主成分であるが，グリッデン[*1]社やヘキスト社などによって利用価値の高い $β$ 体への異性化が可能となった。それぞれ加熱条件や酸性条件下で転位反応や環開裂反応を起こし，種々のテルペン類に導かれる（図 12.4）。特に，ミルセンは月桂樹の葉やホップなどの精油成分であり，これからメントールやリナロールなどが合成される。

[*1] グリッデン（Glidden）社 1910年スタンダードテルペン社として設立，1936年グリッデン社として分割。以降1986年SCM Glidoco Organics → 1996年 Millennium Chemicals → 2004年 LyondellBasell 社→2010年に現ルネサンス(Renessenz LLC) へ

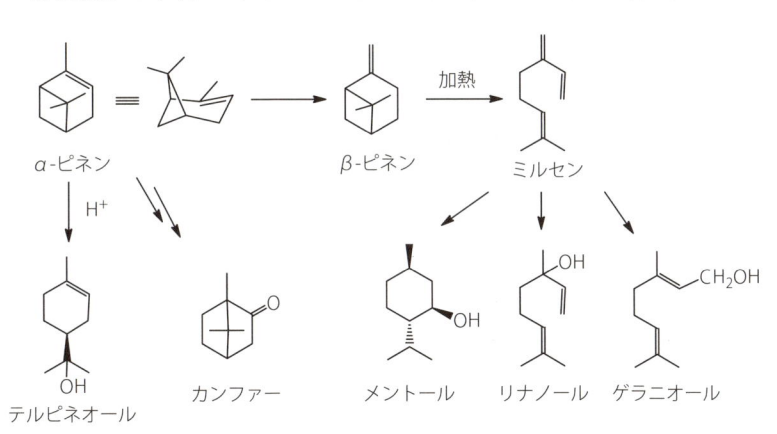

図 12.4 ピネンから導かれるテルペン類

(2) 樟脳（カンファー）[*2]

樟（くすのき）の材や根を水蒸気蒸留することで得られる。かつてはセルロイドの可塑剤として大量に使用されていたが，現在はフタル酸エステルなどに置き換わっている。$α$-ピネンからの骨格転位を用いた合成法が知られている（図 12.5）。

[*2] 中枢神経興奮・局所刺激・防腐作用があり，かつては蘇生薬（カンフル剤）として知られた。

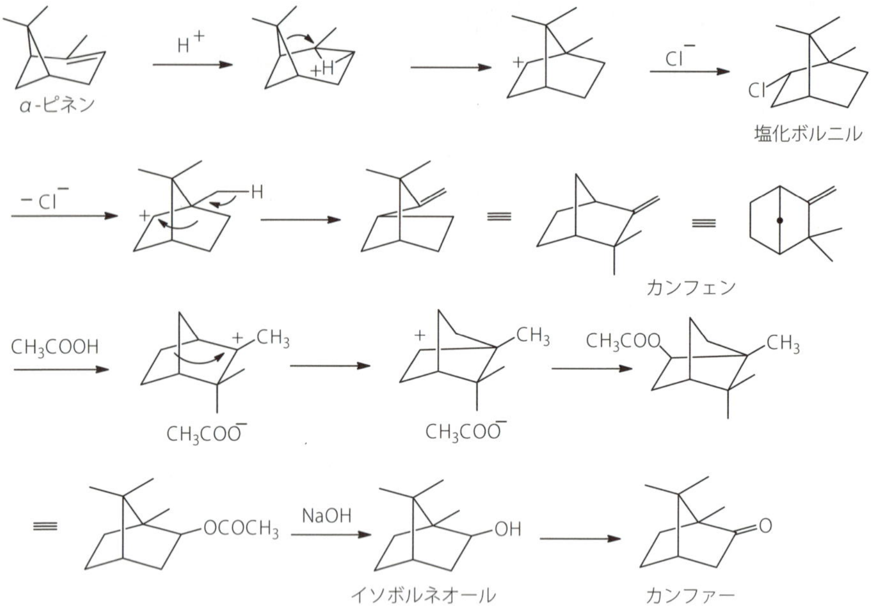

図 12.5　α-ピネンからカンファーの合成

*1　ロシュ (Roche) 社は 1896 年にスイスで設立された五つの大手医薬品メーカーの 1 つであり，同じスイスの化学会社であるノバルティス社 (p.149) とは異なり，合併を繰り返すことなく，現在も同名で継続している。ロシュ社は 1963 年に香水メーカーであるジボダン社 (1895 年にチューリッヒに設立) を吸収したが，2000 年には香料部門をジボダン社として再び分離した。ジボダン社は世界最大の香料メーカーである。

*2　キャロル (Carroll) 転位：[3,3] シグマトロピー転位の 1 つ。すべて炭素骨格の場合はコープ (Cope) 転位と呼ばれる。エステルを含む系をキャロル転位と呼び，ビニルエーテルを含む系をクライセン (Claisen) 転位と呼ぶ。

キャロル転位

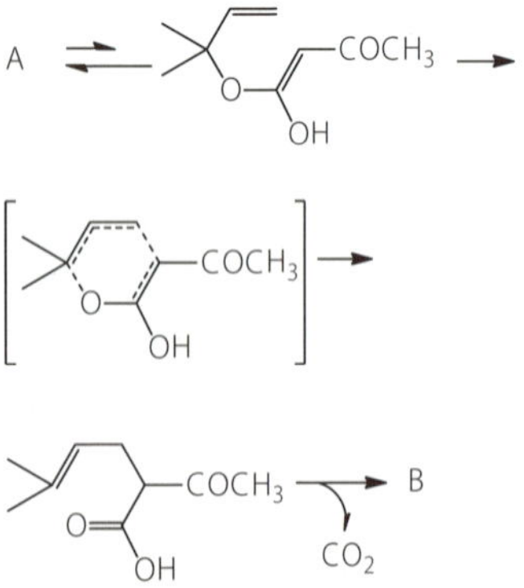

キャロル転位の機構

(3) リナロール

光学活性体での香りの質および強さに差があり，(S)-体はオレンジ様，(R)-体はラベンダー様とされている。その閾値は (R)-体が (S)-体の 1/5 である。

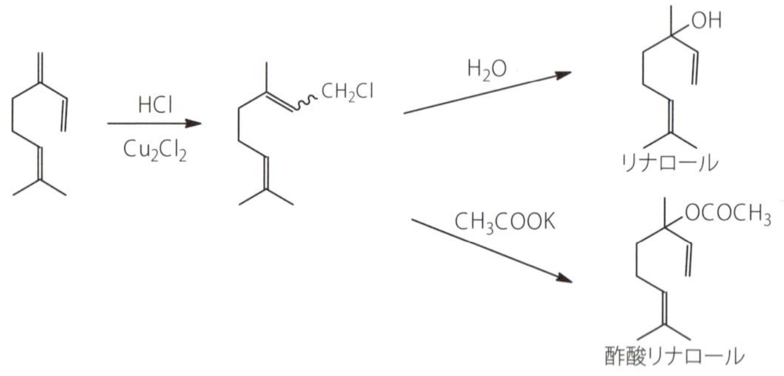

図 12.6　ミルセンからリナロールと酢酸リナロールの合成

ミルセンからのリナロールと酢酸リナロールの合成がグリッデン社によって開発されている (図 12.6)。また，ロシュ社*1 の開発したアセトンとアセチレンから出発する方法を図 12.7 に示す。キャロル転位*2 を用いて，メチルヘプテノン B が合成される。メチルヘプテンからアセチレンの付加，水素添加によってリナロールを得る。

合成中間体である，メチルヘプテノンはナフサの分解によって得られるイソプレンから変換するプロセスもクラレ社によって行われていた（2007年に撤退）。

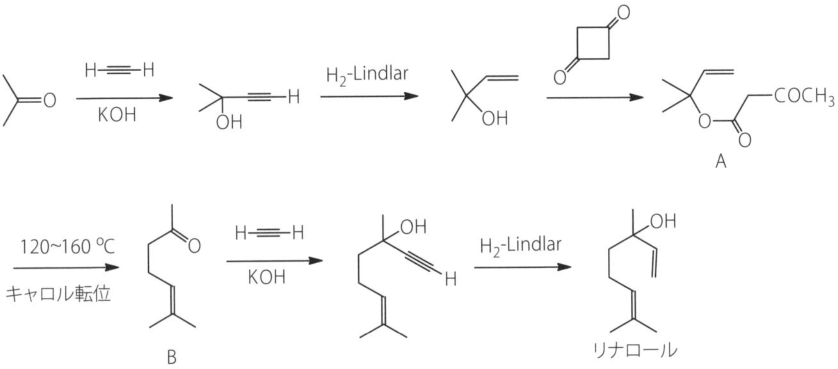

図 12.7 リナロールの合成（ロシュ法）

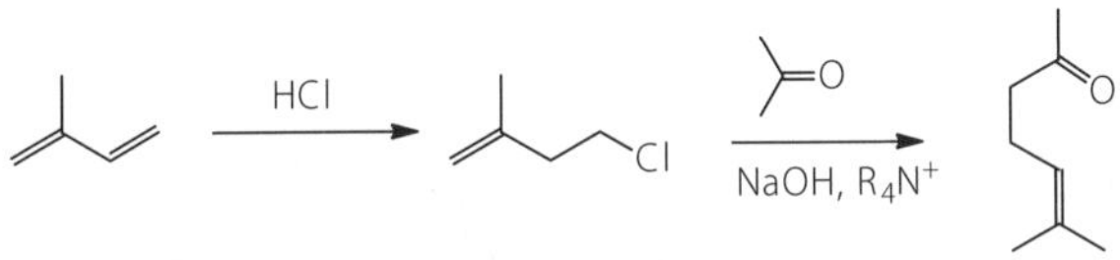

図 12.8 メチルヘプテノンの合成（クラレ法）

(4) *l*-メントール

ハッカ油から得られるメントールは，その構造の中に3個の不斉炭素原子を有し，8（2^3）個の光学および立体異性体が存在する。これらのうち，いわゆるハッカ特有の冷涼な香味を有する物は*l*-体のみであり（*d*-体は樟脳臭とされる），他の異性体はいずれも冷涼な香味を有しない（図12.9）。高砂香料はミルセンを原料に，不斉触媒であるRh(I)-BINAPを用いることで98％, 98.5％eeでシトロネラールとし，エン反応による環化，水素添加によって*l*-メントールを高い選択性で合成している（図12.10）。

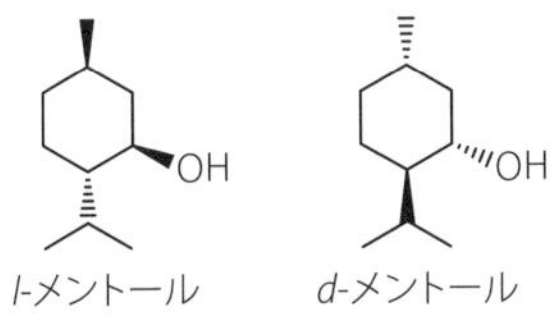

図 12.9 メントールの構造

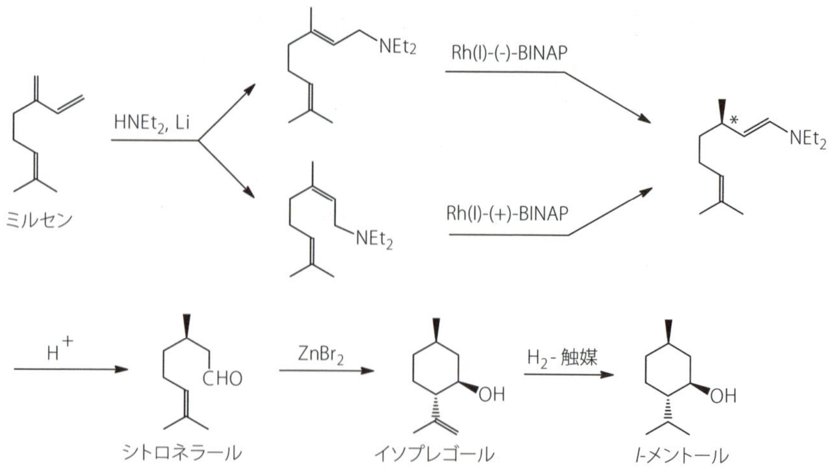

図12.10 *l*-メントールの合成

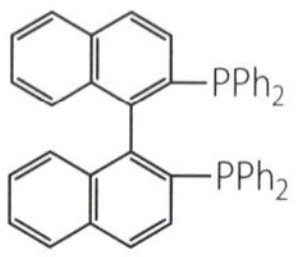

BINAPは不斉合成において広く利用される不斉配位子である。BINAPはその構造中に不斉中心原子を持たないが，ナフチル基が2個単結合で繋がれた1,1'-ビナフチル構造に由来した軸不斉を持つ。BINAP触媒を開発した野依良治は，不斉触媒の開発に対する貢献によって，2001年にノーベル化学賞を受賞した。

12.4　テルペノイド以外の天然香料の構造と合成
12.4.1　ジャスモン

p.215に示したように，ジャスミン精油の香料成分であるジャスモンは，天然より大量に得ることが困難なため，合成法によって供給される。多くの合成法が知られているが，1,4-ジケトンを経る方法が主流である（図12.12）。また，ジャスミンに近い香りをもつジヒドロジャスミンやジャスモン酸メチルも工業的に合成されている（図12.13, 12.14）。ジャスモン酸メチルの4つの構造異性体の内，(2*S*, 3*R*) 体のみが芳香を示す。

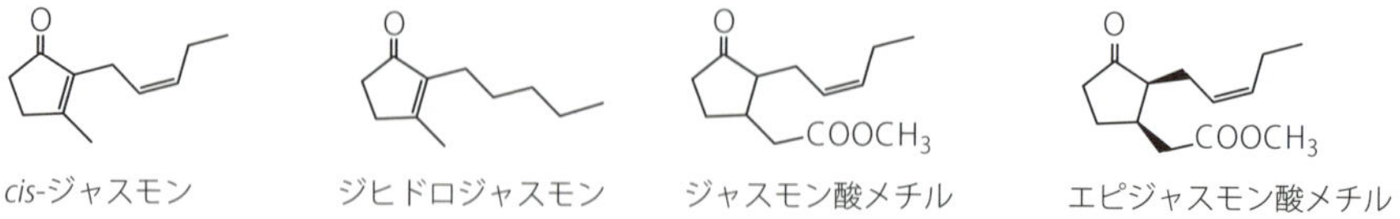

図12.11　*cis*-ジャスモンとジヒドロジャスモン，ジャスモン酸メチルの構造

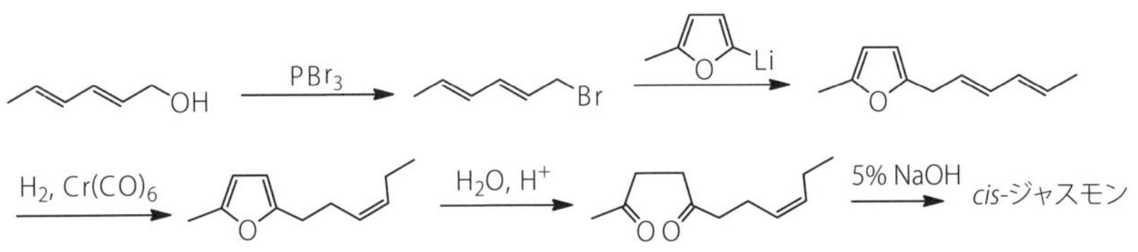

図 12.12　cis-ジャスモンの合成

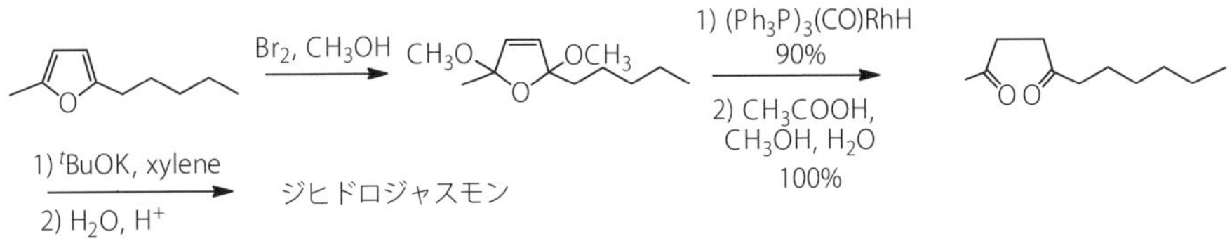

図 12.13　ジヒドロジャスモンの合成

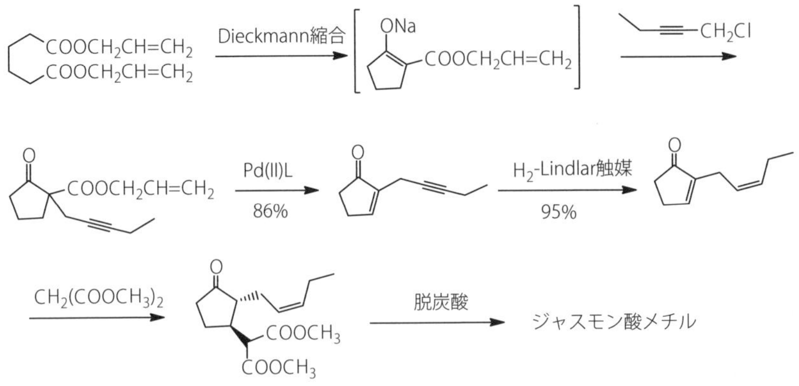

図 12.14　ジャスモン酸メチルの合成（全収率 60%）

12.4.2　ムスコン，シベトン

じゃ香の成分は 1906 年にワルバウム[*]によって初めて単離され，$C_{16}H_{30}O$ の組成式を持つことが示された。ムスク（musk）の香りのする，ケトン（ketone）ということからムスコン（muscone）と命名された。ルジチカ（12 章コラム 1）によってムスコンが 15 員環をもつ 2-メチルシクロペンタデカノンであることが解明され，1934 年にチーグラーによって合成された。(R) 体は (S) 体と比べて，強いムスク臭を示す。15 〜 17 員環を持つ化合物はじゃ香臭を示すことが多く，ジャコウネコから得られるシベトンも 17 員環構造をもつ。

[*] H. J. Walbaum

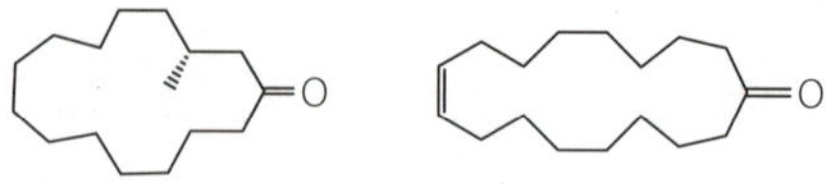

図 12.15 ムスコンとシベトンの構造

　ムスコンやシベトンのような大環状化合物の合成は，反応部位が離れているため通常の反応条件では多量化と競合するため比較的困難である。チーグラーやルジチカは高希釈条件を用いて多量化を抑えることで合成した。発酵法で生産されるペンタデカンジカルボン酸（そのエステル）を希釈条件下アシロイン縮合させて，15員環ケトールとし，脱水，メチル基の導入（有機銅試薬による共役付加）によってムスコン（ラセミ体）を得る。また，ケトールの還元によってエキザルトンとし，過酸を用いたバイヤー・ビリガー酸化[*1]によりエキザルトリドが得られる（図12.16）。

*1 Baeyer-Villiger oxidation

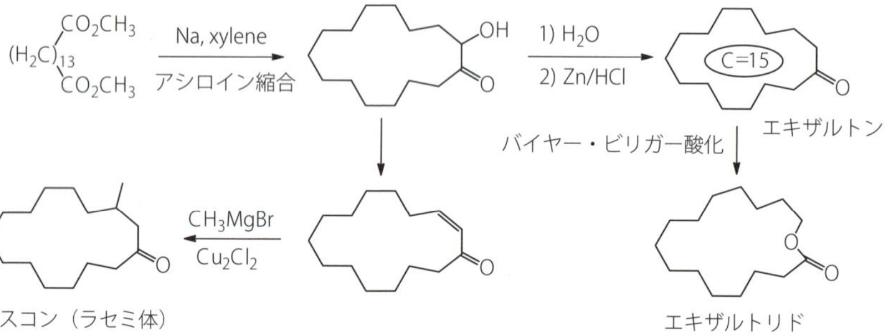

図 12.16　15員環化合物を経るムスク系香料の合成

　ヘキサデカン-2, 15-ジオンの分子内閉環反応を用いる方法も知られている（図12.17）。生成するエノンの不斉水素添加によって光学活性体も得られている。アゼライン酸（ノナンジカルボン酸）を出発物質に，アシロイン縮合[*2]をもちいて，シベトンの合成も行われている。

*2 acyloin condensation

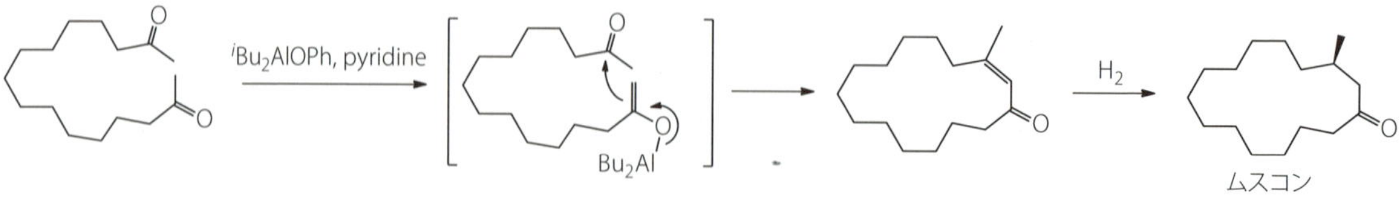

図 12.17　ムスコンの別法による合成

大環状構造を持たないムスク様香を持つ化合物（ムスク系香料）も知られている。

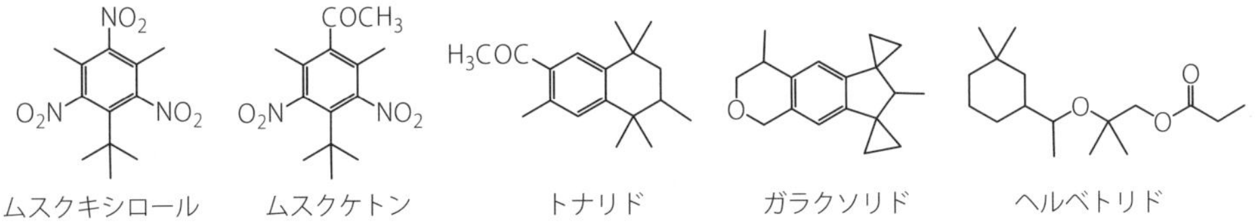

ムスクキシロール　ムスクケトン　トナリド　ガラクソリド　ヘルベトリド

図12.18　ムスク系香料

12.4.3　芳香族化合物

芳香族化合物（aromatic compound）はその名の通り芳香をもつ化合物が多く，天然香料として多くの種類が知られており，工業的に生産されている。

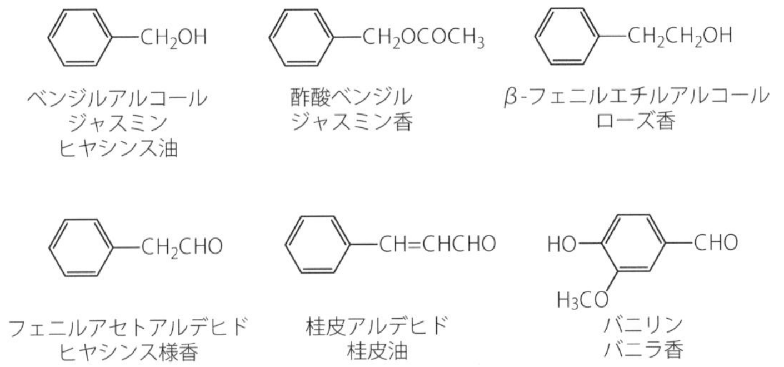

ベンジルアルコール　酢酸ベンジル　β-フェニルエチルアルコール
ジャスミン　　　　ジャスミン香　　ローズ香
ヒヤシンス油

フェニルアセトアルデヒド　桂皮アルデヒド　バニリン
ヒヤシンス様香　　　　　桂皮油　　　　バニラ香

図12.19　芳香族系香料

ベンジルアルコールや酢酸ベンジルは，ジャスミン，ヒヤシンス，イランイラン，クチナシなどの芳香成分である。トルエンから合成される（図12.20）。

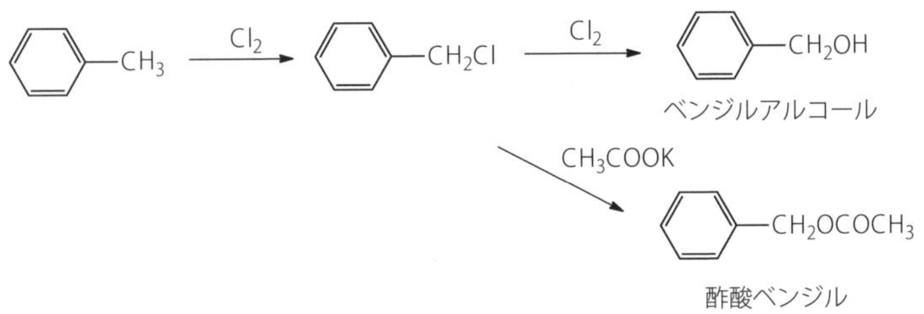

図12.20　トルエンからベンジルアルコール，酢酸ベンジルの合成

フェニルエチルアルコールは，最も多く生産される香料であり，バラ系の香りをもつ。フェニルアセトアルデヒドは，ヒヤシンス様の香りをもつ。これらの香料は，スチレンから合成されている。

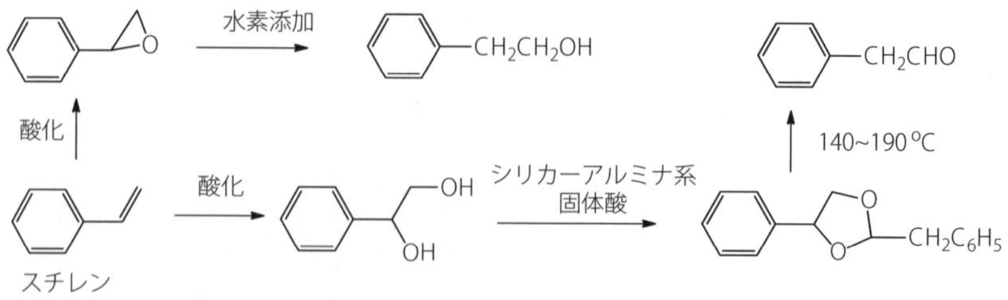

図12.21 スチレンからフェニルエチルアルコール，フェニルアセトアルデヒドの合成

　ラン科バニラ属の蔓性植物から抽出された香料をバニラ（vanilla）と呼ぶ。原産はメキシコ，中央アメリカであり，現在はマダガスカル，メキシコ，中国などで栽培されている。その風味や香味の元となる化合物はバニリンであり，リグニン（樹脂）の熱分解で得られるグアイアコールを原料に合成される（図12.22）。

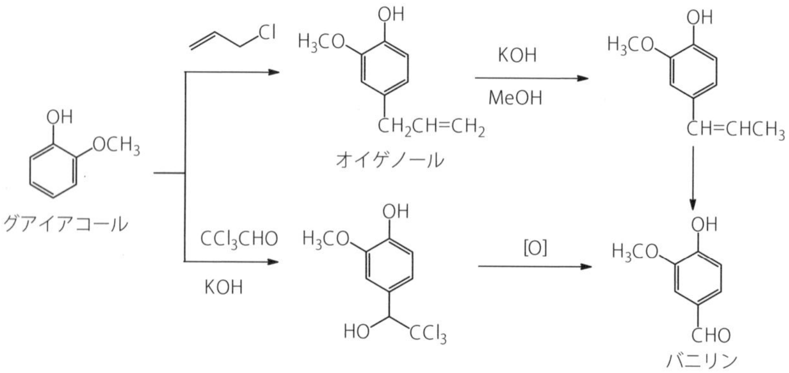

図12.22 グアイアコールからバニリンの合成

　熱帯に生育するクスノキ科の常緑樹の樹皮から作られる香辛料をシナモン（cinnamon）と呼ぶ。ニッキとも，また，生薬として用いられるときには桂皮（ケイヒ）と呼ばれる。特徴的な芳香成分としてシンナムアルデヒドが含まれる。シンナムアルデヒドの誘導体は，その置換基の位置と違いによってさまざまな芳香を示す。合成は，相当するベンズアルデヒドとアセトアルデヒドのアルドール縮合によって行われる。

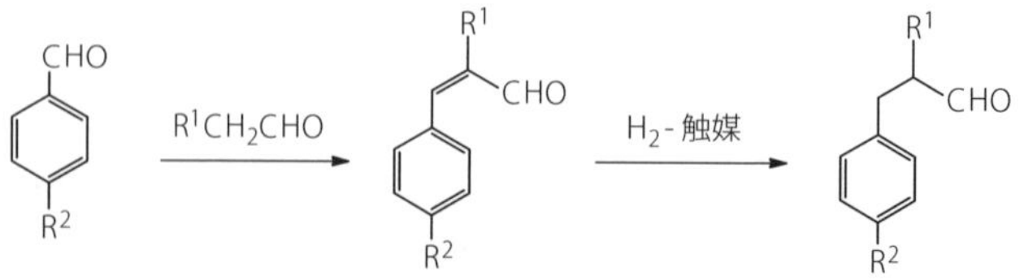

図12.23 ベンズアルデヒド誘導体からシンナムアルデヒド誘導体の合成

表 12.4 シンナム（桂皮）アルデヒドの置換基による香気の変化

R^1	$-CH_3$	$-C_5H_{11}$	$-CH_3$	$-CH_3$
R^2	$-H$	$-H$	$-CH(CH_3)_2$	$-C(CH_3)_3$
香気	ヒヤシンス	ジャスミン	ユリ, シクラメン	ユリ

12.5 化粧品

　化粧品は，使い方が同じでも薬事法によって「化粧品」と「薬用化粧品」に分類される。「化粧品」は，薬事法によって人体に対する作用が緩和なもので，皮膚，髪，爪の手入れや保護，着色，賦香を目的として用いられるとされる。「薬用化粧品」は化粧品としての効果に加えて，肌あれ・にきびを防ぐ，美白，デオドラントなどの効果を持つ「有効成分」が配合され，化粧品と医薬品の間に位置する「医薬部外品」に位置づけられている。

　化粧品には様々な種類があり，その代表的な構成成分を表12.5に示す。界面活性剤，油性物質に香料と防腐剤が添加される。薬事法によって，化粧品には使用してはいけない成分，使用できるが使用上の制限がある成分の指定がなされており，防腐剤，紫外線吸収剤，法定色素は使用上の制限があり，使用可能な成分と配合できる量などが定められている。界面活性剤や油性物質については，7章で述べていることから，ここでは紫外線防止剤と防腐剤について説明する。

表 12.5 化粧品の種類と構成成分

化粧品	構成素材
透明セッケン	高級脂肪酸ナトリウム，ひまし油，オリーブ油，香料
クレンジングクリーム	乳化型：流動パラフィン，アリストロワックス，蜜ろう，ステアリン酸，ホウ砂，防腐剤，香料
化粧水	グリセリン，プロピレングリコール，ポリオキシエチレンソルビタンモノラウリン酸エステル，防腐剤，香料
バニシングクリーム	ステアリン酸，ステアリルアルコール，ステアリン酸ブチル，プロピレングリコール，防腐剤
乳液	流動パラフィン，ワセリン，ステアリン酸，セチルアルコール，ポリオキシエチレンモノオレイン酸エステル，ポリエチレングリコール，防腐剤，香料
パック	セルロース，ポリオキシエチレンオレイルアルコールエーテル，トリエタノールアミン，防腐剤，香料
粉白粉	タルク（滑石），炭酸カルシウム，二酸化チタン，ステアリン酸亜鉛，顔料，香料
ファンデーションクリーム	流動パラフィン，ラノリン（羊毛脂），タルク（滑石），固形パラフィン，二酸化チタン，カオリン（白陶土），防腐剤，香料，酸化防止剤
口紅	二酸化チタン，蜜ろう，キャンデリラろう*，流動パラフィン，固形パラフィン，着色剤，防腐剤，香料
頬紅	タルク（滑石），亜鉛華，ステアリン酸亜鉛，でんぷん，着色剤，防腐剤，香料
アイシャドウ	カオリン（白陶土），蜜ろう，パルミチン酸エステル，ステアリン酸エステル，酸化鉄（赤，黄，黒）

＊ キャンデリラはトウダイグサ科の植物で，メキシコ北部およびアメリカの南部テキサス・アリゾナ・南カリフォルニアなどの半乾燥地域に生育している。キャンデリラロウは，茎から抽出して得られるロウ。

12.5.1 紫外線防止剤

紫外線防止剤は,「紫外線吸収剤」と「紫外線散乱剤」の二種類に分類できる。

「紫外線吸収剤」は,吸収剤そのものが紫外線を吸収して,肌への紫外線の影響を防ぐ。2-ヒドロキシ-4-メトキシベンゾフェノン（オキシベンゾン），メトキシケイヒ酸エチルヘキシル（メトキシケイヒ酸オクチル），p-ジメチルアミノ安息香酸オクチル（ジメチル PABA オクチル），t-ブチルメトキシジベンゾイルメタンなどが用いられている。紫外線散乱剤としては,酸化亜鉛（亜鉛華）や二酸化チタンが用いられる。

オキシベンゾン　　メトキシケイヒ酸エチルヘキシル

ジメチルアミノ安息香酸オクチル　　t-ブチルメトキシジベンゾイルメタン

図 12.24　紫外線防止剤に用いられる化合物の構造

12.5.2 防腐剤

化粧品に防腐剤が入っているのは,薬事法によって適切な保存条件のもとで3年を超えて性状および品質が安定なものでなければならないためである。パラベンと呼ばれる p-ヒドロキシ安息香酸エステルが一般に使われる。抗菌性が強く,広範囲の微生物に効果がある。毒性が比較的低く,皮膚刺激や過敏症なども少ない。それ以外に,次のようなものが用いられている。

① 安息香酸や安息香酸ナトリウム：抗菌作用は低いが,静菌作用は強い。食品にも使われる。

② ヒノキチオール*：ヒバ特有の香気があり,広い範囲の微生物に強い抗菌作用を発揮する。

③ フェノキシエタノール：パラベンが効きにくいグラム陰性菌に有効であり,シャンプーやクリームなどに利用される。

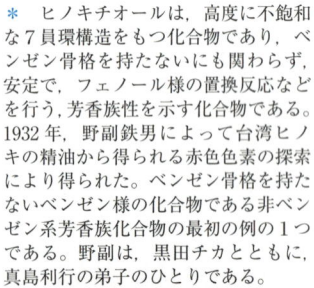

＊ ヒノキチオールは,高度に不飽和な7員環構造をもつ化合物であり,ベンゼン骨格を持たないにも関わらず,安定で,フェノール様の置換反応などを行う,芳香族性を示す化合物である。1932年,野副鉄男によって台湾ヒノキの精油から得られる赤色色素の探索により得られた。ベンゼン骨格を持たないベンゼン様の化合物である非ベンゼン系芳香族化合物の最初の例の1つである。野副は,黒田チカとともに,真島利行の弟子のひとりである。

野副鉄男

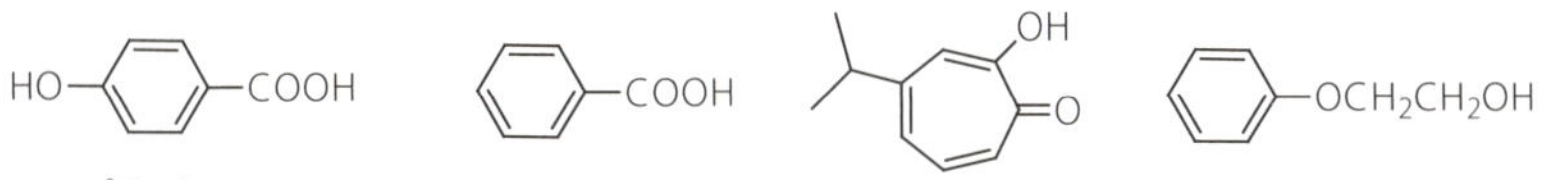

図 12.25　防腐剤に用いられる化合物の構造

12.5.3　殺菌剤

殺菌剤は雑菌を殺菌し，皮膚を消毒する目的で配合される。ハンドソープやニキビケアなどの製品に入れられる。

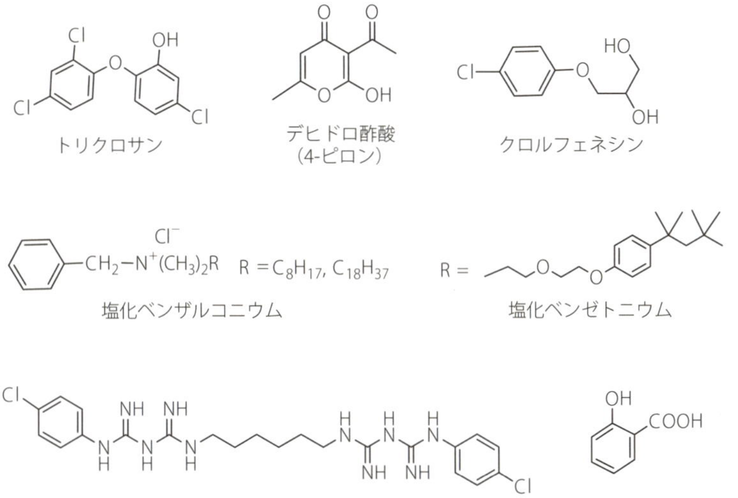

図 12.26　スキンケア商品などに添加される殺菌剤

12.6　香辛料と甘味料*

　胡椒は辛みの成分としてピペリンを含む。ピペリンには抗菌・防腐・防虫作用が知られており，痛覚の末梢神経に作用するとされる。冷蔵技術が未発達であった中世においては，料理に欠かすことのできないものでもあり，食料を長期保存するためのものとして極めて珍重された。

　カプサイシンはナス科トウガラシ属（*Capsicum*）の栽培種の果実から得られる辛味のある香辛料に含まれる。コロンブスによって西インド諸島からもたらされ，世界中に広まった。また，生姜には，シンゲロールが含まれ，殺菌作用，免疫細胞を活性化させる作用があるとされる。いずれも，バニリンと共通した芳香族成分を含み，バニロイドと呼ばれるグループを形成している。

---

*　香辛料（スパイス）は食品の調理のために用いる芳香性と刺激性を持った植物であり，語源はラテン語の Spices である。近代になるまで東南アジアの一地方でのみ生産された胡椒は，肉料理に欠かせない香辛料として珍重され，金と同じ重さで取引された。古代から中世までインド洋・西アジア・地中海の通商を担う商品として取引され，西欧諸国がそれを得るために大航海時代を生み出した。また，熱帯産のサトウキビは，ヨーロッパでは育ちにくく，砂糖は高値で取引された。砂糖の需要を満たすために，新大陸で大規模にサトウキビが栽培され（プランテーション），そのためアフリカから多くの奴隷が運ばれた。香辛料と砂糖は世界史を作った化合物である。

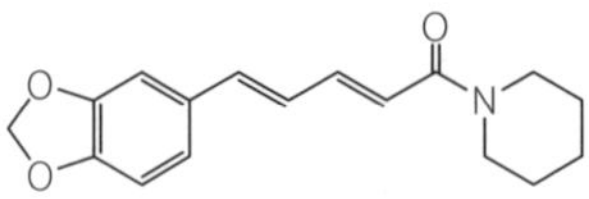

ピペリン

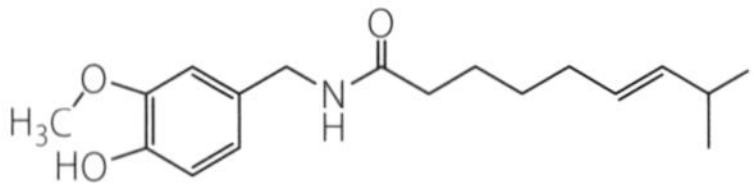

カプサイシン

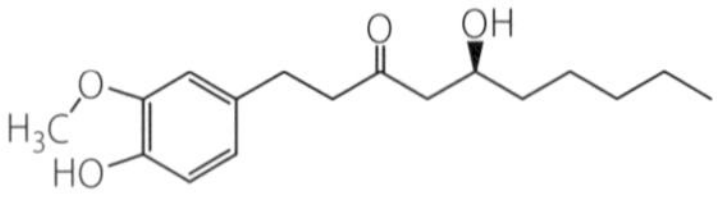

シンゲロール

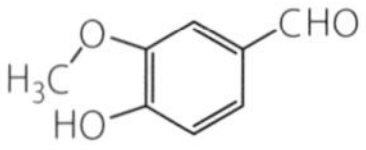

バニリン

図 12. 27　香辛料の辛み成分として知られるバニロイドとバニリンの構造

砂糖（スクロース）は，サトウキビやテンサイ（砂糖大根）などを絞った液から得られる。テンサイの栽培は，19 世紀に入ってから広がったものであり，歴史的にはサトウキビが重要である。スクロースはフルクトースとグルコースの縮合した二糖である。甘味は，舌にある甘味受容体＊で感知される。人間は甘味に対して一種類の受容体しかもたないが，スクロースとはかなり違った構造の分子も甘いと感じる。特に甘味を感知させるにもかかわらず代謝されない化合物は，糖尿病患者やダイエットのために有用である。しかし，甘味の感知機構はごく最近になるまで知られておらず，サッカリン（1878 年）をはじめ，チクロ（1937 年），アスパルテーム（1966 年），アセルスファムK（1966 年）など，人工甘味料として用いられてきたものの多くは，偶然に発見されたものであった。これらの人工甘味料は砂糖と若干違った甘味を示し，毒性も問題になるなど，完全なものとなるにはさらに研究が必要と考えられる。

＊　人は，甘味・酸味・苦味・塩味・旨味の５つの味を感知する細胞を持っている。甘味，旨味，苦味受容体は，いずれもＧタンパク質共役受容体という，同じグループに属するタンパク質であり，これはいずれも細胞内でＧタンパク質と呼ばれるタンパク質と連結して機能するとされ，それぞれの種類の味細胞の違いは表面の受容体の種類によると考えられている。受容体のタンパク質として，T1R2，T1R2，T1R3 の存在が確認された。甘味の受容体には，T1R2，T1R3 という二種類の受容体が関与することが解明されている。苦味には T2R が見出されている。1908 年に池田菊苗によって旨味の成分として，グルタミン酸ナトリウムが見出されたことは良く知られているが，グルタミン酸ナトリウム受容体の発見によって，それが認められたのは 2002 年のことである。旨味には T1R1，T1R3 複合体が関与していると考えられている（日本薬学会ＨＰを参考にした）。

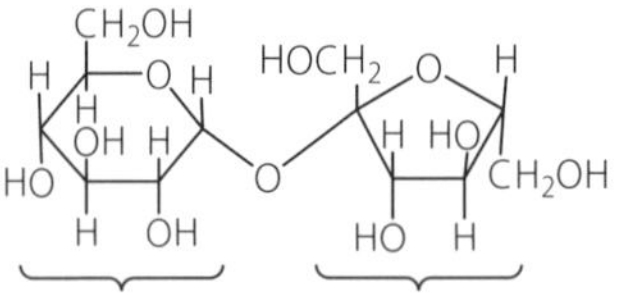

グルコース　フルクトース

スクロース

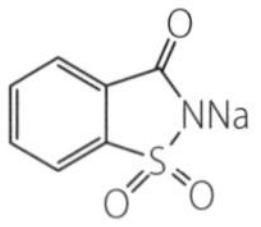

サッカリン

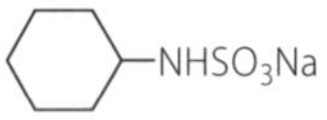

チクロ

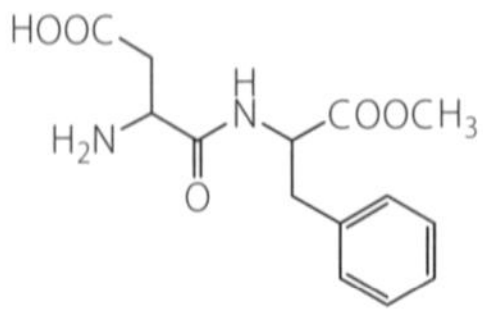

アスパルテーム

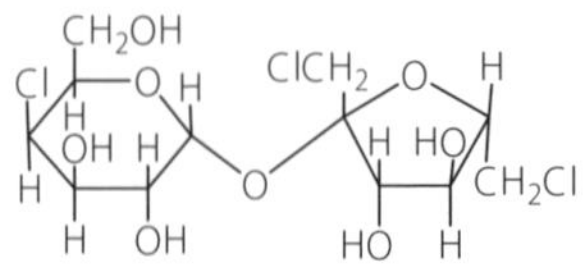

スクラロース

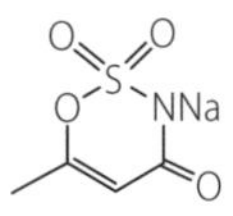

アセルスファムK

図 12. 28　ショ糖（スクロース）と，人工甘味料の構造

13 医薬品・農薬（殺虫剤・除草剤）

　この章では，医薬品・農薬（殺虫剤・除草剤）について示す。製品としての医薬品・農薬は極めて多様であり，多くの化合物をただ並べて示すことは，有機工業化学を学ぶ学生にとって有意義ではないと考える。医薬品としては，染料から発展した抗菌性物質に焦点をしぼり，その発展と創薬における分子デザインと合成法の考え方について示す。その他の医薬品について興味のある人は，そのための薬学関係の教科書が多数出版されており，それを購読することを勧める。農薬についても同様に焦点を絞って解説する。

13.1 化学製品としての特徴

　医薬品や農薬がこれまで述べてきた化学製品と大きく異なる点は，生命に直接働きかける効果を持つ点にある。特に医薬品は人間の健康に直接かかわるものであるため，効果の検証と安全性を特に配慮する必要があり，動物実験や人間を対象とした厳密な臨床試験と規制当局による承認審査が行われる。このため，市場に出る化合物は，製薬会社で設計合成された化合物の1万件に1件程度であり，創薬期間は最低でも10年間は必要とされる。したがって，1つの新薬の開発には数十億円から数百億円という莫大な研究開発費が費やされる。一方，これも人間の健康に直接かかわる製品であるため，重さあたりの価格は他の化学製品と比べて極めて高額に設定され，良い製品であれば研究開発費に見合う莫大な収益が得られる。ハイリスク・ハイリターンの不確実な製品ということができる。

　表13.1に世界と日本の化学会社の売上ランキングベスト10を示した（2012年）。化学産業における医薬品の割合は大きく，世界のトップテンの6社を医薬品に関わる会社が占めている。1990年以降，企業の合併による製薬企業の大型化が進んだ。これは，新薬開発には時間と多額

の費用がかかるため，企業の大型化によって新薬開発のリスクを分散させるためとされる。大手製薬企業は研究開発費を大幅に拡大し，過去最高額が毎年記録されるなど，新薬開発を進めている。世界最大の製薬企業ファイザー[*1]は新薬の研究開発に年間約7500億円を割いており，製薬企業の競争が厳しい現在の市場で生き残るためには，新薬開発が重要であることを示している。日本でも製薬会社の合併が進んだがその規模は海外の大手製薬企業と比べると小さい。

[*1] Pfizer

表13.1 世界の化学会社売上ランキングトップテンと日本の製薬会社売上ランキング上位三社（2012年）

	会社名	本社国	化学売上高 (億ドル)	化学割合 (%)	化学主要分野
1	BASF	ドイツ	797.60	79	石油化学・機能化学
2	P&G	米国	753.41	90	消費財・医薬
3	ファイザー	米国	589.86	100	医薬
4	ダウ・ケミカル	米国	567.86	100	石油化学・機能化学
5	ノバルティス	スイス	566.73	100	医薬
6	シノペック	中国	564.42	13	石油化学
7	バイエル	ドイツ	511.25	100	医薬・機能化学
8	メルク	米国	472.67	100	医薬
9	SABIC	サウジアラビア	464.48	92	石油化学
10	サノフィ	フランス	449.48	100	医薬
1	武田製薬工業		195.10	100	医薬
2	アステラス製薬		125.98	100	医薬
3	第一三共		125.01	100	医薬

13.2 医薬品と医薬産業の成立

13.2.1 医薬品と天然物

染料や香料の章でも述べたように，人間は自然界から様々な除草や殺虫成分を含む薬効成分を見出して活用してきた。19世紀まで，それら天然から得られる有効成分（有機化合物[*2]）は動物や植物の生命力によって作り出されるとする「生気論」が支配的であり，人間が作り出せるものではないとも考えられていた。しかし1824年，ヴェーラーがシアン酸アンモニウムから尿素が得られることを発見し，天然から得られる有機物も人の手によって作り出すことが可能と考えられるようになった。パーキンがキニーネの合成を試み，その代わりに合成染料を作り出したことは（p.156），その一端を示している（キニーネの分子構造は非常に複雑であり，その合成は1944年のウッドワード[*3]の出現を待たなければならなかった）。

[*2] 有機化合物（organic compound）はもともと"生命体の"物質という意味であり，無機を示すInorganicは"非生命の"という意味になる。

[*3] R. Woodward

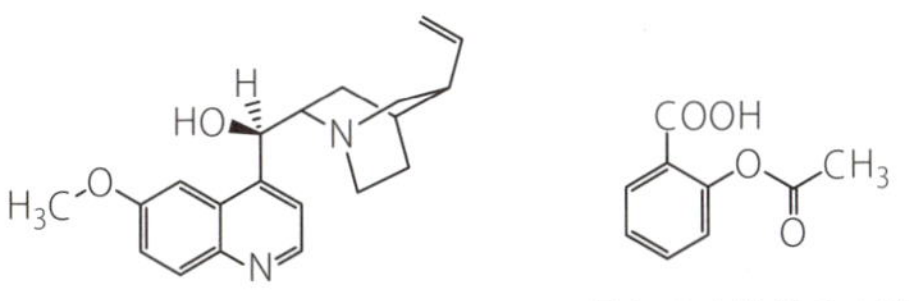

13　医薬品・農薬（殺虫剤・除草剤）

キニーネ

アセチルサリチル酸
（アスピリン）

図13.1　キニーネとアセチルサリチル酸の構造

　人間は，病気を癒し体調を整える成分が自然の中に存在することを経験的に知っていた。「銃・病原菌・鉄」の著者であるダイアモンド*1は，その著書の中で，ニューギニアの狩猟採集民が自らの周りに存在する動植物に対していかに豊富な知識を持っているか紹介している。
　1805年，ゼルチュルナー*2はケシの実から得られるアヘンの鎮痛・睡眠作用を示す有効成分を単離しモルヒネと命名した。彼の研究をきっかけに，1818年にはストリキニーネ（蘇生薬），1820年キニーネ，コルヒチン（痛風発作治療薬），カフェイン（強壮剤），1832年コデイン（鎮静剤・鎮痛剤），1833年アトロピン（副交感神経遮断薬），1855年コカイン（局所麻酔剤），1885年エフェドリン（交感神経興奮薬）などのアルカロイド（含窒素天然物有機化合物）の有効成分が見出された。コカインは南米原産のコカの木から得られる成分であり，局所麻酔に使われたが，薬物依存の患者が増えたことから，次第に禁止されるようになった。1905年には常習性の危険が少ないプロカインが見出され，代用されるようになった。マラリアの薬として使われるキニーネは，インディオたちが熱病の治療に使っていた南米ペルー産のキナの木から得られ，また，エフェドリンは漢方薬マオウ（麻黄）から長井長義によって単離された。

*1　J. Diamond

*2　F. Sertürner

*3　クロロホルムには肝臓毒性が，エーテルには引火性があり，現在，全身麻酔にはイソフルランやセボフルランなどの含フッ素化合物が用いられている。また，消毒剤としてフェノールは毒性・刺激性が強く，現在ではトリクロロフェノールやヘキシルレゾルシノールが消毒剤として使われている。

$F_3CCHClOCHF_2$　　$(F_3C)_2CHOCH_2F$
イソフルラン　　　セボフルラン

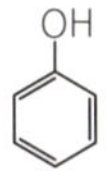

フェノール

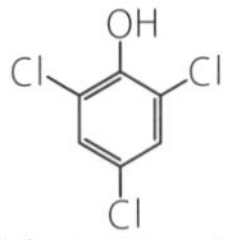

トリクロロフェノール

ヘキシルレゾルシノール

13.2.2　合成医薬品と製薬企業の始まり

　クロロホルムやエーテルの麻酔剤としての効果が明らかになり，リスターによってフェノールの消毒作用が明らかにされ（1867年），手術室の中で化学物質が使われるようになった*3。1875年にはフェノールから合成されたサリチル酸ナトリウムが解熱剤として工業生産された。しかし，サリチル酸は胃の粘膜を痛めるため，あまり広くは使われなかった。その後バイエル社のホフマン*4によって，胃への刺激の少ないアセチルサリチル酸が開発された（図13.1）。1899年にアスピリンの名で発売されると大きく売り上げを伸ばし，バイエル社を染料会社から医薬品も扱う大企業へと発展させた。

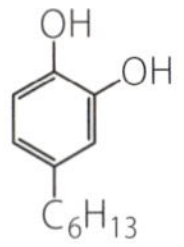

*4　F. Hoffmann

233

ウッドワード*

　1944年，ウッドワードは，デーリングと共に，キニーネの合成を発表した。彼が合成するまで，キニーネを実験室で実際に作り上げることは不可能であろうと考えられていた。彼は，環状化合物の立体特異的な反応を巧みに取り入れることで，コルチゾン，ストリキニーネ，レセルピン，セファロスフォリン，コルヒチンなどの複雑な構造を持つ天然物を次々と合成し，立体特異的な反応が緻密かつ合理的な計画によって実行できることを示した。1965年に有機合成化学に対する貢献によりノーベル化学賞が授与された。1973年には，ビタミンB_{12}の合成を完成させている。

コルチゾン　　　ストリキニーネ　　　レセルピン

セファロスフォリンC　　　コルヒチン

ビタミンB_{12}

* R. Woodward

> さらに彼は，3.3.2のコラムで述べたフェロセンの構造解析にも寄与するとともに，ウッドワード・ホフマン則と呼ばれるディールス・アルダー反応など共役系の関与する反応の立体化学に関する対称保存則を見出した。ホフマン[*1]は，先にフロンティア軌道理論を示していた福井謙一とともに1981年にノーベル化学賞を受賞している。このときすでにウッドワードは亡くなっていた。

*1 R. Hoffmann

13.2.3 化学療法の成立

エーリッヒ[*2]は，染料が特定の微生物を染色することができることを知り，その色素に毒性があれば病原微生物のみを攻撃する化合物「魔法の弾丸」を見出すことができると考えた。研究を進める中で，1909年に日本人科学者秦佐八郎が606番目の化合物として梅毒スピロヘータに活性のある化合物を発見し，1910年にヘキスト社からサルバルサンの名で売り出された。この一連の医薬品開発の手順によって，エーリッヒは化学物質による化学療法の概念を確立したとされる。1932年には，IG社のドマーク[*3]によってジアゾ染料の研究からサルファ剤が発見された（図13.2）。スルファニルアミド誘導体であるサルファ剤は，1935～1945年までに五千種以上の誘導体が合成され，多くの命を救った。その後，サルファ剤はペニシリン，ストレプトマイシンなどの細菌由来の抗菌性物質（抗生物質）にその座を譲った。

*2 P. Ehrlich

*3 G. Domagk

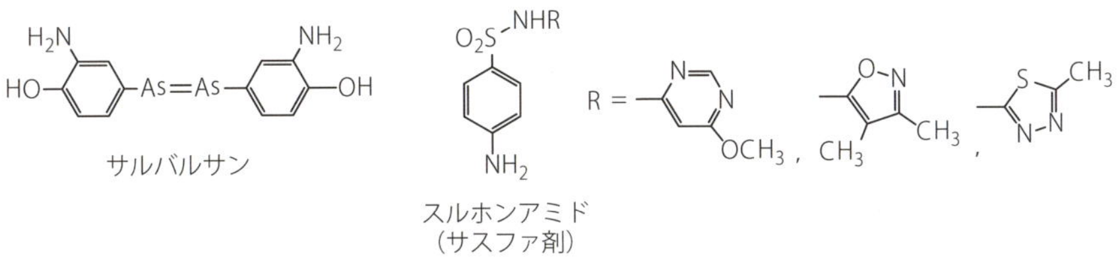

図13.2 抗菌性物質のサルバルサンとサルファ剤の構造

染料から見い出された抗菌性物質

エーリッヒと秦によって見出されたサルバルサンはヒ素を含む有機化合物であり，長く図 13.2 に示す構造とされていたが，最近（2005 年）になってその構造がヒ素二重結合を含むものではなく環状ポリヒ素化合物の混合物であることが明らかにされた。

エーリッヒ[*1]は 1908 年にノーベル医学生理学賞を受賞したが，その受賞はサルバルサン発見の 1 年前であり受賞理由ではない。

その後，サルバルサンに続く「魔法の弾丸」を探して多くの化学者が化合物を調べたが成果は上げられないでいた。1932 年 IG 社のドマーク[*2]は，赤色プロントジルと呼ばれる色素の研究を行っていた。この化合物は培養した細胞に対しては効果がなかったが，マウスに感染させた連鎖球菌には効果があった。彼は連鎖球菌に感染して絶望的な状況にあった娘に，この染料を服用させたところ，劇的に回復することを見出した。のちに生体内で赤色プロントジルが分解されて生じるスルファニルアミドが抗菌活性を持つことが明らかにされた。スルファニルアミドは葉酸（ビタミン B_6）の構成成分である p-アミノ酸安息香酸と拮抗することで細菌の葉酸合成を阻止し，プリン合成を阻害する。人間は葉酸を合成しないため（摂取する）害を与えない。この貢献によりドマークは，1939 年にノーベル賞の受賞者に選ばれたが，ユダヤ人であったため，ナチスにより辞退させられ，1947 年に改めて受賞した。

赤色プロントジルとスルファニルアミド，葉酸と p-アミノ酸安息香酸の構造

*1 P. Ehrlich

*2 G. Domagk

13.2.4 抗生物質の発見

1929 年，フレミング[*1]は，アオカビが抗菌性をもつ物質を生産していることを見出しペニシリンと命名した。発見当時は注目されなかったが，その後チェイン[*2]とフローリー[*3]によって単離・構造決定され，サルファ剤に見られた腎毒症などの副作用も少ない，抗菌剤としての優れた性質が明らかとなった。ワックスマン[*4]は，微生物の代謝生産物を組織的に研究し，1944 年に結核・ペストなどの特効薬として広く利用されているストレプトマイシンを発見した。

[*1] A. Fleming
[*2] E. B. Chain
[*3] H. W. Florey
[*4] S. A. Waksman

表 13.2 主な抗菌剤開発年表（主要系統の最初の発表に限定）

年代	抗菌剤（発見者）	販売会社
1910	サルバルサン（エーリッヒ，秦）	ヘキスト
1928	ペニシリンの発見（フレミング）	
1932	サルファ剤スルファセタミド（ドマーク）	バイエル
1942	ペニシリン系抗生物質，ペニシリン G	ファイザーほか
1944	ストレプトマイシン系抗生物質，ストレプトマイシン（ワックスマン）	メルク
1948	テトラサイクリン系抗生物質，クロロテトラサイクリン	ファイザー
1952	マクロライド系抗生物質，エリスロマイシン	イーライ・リリー[*5]
1955	グリコペプチド系抗生物質，バンコマイシン	イーライ・リリー

[*5] Eli Lilly and Company

1930 年以降の代表的疾病による世界の死亡率の変化を図 13.3 に示した。1950 年代に感染症による死亡者の数が劇的に減少したことを示している。それまで，死の病とされた結核や破傷風などの感染症がペニシリンやストレプトマイシンなどの抗生物質の出現により治療できるようになったためである。表 13.2 に主な抗菌剤の開発年表を示す。

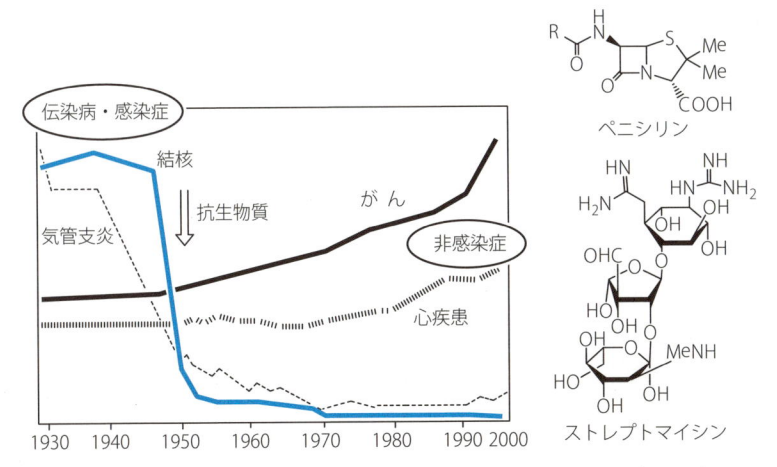

図 13.3 代表的疾病による死亡率の変化とペニシリンとストレプトマイシンの構造

抗生物質の発見者たち

フレミング[*1]はブドウ球菌の培養実験中に培地に混入したアオカビのコロニーの周囲に阻止円（ブドウ球菌の生育が阻止される領域）が生じる現象を発見した。彼は，アオカビがブドウ球菌の生育を阻害する物質を生産していると考え，それをペニシリンと命名した。フレミングは，ペニシリンを単離精製することはできなかったが，その後チェイン[*2]とフローリー[*3]によって単離された。第二次世界大戦中アメリカは国家プロジェクトとしてペニシリンの量産を計画し，ファイザー社は発酵法「深底タンク発酵プロセス」によって量産に成功した。ペニシリンの発見は「20世紀における偉大な発見」の1つとされる。

フレミング，チェイン，フローリーの3名は1945年にノーベル賞が授与された。

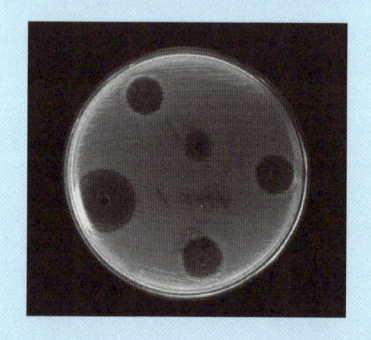

1941年，ワクスマン[*4]は抗生物質（antibiotics）を「微生物によってつくられ，微生物の発育を阻止する物質」と定義した。今日では「微生物の産生物に由来する化学療法剤」が広義には抗生物質と呼ばれており，完全に人工的に合成された抗菌性物質は「合成抗菌薬」と呼ばれる。ワックスマンは，結核に効果のある初めての抗生物質であるストレプトマイシンの発見により，1952年にノーベル医学・生理学賞を受賞した。

[*1] A. Fleming
[*2] E. B. Chain
[*3] H. W. Florey
[*4] S. A. Waksman

13.2.5 抗生物質の種類と作用機構

表13.3に抗生物質の作用機構に従った分類を示し，以下に代表的な化合物の構造と作用機構を示した。サルバルサンやサルファ剤と比較して抗生物質は非常に複雑な構造をしているものが多く，研究室での化学合成は達成されているが，工業的には主に微生物を用いた発酵法で作られる。

表 13.3 抗生物質の作用

作用機序	抗生物質の種類
細胞壁合成阻害	βラクタム系，グリコペプチド系など
葉酸合成阻害	サルファ剤など
細胞膜機能阻害	ポリエン系，ペプチド系など
核酸合成阻害	ピリドンカルボン酸系など
タンパク質合成阻害	テトラサイクリン系，アミノグリコシド系，マクロライド系など

(1) βラクタム系・グリコペプチド系

フレミングによって初めて見出されたペニシリンはβラクタム系の抗生物質である。βラクタム系の抗生物質には，セファロスポリンやチエナマイシンなどのペニシリンとは違う環構造をもつ類縁体が知られている（図 13.4）。歪のかかったβラクタム構造が活性に対して重要である。真正細菌の細胞壁の主要成分であるペプチドグリカンを合成するペプチドグリカン合成酵素と結合し，その活性を阻害する。人間の細胞は細胞壁をもたないため影響がない（ペニシリンショックというアレルギー反応を示す副作用が数万人に一人程度見られる）。

グリコペプチド系の抗生物質であるバンコマイシンはグリコペプチド系真正細菌の細胞壁合成酵素の基質であるD-アラニル-D-アラニンに結合して細胞壁合成酵素を阻害し，菌の増殖を阻止する働きがある。

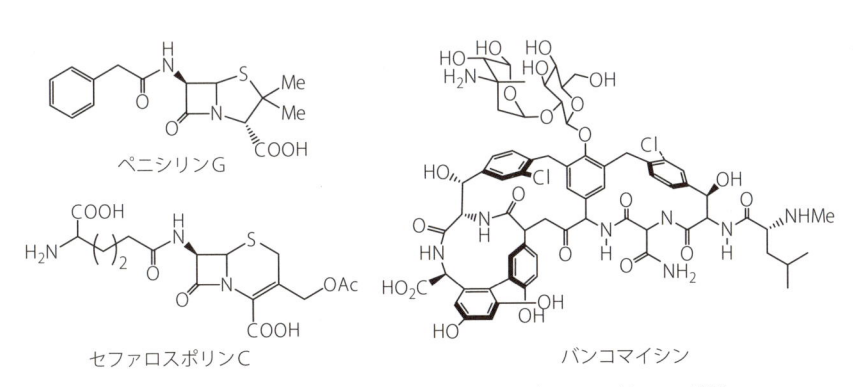

図 13.4 ペニシリン G，セファロスポリン C，バンコマイシンの構造

(2) 細胞膜機能阻害

ポリエン系の抗生物質であるアンホテリシン B は，真菌の細胞膜のエルゴステロールと結合し，膜に小孔を作ることにより殺菌的に作用する。腎毒性は強いが，他の薬剤と比較すると弱いため，全身性の真菌症に使用される。

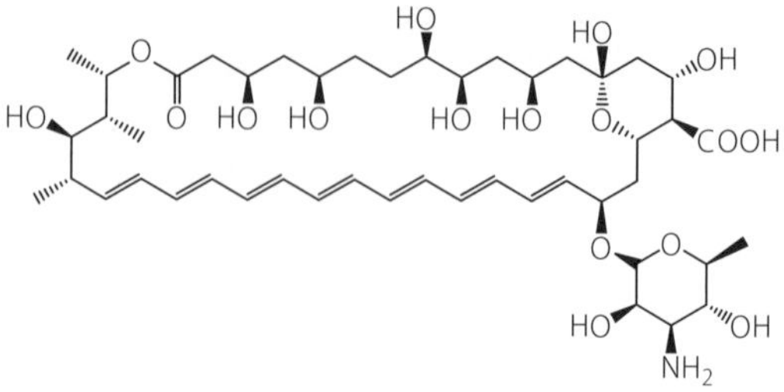

図 13.5 アンホテリシン B の構造

(3) 核酸合成阻害

核酸（DNA や RNA）の働きを阻害することによってタンパク質合成を抑制し，増殖を抑える抗菌薬としてピリドンカルボン酸（ニューキノロン）系合成抗菌剤がある。DNA の二本鎖らせん構造をとり，その立体構造を解消して複製を行っている。この DNA の立体構造を変化させる酵素（DNA ジャイレース）を阻害することで DNA 合成を阻害する。

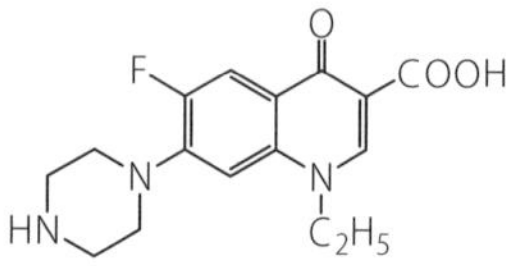

ノルフロキサチン 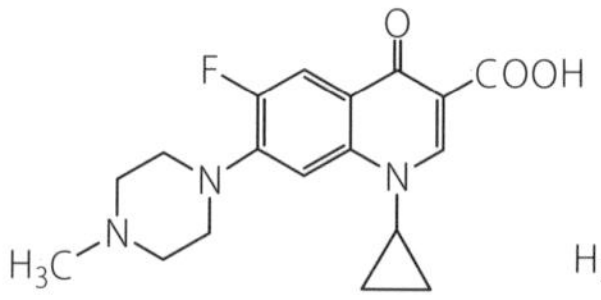　　シプロフロキサチン 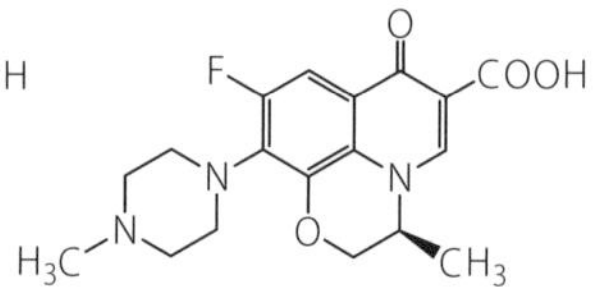　　オフロキサチン

図 13.6　ニューキノロン系抗菌剤の構造

(4) タンパク質合成阻害

タンパク質を合成するための器官であるリボソームの働きを抑制することによってタンパク質合成を阻害する抗生物質にマクロライド系，テトラサイクリン系，アミノグリコシド系がある。アミノグリコシド系抗生物質であるストレプトマイシンは細菌の 30S リボソームに結合し，タンパク質の合成を阻害する。

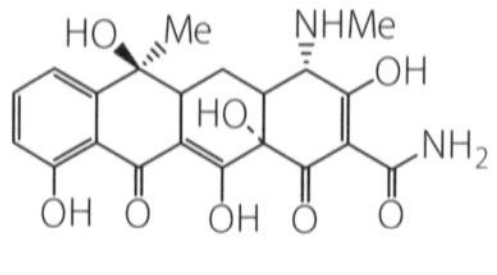

テトラサイクリン

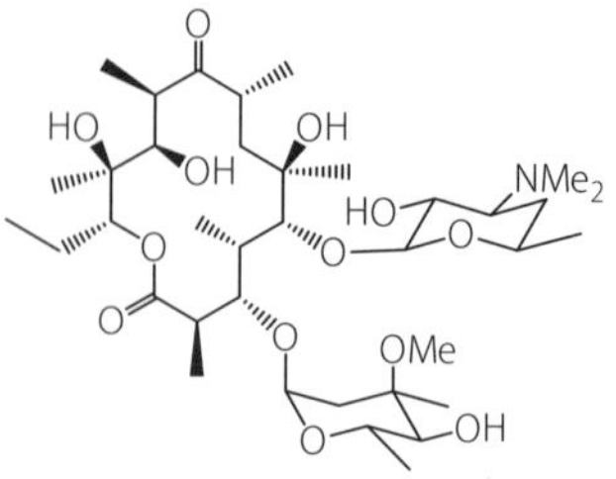

エリスロマイシン

図 13.7　テトラサイクリンとエリスロマイシンの構造

13.2.6 耐性菌の発現とその対策

ペニシリンの出現によりサルファ剤が急速に使われなくなったのは副作用の存在と共にサルファ剤にたいして耐性を示す細菌（耐性菌）が現れたためである。細菌は極めて繁殖が速いため突然変異を起こしやすく，薬剤を代謝して無毒化してしまう能力を持つと，急速に増えることが可能である。また，耐性遺伝子をもったプラスミド（細菌が染色体とは別に持つ小さな遺伝体）が細菌を渡ってゆく現象もあり，耐性菌の出現を速めている。ペニシリンに対して耐性を示した菌も1960年代には現れ，大きな問題となった。

最初に単離されたペニシリンGは，酸に対して弱く，胃酸によって分解されるため経口投与できず注射で投与された。そこで，培養法で得られたペニシリンを化学変換しペニシリンVとすることで酸に対する抵抗力を高め，経口投与可能にした。この方法を用いて，ペニシリンに対して耐性を示した菌に対応できる誘導体（フロクロキサシリンやメチシリンが）が合成された（図13.8）。

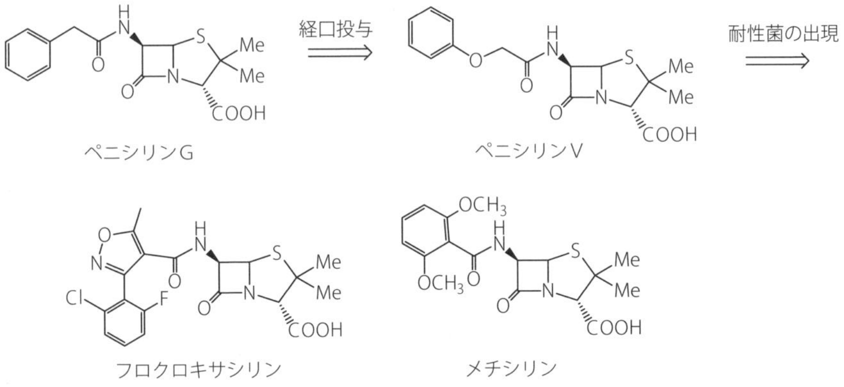

図13.8 ペニシリンの構造変化

しかし，抗生物質を多用する大病院などの医療現場を中心に，多くの抗生物質に耐性を示す多剤耐性菌，とりわけメチシリンが効かないメチシリン耐性黄色ブドウ球菌（MRSA）による院内感染が現れ，さらに，MRSAに対して効果があるとされた薬剤・バンコマイシンでさえ効果のない耐性菌の存在が報告されるようになった。様々なタイプの抗菌性物質が開発され，さらに新しい抗菌性物質の探求が続いているのは，耐性菌との戦いのためである。この競争がどちらの勝利で終わるか予断を許さないが，必要のない場合にまで抗生物質を使う濫用を避け，1つひとつの薬の寿命を延ばしてゆく必要がある。

13.2.7 薬力学療法

抗菌性医薬品は，本来の生体の細胞とは異なる細胞を標的にしたものである。それに対して，生体が本来持っている機能を量的に変化させる医薬品が薬力学効果薬である。アスピリンは，生体が本来持つ炎症反応を引き起こす物質（プロスタグランジン）の合成を阻害して炎症反応を抑制する。このように，薬力学効果薬は，生体が本来持っている機能を量的に変化させる効果をもつ。

薬剤の大半は細胞の働きを決定付ける受容体に対する配位子として働く。配位子が結合すると受容体は，a）通常の作用を引き出す（アゴニスト），b）作用を阻害する（アンタゴニスト）またはc）通常の作用と反対の作用を示す（インバースアゴニスト）などがある。12章の味覚で述べたように，レセプターの構造解明とレセプターに対応する薬剤の開発は，病気の解明や医療行為と直接つながっており，各製薬会社において精力的に行われている。

13.3 新薬開発

13.3.1 新薬開発のプロセス

新薬開発の開発から販売までの概略を図13.9に示した。新薬の開発には医学（農薬や殺虫剤ならば農学），薬学，生化学，生物学などの生命科学，そして有機合成化学，化学工学などのさまざまな領域が関わっている。この中で，有機化学が特に関わる部分を□に示した。また，新薬の開発には特許が重要な意味をもつことから，特許に関わる部分を青矢印で示した。特許は，医薬品のみならず発明や発見が製品化される際に重要な位置を占めている。

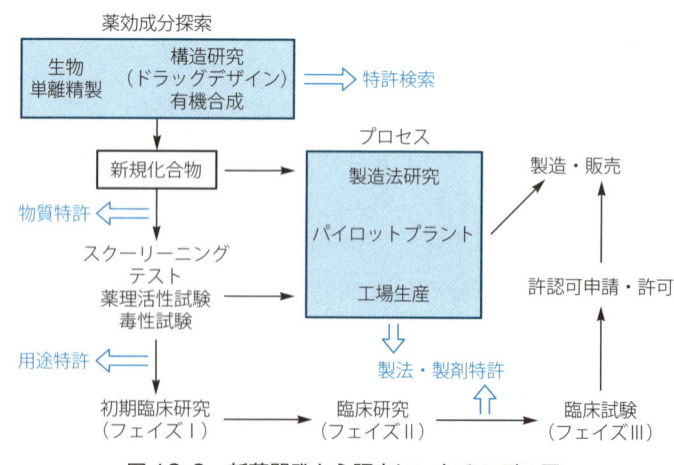

図 13.9 新薬開発から販売にいたるモデル図

13.3.2　薬効成分の探索

キニーネが植物から，ペニシリンがアオカビから，さらには染料からサルファ剤が見出されたように，さまざまな生物（植物，細菌など）や新規に合成された化合物から生物活性をもつ先導化合物の探索が行なわれる。しかし，医薬品候補化合物を効率的に探索するための根本的な方法はいまだなく，また，化合物には無限の多様性があり全ての化合物の薬効を確認することは不可能である[*1]。そのため，多くの場合，薬効のある動植物などをそのまま（場合によっては抽出や蒸留などを行い）乾燥した「生薬」から，先導化合物の探索が行なわれる（微生物の代謝生産物を組織的に解析・スクリーニングする方法も行われている）。抗菌や抗がんなど様々な薬理活性に対応する活性物質のスクリーニング法が知られており，目的に応じて検討される[*2]。

薬理活性のある化合物が見出された場合には，それを単離・構造決定する。単離精製には，抽出，クロマトグラフ（高速液体クロマトグラフ・ガスクロマトグラフ，薄層クロマトグラフなど），蒸留，再結晶などの手法を組み合わせて行う。そのままでは分離困難な化合物でも，有機合成の手法を駆使して誘導体化することで分離できる場合もある。単離された化合物は，各種スペクトルデータ（核磁気共鳴：NMR，質量分析：MS，赤外吸収：IR，紫外可視吸収：UV-Vis）により解析され，結晶化できる場合はX線結晶構造解析によって，場合によっては有機合成的手法を用い既知物への誘導や合成によって，その構造を決定する。

13.3.3　新薬の設計

先導化合物（既知の医薬品でもよい）が決まると，ドラッグデザインによって多数の誘導体を構造活性相関[*3]に従って合成する。標的化合物は石油・石炭化学によって得られる基礎化学品から合成する全合成法と，培養法によって先導化合物やそれに類似する構造をもつ化合物を得て，化学変換する半合成法がある。先行特許を調べ，特許に抵触しない新規誘導体に効果の高い化合物があるか検討することも重要である。

ナリジクス酸やシノキサシンは合成抗菌剤として尿路感染症などの限定された用途でのみ使われていた。1983年，フッ素を導入したノルフロキサチンが開発され，幅広い抗菌スペクトル[*4]を持つことから，抗菌剤として広く使われるようになった。新たに開発されたキノロン系の抗菌剤をニューキノロン（フルオロキノロン）と呼び，それ以前のキノロン系と区別している。図13.10に主なキノロン系薬品の構造と開発年代を示した。各製薬会社が新薬開発にしのぎを削っている様子が垣間見ら

[*1]　無機化合物にも薬理活性をもつもの（抗がん剤の一種シスプラチンなど）がある。シスプラチンは，白金電極の分解産物が大腸菌の増殖を抑制することが偶然見つかったことを発端に見出された。

シスプラチン

[*2]　大村智は土壌中に潜む細菌（放線菌）の生産する化合物を探す「発酵法」により，寄生虫の駆除に効果の高いイベルメクチンを見出したことで，2015年ノーベル生理学医学賞を受賞した。

[*3]　構造活性相関：基本骨格が同じ化合物群の生理活性（受容体や酵素への結合活性，医薬品としての作用，毒性など）は，その基本骨格に結合している置換基により強弱が変化する。それらの置換基構造や物理化学的性質の違いと生理活性の強弱の間に認められる関係を構造活性相関とよぶ。近年では，統計学的な関係性を考慮した定量的構造活性相関（QSAR）が使われる。ある化合物の酵素や受容体への親和性は，水素結合や静電的相互作用，疎水性相互作用などの分子間相互作用で説明でき，それを強くするためには，化合物のファーマコフォアが酵素や受容体の結合部位と相補的な位置にあることが重要である。そのため，分子間相互作用に関係が深い物理化学的性質に加え，化合物の三次元形状も考慮して分子設計される。

[*4]　細菌がその薬品を代謝・無毒化する際，化合物の特定の位置が酵素によって攻撃される。その位置にフッ素原子を導入して代謝できなくすることで薬理効果が上がる。
抗菌スペクトルとは，抗菌剤が増殖阻止作用を示す感受性微生物の示す範囲の事を表し，最小発育阻止濃度（MIC）などの指標値に基づき決められる。グラム陰性菌，グラム陽性菌などの多くの細菌に抗菌効果を示す抗菌剤は，抗菌スペクトルが広いとされる。

れる。

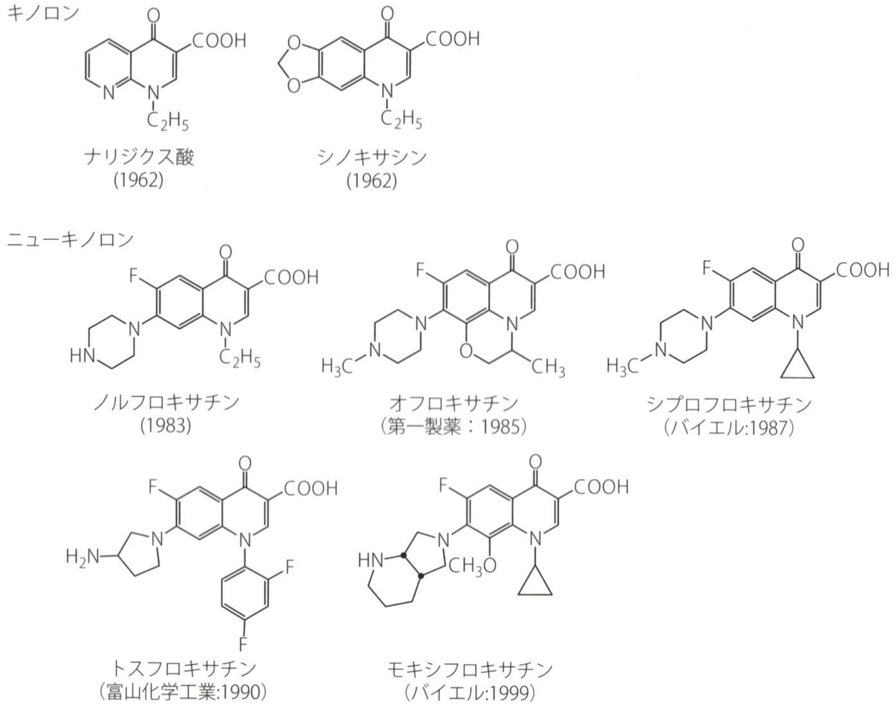
キノロン
COOH
N
C2H5
ナリジクス酸
(1962)
シノキサシン
(1962)
ニューキノロン
F
HN
ノルフロキサチン
(1983)
H3C
CH3
オフロキサチン
(第一製薬：1985)
シプロフロキサチン
(バイエル:1987)
H2N
トスフロキサチン
(富山化学工業:1990)
CH3O
モキシフロキサチン
(バイエル:1999)

図 13.10　キノロン類の構造

13.3.4　新薬の審査と承認

開発された新薬候補の化合物（被験薬）は，スクリーニングⅠ･Ⅱによってふるい落とされ，安全試験，フェイズⅠ～Ⅲに及ぶ臨床検査を行い，試験全てに対して，良好な結果を示すことができた被験薬のみが，厚生労働省の外郭団体である医薬品医療機器総合機構において科学的な評価と書類の審査を受けて承認され，はじめて新薬として市場に出荷される。

試験内容

○スクリーニングⅠ・Ⅱ
試験管テスト（*in vitro*），動物生体テスト（*in vivo*）による生物活性，毒性の検討
○安全性・前臨床試験
毒性試験：急性・亜急性・慢性
特殊毒性試験：繁殖・催奇性・発がん性・依存性・アレルギー
代謝試験：吸収・分布・排泄
化合物物性・製薬検討
○フェイズ Ⅰ
少数の健常人の志願者による吸収，分布，排泄，代謝安全性，副作用，薬効の検討
○フェイズ Ⅱ
少数の患者について安全性，有効性の検討
○フェイズ Ⅲ
病院での治療薬としてのあらゆる面の検討

13.3.5 特　許

製薬企業は，新薬が開発される間に，「物質特許」「製法特許」「製剤特許」「用途特許」の4種類特許を通常取得する。それぞれの特徴を表13.4にまとめた。

表 13.4　新薬に関係する特許

物質特許	化合物そのものの特許。新しい化学構造の物質が医薬品に使用できることを発見した際に与えられる。一般式や化学名で物質が規定され，製造方法が違っても物質が同じであれば特許の権利が及ぶ。
製法特許	化合物の製造方法の特許。既存の医薬品の新しい製造方法を発見した際に与えられる。物質が同じでも製造方法が異なっていれば，特許の権利は及ばない。
用途特許	物質の新しい用途についての特許。既存医薬品の新しい効能や効果を発見した際に与えられる。違った用途に使うときには権利は及ばない。
製剤特許	製剤の処方内容の特許。錠剤からカプセル剤など既存の医薬品を新しい製剤によって処方すると有効であることを発見した際に与えられる。添加する物質に特徴があるもの。

4つのなかで，特に重要で価値が高いのは物質特許であり，そのため，通常，治験を行う前の段階で特許の出願を行う。現在の特許法では，取得した特許権の存続期間を出願から20年と定めているため，検査・審査に10～15年かかると，製薬会社が実際に新薬を独占販売できる期間は5～10年ほどに過ぎない。そのため，先発医薬品メーカーは利益を守るため，製法・製剤・用途などの特許を何段階に分けて取得し，自社の新薬の独占販売期間を延ばすなどの戦略をとる。

13.3.6　プロセス

研究室レベルで合成された物質を効率よく工業生産するための手法の開発がプロセス化学と呼ばれる。医薬品開発においては，薬理活性のある物質を発見するために，多くの誘導体を合成することに主眼が置かれる。一方，プロセス開発では発見された物質をコストや環境，品質などを考慮して，工業的に合成する手法の開発が求められる。化学装置の設計・最適化などだけでなく，溶媒選択，試薬選択を含めた合成ルートの最適化までが含まれ，合成法を開発する段階から化学工学的な視点が求められている。

ここでは，メルク*社によるメチルカルバペナムの開発経路を追うことで，合成とプロセスの経路を示す。

1976年メルク社は培養法によって新たな骨格をもつ抗生物質チエナマイシンを見出した。当初メルク社は培養法によってチエナマイシンを量産することを検討したが，チエナマイシンが化学的に不安定なため成

* Merck

功しなかった．やがて，その誘導体イミペネムがより安定で優れた抗菌活性を示すことがわかり，最終的にプロセス部門により全合成され製品化された（1985 年）．その後，生体内位での安定性をもったメチルカルバペネムがさらに開発された．

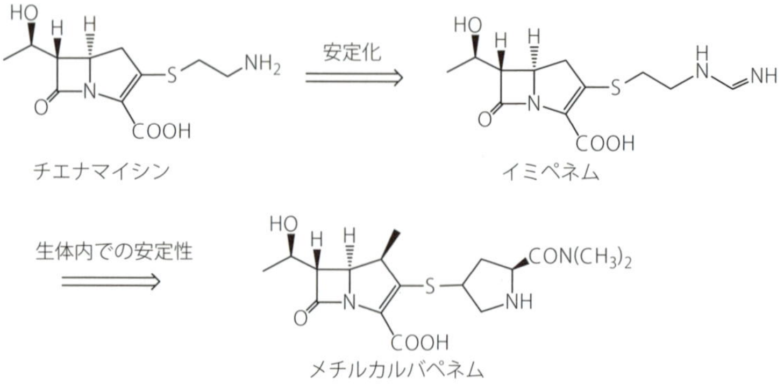

図 13.11　チエナマイシン，イミペネム，メチルカルバペネムの構造

* E. J. Cory

逆合成の考え方

化合物の合成を検討する場合，現在ではコーリー*の手法に従い，逆合成（retrosynthesis）によって合成計画を立てる．逆合成は標的化合物の結合の切断を系統的かつ合理的に行って，基礎化学品に遡るまで効果的な合成経路を決定する手法である．ウッドワードの合成手法は誰にでも真似のできるものではなかったが，コーリーの考え方は多くの合成化学者に支持され，用いられた．コーリーは「有機合成理論および方法論の開発」，特に逆合成解析における功績で，1990 年にノーベル化学賞を受賞した．

図 13.12 にメチルカルバペネムの逆合成経路を示した．この合成の重要な中間体は β-ラクタムであり，この化合物は様々な β-ラクタム系抗生物質合成の鍵中間体となった．メルク社による最初の合成法を図 13.13 に示す．また，メルク社はプロセスの過程で，バイオ技術により工業的にブタンカルボン酸から β-ヒドロキシカルボン酸を生産する技術をもつ鐘ヶ淵化学（現カネカ）に依頼し，図 13.14 に示す経路で中間体 β-ラクタムの大量生産を可能とした．

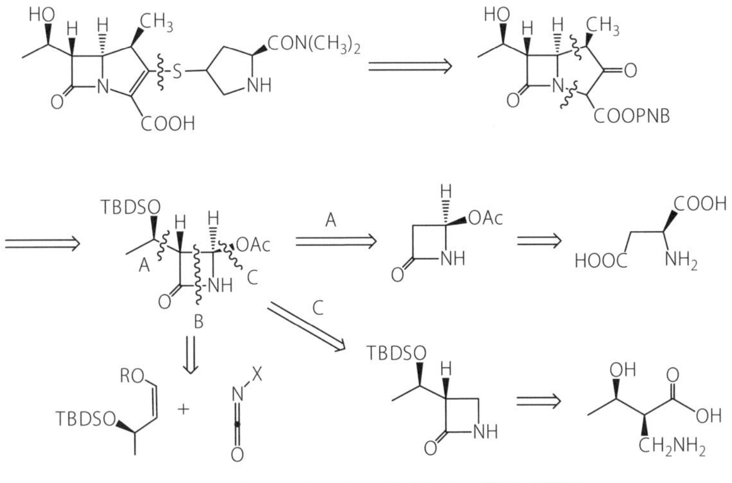

13 医薬品・農薬（殺虫剤・除草剤）

図 13.12 メチルカルバペネムの逆合成経路

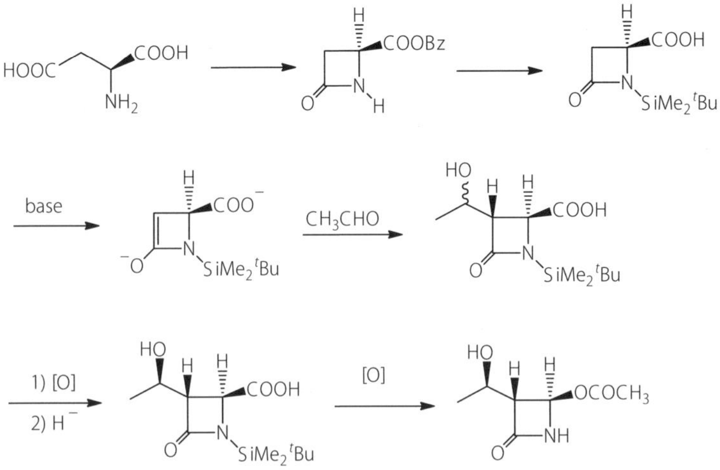

図 13.13 メルク社による最初の重要中間体 β-ラクタムの合成

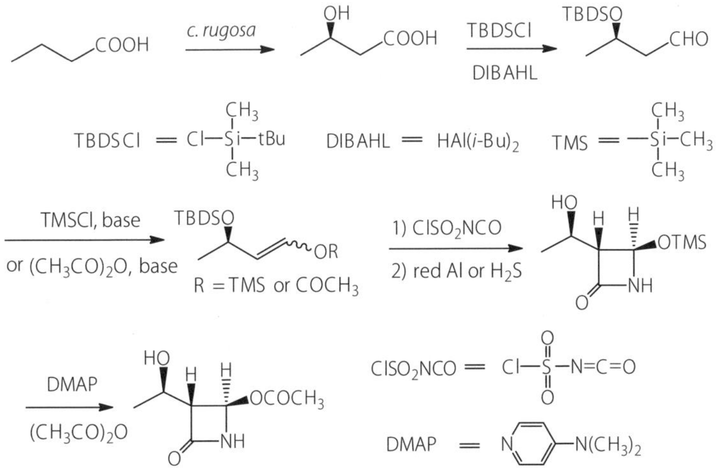

図 13.14 カネカ社による重要中間体 β-ラクタムの大量合成

247

なお，メチルカルバペネムは図 13.15 に示す経路で合成された。

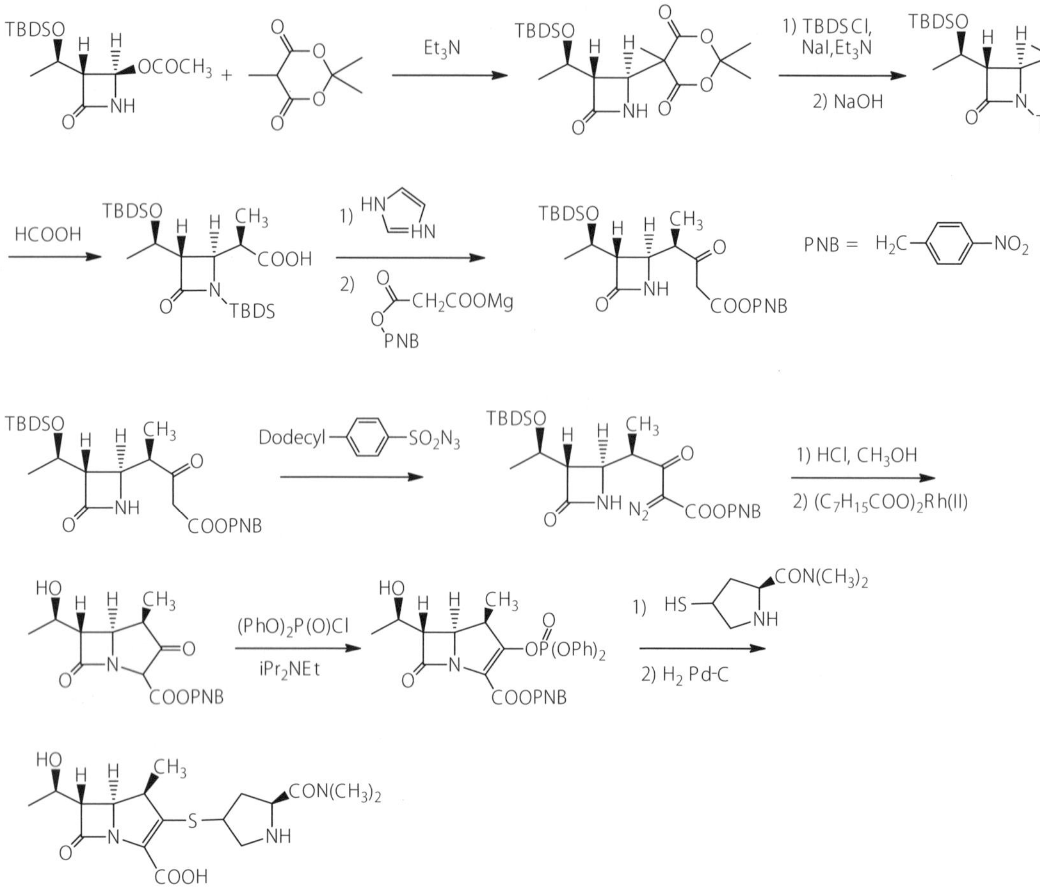

図 13.15　メチルカルバペネムの合成

光学異性体と薬理活性

　医薬品が光学活性で片方の光学異性体に薬理活性がある場合，もう片方の光学活性体の薬理活性もかならず調べなければならない。1957年にグリュネンタール*社から発売された睡眠薬サリドマイドはラセミ体であった。副作用により多くの奇形児が誕生し，販売が中止された。(S)体に催奇性があり，(R)体は安全とされたことから，以降，光学活性体の薬理活性も調べることが要請された。なお，サリドマイドは容易にラセミ化することから現在では，(S)体のみに催奇性がるとされる説は疑問視されている。サリドマイドは，多発性骨髄腫などのがんへの治療効果があることが知られ，安全を考慮しながら使われるようになっている。

* Grünenthal

(S)-催奇性あり　　　(R)-催奇性なし

サリドマイドの構造

13.4　農薬と殺虫剤
13.4.1　農薬と防疫用殺虫剤

　農薬とは，農作物を害する害虫や菌，ねずみ，ウイルス，雑草などの防除に用いられる殺菌剤，殺虫剤，除草剤や農作物等の生理機能の増進または抑制に用いられる植物成長調整剤，発芽抑制剤その他の薬剤をいう。

　農薬は，農作物や生活環境に使われることから，医薬品と同様，品質や安全性を確認するための資料として病害虫などへの効果，作物への害，人への毒性，作物への残留性などに関する様々な試験成績などを整えて，農林水産大臣に申請し，登録を受けることが必要とされる。新たな農薬の開発には，およそ10年の歳月と数十億円にのぼる経費を必要とするといわれる。

　一方，家庭や食品や建造物の保護や動物薬として使われる薬剤などは，農薬とは異なり「防疫用殺虫剤」と呼ばれ厚生労働省の管轄となり，医薬品あるいは医薬部外品として認可される必要がある。

13.4.2 殺虫剤の開発

ローマ時代に硫黄が農薬として使われていたという記録があるものの,実際に効果があり,農家が購入できる商品として流通するようになったのは18世紀以降とされる。19世紀初めに除虫菊が殺虫剤として用いられるようになり,19世紀末には硫酸銅と石灰の混合物であるボルドー液[1]がブドウの病気に使われた。

1939年に,ガイギー社(現在,ノバルチス社)のミュラー[2]によってDDTの殺虫効果が見出され,大量生産されることで本格的な農薬の時代が到来した。1944年にIGファンベル社のシュラーダー[3]によって有機リン系殺虫剤パラチオン,1945年にγ-BHCがICI社によって開発された。これらの農薬は急増する世界人口に見合う食料の供給を可能としたものの,自然界への農薬そのものの残留性や影響などが問題となり,1970年前後に製造が中止されている(p.265)。近年はそれらのリスクをいかに減らすかに重点がおかれた研究開発が行われている。現在,除虫菊の殺虫成分ピレトリンから誘導されるピレスロイド系,カーバメート系,ジチオカーバメイト系,ネオニコチノイド系などの殺虫剤が使われている。

[1] 1873年,ボルドー大学のミヤルデ教授が硫酸銅と石灰の混合物がブドウのべと病に著しい予防効果のあることを発見し,ボルドー液と呼ばれるようになった。この薬液を植物の表面にまくことで,病原菌が体内に侵入するのを防ぐことができる。現在でも黒星病,黒斑病やべと病などに有効であり使われている。JAS規格では,天然にあるものとして有機野菜にも使うことができる。

[2] P. H. Müller

[3] G. Schvader

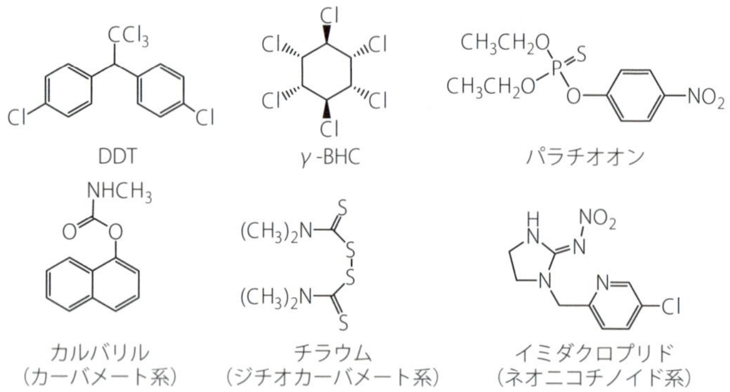

図 13.16　各種農薬(殺虫剤)の構造

DDTは1873年に初めて合成されたが,その効果は知られていなかった。1939年にスイスの科学者ミュラーによって殺虫効果が発見された。安価で高等生物への急性毒性が弱く,マラリアを媒介する蚊の駆除に劇的な効果を上げることもわかり,世界中で使用された。この功績によってミュラーは1947年にノーベル生理学・医学賞を受賞した。

13.4.3 ピレスロイド

除虫菊の原産国は地中海・中央アジアといわれ，古くから殺虫効果があることが知られていた。現在もケニアをはじめ世界各地で殺虫剤の原料として栽培されている。

1924年，シュタウディンガーとルジチカによって除虫菊の殺虫成分としてピレトリンが見出された。

殺虫成分ピレトリンは花の子房に多く含まれる。ピレトリンのカルボン酸部は菊酸と呼ばれ，天然のピレスロイドでは共通している。

1945年にはピレトリンの構造をもとに合成殺虫剤であるアレスリンが見出され，以降さまざまな合成品が生み出された。

図13.17 天然ピレトリンと初めての合成ピレスロイド，アレスリンの構造

ピレトリンは光や熱・湿気に非常に敏感であり，ピレトリンの半減期は直射日光下で数時間である。合成ピレスロイドは光に対する安定性を増加させるように設計された。それら，化学的修飾を加えた合成品をピレスロイドと呼ぶ。1949年に合成された初めてのピレスロイドであるアレスリンは沸点が低く，蚊取り線香*などに使われた。菊酸部分を改変した化合物の家庭用殺虫剤として使用されている。家庭用の殺虫剤の有効成分としては，「ピレスロイド」が90％以上を占めている。

* 蚊取線香の渦巻き形のデザインは，上山英一郎（大日本除虫菊株式会社の創業者）の妻・上山ゆきの発案とされる。

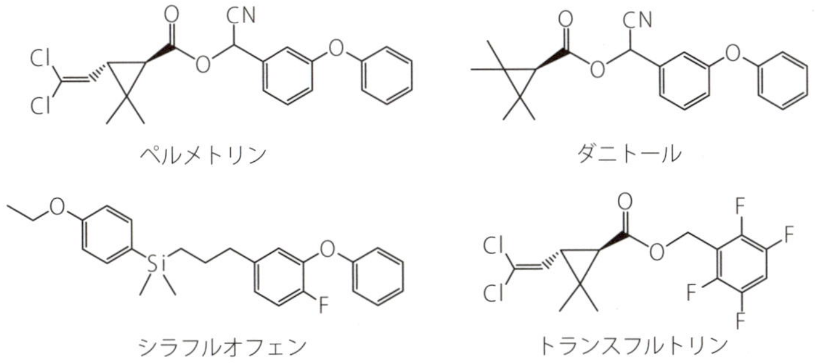

図13.18 ピレスロイド殺虫剤の成分
（大日本除虫菊・住友化学が開発したものを示した）

13.4.4 有機リン系殺虫剤

1944年に有機リン系殺虫剤パラチオンが開発され，広く使用されたが，哺乳類に対する毒性が高いことから1969年には製造が中止された。その後，より毒性の低い製品が開発されている。有機リン系殺虫剤は，コリンエステラーゼ拮抗作用で，脳内および抹消の神経伝達物質コリンエステラーゼの働きを阻害することにより，アセチルコリンが過剰蓄積することで神経毒性を発揮する。1963年にS-ベンジルリン酸エステル系化合物（IBPやEDDPなど）にいもち病に対する殺菌効果が見いだされ農薬としても広く用いられるようになった。近年はニコチノイド系の農薬に移り変わっているとされる。

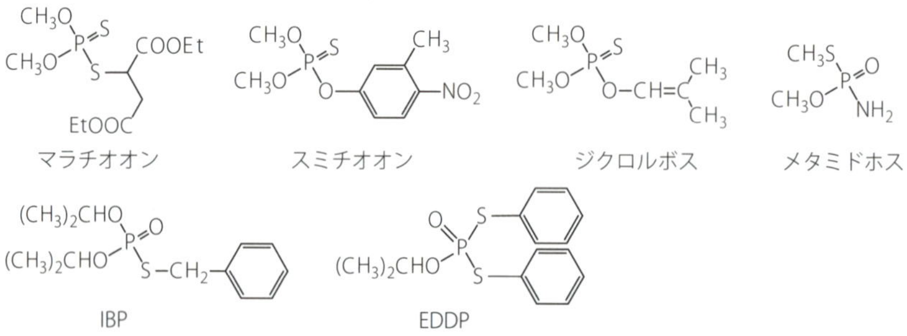

図 13.19　有機リン系殺虫剤と農薬

有機リン系薬材

1944年にIGファンベル社は有機リン系殺虫剤パラチオンを開発したが，さらに有機リン系化合物を検討する中で人間に対してきわめて神経毒性の高い化合物も見いだされ，毒ガスとして生産された。サリンやVXなどがそれにあたる。人間を含む哺乳類のコリンエステラーゼの結合サイトは小さく，その差によって殺虫剤と毒ガスが分かれる。サリンやVXのリン上の置換基小さいため，人間のコリンエステラーゼに作用してしまう。有機リン系化合物の中毒にはPAMが特効薬として知られている。

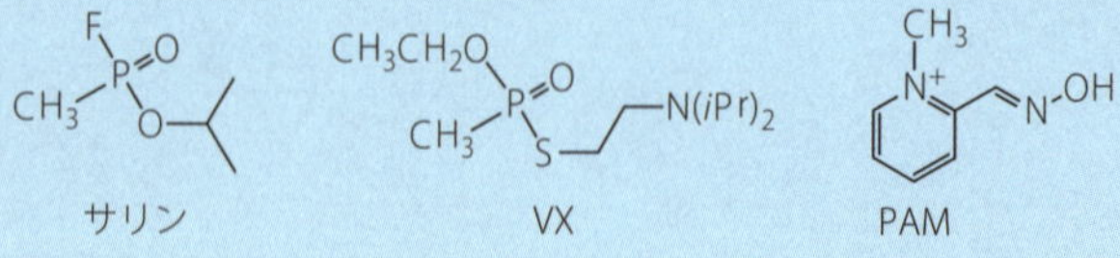

13.4.5　有機塩素系殺虫剤

DDT や γ-BHC が開発されたのに続き，アルドリンやクロルデンなどの殺虫剤や PCP, 2,4,5-T などの除草剤が開発された。DDT や γ-BHC と同様に残留性についての危惧から日本では現在使用が禁止されたが，オルソジクロロベンゼンは現在でも一般に使われている。

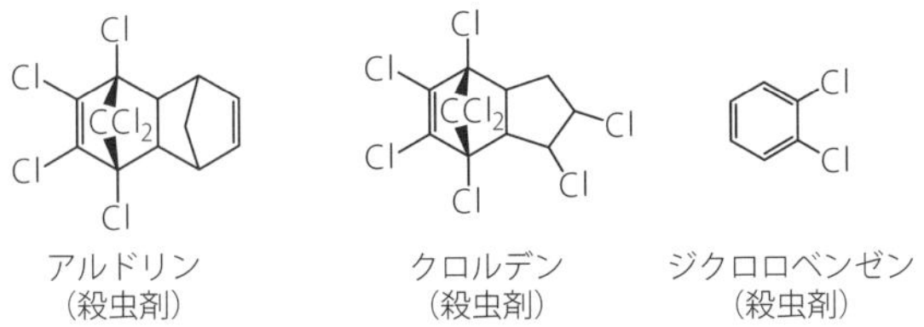

図 13.20　有機塩素系殺虫剤の構造

13.4.6　その他の殺虫剤

1934 年にアメリカでジチオカーバメート剤の殺菌活性が発見されていた。その後 1950 年代にカーバメート系，ジチオカーバメイト系（チラムなど），抗生物質などが農薬に使われるようになった。カーバメート系殺虫剤もコリンエステラーゼに作用する。

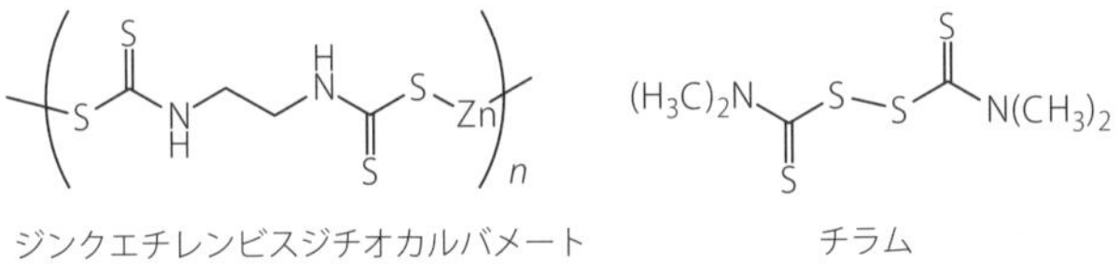

図 13.21　最初に見出されたジチオカーバメート剤とチラム

2000 年代からはネオニコチノイド系*の殺虫剤が農業を始め家庭用の害虫駆除剤やペット用に幅広く使われるようになった。タバコの有害成分ニコチンに似ているためネオニコチノイドという名前を付けられた。アセタミプリド（日本曹達），イミダクロプリド（日本特殊農薬→バイエル），クロチアニジン（武田製薬），ジノテフラン（三井化学），チアクロプリド（バイエル），チアメトキサム（シンジェンタ），ニテンピラム（武田製薬）の 7 種類が認められている。ネオニコチノイド系農薬は脊椎動物より昆虫に対して選択的に強い神経毒性を持つため人間には安全とされる。水に溶けて根から葉先まで植物の隅々に行きわたる浸透性殺虫剤として，作物全体を害虫から守れる効果的な農薬として農地や公有地などで大規模に使われている。

*　1990 年代初めから，世界各地でミツバチの大量死・大量失踪が報告され，すでに 2007 年春までに北半球から 4 分の 1 のハチが消えたとされている。1990 年代に使われるようになったネオニコチノイドは「蜂群崩壊症候群」の主な原因と疑われ，フランスでは 2006 年，最高裁判所の判決により一部の種類が使用禁止となった。これは，予防措置がとられた例とされている。

予防原則（precautionary principle）とは，環境や人の健康に対して深刻な悪影響が発生するおそれがある場合には，科学的な因果関係が十分に証明されていなくても，予防措置をとることを延期してはならないという考え方である。この原則は，1992 年の地球サミットで採択された「環境と開発に関するリオ宣言」第 15 原則に明記されたのをきっかけとして，さまざまな国際協定や規制のほか，各国の国内法などに採用されている。

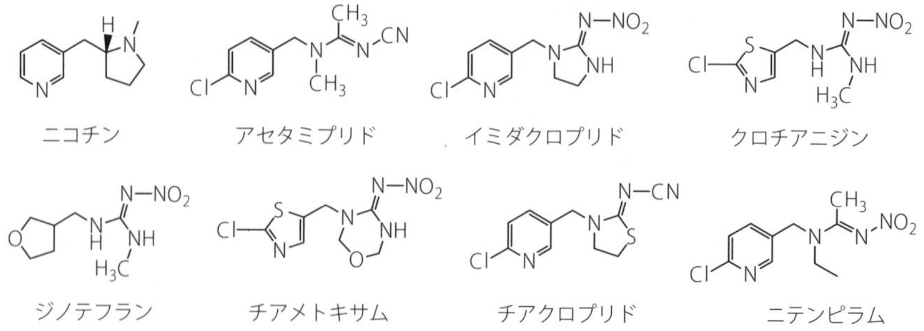

図 13.22　ネオニコチノイド系の殺虫剤

13.5　除草剤

2009 年度の農薬の売上高（437 億ドル）において，除草剤が 45 % を占め，殺虫剤 26 %，殺菌剤 26 % を大きく凌駕している（世界化学工業白書より）。最近では，遺伝子操作によって除草剤への抵抗力をもたせた遺伝子組み換え植物の種子とセットで販売するビジネスモデルも行われている。

1944 年にはイギリスで 2,4-PA の除草活性が発見された。双子葉植物の茎頂に作用して異常な細胞分裂を発生させることによって枯らす作用がある（オーキシン作用の攪乱）。製造が簡単で，広葉植物を枯らすのに対し，イネ科植物には影響を与えず，現在でも用いられる。ベトナム戦争において使用された枯葉剤はこのタイプのものである。

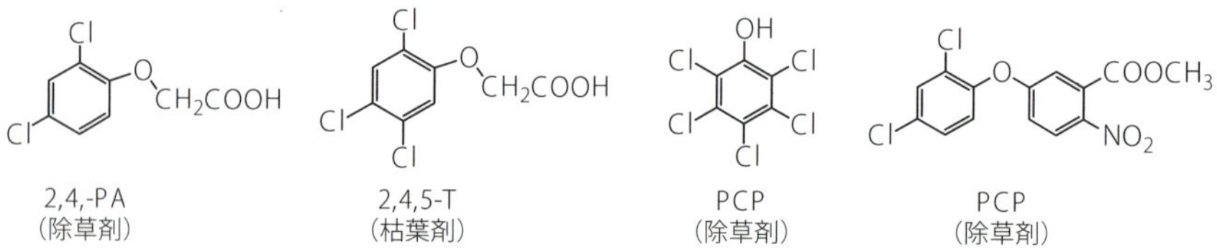

図 13.23　有機塩素系の除草剤・枯葉剤

その後，アトラジン（S-トリアジン系）やフェニル尿素系などが開発された。いずれも光合成経路を阻害するため，哺乳類への急性毒性は低い。

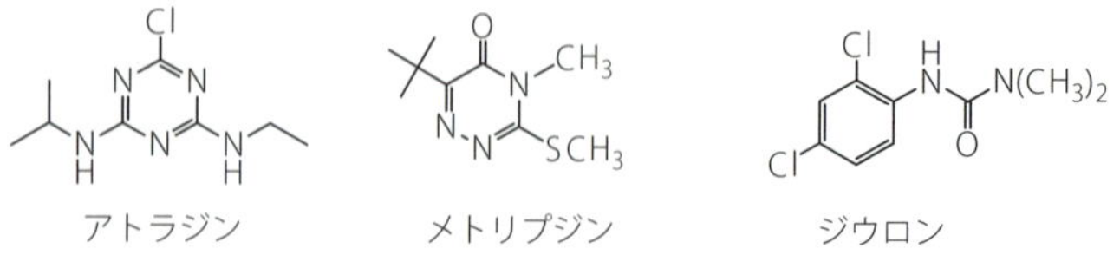

図 13.24　S-トリアジン系およびフェニル尿素系除草剤

13 医薬品・農薬（殺虫剤・除草剤）

ICI 社によって開発された酸化還元試薬メチルビオローゲン（p.212）に 1955 年に除草剤としての効果が見出されパラコートとして売り出された。酸化還元剤として，活性酸素を発生させ細胞内のタンパク質や DNA を破壊して植物を枯死させる。耐性を持つ植物が現れたため誘導体が合成されている。

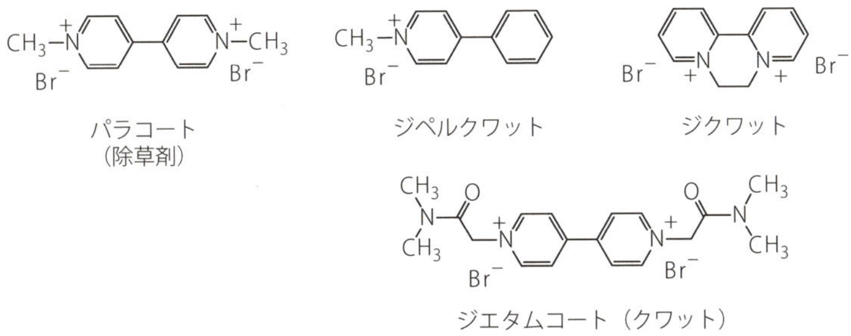

パラコート
（除草剤）

ジペルクワット

ジクワット

ジエタムコート（クワット）

図 13.25　パラコート系除草剤

遺伝子組換え作物

モンサント社（米国）は，サッカリンの製造会社として 1901 年にスタートし，石油化学事業を展開する会社として成長したが，20 世紀末には農薬と遺伝子組換え作物の会社に再展開した。モンサント社のビジネスモデルは，除草剤とその耐性作物を組み合わせる。通常は雑草のみを枯らす除草剤の開発をする。モンサント社は逆に非選択性の除草剤グリホサートを用い，それに耐性のある遺伝子を見つけ出して，それを組み込んだ作物（大豆・トウモロコシ・綿花など）を作り出すことで成功を収めた。さらに特定の害虫に殺虫効果を持つ土壌微生物の遺伝子を組み込むことにより，害虫に抵抗性を持たせた作物も展開している。

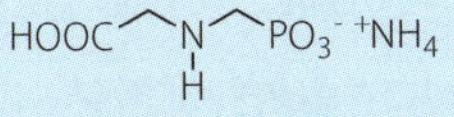

グリホサート（アンモニウム塩）

14 有機化学工業と環境

かつて化学は公害の元凶とされた時期があった。公害問題が顕在化し被害者が出ることで対策が取られ、法整備がなされた。今日、公害問題の多くは化学の力でほぼ解決されたが、被害者が出るまで問題を放置することは、本来許されることではない。公害の除去、環境問題の解決に、社会からもっとも活躍を期待されているのは、化学者であり化学技術者である。今の社会において、公害を生むプロセスはもはや工業技術としての価値は無いことを認識する必要がある。

また、化学工場における安全管理の重要さは、化学薬品のもつ危険性、毒性を考えれば、非常に重視すべき事柄である。安全部門は企業の利益に直接結びつかないため、ともすれば軽視されがちであるが、一旦事故*が起これば、会社の存続にかかわる事態になることを常に意識しておく必要がある。コンプライアンス（法令遵守）は信用やブランド力を勝ち取るための重要な要素である。

14.1 公害とその防止のための立法措置

急激な産業の発展と人口の増加は、人間活動から排出される汚濁物の量を著しく増大させ、また化学工業の進展は、自然の力では浄化され得ないさまざまな難分解性物質を生み出してきた。過去問題となり、排出規制や対策が取られるにいたった問題としては

- ◦ 水質汚染
- ◦ 大気汚染
- ◦ 土壌汚染
- ◦ 食品汚染

などがある。それらについての経緯と対策についてまとめる。

---

* インド中央部に近いボパールにあるユニオンカーバイド社の子会社の貯蔵タンクから、夜中、農薬の中間原料である猛毒のイソシアン酸メチル（MIC）が漏洩した。漏洩した毒性のMICガスは風に乗って市街地に拡がり、3,000人以上（最大14,410人）の死者と35万人もの被災者を出し、多くの人が長期間後遺症に苦しんでいる。事件は作業員のミスから生じたが、ほとんど安全管理が行われておらず、事態を悪化させた。親会社はアメリカの大手化学会社であったが、この事故により国際的な評判を落とし、他の大手会社（ダウ・ケミカル社）に吸収された。

安全管理に関わる法律

① 公害防止管理者制度

　昭和46年6月，工場内に公害防止に関する専門的知識を有する人的組織の設置を義務付けた「特定工場における公害防止組織の整備に関する法律（法律第107号）」が制定され，この法律の施行により，公害防止管理者制度が発足した。同法において規定される「特定工場」では，公害防止組織の設置と公害防止管理者の選任が義務付けられている。

② 労働安全衛生法

　職場における労働者の安全と健康を確保するとともに，快適な職場環境の形成を促進することを目的とする法律。機械や危険物・有害物に関する規制，労働者に対する安全衛生教育，労働者の健康を保持増進するための措置などについて定め，職場の安全衛生に関する網羅的な法規制が行われている。化学物質については，有機溶剤，鉛中毒，四アルキル鉛，特定化学物質，粉じんなどについて障害防止のための規則が定められている。

14.1.1 水質汚濁

　水質汚濁を産む原因として，工場・鉱山排水，未処理生活排水，化学物質の漏えい，残留農薬などがあり，過去にさまざまな公害を引き起こした（表14.1）。

表 14.1　水質汚濁による主な公害

工場・鉱山排水	水俣病・新潟水俣病（有機水銀），イタイイタイ病＊（カドミウム）
未処理生活排水	赤潮，琵琶湖の富栄養化
化学物質の漏えい	石油タンカー，タンクの破損，地下水汚染
残留農薬	DDT など

有機水銀による水俣病についてはコラム3.2参照

＊　イタイイタイ病：岐阜県の三井金属鉱業神岡事業所（神岡鉱山）による鉱山の製錬に伴うカドミウムを含む未処理廃水により，神通川下流域の富山県で発生した。日本初の公害病で四大公害病のひとつ。

　1970（昭和45）年に水質汚濁防止法が制定され，（生活排水を含む）排水の排出基準が設定され，地下への有害物質の浸透も規制された。また，化学会社でもアセトアルデヒドの合成は水銀を用いないヘキスト・ワッカー法に代わった（p.53）。また，生分解されやすいソフト洗剤に代わり（p.146），富栄養化の原因とされたリン酸を含む洗剤も代替え品が開発された。

　13章で述べたように，1939年にDDT，1945年にγ-BHCがICI社によって開発され，さらに1944年には有機リン系殺虫剤パラチオンが

開発された（図 14.1）．とくに，塩素系の農薬は大量生産され，農地へ空中散布されるなど大量に使用された．この農薬の大量使用は生態系へ深刻な影響を与え，さらに，自然界への残留性が問題となったことから 1970 年前後に製造が中止された．DDT 関連の年表を表 14.2 に示す．

図 14.1　自然界への残留性が問題となった農薬

表 14.2　DDT に関連する年表（1972 年まで）

年	事項
1874 年	DDT 合成　発見者は効力を認識せず
1939 年	ミューラー（独）　殺虫剤としての能力を確認
1947 年	ミューラー　ノーベル医学生理学賞受賞
1950 年	リンデマン（米）　エストロゲン活性を認める
1962 年	レイチェル・カーソン　『沈黙の春』出版
1968 年	DDT 裁判開始
1970 年	DDT 汚染が北極のアザラシに見つかる
1972 年	DDT の農薬としての使用禁止

Rachel Carson
（レイチェル・カーソン日本協会 HP）

『沈黙の春』

　1962 年に出版されたレイチェル・カーソンの『沈黙の春』は，殺虫剤などの「合成化学物質」の無分別な大量散布（使用）が生態系を乱し，生物環境の大規模な破壊をもたらすこと，それがやがては人間の生命にもかかわることになることを警告し，社会に大きなインパクトを与えた．この本の内容に対して名誉棄損の裁判が起こされたが，DDT 汚染が北極のアザラシに見つかったことをきっかけに，1972 年に DDT の農薬としての使用が禁止された．

　「1958 年の 1 月だっただろうか，オルガ・オーウェンス・ハキンズが手紙を寄こした．彼女が大切にしている小さな自然の世界から，生命という生命が姿を消してしまったと，悲しい手紙をつづってきた．前に，長いこと調べてそのままにしていた仕事を，またやりはじめようと強く思ったのはその手紙を見たときだった．どうしてもこの本を書かなければならないと思った．」

（レイチェル・カーソン，『沈黙の春』序文より）

14.1.2 大気汚染

大気汚染は都市のような人口密集地域で顕著化しやすく，特に石炭を使い始めてから深刻になった。ロンドンでは 16 世紀にはすでに問題が出始め，19 世紀末から 20 世紀前半には死者が出るほど深刻化した[*1]。その後，石油が燃料として使われるようになり，粉じんによる汚染は減少したが，石油に含まれる硫黄分の燃焼によって生じた酸化硫黄による気管支炎やぜん息[*2]，また酸性雨が問題となった。1967 年に「公害対策基本法」，1968 年には「大気汚染防止法」が制定され，石油会社による接触水素化による脱硫装置（p.31）や煤煙除去装置の開発によって，工場からの大気汚染は大きく改善された。また，自動車からの排気による酸化窒素，酸化硫黄においても，アメリカでマスキー法（1970 年：大気清浄法）が成立したことを受けて，日本でも 1973 年に排出ガス規制基準が発表されるとともに，基準を満たす自動車が開発され，工場や自動車からの大気汚染は大きく改善された。

4 章で述べたように，中国はエネルギー源の大部分を石炭に頼っており，そのため 20 世紀前半のロンドンにも似た粉じん問題に悩まされている（PM 2.5：p.79）。主要先進国で実施されている，脱硫装置や脱煤煙装置の早急な普及が望まれる。

14.1.3 土壌汚染

土壌汚染とは，有害な物質（＝特定有害物質[*3]）が土壌に浸透して土壌や地下水が汚染された状態であり，有害物質そのものや，有害物質を含む排水が漏えいする場合や，有害物質を含む廃棄物が土の中に埋められ，雨などによって周りの土に溶けだすことによって起こる。また，土壌汚染の中には，人間の活動に伴って生じた汚染だけではなく，自然由来で汚染されているものも含まれる。

2002 年 5 月に制定された「土壌汚染対策法」は，土壌汚染の状況を把握し，人の健康被害に対する防止・対策・措置を実施することによって，国民の健康を保護することを目的としている。土壌に含まれる有害な物質が住民の体の中に入ってしまう経路（摂取経路）を遮断する対策を取ることを定めている。

14.1.4 食品汚染

「食品衛生法」に基づいて，食品，添加物，食品に残留する農薬などの規格や基準の策定，また，その基準が守られているかの監視を厚生労働省がリスク管理機関として行っている。厚生労働省の HP には，「食

*1 ロンドンでは家庭の暖炉の燃料として石炭が用いられていた。1952 年 12 月，厳寒による暖房用石炭燃焼の増加に逆転層による大気の安定が重なって大気汚染はピークに達し，その数日間だけでロンドン市内の死亡者数は通常よりも 4,000 人増加した。「ロンドンスモッグ」事件と呼ばれる。当時英国では，大気汚染物質として二酸化硫黄（SO_2）と総粉じんを測定していたが，死者が急増した期間の日平均濃度は SO_2 が 0.7 ppm（2.0 mg/m^3 に相当），総粉じんは 1.6 mg/m^3 に達していた。

*2 昭和 35 年，四日市でコンビナートの操業が始まった直後から，住民から騒音やばい煙，振動，悪臭に対する苦情が寄せられるようになった。とくに，住民にぜんそく患者が多く見られるようになり，「四日市ぜんそく」とよばれた。硫黄分の多い中東原油に含まれる硫黄分が燃焼によって酸化され，二酸化硫黄となり，さらに酸化されると硫酸ミストとなって，人体に重大な影響を及ぼしたためと考えられた。

*3 特定有害物質には，ベンゼンやトリクロロエチレンなどの含ハロゲン有機溶剤やカドミウム・水銀・六価クロムなどの重金属，有機リン化合物などの農薬，そして PCB などが指定されている。

＊　カネミ油症は，昭和43年10月に，西日本を中心に，広域にわたって発生した，ライスオイル（米ぬか油）による食中毒事件。事件の原因は，カネミ倉庫社製のライスオイル中に，PCBが混入し，それを食べた人に健康被害が生じた。PCBは電気絶縁性が極めて高く熱にも強いことからトランスなどの絶縁体として用いられていた。PCBそのものや，微量に混入していたダイオキシン類の一種であるポリ塩化ジベンゾフラン（PCDF）などが原因と考えられた。

ポリ塩化ビフェニル（PCB）(a)，ポリ塩化ジベンゾフラン（PCDF）(b)，最も毒性が高いとされるダイオキシン（2,3,7,8-テトラクロロジベンゾパラジオキシン）(c) の構造

品中の汚染物質」としてイタイイタイ病や水俣病などの経験から水銀・カドミウムが，カネミ油症事件＊の経験からPCB（ポリ塩化ビフェニル）やダイオキシン，さらに加工食品に含まれるとされるアクリルアミドの情報が示されている（PCBやダイオキシンについては14.3で述べる）。

医薬品による薬害

1999年，厚生省（現厚生労働省）前庭に「命の尊さを心に刻みサリドマイド，スモン，HIV感染のような医薬品による悲惨な被害を再び発生させることのないよう医薬品の安全性・有効性の確保に最善の努力を重ねていくことをここに銘記する」と記した「薬害根絶誓いの碑」が建てられた。医薬品や農薬を開発する会社にとっても，薬害は起こしてはならない事件である。しかし，「薬害」という言葉自体は，じつは定義されていない。「医学教育の中で薬害は，医薬品の副作用で防ぐことが可能だけれど人的な要因によって防げなかったものと教えている。ちゃんと対応すれば防げるものが防げなかったものを薬害と呼んで，やはり人的な要因が大きい」（堀内龍也委員（日本病院薬剤師会会長））。「医薬品の有害性に関する情報を，加害者側が（故意にせよ過失にせよ）軽視・無視した結果，社会的に引き起こされる人災的な健康被害」（片平洌彦氏）などの考え方が示されている。

医薬品に副作用は避けられないものとされる。医薬品によって得られる「益」に対して，与えられる「害（副作用）」がある場合，そのバランスを考えて「益」が大きいと判断されるとき処方されることが必要である。もちろん「害」が大きすぎる場合，それは「薬」にならない。そして「薬」にならないとする情報があったにもかかわらず，それを知っていて，あるいは知らずして「薬」としてその物質を与えた場合，与えた医療者，売った製薬会社に責任が生じる。これが「薬害」と考えられる。従って，薬害が裁判で争われる場合は，「情報が十分あったか」どうかが問題になる。

化学者としては，副作用の少ない医薬品や人間に対する毒性の低い農薬の開発を誠実に進めてゆくことが求められる。

14.2　地球規模の環境問題
14.2.1　環境問題のグローバル化

14.1 で述べてきた公害は，化学物質によって引き起こされた狭い地域で起きた顕著な被害と考えることができる。それらの公害は，国や地方の公的な規制と，企業の改善努力によってかなりの部分が解決されてきた。しかし，産業のグローバル化によって，環境への影響は国境を越えて波及するようになった。ある国内で環境保護のための法整備を進めても，他国での環境破壊行為によって環境被害を受けることもある。また，狭い範囲ではほとんど問題のない，毒性のほとんど見られない物質が人間や野生生物に悪影響を及ぼすことも認識されるようになった。60 億に達しようとする人間の活動が地球の環境を変えるところまで来たのである。

地球全体におよぶ環境問題は国際的な枠組みでの対策を必要とすることは明らかであり，1972 年国連人間環境会議が開催されるに至った。背景として，

① 排ガス，廃水，廃棄物が飛躍的に増大し，かつて無限と考えられていた大気や水という環境資源が受容し浄化できる限界が認識されるようになったこと

② この地球をひとつの「宇宙船地球号」にたとえ，みなが協力してこれを守っていかなければならないと考えるようになったこと

③ 開発途上国においては，貧困が最大の環境問題になっていたこと

などである。会議直前にローマクラブによって「成長の限界」[*1]が発表され，地球という有限な世界の中での経済成長の行く着く先をひとつのモデルとして示し，大きな衝撃を与えていた。この会議で「人間環境宣言」[*2]が採択された。

その後，国連は地球規模の環境問題として

① 酸性雨（エアロゾル）
② オゾン層の破壊（フロンガス）
③ 地球温暖化（温室効果ガス）
④ 残留有機汚染物質（ダイオキシン，DDT など）

などを取り上げ，世界共通の問題として議論を進めている。

---

*1　イタリア人アウレリオ・ペッチェイが立ち上げたローマクラブは，当代一流のビジネスリーダー，研究者，政府官僚をメンバーに迎え，1972 年に『成長の限界』という報告書を発表した。「人類のあくなき欲求と世界の限られた資源は衝突コースにあり，そう遠くない将来に人類社会は運命の時を迎える」と警鐘を鳴らした。

*2　国連人間環境会議は，1972 年 6 月 5 日から 16 日までストックホルムで開催され，人間環境の保全と向上に関し，世界の人々を励まし，導くため共通の見解と原則が必要であると考え，「人間環境宣言」を宣言した。"我々は歴史の転回点に到達した。いまや我々は世界中で，環境への影響に一層の思慮深い注意を払いながら，行動をしなければならない。無知，無関心であるならば，我々は，我々の生命と福祉が依存する地球上の環境に対し，重大かつ取り返しのつかない害を与えることになる。"「人間環境宣言 (6) 冒頭より」

14.2.2 酸性雨（エアロゾル）

酸性雨は，化石燃料の燃焼によって生じた排ガスの中に含まれる窒素酸化物（NOx）や二酸化硫黄（SO_2）などが，上空の気流に乗って数百 km から数千 km もの長距離を移動する間に，太陽の光によって酸化され，硝酸や硫酸となって地表に降りてきて沈着し，生態系を酸性化して生物に大きな影響を与える現象である。酸性雨は国境を越えて起きる越境大気汚染問題であり，1950年代ノルウェーやスェーデンなどの北欧諸国で，湖沼や河川の酸性化による魚の減少，森林での木々の立ち枯れ現象などが起き，ドイツ，イギリスなどの工業地域から排出される排ガスなどがその原因と考えられた。1970年代に入って，ようやく国際間での協議が始まり，1979年に「長距離越境大気汚染条約（ECE 条約）」によって，長距離大気汚染を削減することが約束され，二酸化硫黄に対する「ヘルシンキ議定書」，酸化窒素に対する「ソフィア議定書」，さらに国別の削減目標量を規定したオスロ議定書（1994年）が採択され，具体的な対策が進んだ。酸性雨の問題はカナダとアメリカの間でも見られ，1991年には，両国の間で「汚染物資の国境移動に関する協定締結」が結ばれた。

表14.3 酸性雨問題についての年表

（欧　州）	1972年	OECD 大気汚染物質の国際共同プロジェクトを発足
	1977年	国連欧州経済委員会
	1979年	「長距離越境大気汚染条約(ECE 条約)」
	1985年	「ヘルシンキ議定書」（二酸化硫黄に対して）
	1988年	「ソフィア議定書」（窒素酸化物に対して）
	1994年	「オスロ議定書」二酸化硫黄排出量規制
（北アメリカ）	1990年	米国「大気清浄化法」改訂：排出基準の引き上げ
	1991年	「汚染物資の国境移動に関する協定締結」

一方東アジアでは，酸性雨モニタリングネットワーク（EANET）が2001年から活動し，硫黄酸化物や窒素酸化物の排出量が顕著に増加していることを明らかにしたが，具体的，包括的な取り組みは行われていない。

14.2.3 オゾン層の破壊（フロンガス）

p.58で述べたように，1974年にモリナとローランドは，成層圏に達したフロンガスが，紫外線によって分解し塩素ラジカルを生じること，生じた塩素ラジカルがオゾンを破壊することを指摘した。この発表を契機に，1977年，国際環境計画（UNEP）はオゾン問題調整委員会を設置し，国際的なフロン規制に向けて活動を始めた。1981年にはオゾン

層保護条約の策定が合意され，1985 年に「オゾン層保護のためのウィーン条約」が採択された。その当時でも，科学的根拠を疑う声が大きかったが，1985 年に，ジョセフ・ファーマン[*1]らよって発表極上空のオゾンが毎年春期に減少するオゾンホールが形成されることが指摘された。また，人工衛星ニンバス 7 号の過去のオゾンデータの再点検により，南極上空のオゾンが 1980 年代に入って毎年春に著しく減少していることが確認された。これらの化学的データにより，国際的なフロン規制が後押しされ，1887 年のモントリオール議定書において，特定フロン[*2]の製造および輸入の禁止が決定された（1999 年改訂）。

[*1] J. Farman

[*2] CFC-11（CCl_3F），CFC-12（CCl_2F_2），CFC-113（CCl_2FCClF_2），CFC-114（$CClF_2CClF_2$），CFC-115（$CClF_2CF_3$）その他 3 種類の特定ハロン 1211（$CClBrF_2$），1301（$CBrF_3$），2402（$CBrF_2CBrF_2$）

表 14.4 フロンガス問題についての年表

年　代	事　柄
1930 年代	フロンガスの開発
1974	フロンガスによるオゾン層破壊の仮説（モリナ，ローランド）
1977	国際環境計画（UNEP）オゾン問題調整委員会設置
1978	アメリカでエアロゾルへのフロンガスの使用禁止
1985	オゾン層保護のためのウィーン条約採択（1988 年発効）
	南極でホールが形成されることの指摘（ファーマン）
1995	モリナ，ローランド，クルッツェン三氏にノーベル賞授与

オゾンホールの最初の発見者は，日本の気象研究所の忠鉢繁氏である。第 23 次南極観測隊（越冬隊）に参加した忠鉢氏は，1982 年 2 月から 1983 年 1 月まで，昭和基地において大気オゾンの特別観測を行い，オゾン層の極端な減少を見出した。1983 年 12 月に「極域気水圏シンポジウム」で観測結果を報告し，翌年，ギリシャで開かれた「オゾンシンポジウム」で国際発表を行った。この時の発表論文がオゾンホールに関する最初の国際的な報告である。

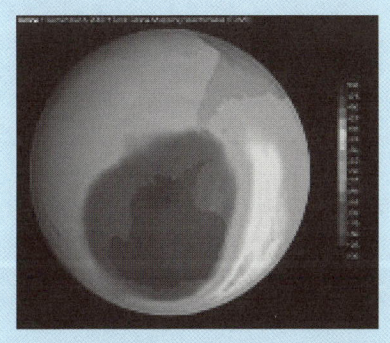

図 14.2 南極上に生じた低オゾン濃度領域

14.2.4 地球温暖化（温室効果ガス）

1979年に第1回世界気候会議（FWCC）がジュネーブで開催され，地球温暖化問題が最初に討議された。そこで，二酸化炭素をはじめとする温室効果ガスの濃度の上昇など，人間活動に起因する気候変化が社会経済に顕著な影響を与えることへの懸念が表明された。1988年には国連環境計画と世界気象機関は，気候変動に関する政府間パネル（Intergovernmental Panel on Climate Change: IPCC）を設立した。1990年に再びジュネーブで開催された第2回世界気候会議（SWCC）ではIPCC報告書を妥当なものと認め，1992年の気候変動枠組条約が採択され，さらに1995年のIPCC第2次評価報告書では，「人間活動が，人類の歴史上かつてないほどに地球の気候を変える可能性がある」，「気候変化は多数の重要な点に関し，すでに取り返しのつかない状況にあるといえる」と述べ，その報告書をもとに1997年の京都議定書が採択された。京都議定書では，先進国の拘束力のある削減目標（2008年～2012年の5年間で1990年に比べて日本－6％，米国－7％，EU－8％など）を明確に規定した。日本は2002年に締結したが，二酸化炭素排出量の2位であるアメリカが経済活動に対する懸念から2001年3月に京都議定書体制からの離脱を宣言した*。京都議定書の削減対象期間である2012年以降の排出制限について議論が紛糾していたが、2021年のCOP26においてカーボンニュートラルを2050年までに実現するとの目標が設定され、日本でも2050年までに脱炭素社会の実現を目指すことが宣言された。

＊ 2014年，アメリカのオバマ大統領は中国の習近平国家主席と温室効果ガスの削減と非化石燃料への転換などを含む温暖化対策で合意した。さらに，2020年にバイデン大統領はパリ協定への復帰と2050年までに温室効果ガスの実質排出ゼロを目指すことを表明した。習近平国家主席は2060年までには二酸化炭素排出料をゼロにすると表明した。

表14.5　温室効果ガス問題についての年表

年代	会議	議論・宣言・条約など
1979年	第1回世界気候会議	温室効果ガスについて議論
1984	ブルントラント委員会	報告書「地球の未来を守るために」
1987	環境と開発に関する世界委員会	報告書「我ら共通の未来」⇒地球サミット開催へ
1990	第2回世界気候会議	温室効果ガスについて議論
1992	第1回地球環境サミット 国連環境開発会議	環境と開発に関するリオ宣言「アジェンダ21」「国連気候変動枠組条約」
1997	「京都議定書」(2002締結)	温室効果ガスの削減率の決定
2001	COP7，マラケシュ会議	温室効果ガスの削減の細目決定
2021	気候変動枠組条約締約国会議(COP26)	カーボンニュートラルを2050年までに実現するとの目標が設定

表14.6に二酸化炭素の排出量の多い国と，その排出量，一人あたりの排出量を示した。京都議定書において，実際に排出削減の義務を負っ

ている国の排出量のシェアは 26 ％に過ぎず，排出量の多い中国やインドは途上国として排出制限を受けない。途上国は先進国に比べると人口一人当たりの排出量はずっと少なく，中国でさえアメリカの約 3 分の 1 に過ぎず，同じ基準のもとで排出量の規制を受けるのは不平等ともいえる。しかし，それら途上国の一人あたりの二酸化炭素排出量が先進国並みになるまで規制されないとしたら，気候変動への対策は実質的に何の意味も持たない。南北の経済格差が問題の解決を難しくしている。

IPCC は，2001 年第三次，2007 年第四次，2013 年第五次の評価報告書を提出し，過去 30 年の各 10 年はいずれも先立つ 10 年よりも高温でありつづけ，21 世紀の最初の 10 年間が最も高温であったこと，大気中の二酸化炭素の存在量が 2011 年には 390.5（390.3 〜 390.7）ppm であり，1750 年よりも 40 ％増加していることを明らかにした。

表 14.6 二酸化炭素の排出量の多い国（2013 年国際エネルギー機関（IEA）調べ）

順位	国名	排出量（百万トン）	一人当たりの排出量（トン）
1	中華人民共和国（中国）	7,954.5	6.08
2	アメリカ合衆国（米国）	5,287.2	16.15
3	インド	1,745.1	1.58
4	ロシア	1,653.2	11.56
5	日本	1,186.0	9.59
6	ドイツ	747.6	9.22
7	大韓民国（韓国）	587.7	11.86
8	カナダ	529.8	15.30

14.2.5 残留有機汚染物質（ダイオキシン類，PCB，DDT 等：POPs）

毒性が強く，残留性，生物蓄積性，長距離にわたる環境における移動の可能性，人の健康または環境への悪影響を有する化学物質（ダイオキシン類，PCB，DDT 等）のことを残留有機汚染物質（POPs）と呼ぶ。POPs が最初に問題となったのは，p.258 で述べたように，殺虫剤として大量に散布された DDT が世界規模で水質や土壌を汚染している事実が見出されたことによる。その後，それら POPs は製造中止になったが，その処理が問題になっていた[*]。先進国の有害廃棄物が事前の連絡・協議なしに国境を越えて移動し，開発途上国に放置されて環境汚染が生じるなどの問題が発生したことから，1989 年に有害廃棄物の国境を越える移動及びその処分の規制に関するバーゼル条約が締結された。1992 年の国連環境開発会議（UNCED，地球環境サミット）で採択されたア

[*] PCB は 700 ℃ 程度の熱で処理するとダイオキシンを生じるため，その処理が困難であった。現在は，「ポリ塩化ビフェニル廃棄物の適正な処理の推進に関する特別措置法」により平成 28 年までに処分することが規定され，全国 5 箇所に設置された PCB 廃棄物処理施設（北海道室蘭，東京江東，愛知県豊田，大阪，北九州）で処分されている。

ジェンダ21では，海洋汚染の大きな原因となっている物質の1つとして「合成有機化合物」を挙げ，1995年には特に早急な対応が必要であると考えられるPOPsの減少に向けて，これらの物質の排出を規制するために法的拘束力のある国際的な枠組を確立することを求めた「ワシントン宣言」が採択された。1998年からPOPsの規制に関する政府間交渉会議が開催され，2001年，「残留性有機汚染物質に関するストックホルム条約」[*1]が採択された。

*1 ストックホルム条約対象物質
附属書A（廃絶）
アルドリン，α-ヘキサクロロシクロヘキサン，β-ヘキサクロロシクロヘキサン，クロルデン，クロルデコン，ディルドリン，エンドスルファン，エンドリン，ヘプタクロル，ヘキサブロモビフェニル，ヘキサブロモジフェニルエーテル，ヘプタブロモジフェニルエーテル，ヘキサクロロベンゼン，リンデン，マイレックス，ペンタクロロベンゼン，ポリ塩化ビフェニル(PCB)，テトラブロモジフェニルエーテル，ペンタブロモジフェニルエーテル，トキサフェン
附属書B（制限）
DDT
附属書C（非意図的生成物）
ヘキサクロロベンゼン（HCB），ペンタクロロベンゼン（PeCB），ポリ塩化ビフェニル（PCB），ポリ塩化ジベンゾ-パラ-ジオキシン（PCDD），ポリ塩化ジベンゾフラン（PCDF）

*2 T. Colborn
    D. Dumanoski
    J. P. Myers

表14.7 残留性有機汚染物質に関する年表

年代	会議・条約	議題・報告書など
1987	環境と開発に関する世界委員会	報告書「我ら共通の未来」⇒地球サミット開催へ
1992	バーゼル条約	有害廃棄物の国境を越える移動及びその処分の規制
1995	ワシントン条約	残留有機汚染物質(POPs)規制について
1998	ロッテルダム条約	有害な化学物質や駆除剤の適正な管理に関する
	ウィングスプリード会議	環境ホルモンについて
2001	ストックホルム条約	残留有機汚染物質規制条約採択(2004年締結)
2013	国連環境計画	水銀に関する水俣条約

1996年に刊行された，シーア・コルボーンら[*2]の『奪われし未来』は，合成化学物質の生体への危険を指摘し世界中で大きな反響をよんだ。ある種の合成化学物質は，動物の内分泌系に対してホルモンのように作用して，その個体あるいはその子孫に健康障害性の影響を及ぼすような変化を引き起こす可能性があることを警告し，それらの物質を「環境ホルモン」と呼んで早急な対策を求めた。POPs以外に，一般に使われている広範な工業化学製品（主に可塑剤と高分子材料）も環境ホルモンとして作用することが疑われた。

環境省は，外因性物質に関せ売る研究班を設け，環境ホルモン戦略計画SPEED'98に従って，「内分泌攪乱作用を有すると疑われる化学物質」67物質を含むリストを作成し，化学物質のスクリーニング等を行った。その結果，環境中の化学物質は当初考えられたような危険性を持っているとは考えにくいとされ，2004年にリストは廃止された。

表 14.8　2004 年時点での調査結果から

物質名	試験結果 メダカ	ラット
トリフェニルスズ化合物	所見なし	所見なし
トリブチルスズ化合物	所見なし	所見なし
ノニルフェノール	所見あり	所見なし
4-t-オクチルフェノール	所見あり	所見なし
アジピン酸ジ-2-エチルヘキシル	所見なし	所見なし
フタル酸ジ-2-エチルヘキシル	所見なし	所見なし
フタル酸ジエチル	所見なし	所見なし
ベンゾフェノン	所見なし	所見なし
オクタクロロスチレン	所見なし	所見なし
2,4-ジクロロフェノール	所見なし	所見なし
トリブチルスズ化合物	所見なし	所見なし

ダイオキシン

コプラナーダイオキシン　　2,3,7,8-ダイオキシン

　一般に，ポリ塩化ジベンゾ－パラ－ジオキシン（PCDD）とポリ塩化ジベンゾフラン（PCDF）をまとめてダイオキシン類と呼び，コプラナーポリ塩化ビフェニル（コプラナー PCB，またはダイオキシン様 PCB）のようなダイオキシン類と同様の毒性を示す物質をダイオキシン類似化合物と呼んでいる。ダイオキシンは，炭素・酸素・水素・塩素を含む物質が熱せられるような過程で自然に生成する化合物であり，PCB や DDT のように，意図的に作られたものではないが，PCB や除草剤や枯葉剤である塩化フェノール誘導体の生成過程で複製し混入したとされる。塩素の数や位置によって，毒性が異なるが，2,3,7,8-テトラクロロ体が最も毒性が高い。急性毒性について表に示す。

2,3,7,8-TCDD の急性毒性

動物種	LD50 (mg/kg)
モルモット	1
ラット (オス)	22
ラット (メス)	45
サル	50〜70
ウサギ	15
マウス	284
犬	>5000
ハムスター	5000

ダイオキシンは，モルモットに対する毒性の高さから，最強の人造毒化学物質とされ，さまざまな汚染に関して常に取り上げられる化合物となった。ごみ焼却などに伴って非意図的に発生するダイオキシン類などによる環境汚染の防止およびその除去を推進するために，「ダイオキシン類対策特別措置法」が施行され，きわめて厳しい規制がなされた。

ダイオキシンについての年表

1967年	米国でヒヨコが大量死した（1957年）のは，餌に混入した脂肪に含まれるダイオキシン類が原因と判明
1962年～1971年	ベトナム戦争で枯れ葉剤が大量に散布される。
1976年	イタリアのセベソで農薬工場が爆発，ダイオキシン類を含む農薬が大量に飛散
1996年3月	『奪われし未来』出版
1997年7月	「ダイオキシン類対策特別措置法」が公布（2002年12月より完全施行）
1999年2月	所沢の野菜に関するダイオキシン汚染の（誤）報道
2002年12月	「ダイオキシン類対策特別措置法」が完全施行

　しかし，一方で，ダイオキシンを特別に危険な化合物とする科学的な根拠は乏しい。

　中西準子（当時横浜国大教授）は「環境ホルモン空騒ぎ」（新潮45, 1998年12月号掲載）と題した記事の中で，「現在見出されるダイオキシンのほとんどは（1960年代から70年代にかけて散布された）残留農薬によるもの」であることを指摘し，「一部で騒がれるようにごみ処理場の周辺の半分もの住民がダイオキシンが原因でがんになるというような荒唐無稽な事態は到底考えられないことである。…また生殖障害のリスクも無視できるほど低い。ホルモン作用による免疫力低下の影響も心配されているが，それらは他の内分泌攪乱物質と同じルールで評価されるべきで，少なくとも成人に対する影響は，発がんリスクの制御レベルで十分制御できる。」と発表した。

　アメリカベトナム退役軍人による枯葉剤をめぐる訴訟においても，ダイオキシンの危険性を認定できずに終わっており，イタリアのセベソで農薬工場が爆発でも，大量の付近住民の被曝がありながら，明確な発がんや遺伝的問題は見つからなかった。ダイオキシンをめぐる"空騒ぎ"によって，1990年代に多数あった小型の焼却炉は姿を消し，多額の税金を用いて巨大な焼却施設がつくられたともいえる。

14.3 予防原則とリスク管理

環境問題について科学的な不確実性が存在する場合に環境政策決定者はどのように取り組むべきかという問題に対して，予防原則（precautionary principle）の考え方が1980年代以降国際協定や各国の国内法及び政策の中に取り入れられてきた。1992年の国連環境開発会議（UNCED）リオ宣言は，原則15で予防原則について「環境を保護するため，予防的方策は，各国により，その能力に応じて広く適用されなければならない。深刻な，あるいは不可逆的な被害のおそれがある場合には，完全な科学的確実性の欠如が，環境悪化を防止するための費用対効果の大きい対策を延期する理由として使われてはならない」と記している。オゾン層問題に関するモントリオール議定書や，気候変動に関する国際連合枠組条約，残留性有機汚染物質に関するストックホルム条約，環境ホルモン問題の出発となったウィングスプリード会議での宣言（1998年）などにも予防原則の考え方が示されている。

一方，「環境ホルモン」問題のように，広範な化学物質に対して危険性が指摘されたような場合，「予防原則」を直ちに採用すべきであるかは議論が残る。すなわち，「予防原則」を適用した場合，それによって引き起こされる社会に対する"リスク"が，逆に大きくなりすぎることが予想されるためである。そこで「リスク管理」* という概念が現れる。ある物質による「利益」と「リスク」を検討し，環境に放出される量をどこまでなら許容するか考える姿勢が必要となる。「利益」と「リスク」の評価は科学的に行われなければならないことは紛れもないが，化学物質に限らず，人間の接するものに絶対に安全なものなどなく，また，絶対に安全であるという証明はできない。人間が摂取しなければ生きて行けない水や塩にも致死量があることを理解する必要がある。

世界保健機関（WHO）は2006年，ワシントンで記者会見を開き，マラリア蔓延地区においてDDTの室内散布を推奨すると発表した。「安全性の面から禁止すべき農薬など存在しない。禁止すべき使い方があるだけだ」とし，急性毒性が高ければ急性毒性が問題とならないような使い方をすればよく，環境中で長期間残るのであれば環境に影響を与えないような使い方をすればよいとのという考え方を示した。DDTを壁や天井などに散布することにより，そこに停まる蚊を殺し，マラリア蔓延を防ぐことを推奨した。ストックホルム条約においても例外的にマラリア対策としてのDDTの製造・使用が認められている。

* アメリカでは，裁判所が安全基準を示すことが多い。その判例が積み重なることで大まかな基準が形成される。
"「予防原則」は，この世にひとつのリスクしかなければ可能かもしれない。しかし，多くのリスクがあり，相互に関連していれば，「予防原則」は成り立たない。したがって，「予防原則」は厳密になればなるほど，現実な場では使えず，緩和的な（妥協的な）政策を採用せざるを得ない。"（中西準子HPより）

マラリアの病原体は，熱帯の蚊（ハマダラカ）によって媒介される。DDT の散布によってマラリアの激減に成功した国もあったが，その使用禁止とともに再び増加し，最近は世界で毎年，5億人以上がマラリアに感染し，100万人以上が死亡しているという。科学的データによるとWHO が室内散布を認める殺虫剤のなかで，DDT が最も有効であり，DDT を超える代替薬品はいまだにないのが現状である。

14.4 さいごに

産業革命以前，人間は生物起源の有機物を燃料や加工原料として用いていた。それらは再生可能な資源であったが，採りすぎれば再生せず，人口増加を抑えてきた。人間による最初の大きな環境破壊は古代文明における植生破壊ではないかといわれている。モヘンジョダロでは，都市周辺の植生が破壊されることで，気候変動によるちょっとした飢饉でも食糧不足に陥り，都市が崩壊したのではないかとされている。中世から近世ヨーロッパでは都市が発達し，そこからルネッサンスがスタートし科学技術の発展が始まる。しかし，当時の都市の衛生状態は悪く，都市住民の家系は3代つづかなかったと言われている*。都市も農村もネズミや害虫の被害にくるしんでいたことが数々の物語（「ハーメルンの笛吹き男」伝説など）で偲ばれる。都市人口は，農村からの流入人口で支えられていた。

近代になると，環境破壊に対する危機感から，逆に技術開発が進んだ例が多々見られる。産業革命を導いたコークスによる鉄の生産の開始はイギリスの木材不足を背景にしている。イギリスにとっては木材不足による経済的・軍事的脅威が切迫した問題であったと思われる。有機材料の発展も，コークス生成において生じた廃棄物であるコールタールの分析と有効利用が引き金となった。西欧諸国がこれら環境の危機を乗り越えられたのは，明らかに科学技術の発展による。西欧で発達した市民社会が科学技術による問題の解決を促したのであり，国家も科学者・技術者を育成し，その成果を競った。西欧諸国が他の世界を本当の意味で圧倒したのは19世紀になってからである。

産業革命以降に人口が急激に増加したのは，医療技術が発達し，生活環境が改善され，食糧供給が安定したためである。そのために有機工業製品が果たした役割は大きい。医薬品や殺虫剤・セッケンなどの開発が医療技術の発達を促し，プラスチックや化学繊維，染料などの発明により衣類・生活材料が大量生産されたことで生活環境が改善され，農薬の開発によって農業生産が安定した。それら物品を輸送することに対して

＊　オランダの画家レンブラントの生涯（1606-1669）
レンブラントは妻サスキアとの間に4人の子供を授かったが，4人目の子ティトゥスのみが成人した。妻サスキアはティトゥスの生後1年も満たないうちに他界した（享年30歳）。サスキア亡き後，後妻となったヘンドリッキェとの間に2人の子をもうけたが，ヘンドリッキェは大流行した黒死病のため娘1人を残し病死した（1963年 38歳）。息子ティトゥスはマグダレーナと結婚したが黒死病に感染し病死した（1668年）。マグダレーナは，ティトゥスの死後子供を産んだ。レンブラントが死去したとき彼の血縁の家族で生き残っていたのは1人の娘と幼い孫のみである。

は，燃料やゴムの発明が寄与している。そして，再生可能な資源以上に増えた消費エネルギーは化石燃料を使うことで補ってきたのである。

科　学　技　術　の　発　展

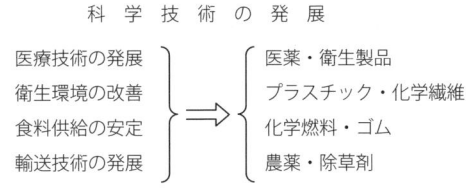

医療技術の発展　｜　医薬・衛生製品
衛生環境の改善　｝⇒　プラスチック・化学繊維
食料供給の安定　｜　化学燃料・ゴム
輸送技術の発展　｜　農薬・除草剤

図 14.3　人間の生活環境を改善した有機材料

この教科書の中で，化学系企業がいかに化学系技術の発展と生活環境の向上に貢献してきたかを示してきた。一方で，化学企業に限らないものの，20世紀末から企業間の合併や買収（M&A）が激しく進んでいることも示した。これは，化学という本業の構造変化に対応するものではなく，企業投資家の短期的な利益の追求のため短いスパンでの企業業績の成長を経営者が求められるようになったためである。利潤の追求が第一義となるとき，これからも化学系企業が化学技術の発展と生活環境の向上に本当の意味で貢献するかは疑念がもたれる。

科学技術の発展は，これからも続いてゆかなければならない。たとえば，13章で述べたように，抗菌性物質の開発をめぐる人類と細菌との戦いに人類が敗れれば，中世のように幼い子供の死亡率が再び50％を超えることになる。科学技術の発展が止まれば，現在の世界人口を養うことはできず，地球規模の飢餓・紛争が起こることは，明らかである。

この教科書で示してきたように，科学技術の発展が人間の生活環境を改善し，人口増加を支えてきたことを，まず認めなければならない。また，一方で，この章で述べてきたように有機工業製品の製造過程や消費過程において環境に大きな負担をかけてきたことも認めなければならない。

古代ローマの英雄，ユリウス・カエサルの2つの言葉を示す。

　"どれほど悪い結果に終わったことでも，それがはじめられた
　　当初の動機は立派なものであった。"
　"人間ならば誰にでも，現実の全てが見えるわけではない。多
　　くの人は見たいと欲する現実しか見ていない。"

これからの製品開発をになう若い人は，常にさまざまな角度から物事を見ることを心掛けてゆくことが必要であろう。

参考資料

複数の章にまたがるもの
1) 『新・有機資源化学　エネルギー・環境問題に対処する』, 平野克己・山口達明ほか, 三共出版.
2) 『有機工業化学』, 園田　昇・亀岡　弘編, 化学同人.
3) 『有機工業化学』, 井上祥平, 裳華房.
4) 『有機工業化学（化学教科書シリーズ）』, 松田和治ほか, 丸善.
5) 『有機機能性材料化学　基本原理から応用原理まで』, 原田　明・樋口弘行編著, 三共出版.
6) 『E-コンシャス高分子化学材料』, 柴田充弘・山口達明, 三共出版.
7) 『世界の化学企業　グローバル企業21社の強みを探る』, 田島慶三, 東京化学同人.
8) 『マテリアルサイエンス有機化学』, 伊与田正彦・横山　泰・西長　亨, 東京化学同人.
9) 『材料有機化学－先端材料のための新化学』, 伊与田正彦編著, 朝倉書店.
10) 『大学院講義有機化学』, 野依良治ほか編, 東京化学同人.
11) 『大学院有機化学』, 野依良治ほか編, 講談社サイエンティフィック.
12) 『スパイス、爆弾、医薬品　世界史を変えた17の化学物質』, ルクーター・バーレサン（小林　力訳）, 中央公論社.

第1章
1) 『現代化学史　原子・分子の科学の発展』, 廣田　襄, 京都大学学術出版会.
2) 今日の石油産業 2014, 石油連盟.
3) ガソリンの政治経済学（第1編）－歴史：航空ガソリンとオクタン価100の戦い（1935年）, 平井晴巳, IEEJ: 2011年8月.
4) 電力事業連合会 HP
http://www.fepc.or.jp/library/data/tokei/
5) シェールガス革命がもたらす米国産業界への影響, 市川元樹.
http://mitsui.mgssi.com/issues/report/r1209ny_ichikawa.pdf
6) シェールからのガスや油の生産技術を掘り下げる, 独立行政法人 石油天然ガス・金属鉱物資源機構（JOGMEC）石油調査部, 伊原　賢.
http://oilgas-info.jogmec.go.jp/pdf/4/4600/1202_out_c_shale_prod_tech.pdf
7) 火星のメタンの起源, 薮田ひかる, $Reg.\ Org.\ Geochem.$, 27, 33-43 (2011).
8) エネルギー基本計画, 資源エネルギー庁, 経済産業省, 平成26年4月.

第2章
1) 米国石油地質家協会（AAPG）研究会議「石油の起源、無機起源か有機起源か」に参加して, 中島敬史, IEEJ: 2005年7月.
2) NASA, "Cassini Mission to Saturn"
http://www.nasa.gov/mission_pages/cassini/main/
3) 今日の石油産業 2014, 石油連盟.
4) 石油便覧, JX日鉱日石エネルギー HP
http://www.noe.jx-group.co.jp/binran/index.html
5) 公益社団法人石油学会 HP, 石油豆知識［原油］
http://sekiyu-gakkai.or.jp/jp/dictionary/petdic.html
6) 経済産業省, 長期時系列データ（年報掲載情報）
http://www.meti.go.jp/statistics/tyo/seidou/archives/

第3章
1) 石油化学工業会 HP
https://www.jpca.or.jp/62ability/1seihin.htm,
https://www.jpca.or.jp/4stat/02stat/y1seisan.htm
2) オレフィン重合触媒とポリオレフィン製造法, 曽我和雄, 寺野　稔, 高分子, 41, 390 (1992).
3) 21世紀へ伝える有機合成化学－私の感動・興奮の瞬間, 有機合成化学協会誌, 58, No. 5, (2000).
4) 水銀規制に向けた国際的取組「水銀に関する水俣条約」について, 環境省, 環境保護部環境安全課, 平成26年5月.
5) 石油化学工業における多品種大量生産プロセスの成立と展開　－ポリプロピレン生産プロセスを事例に－, 中村真悟, 社会システム研究, 28号 87 (2014).
6) エチレンオキド, 新関次郎, 有機合成化学協会誌,

45, 691 (1987).
7）固体ヘテロポリ酸触媒によるグリーンプロセスの開発，奥原敏夫ほか，GSCN News Letters 24 (2006).
8）酢酸ビニル製法の過去，現在，そして未来，大前つとむ，有機合成化学協会誌．
9）酢酸ビニル製造技術の変遷，中村征四郎，安井昭夫，触媒懇談会ニュース，**61**, December, (2013).
10）エチレン法MMAの合成触媒，室井高城，触媒懇談会ニュース，**44**, March, (2010).
11）MMAモノマー製造技術の動向と展望　永井功一，宇井利明，住友化学，4 2004-II.
12）住友化学の新しいε-カプロラクタム製造技術，市橋　宏ほか，住友化学，4 2001-II.
13）LPGおよび軽質ナフサからのBTX製造技術，藤川貴志，触媒懇談会ニュース，**25**, August (2008).

第4章
1）財団法人・石炭エネルギーセンター（JCOAL）平成24年度石炭基礎講座．
http://www.jcoal.or.jp/coaldb/shiryo/material/kiso/24.html
2）エネルギー白書2014，資源エネルギー庁．
http://www.enecho.meti.go.jp/about/whitepaper/2014pdf/
3）鉄鉱石から鉄を生み出す，モノづくりの原点，科学の世界，Vol 8, 11 NIPPON STEEL MONTHLY 2004.1・2.
4）カーボンブラックのナノマテリアルとしての安全性　カーボンブラック協会 HP
http://carbonblack.biz/safety01.html
5）財団法人・石炭エネルギーセンター（JCOAL）コールデータバンク．
http://www.jcoal.or.jp/coaldb/shiryo/material/workshop/

第5章
1）固体高分子型燃料電池の基礎と現状，田巻孝敬，山口猛央，材料科学の基礎，第2号　SIGMA-ALDRICH テクニカルサポート (2012).
2）DME合成技術と利用技術，大野陽太郎ほか，NKK技報，**174**, 1 (2001).
3）ゼオライト化学の新展開，稲垣伸二，豊田中央研究所R&Dレビュー，**29**, 11 (1994).

4）MTOプロセス，室井高城，触媒懇談会ニュース，**46**, September (2012).
5）RCリポート「石油化学」から「天然資源化学」へ，シェールガス革命と現代的石油化学のインパクト，府川伊三郎，株式会社旭リサーチセンター (2014).

第6章
1）日本化学繊維協会資料統計
http://www.jcfa.gr.jp/data/
2）高分子史の見どころ（第3回），人造絹糸の父－Chardonnet－，上出健二，高分子，**50**, 405 (2001).
3）繊維の歴史，梶　慶輔，繊維と工業，**59**, 121 (2003).
4）炭素繊維協会 HP　http://www.carbonfiber.gr.jp/
5）旭ゴム株式会社 HP 豆知識
http://www.asahigum.co.jp/mame/gum1/
6）株式会社 Packing Land HP
http://www.packing.co.jp/GOMU/

第7章
1）世界の油脂原料事情，財団法人油脂工業会館，油脂原料研究会，平成16年3月．
2）石鹸百科，生活と科学社
http://www.live-science.com/
3）『分子認識と超分子』，早下隆士・築部浩編著，三共出版．
4）塗料技術発展の系統的調査，大沼清利，国立科学博物館技術の系統的調査報告書，15, March (2010).

第8章
1）住化ケムテック株式会社 HP　技術資料，染料総論，染料各論．
2）Adolf von Baeyerと有機色素化学，中辻慎一
http://www.chart.co.jp/subject/rika/scnet/33/sc33-2.pdf
3）女性化学者のさきがけ，黒田チカの天然色素研究関連資料，堀　勇治，化学と工業，**66**, 541 (2013).
4）『分子間力と表面力』，イスラエルアチェヴィリ（近藤保・大島広行訳），朝倉書店．

第9章
1）カラー銀塩感光材料の技術革新史，大石恭史，日本写真学会誌，**71**, 20 (2008).
2）新田ゼラチン HP，ゼラチン研究室より．

http://www.nitta-gelatin.co.jp/gelatin_labo/index.html

3) キリヤ化学 HP, カラー写真の原理は？
http://www.kiriya-chem.co.jp/q&a/q23.html

4) 日本総研株式会社 HP, 経営コラム・レポート, コラム「研究員のココロ」「2020 年, あなたの会社は存在していますか？」, 三木 優 (2009).

5) 平成 16 年度特許出願技術動向調査報告書, インクジェット用インク（要約版）特許庁.

6) インクジェット用高耐候性シアン, マゼンダ染色技術の開発, 藤枝賀彦ほか, FUJIFILM RESEARCH & DEVELOPMENT, 54, 31, (2009).

7) フタロシアニンの化学と応用, 小林昭二郎, 生活工学研究, 1, 78 (1999).

第 10 章

1) 『導電性高分子』, 緒方直哉編, 講談社サイエンティフィック.

2) 導電性高分子の基礎, 白川英樹, 廣木一亮, 材料科学の基礎（第 8 号）, SIGMA-ALDRICH テクニカルサポート (2012).

3) 有機トランジスタの基礎, 八尋正幸ほか, 材料科学の基礎（第 6 号）, SIGMA-ALDRICH テクニカルサポート (2012).

4) 有機太陽電池＜有機エレクトロニクスの基礎と応用＞, 平本昌宏, 応用物理, 77(5), 539 (2008).

5) 有機薄膜太陽電池の基礎, 松尾 豊, 材料科学の基礎（第 4 号）, SIGMA-ALDRICH テクニカルサポート (2012).

6) 日本化学会 HP, 有機無機ペロブスカイト太陽電池, 宮坂 力.
http://www.chemistry.or.jp/division-topics/2014/04/post-6.html

7) 有機 EL 素子の基礎及びその製作技術, 八尋正幸, 安達千波矢, 材料科学の基礎, Vol.1, SIGMA-ALDRICH テクニカルサポート (2012).

8) OLED 用青色論考材料技術の開発, 高効率と長寿命の両立, 伊藤寛人, 北 弘志, 檜山邦雅, KONICA MINOLTA TECHNOLOGY REPORT, 11, 78 (2014).

9) 『別冊化学　C60・フラーレンの化学』, 化学同人.

10) 『カーボンナノチューブ　ナノデバイスへの挑戦』, 田中一義編, 化学同人.

11) グラフェンの物理, 初貝安弘, 青木秀夫, 固体物理, 45, 457 (2010).

第 11 章

1) 『液晶の歴史』, ダンマー／スラッキン（鳥山和久訳）, 朝日新聞出版.

2) 液晶ディスプレー－その開発の歴史－, 野中克彦, パテント 2006 59, 82.

3) Polatechno Co. Ltd, 偏光フィルムの仕組み
http://www.polatechno.co.jp/products/film_index.html

4) 世界最初の液晶光配向技術 UV^2A の開発, 宮地弘一, シャープ技法 100, (2010).

5) 超高画質 MVA-TFT 液晶ディスプレー, FUJITSU. 49, 3 175 (1998).

6) 液晶ディスプレーの原理と最近の動向, 木村直博, 藤岡清澄, 日本放射線技術学会雑誌, 60, 1361 (2004).

7) フォトレジスト技術の最近の進歩, 横田 晃, 浅海慎五, テレビジョン, 31, 160 (1977).

8) フォトレジスト用フェノール樹脂, 有田 靖, ネットワークポリマー, 21, 126 (2000).

9) LCD 用カラーフィルター製作システム「トランサー」の開発, 長谷部ほか, FUJUFILM RESEARCH & DEVELOPMENT 44, 25, (1999).

10) 液晶 TV 用高コントラストカラーフィルタレジスト, 木村勝一ほか, 日立化成テクニカルレポート, 44, 17 (2005).

11) カラーフィルター用ブラックレジストの高機能化技術, 信太 勝, 加藤哲也, 月刊ディスプレー, 06 32 (2006).

12) 光酸発生剤, 伊達雅志, 三洋化成ニュース, 2006 秋, No. 438.

13) 新規染料含有液晶ディスプレー用カラーレジストの開発, 井上雅人, 芦田 徹, 住友化学, 2013. 4.

14) カラー電子ペーパー原理, 富士通研究所 HP.
http://jp.fujitsu.com/group/labs/techinfo/techguide/list/paper_p04.html

15) Multi-Layered Electrochromic Display Y. Naijoh ほか ISSN-L IDW' 11 375 (2011).

16) 新規フルカラー電子ペーパー表示技術の開発, 平野成伸ほか, RICOH Techmical Report, 38, 22 (2012).

第12章

1) 日本香料工業会 HP
   http://www.jffma-jp.org/course/
2) 手指殺菌・消毒剤の科学，近藤静夫
   http://www.kao.co.jp/pro/hospital/pdf/01/01_06.pdf
3) 人工甘味料−甘味受容体間における相互作用メカニズムの解明，化学と生物，**50**, 859 (2012).

第13章

1) 『銃・病原菌・鉄』，ジャレド・ダイアモンド（倉骨　彰訳），草思社.
2) 医薬品と特許について，製薬協 HP
   http://www.jpma.or.jp/　ほかに
   http://www.gsj2011-kyoto.jp/patent.html　など.
3) プロセス化学と化学工学，外輪健一郎，化学工学会，**75**, 4, (2011).
4) 21世紀へ伝える有機合成化学−私の感動・興奮の瞬間，有機合成化学協会誌，58, No. 5, (2000).
5) 農林水産省 HP　農薬コーナー
   http://www.maff.go.jp/j/nouyaku/index.html
6) 農薬産業技術の系統化調査，太田博樹，産業技術史資料情報センターより.
7) 『ハチはなぜ大量死したのか』，ジェイコブセン（中里京子訳），文芸春秋.

第14章

1) 環境省 HP，環境白書
   http://www.env.go.jp/policy/hakusyo/h26/pdf.html
2) 公害防止管理者，一般社団法人産業環境管理協会 HP
   http://www.jemai.or.jp/polconman/
3) 安全衛生情報センター HP
   https://www.jaish.gr.jp/index.html
4) 『沈黙の春』，レイチェル・カーソン（青木築一訳），新潮社.
5) 環境省 HP，大気汚染防止法の概要
   http://www.env.go.jp/air/osen/law/
6) 環境省 HP，土壌汚染対策法
   http://www.env.go.jp/water/dojo/law.html
7) 厚生労働省，政策について，健康・医療　食品
   http://www.mhlw.go.jp/stf/seisakunitsuite/bunya/kenkou_iryou/shokuhin/index.html
8) 厚生労働省，薬害を学ぼう
   http://www.mhlw.go.jp/bunya/iyakuhin/yakugai/
9) 外務省 HP，外交政策
   http://www.mofa.go.jp/mofaj/gaiko/tikyuu_kibo.html
10) 日本環境衛生センター HP
    http://www.jesc.or.jp/
11) 気象庁気象研究所 HP，オゾンホールの発見
    ri-3.mri-jma.go.jp/Research/explanation/ozonhole.html
12) 『奪われし未来』，シーア・コルボーンほか（長尾力訳），翔泳社.
13) 『環境ホルモン入門』，立花　隆，新潮社.
14) 化学物質の内分泌かく乱作用に関する環境省の今後の対応方針について，ExTEND2005　環境省，2005年3月.
15) 『危険は予測できるか −化学物質の毒性とヒューマンリスク−』，J. V. ロドリックス（宮本純之訳），化学同人.
16) 『環境リスク学　不安の海の羅針盤』，中西準子，日本評論社.
17) 『（シリーズ地球と人間の環境を考える 04）環境ホルモン−人心を「攪乱」した物質』，西川洋三，日本評論社.
18) 『環境危機はつくり話か』，山崎　清ほか，緑風出版.
19) The use of DDT in malaria vector control. WHO position statement May 2011,
    http://www.who.int/malaria/publications/atoz/who_htm_gmp_2011/en/
20) 『文明崩壊−滅亡と存続の運命を分けるもの』，ジャレド・ダイアモンド（楡井浩一訳），草思社.
21) 『ハーメルンの笛吹き男−伝説とその世界』，阿部謹也，ちくま文庫.

事項索引

あ 行

アカネ　154
アクリルアミド　63, 260
アクリル酸　62, 63, 115
アクリル樹脂　62, 64, 112, 115
アクリル繊維　63, 104, 111, 112, 158, 166
アクリロニトリル　60, 63, 112, 125
アクロレイン　62
麻　104
アジピン酸　72, 111
アシロイン縮合　224
アスパルテーム　230
アスピリン　7, 242
アスファルト　25, 28, 45
アセチル CoA　129, 218
アセチルコリン　252
アセチルサリチル酸　233
アセチレン　7, 38, 53, 56, 57, 62, 63, 69, 83, 221
アセテート　104, 107, 165, 171
アセトアルデヒド　53, 69
アセトン　60, 64, 67, 108, 116
アセルスファムK　230
アゾキシベンゼン　198
アゾ染料　157, 177
アゾベンゼン　152, 157, 202
アタクチック PP　60
アトラジン　254
アニリン　6, 73
アブソリュート　215
アミノ樹脂　119
アラミド　104, 113
アリザリン　7, 154, 165
アリルアルコール　66
アルキル化法　27, 35
アルドール縮合　226
アルミナ　31, 52
アルミノリン酸塩　99
安全管理　256
アントラキノン　152, 157
アントラキノン染料　157, 163
アンホテリシン　239
アンチモン（Sb）　58, 63

アンモ酸化法　63, 70

イエロー　168
異性化法　35, 36
イソオクタン　35
イソブテン　35, 40, 70
イソプレン　41, 100, 121, 216, 221
イソプレンゴム　123
イソプロパノール　60, 64
イタイイタイ病　257
一次エネルギー　10, 13, 78
一酸化炭素　80, 94
医薬品　231
イリジウム錯体（Ir）　96, 193
インクジェットプリンター　177
インジゴ　6, 7, 152, 153, 163
インジゴカーミン　167

ウッドワード・ホフマン則　235
ウール　110
ウルシ　128, 135
ウルシオール　137
ウレタン繊維　73, 113

エアロゾル　43, 58, 97, 262
液晶　197
液晶ディスプレー　203
エタノール　56, 70
エタノールアミン　31, 53
エチルベンゼン　59, 63
エチレン　15, 96
エチレン-プロピレンゴム　124
エチレンオキシド　51, 102, 145
エチレンカーボネート　52, 53
エチレングリコール　52, 117
エチレン製造　38, 46, 90
エナンチオトロピック液晶　201
エピクロルヒドリン　66, 120
エポキシ樹脂　66, 67, 119
エレクトロクロミック　212
エレクトロルミネッセンス　190
塩化アリル　65
塩化シアヌル　163
塩化ビニリデン　57, 116

塩化ビニル　56, 112
塩化ビニル樹脂　56, 114
エンプラ　114

オイルサンド　16, 21
オイルシェル　16, 21
オイルファーネス法　83
大手石油企業　43
オキシ塩素化法　56
オキシベンゾン　228
オキソ反応　65
オクタノール　60, 65
オクタン価　31
オゾン　58, 134
オゾン層　57, 262
オゾンホール　263
オプシン　169
オリゴマー　51
オリノコタール　16
オリーブ油　128
オレイン酸　129
C4 オレフィン　38
α-オレフィン　51, 65, 73, 135, 143
オレフィンメタセシス　39

か 行

開環重合　101
改質　25, 42, 95
界面活性剤　134, 139
　――，アニオン性　139, 143
　――，イオン性　141
　――，カチオン性　144
　――，スルホン酸型アニオン性　143
　――，非イオン性　141, 145
　――，硫酸エステル型アニオン性　143
　――，両性　144
改良レッペ法　62
化学工業製品　48
化学繊維　103
可採年数　12, 22, 23, 87
ガス化装置　85

277

可塑剤　55, 65, 74, 134, 219	クラッキング　29, 89	コークス炉ガス　5, 80, 84
ガソリン　8, 24, 27, 43, 85, 95	クラッキング法　37	古代紫　154, 155
カチオン染料　165	グラファイト　181	固体リン酸触媒　35
――，絶縁型　166	グラフェン　193, 196	コバルト（Co）　30, 65, 71
――，メチン型　166	クラフト点　141	ゴム弾性　120
ガッタパーチャ　122	グリース　45	コリンエステラーゼ　252
褐炭　76	グリセリン　66, 128	コルゲート・エメリー法　133
カティバ法　96	グリニャール試薬　54, 91	コールタール　80
蚊取り線香　251	グリホサート　255	コールベッドメタン　15, 87
カーバイド　7, 16, 83	グルコース　105, 230	コレステリック液晶　199, 211
カーバイド法　57	呉羽法　57	コレステロール　197, 218
カーバメート　250	クロロヒドリン法　62	コロジオン　109
カプサイシン　229	クロロフルオロカーボン　58, 263	コンクリート　215
カプラー　172	クロロプレン　68	コンゴレッド　162
ε-カプロラクタム　72, 102	クロロプレンゴム　111, 122, 124	
カーボンナノチューブ　193	クロロホルム　91, 93, 233	**さ　行**
カーボンニュートラル　18	クロロメタン　91	
カーボンブラック　82, 121		再生可能エネルギー　2
カミンスキー触媒　50	蛍光増白染料　166	再生繊維　100, 107
火薬　55	軽質ナフサ　24, 36, 43	酢酸　69, 85, 96
カラー写真　170	軽油　28, 44	酢酸エチル　55
カラーディスプレー　191	鯨油　5, 135	酢酸セルロース　55
カラー電子ペーパー　211	ケブラー　113, 202	酢酸ビニル　51, 56, 112
カラーフィルター　208	ケラチン　110	酢酸ベンジル　225
カリックスアレーン　118	ケロジェン　20	サッカリン　230, 255
加硫　121	減圧蒸留　30, 138	殺虫剤　231
カルサミン　156, 165	減圧蒸留法　132	サフラワー　156
カルボカチオン　34, 64	ケン化価　129	サーモトロピック液晶　201
カルボン　214	顕色剤　174	サリチル酸　7
環境ホルモン　266	原油価格　9	サルバルサン　7, 235
乾性油　130	原油生産量　23	サルファ剤　235
感熱紙　174		サワー原油　25
カンファー　109	公害防止管理者制度　257	酸価　129
乾留　6, 80	硬化油　133	酸化クロム（CrO$_3$）　41, 42, 51,
顔料　148, 208, 210	高強度繊維　113	59, 68
	工業用ガソリン　44	酸化チタン（TiO$_2$）　31, 63, 189
キシレン　32, 42, 70, 73	抗菌スペクトル　243	酸化鉄（Fe$_2$O$_3$）　4, 41, 59
キニーネ　6, 156, 232	抗菌性物質　7, 231, 271	産業革命　4
絹　104, 110	香辛料　229	酸性雨　259, 262
キノイド説　150	合成液化法　86	残留有機汚染物質　265
機能性有機色素　168	合成ガス　16, 85, 94, 97	
逆合成　246	合成ゴム　59, 63, 67, 100	1,3-ジアシルグリセリド　133
キャロル転位　220	合成樹脂塗料　136	o-ジアゾナフトキノン　209
キュープラ　104, 107, 158	合成繊維　100	シアニン系色素　171
共鳴説　151	合成洗剤　65, 166	シアン　168
強誘電性液晶　208	構造活性相関　243	シアン化水素　63, 64, 90, 112
銀（Ag）　52, 95, 96	高弾性繊維　113	ジエチレングリコール　42, 52
	高分子液晶　202	ジェット燃料　44
グアイアコール　226	枯渇性エネルギー　2	シェブロン法　51
クメン法　64, 67	コーキング法　36, 38	シェールオイル　15
曇り点　141	コーク　32	シェールガス　14, 38, 87
クラウス法　31	コークス　4, 79, 80, 81, 91	シェールガス革命　14, 47

278

四塩化炭素　91
紫外線防止剤　227
シクロヘキサノンオキシム　71
シクロヘキサン　70
シクロペンタジエン　41
ジクロロエチレン（EDC）　56
ジクロロメタン　91, 108
シコニン　154
シスプラチン　243
ジチオカーバメート　250, 253
シナモン　226
ジフェニルカーボネート　117
シベトン　223
脂肪　131
脂肪酸エステル　134
ジメチルエーテル　97
ジメチルジクロロシラン　91
ジメチルホルムアミド　40
ジャスモン　214, 222
重合法　35
重質ナフサ　43
重油　28, 45
シュリーレンテクスチャー　198
潤滑油　24, 27, 28, 45, 55, 134
常圧蒸留　28
樟脳　109
消防法　136
食品衛生法　217
除草剤　231, 254
除虫菊　251
シリコーン　91, 92, 125
シンゲロール　229
シンジオタクチックPP　61
人造黒鉛　82

水銀（Hg）　53, 56, 57, 257, 259
水質汚濁防止法　257
水蒸気改質　94
水蒸気蒸留　30, 215
水性ガスシフト反応　85
水性ガス反応　85
水性塗料　137
水素　85, 94, 95, 97
水素化精製　30
水素化分解法　27
スイート原油　25
スクリーニング　243
スクロース　146, 230
スチレン　59, 62, 69, 123, 225
スチレン-ブタジエンゴム　123
スチレン-ブタジエン　137
ステアリン酸　129

ストレプトマイシン　237, 240
スメクチック液晶　199
スルファニルアミド　235

生気論　232
製鉄　4, 79
生物起源説　20
ゼオライト　33, 36, 41, 72, 98, 99
ゼオライト類縁化合物　99
石炭　4, 10, 95, 259
石炭液化　85
石油　8, 10, 20
石油エーテル　44
石油化学製品生産　46
石油コークス　82
石油コンビナート　46
石油システム　21
石油ベンジン　44
セタン価　31, 97
接触改質　70
接触改質法　30, 32
接触重合法　27
接触分解　33
接触分解法　27
ゼラチン　171, 176
セリシン　110
セルロイド　109, 219
セルロース　100, 104, 158, 162
セルロース繊維　162, 163
セロファン　107, 111

ソフト型合成洗剤　73, 146, 257
ソルボリシス液化法　86

た 行

ダイオキシン　265
ダイオード　187
大気汚染　30
大気汚染防止法　259
大豆油　128
耐性菌　241
タイトガス　14, 87
ダイナマイト　66
脱硫　26, 31, 259
建染染料　163
タールピッチ　82
タングステン（W）　39, 66
炭素繊維　104, 113

チエナマイシン　239

チオインジゴ　158
地球温暖化　18, 261
逐次重合　101
チーグラー・ナッタ触媒　49, 60, 101, 126
チクル　122
チクロ　230
チャー　80, 84, 85
中鎖トリグリセライド　131
直接水添液化法　86
直接染料　162
ディスコチック液晶　200
ディスプレー　170, 207
泥炭　76
ディールス・アルダー反応　41, 194, 235
テトラクロロエチレン　57
テトラフルオロエチレン　93
テトラメチレンスルホン　42
テフロン　111
テルペン　216
テレフタル酸　42, 74
電界効果トランジスタ　185
電荷発生剤　178
電荷輸送層　178
天然ガス　10, 87
　——, 在来型　87
　——, 非在来型　87
天然ゴム　121
天然繊維　103
天然染料　153
デンプン　105

トイッチェル法　133
銅（Cu）　57, 69, 91, 95
動的散乱法　206
導電性有機材料　180
導電体　178
灯油　5, 28, 44
特殊ゴム　120
特殊繊維　113
土壌汚染対策法　259
特許　245
トナー　178
ドーピング　183
ドラッグデザイン　243
トリアセテート　104, 107
トリアセテートフィルム　204
トリアリールアミン　178, 186, 189, 191
トリアリールメタン色素　152, 175

279

トリエチレングリコール　42
トリクロロエチレン　57, 259
トルエン　32, 42, 70, 73, 225

な 行

ナイトレン　210
ナイロン　102, 103, 104, 111, 158
ナフィオン　94
ナフサ　8, 28, 47
　——クラッキング　38
ナフタレン　74, 81
ナフテン　24
ナフトール　175
ナフトール染料　162
生ゴム　121

ニッケル (Ni)　26, 30, 62, 69, 73
二酸化炭素　85, 264
　——排出量　11, 19, 84, 88
二次エネルギー　13
ニトリルゴム　125
ニトログリセリン　66
ニトロセルロース　108, 136
ニューキノロン　240
尿素　119, 232
尿素樹脂　119
二硫化炭素　91, 107

ネオニコチノイド　250, 253
熱可塑性エストラマー　120, 126
熱可塑性プラスチック　114
熱硬化性プラスチック　114
ネマチック液晶　198, 206
燃料電池　94

農薬　249
ノーカーボン紙　176
ノボラック　118
ノボラック樹脂　209

は 行

バイオガソリン　70
バイオマーカー　20
バイオマス　18, 95
配向膜　199, 204
排出規制　256
ハイドロキノン　171
バイメタル触媒　32
バイヤー・ビリガー酸化　224

バインダー　135
薄膜　185, 191
薄膜製法　187
白金 (Pt)　32, 36, 74, 94
発色団・助色団説　150
ハード型　146
バナジウム (V)　26, 62, 69, 74
バニラ　226
パラジウム (Pd)　32, 53, 56, 64, 69, 94
パラチオン　250, 252
パラフィン　24
パラフィンろう　45
パラフィンワックス　138
パラベン　228
バルクヘテロジャンクション　188
ハルコン法　59, 62
パルプ　107
パルミチン酸　138
半乾性油　130
半経験的分子軌道法　153
半合成繊維　100
バンコマイシン　237, 239, 241
反射型液晶ディスプレー　211
バンドギャップ　183
反応染料　163
汎用樹脂　114, 115

ビオローゲン　212
光ニトロシル化　72
非経験的分子軌道法　153
非在来型石油　22
非在来型天然ガス　14
ビスコースレーヨン　91, 107
ビスフェノール A　116, 119, 175
ビスブレーキング法　36, 37
ビタミン C　107
ヒドロホルミル化　65
ビニルアセチレン　68
ビニロン　104, 112, 162
ピネン　219
ヒノキチオール　228
ビヒクル　135
ピペリン　229
ピレスロイド　250

ファンデルワールス力　198
フィッシャー　176
フィッシャー・トロプシュ反応　21, 86, 97
フィブロイン　110
フィリップス触媒　51

フェニルアセトアルデヒド　225
フェニルエチルアルコール　62, 225
p-フェニレンジアミン　172
フェノキシエタノール　228
フェノール　6, 60, 64, 67, 72, 103, 116, 118, 233
フェノール樹脂　67, 96, 103, 118
フェノールフタレイン　174
フェロセン　41, 61, 235
フォトルミネッセンス　190
フォトレジスト　209
付加重合　101
不乾性油　130
ブタジエン　40, 67, 68, 125
ブタジエンゴム　123
ブタノール　65
フタロシアニン　177, 179, 186, 188
1,4-ブタンジオール　69
ブチルゴム　124
フッ素ゴム　125
フッ素樹脂　91, 93, 111
ブテン　35, 40
プラスチック　60, 100, 114
フラーレン　118, 186, 188, 193
フリーデル・クラフツ反応　59, 67, 72, 158
プリンター　168
フルオレセイン　176
フルフラール　41
フレグランス　213
フレデリクス転移　205
フレーバー　213
プロセス　245
1-プロパノール　65
プロパンガス　43
プロパン脱瀝法　45
プロピレン　35, 38, 59
プロピレンオキシド　60
フロンガス　58, 262
分散力　159, 164
分子軌道法　151
分子蒸留法　132
粉体塗装　137
分別結晶法　132

ペイント　136
ヘキサメチレンジアミン　63, 69, 72, 111
ヘキスト・ワッカー法　53
ベークライト　118
ベックマン転位　72

ペニシリン　237, 239
ベヒクル　140
ヘミイソタクチック PP　61
ペリレン　180, 192
ペリレンビスイミド　186
ペロブスカイト　190
偏光フィルム　204
ベンジルアルコール　225
ベンゼン　32, 42, 67, 69, 70, 259
ペンタエリトリトール　55
ペンタセン　186
ベンベルグ　158

防腐剤　227
ホスゲン　117
ポマード　215
ポリアクリロニトリル　113
ポリアセタール樹脂　111
ポリアセチレン　183
ポリアミド繊維　164
ポリイソプレン　122, 210
ポリイミド　117
ポリウレタン　103, 104
ポリウレタン合成繊維　111
ポリエステル　52, 74, 103, 117, 158, 165
ポリエステル繊維　111
ポリエチレン　28, 48
　——, 高密度　48, 51
　——, 超高分子量　48
　——, 直鎖低密度　48
　——, 低密度　48
ポリエチレンオキシド　102
ポリエチレングリコール　52
ポリエチレンテレフタレート　117, 202
ポリ塩化ビニル　16, 115
ポリカーボネート　66, 116
ポリ酢酸ビニル　56, 112
ポリスチレン　59, 115
ポリスルホン　117
ポリビニルアルコール　56, 112, 204
ポリビニル酢酸　137
ポリフェニルオキシド　117
ポリプロピレン　59, 60
ボルドー液　250
ホルムアルデヒド　96, 103, 112, 118, 119

ま 行

埋蔵量　9, 23, 77, 87
マーガリン　133
マスキー法　259
マゼンタ　168
豆炭　83
マラリヤ　6, 269
マルコフニコフ則　64

ミセル　139
水俣病　53, 257
ミョウバン　165
ミルセン　219

無煙炭　8, 76
無機起源説　20
無水酢酸　55, 107
無水フタル酸　74, 82
無水マレイン酸　69
ムスコン　223

メソゲン　198, 202
メタクリル酸　64, 70, 90
メタクリル酸メチル　115
メタノール　16, 56, 70, 85, 91, 95, 96, 97
メタロセン　61
メタロセン触媒　50, 51
メタン　21, 80, 85, 87, 88, 89, 90, 94, 97
メタンハイドレート　17, 87
メチシリン耐性黄色ブドウ球菌　241
メチルカルバペナム　245
メチルビオローゲン　255
N-メチルピリドン　40
メチロールメラミン　119
メトキシケイヒ酸オクチル　228
メトール　171
メラミン　119
メラミン樹脂　119
綿　104
メントール　219, 221

モーガン条件　205
モノトロピック液晶　201
モーブ　6, 149, 156
モリブデン (Mo)　31, 39, 62, 63, 70
モンサント法　96

や 行

有機 EL ディスプレー　190
有機塩素系殺虫剤　253
有機ケイ素化学　93
有機薄膜太陽電池　184, 187
有機リン系殺虫剤　252
油脂　128
ユリア樹脂　119
ユリカ法　37

溶剤脱瀝　27
溶剤脱ろう　27
溶剤抽出液化法　86
ヨウ素価　129
溶媒抽出　41
羊毛　104
予防原則　253, 269

ら 行

β ラクタム　239
ラジカル重合　69
ラジカル連鎖反応　37, 58, 91
ラッカー　136
ラテックス　121
ラビング処理　204

リエントラント液晶　201
リオトロピック液晶　201
リグロイン　44
リスク管理　269
リナロール　219, 220
リノレン酸　129
リフォーミング　32
リポゾーム　141
硫化染料　162
流動床式　33
臨界ミセル濃度　139
りん光発光材料　193
リン脂質　140
リンター　100, 104, 107
リント　104

ルテニウム錯体 (Ru)　39, 97, 189
ルブレン　186, 192

瀝青炭　75
レーザープリンター　178
レジスト　208
レゾール　118
レチナール　169

レッペ法　69
レニフォーミング法　32
レーヨン　104, 107
連鎖重合　101
連続蒸留装置　26
練炭　83

ろう　128, 138
労働安全衛生法　98, 257
ロジウム触媒 (Rh)　65, 96, 222
ロドプシン　169

わ 行

ワッカー法　56, 64
ワックス　45

アルファベット

Alfol 法　65
API 度　25
back biting　48
BINAP　221
BTX　42
C1 化学　85
CMC　139
DDQ　182
DDT　250, 258, 265, 269
DSM　206
EDC　56
ETBE　70
HDPE　51
HLB 値　141
IPS 方式　208
ITO　191
LNG　88
LPG ガス　28, 43
MDI　73
MRSA　241
MTBE　70
MTO　16, 98
MTP　16
2,4-PA　254
PCB　259, 265
PEDOT : PPT　184, 192
PM 2.5　259
STN 方式　208
TCNQ　181
TN　206
TTF　181
TTF-TCNQ 錯体　180
UOP 特性係数　25
VA 方式　208

人名索引

赤松秀雄　180
井口洋夫　180
飯島澄男　195
ウィルキンソン　61
ヴェーラー　5, 6, 232
ウッドワード　232
エジソン　10
エーリッヒ　235
オラー　35
ガイム　196
カミンスキー　50
カール　193
カロザース　68, 111
グッドイヤー　6, 121
グリニヤール　92
グレッツェル　188
グレーベル　154
黒田チカ　154
クロト　193
ケクレ　6, 155, 216
コーリー　246
コーン　153
桜田一郎　112
シェーバイン　108
シャルドンネ　109
シュッツェンベルジュ　109
白川英樹　180
スモーリー　193
ゼルチュルナー　233
ダービー卿　4
タン　187, 191
チェイン　237
チーグラー　49, 223
ドマーク　235
ド・ジェンヌ　200
長井長義　233
中西準子　268
ナッタ　49
ノヴォセロフ　196
野副鉄男　228
ノーベル　7, 66, 108
野依良治　222
バイヤー　6, 153, 155, 176, 217
ハイルアイマー　206
パーキン　6, 156, 232
秦佐八郎　235
バートン　8, 27
ハワース　106
ヒーガー　185
ファーガソン　206
ファラデー　10, 121, 217
ファンデルワールス　159
フィッシャー, E. O.　61
フィッシャー, H. E.　106, 176
フォレンダー　197
福井謙一　235
フレミング　237
フローリー　237
ベルギウス　86
ヘルムホルツ　170
ホイマン　155
ホフマン, A. W.　6, 156
ホフマン, R.　235
ポープル　153
真島利行　137, 156, 228
マードック　5
マクダイアミッド　185
マリケン　183
ミュラー　250
モリナ　58, 262
ヤング　170
ライニツァー　197
リスター　6, 233
リービッヒ　5
リーベルマン　154

ルジチカ　217, 223, 251
ルンゲ　6
レイチェル・カーソン　258
レーマン　197
ロックフェラー　26, 63
ローランド　58, 262
ワックスマン　237
ワーラッハ　216

社名索引

アクゾノーベル　66, 149
旭化成　116
ガイギー　6, 149, 250
カネカ　246
クラレ　112, 221
グリッデン　219
グリュネンタール　249
コダック　174
サンド　149
ジボダン　220
シャープ　205
昭和電工　55, 69
スタルク　184
スタンダードオイル　26
住友化学　149
ソハイオ　63
ダウ・ケミカル　116, 256
高砂香料　221
チバ　6, 149
デュポン　68, 69, 94, 111, 113, 122, 146, 149, 182, 202
電気化学工業　69
東レ　113
東邦テナックス　113
日東電工　204
ニトロノーベル　66
ノバルチス　149, 250
バイエル　6, 122, 149, 233, 237, 244
ベーメ　146
ファイザー　232, 237
フィリップス　51
富士通　212
富士フィルム　174, 177
ヘキスト　6, 149, 219, 235
リコー　212
メルク　245
三井化学　50, 69, 204
三菱化学　52
三菱レーヨン　113
モンサント　63, 96, 255
ユニオンカーバイド　116, 256
ユニチカ　112
ロイヤルダッチシェル　8
ロシュ　6, 220
BASF　6, 95, 149
BP　8, 96
ICI　48, 95, 179, 250, 255
IG　48, 122, 146, 149, 166, 235, 250
PG　146
RCA　203, 205

著者略歴

川瀬　毅
(かわせ　たけし)

1958年12月	神奈川県に生まれる
1981年3月	東北大学理学部化学科卒業
1986年3月	大阪大学大学院理学研究科有機化学専攻博士後期課程修了（理学博士）
1987年10月	大阪大学理学部化学科助手
1997年7月	大阪大学大学院理学研究科助教授
2008年4月	兵庫県立大学大学院工学研究科教授
	現在に至る。

有機工業化学－有機資源と有機工業製品を結ぶ有機化学
(ゆうきこうぎょうかがく　ゆうきしげんとゆうきこうぎょうせいひんをむすぶゆうきかがく)

2015年6月15日　初版第1刷発行
2024年3月20日　初版第3刷発行

　　　　　　　　　　　　　　　　　　　Ⓒ　著者　川瀬　　毅
　　　　　　　　　　　　　　　　　　　　　発行者　秀島　　功
　　　　　　　　　　　　　　　　　　　　　印刷者　入原　豊治

発行所　三共出版株式会社　東京都千代田区神田神保町3の2
郵便番号 101-0051　振替 00110-9-1065
電話 03-3264-5711　FAX 03-3265-5149
http://www.sankyoshuppan.co.jp

一般社団法人日本書籍出版協会・一般社団法人自然科学書協会・工学書協会　会員

印刷・製本　太平印刷社

JCOPY ＜(社)出版者著作権管理機構 委託出版物＞

本書の無断複写は著作権法上での例外を除き禁じられています。複写される場合は、そのつど事前に、(社)出版者著作権管理機構（電話03-3513-6969, FAX03-3513-6979, e-mail: info@jcopy.or.jp）の許諾を得てください。

ISBN 978-4-7827-0732-6